KB047533

뇌를
둘러싼
오해와
진실

이 도서의 국립중앙도서관 출판예정도서목록(CIP)은 서지정보유통지원시스템 홈페이지(http://seoji.nl.go.kr)와
국가자료종합목록 구축시스템(http://kolis-net.nl.go.kr)에서 이용하실 수 있습니다.
CIP제어번호: CIP2020016635(양장), CIP2020016634(무선)

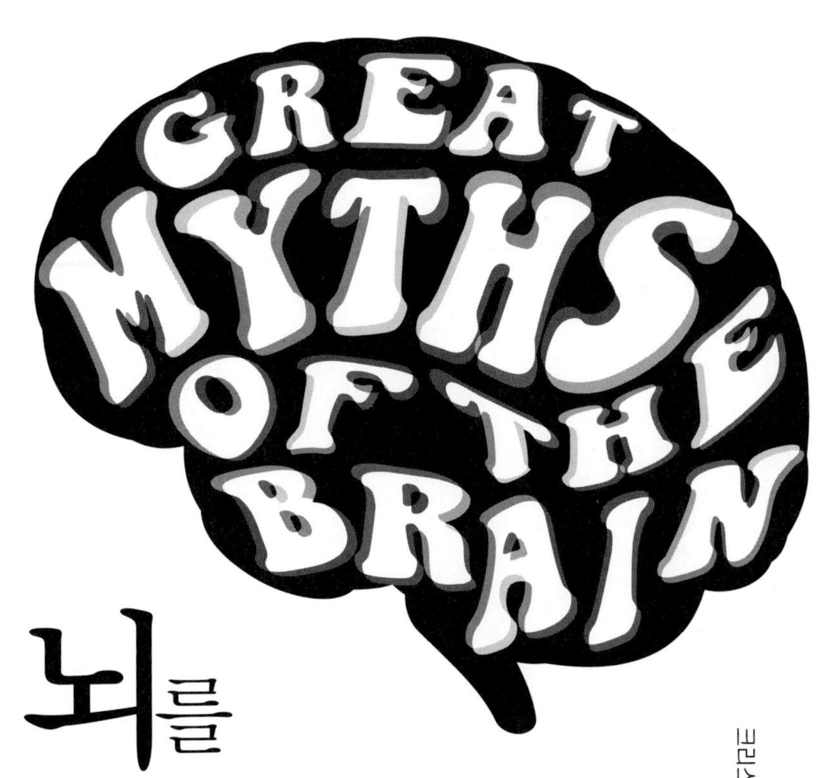

뇌를 둘러싼 오해와 진실

신화를 바로잡는 신경과학 이야기

한울

GREAT MYTHS OF THE BRAIN
by Christian Jarrett

이 책을 집필할 용기를 주신
사랑하는 나의 어머니에게

옮긴이의 글

요즘 들어 사람들의 뇌에 대한 관심이 갑자기 많아졌다. 2016년 3월 9~15일 서울에서 개최되었던 구글의 인공지능 '알파고'와 이세돌 9단의 다섯 번의 바둑 대국에서 알파고가 네 번의 승리를 거두면서, 전 세계 언론이 인공지능의 무한한 가능성과 위험을 보도했다. 이전에 천체 과학자이며 미래학자인 스티븐 호킹Stephen Hawking이 인공지능은 인류의 멸망을 가져올 것이라고 예견했을 때만 해도 사람들은 그저 경고 정도로 여겼지만, 이제는 그 위험성이 어쩌면 현실이 되어가고 있는지도 모른다는 막연한 두려움과 불안으로 인해서 뇌에 관한 우리의 관심과 호기심은 어느 때보다도 높아지고 있다.

『뇌를 둘러싼 오해와 진실: 신화를 바로잡는 신경 과학 이야기』는 인간의 뇌에 대해 일반인이 얼마나 많은 관심을 가지고 있고, 또 얼마나 잘못 알고 있는지에 대해 적합한 주제와 내용을 선정해 쓴 책이다. 맨체스터 대학교에서 인지 신경 과학을 전공하고, 영국 심리학회가 발행하는 잡지의 편집인이자 심리학 분야 학술지에도 많은 기고를 한 크리스천 재럿은, 뇌 과학이나 인간 심리학 분야에서 전통적으로 흥미로운 주제가 되어왔으나 아직도 미완의 숙제로 남아 있는 41가지 질문을 '신화'의 형식으로 던지면서 독자의 호기심과 구미를 돋운다. 예를 들어 "여성의 뇌가 남성의 뇌에 비해서 균형이 더욱 잘 잡혔다" 같은 흥미로운 주제들에 대해 저자는 역사적인 배경, 이제까지 풀어낸 과학적인 답들, 더 나아가서 현재에도 진행되고 있는 최신 연구 내용과 결과, 그리고 그 사회적인 파장들을 재미있게 풀어가면서도 과학적 상식의 깊이를 놓치지 않는다.

인류는 스스로 만물의 영장을 자처하면서, 인류 고유의 언어·예술·창조·수리·추리·추론·사고 능력을 사용해 현재 우리가 누리고 있는 찬란한 문화와 문명을 성취해 왔다. 인류가 지구상에 존재하는 한, 인류의 이러한 지적·예술적·과학적·창조적 행위는 계속될 것이며, 이와 함께 인류는 자신이 이루어낸 신화의 원동력이라고 여기는 뇌에 관해 알기 위해서 그 어느 때보다도 치열한 노력을 기울일 것이다.

『뇌를 둘러싼 오해와 진실: 신화를 바로잡는 신경 과학 이야기』를 기획하고 번역할 기회를 주신 카이스트 인문사회과학과 조애리 교수님과 한울엠플러스 김종수 사장님에게 감사드린다.

2020년 5월

이명철·김재상·최준호

감사의 글

2011년 와일리블랙웰 출판사의 앤디 퍼트Andy Peart는 나에게 이 책을 써달라고 요청했다. 그 후로도 지속적으로 보여준 앤디의 지지와 호의에 감사한다. 이 책이 만들어지기까지 수고한 캐런 실드Karen Shield, 리아 모린Leah Morin, 앨터 브리지스Alta Bridges 같이 부지런한 편집인에게도 감사한다. 이 책의 연재물 편집자인 스콧 릴리언펠드Scott Lilienfeld 교수 그리고 스티브 린Steve Lynn 교수의 경험과 지식의 도움을 받은 것은 커다란 행운이었다.

이들이 편집한 『대중 심리에 관한 50가지 신화50 Great Myths of Popular Psychology』(존 루시오와 배리 베이어스타인 지음)는 이 장르 책의 기준을 만들었고, 집필 과정에서 필자에게 믿고 의지할 수 있는 권위와 용기를 제공했다. 원고를 읽어준 친구이자 동료인 톰 스태퍼드Tom Stafford, 캐런 헉스Karen Hux, 우타 프리트Uta Frith, 존 사이먼스Jon Simons, 찰스 퍼니호Charles Fernyhough가 할애해 준 시간과 지도에 감사한다. 또한 수많은 연구자가 자신의 논문을 보내주고 질문에 답해주었다. 책 내용에 실수가 있다면 모두 나의 책임이다. 특히 뇌에 관한 신화에 대해 매일 틀린 점을 지적하는 능력 있고 경험 많은 블로거인 '뉴로스켑틱', '뉴로크리틱', '뉴로봉커스', '마인드핵스'의 본 벨Vaughan Bell, '뉴로볼록스'의 맷 월Matt Wall, ≪가디언≫의 딘 버넷Dean Burnett과 모 코스탄디Mo Costandi에게 특히 감사한다. 폐기된 뇌 신화를 조사할 때 많은 도움을 준 역사학자 찰스 그로스Charles Gross와 스탠리 핑거Stanley Finger에게도 특별히 감사한다. 책 내용 일부는 ≪사이콜로지투데이≫ 블로그(www.psychologytoday.com/blog/brain-myths)와 ≪와이어드≫(www.wired.com/category/brainwatch/)에 나와 있다는 것을 알려둔다. 그리고 책에 인용한 전문가의 글 일부는 ≪사이콜로지스트≫에서 기사를 쓸 때 사용한 것이다. 박사학위 과정에 있을 때 어머니께서 용기를 북돋워

주시지 않았다면 나는 지금과 같은 저술가가 되지 못했을 것이다. 어머니는 원고를 매의 눈으로 읽어주시고, 건설적인 의견을 제시해 주셨다. 어머니, 나를 믿어주셔서 고맙습니다!

마지막으로 아내 주드, 올해 태어난 찰리, 로즈 쌍둥이 자매를 포함한 나의 자랑스러운 가족에게 모든 것이 고맙다고 말하고 싶다. 모두 사랑해!

2014년 6월

크리스천 재럿

차례

2013년 4월, 버락 오바마 대통령은 "인간은 수십 광년 떨어져 있는 은하계를 발견하고, 원소보다 작은 입자를 연구한다. 그러나 아직도 우리의 두 귀 사이에 있는 1.4킬로그램 무게의 물질에 대한 수수께끼는 풀지 못했다"라고, 수천만 달러의 투자가 이루어지는 브레인 이니셔티브BRAIN Initiative의 출범에 맞추어 말했다. BRAIN은 'Brain Research through Advancing Innovative Neurotechnologies(창조적 신경 기술의 발전을 통한 뇌 연구)'의 앞 글자를 따서 만든 명칭이다. 같은 해 EU는 인간의 뇌를 컴퓨터 모델화하기 위해 10억 유로를 투자한 '인간 뇌 연구 과제Human Brain Project'의 시작을 발표했다(144쪽 참조).

뇌에 대한 관심은 새로운 것이 아니다. 1990년 당시 조지 H. W. 부시 미국 대통령은 1990년대를 '뇌의 10년'이라고 명명했고, 많은 행사와 출판이 그 뒤를 이었다. 이후 신경 과학 분야에 대한 관심과 투자는 점점 늘어났고, 일부 사람들은 21세기를 '뇌의 세기'라고 부르기도 했다.

'신경'이라는 수식어가 붙은 모든 것에 대한 뜨거운 관심과는 대조적으로, 뇌에 관한 우리의 지식이 제한되어 있다는 오바마 대통령의 평가는 정확하다. 우리는 많은 진전을 이루어냈지만 거대한 수수께끼는 그대로 남아 있다. 부분적 지식은 위험할 수 있으며, 바로 열광과 무지라는 맥락 속에서 뇌에 관한 신화가 증폭되어 왔던 것이다. 뇌에 관한 신화라 함은 뇌와 뇌 질환에 관한 혹설 그리고 오류를 말하는 것이며, 일부는 너무나 깊이 뿌리박혀 있어 많은 사람들이 당연시하고 일상 대화에서도 사용한다.

오해와 억측이 난무하는 가운데, 올바른 신경 과학과 신화를 구분하는 것은 갈수록 힘들어지고 있다. 한 과학 블로거(neurobollocks.wordpress.com)는 이런 신화를 신경 유언비어, 신경 과대 홍보, 신경 무용지물, 신경 쓰레기, 신경 난센스 등으로 부른다. 예컨대 일간지 머리기사에는 특정 감정을 조절하는 뇌 부위가 발견되었다고 나오기도 한다. 또한 아무 데나 '신경'이라는 접두사를 붙여 뉴로 리더십이나 뉴로 마케팅 같은 신조어를 만들어낸다(248쪽 참조). 일부 비주류 심리 치료사와 자기 계발 전문가는 신경 생물학 용어를 서슴지 않고 남용하며, 결과적으로 뇌에 관한 신화와 자기 계발에 관한 과대 선전을 섞어 퍼트린다.

2014년 한 신문 기자와 지나치게 열정적인 신경 생물학자가 이란 핵무기 협상 과정을 기초 뇌 과학의 관점에서 설명하려 한 적이 있다.[1] ≪애틀랜틱The Atlantic≫에 기고한 글에서 이 저자들은 역사적 상황과 형평성에 대한 인식에 관해 좋은 지적을 하기는 했다. 그러나 이들은 역사적 그리고 심리적 식견을 신경 생물학적으로 묘사하거나 쓸데없이 뇌와 연관을 지으면서 스스로 신뢰도를 깎아내렸다. 마치 기사를 쓰기 전에 자신들의 뇌를 어딘가에 갖다 버린 사람처럼 정치와 역사에 대한 흥미로운 관점을 제시하고, 그것을 신경 과학과 연결 지어 궤변을 토해낸 느낌이었다.

이 책은 "우리는 뇌의 10퍼센트만 쓴다"(77쪽 참조)와 같은 일반적 오해부터 "뇌전증 환자가 발작 중 혀를 깨물지 않게 하려면 입에 무언가를 물려야 한다"(356쪽 참조) 같이 전문 지식처럼 들리는 위험한 오해까지, 사라지지 않는 뇌에 관한 신화와 잘못된 지식이 무엇인지 알려줄 것이다. 또한 작가, 영화 제작자, 사기꾼이 어떻게 영화 내용과 신문의 머리기사를 통해 신화를 퍼트리는지 예를 제시할 것이다. 나는 이러한 신화의 기원이 무엇인지 밝히고, 최신의 과학적 합의를 바탕으로 뇌가 어떻게 기능하는지 최선을 다해 그 진실을 밝힐 것이다.

신경 관련 신화 타파의 시급성

암스테르담 자유대학교의 사너 데커르Sanne Dekker 박사는 영국과 네덜란드 교사 수백 명을 대상으로 실시한 설문에서 놀랄 만한 결과를 얻었다. 교사들은 뇌와 관련된 명제 32개 속에 숨은 신경 관련 신화 15가지를 사실로 받아들였다.[2] 주목할 것은 이들이 일반 교사가 아니고 신경 과학 지식과 기술을 이용해 교육 효과를 높이는 데 관심이 많은 교사였다는 점이다.

이들이 믿는 신화 가운데 하나는 사람을 우뇌로 학습하는 집단과 좌뇌로 학습하는 집단으로 분류할 수 있다는 것이다(82쪽 참조). 또 다른 하나는 신체 동작의 조정 연습이 좌뇌와 우뇌의 기능적 융합을 돕는다는 것이다. 뇌 기능을 바탕으로 하는 엉터리 수업 기법에 관련된 신화(272쪽 참조)가 교사의 지지를 받는다는 점이 우려스러운데, 가장 당혹스러운 부분은 뇌에 관한 일반 지식이 많으면 많을수록 이러한 신화를 더욱 더 신봉한다는 것이었다. 이것이야말로 부분적인 지식이 얼마나 위험한가를 보여주는 사례라고 할 수 있다.

만약 차세대 교육자가 뇌와 관련된 신화의 유혹에 빠지는 것이 현실이라면, 이것은 우리가 제대로 된 신경 과학과 신화의 차이를 대중에게 잘 알려야 할 필요가 있다는 것을 말해준다. 이러한 필요성은 올바른 정보를 제공하는 것만으로는 충분치 않다는 연구 결과를 통해서 더욱 잘 드러난다. 심리학 전공 학생을 포함해 많은 사람이 여전히 10퍼센트 뇌 사용설 등의 신화를 믿고 있는 것이 현실이다. 우리에게 필요한 것은 '반박 접근'이다. 즉, 뇌 관련 신화를 자세히 설명하고 오류를 폭로하는 방법인데, 이 책에서는 대부분 이 방법을 활용했다.

샌디에이고 대학교의 퍼트리샤 코월스키Patricia Kowalski 그리고 애닛 테일러Annette Taylor는 2009년에 심리학 전공 학부생 65명을 대상으로 두 가지 교육 기법을 비교했다.[3] 결과를 보면, 직접적으로 신경 과학과 심리학에 관한 신화를 반박하는 것은 단순히 올바른 사실을 제시하는 것보다 학기 말에 치른 허구와 사실을 구분하는 내용이 담긴 시험의 성적을 향상시켰다. 학기가 끝난 이후 분석에서도 전체 학생의 성적이 평균 34.3퍼센트 향상된 반면, 반박 접근법으로 배운 학생은 53.7퍼센트의 향상을 보였다.

우리가 신화를 타파해야 하는 중요한 이유는 대중 매체의 영향 때문이다. 런던 대학교 클리오드나 오코너Cliodhna O'Connor 박사 연구팀은 2000년부터

2010년 사이에 나온 영국의 뇌 연구 관련 언론 보도를 분석했는데, 그 결과에 따르면 언론은 빈번하게 새로운 신경 과학 연구 결과를 자신들이 의도대로 유용해 결과적으로 신화를 영속시키고 있었다(미국 언론이 신화를 퍼뜨리는 예도 본문에서 보게 될 것이다).[4]

뇌와 관련된 수천 개의 신문 기사 분석을 통해 오코너 박사는 기자들이 새로운 신경 과학적 발견을 새로운 신화로 변질시킨다는 것을 알아냈다. 예를 들면 미심쩍은 자기 계발 기법, 새로운 육아 방식, 혹은 불안감을 조장하는 건강 관련 경고 같은 것이 여기에 포함된다. 또 다른 테마는 신경 과학을 집단 간의 차이를 부각시키는 데 쓰는 것이다. 예컨대 '여성의 뇌' 혹은 '동성애자의 뇌' 같은 표현을 써서 특정 집단에 소속되거나 특정 정체성을 가진 사람은 모두 동일한 뇌를 가진 것처럼 묘사한다(93쪽 "여자의 뇌가 더 균형 잡혀 있다" 참조). 오코너 박사 연구팀은 결국 "신경 과학 연구가 적절한 맥락을 떠나 선정적인 머리기사를 뽑거나, 얄팍하게 감춰진 이념적 논지를 밀어붙이거나, 특정한 정책 목표를 뒷받침하는 데 이용된다"라는 결론을 내렸다.

이 책에 대하여

지금 읽고 있는 서론은 기초 뇌 구조, 관찰 기법, 그리고 용어에 대한 독본을 싣고 있다. 이후 나오는 1장은 신화 타파의 시작이며, 뇌에 대한 이해가 고대 이후 어떻게 변해왔는가, 더 이상 아무도 믿지 않는 신화가 어떻게 속담과 표현 속에 남아 있는가 등의 역사적 맥락을 보여준다. 예컨대 수 세기 동안 정신과 감정이 심장 혹은 마음속에 존재한다는 믿음과, 아직도 '마음이 아프다', '마음속 깊이 새겼다'와 같은 표현이 존재한다는 사실 등에 관한 내용이 포함된다. 2장은 역사적 고찰의 연장이며, 무지막지한 전두엽 절제술과 같이 심리학과 신경 과학 분야의 전설이 된 뇌 관련 수술을 다룰 것이다. 3장에서는 신경 과학 분야의 전설적인 인물의 인생과 뇌를 다룬다. 여기에는 철봉이 뇌를 뚫고 지나가는 사고에서 살아남은 19세기 철도공 피니스 게이지Phineas Gage와, 약 100명의 심리학자와 신경 과학자에 의해 진단받았던 기억 상실 환자 헨리 몰레이슨Henry Molaison의 이야기가 포함된다.

4장에서는 뇌와 관련된 사라지지 않는 고전적인 신화를 다룰 것이다. 그중 상당수가 익숙하게 다가올 것이고, 진실로 받아들였던 것도 있을 것이다. 여기에는 우뇌형 인간이 더 창조적이다, 우리는 뇌의 10퍼센트만을 쓴다, 여자들은 임신 중에 정신줄을 놓는다, 신경 과학이 자기 자신에 대한 이해도를 높여준다 등의 이야기가 포함된다. 독자들은 이러한 신화에 일말의 진실이 있다는 것을 알게 되겠지만, 현실은 신화보다 훨씬 더 복잡 미묘하고 흥미롭다는 것을 추가로 깨닫게 될 것이다.

5장에서는 '클수록 좋다'와 같이 뇌의 물리적 구조와 관련된 신화를 다룰 것이다. 그리고 뇌 속에 존재하는 특정 세포에 관한 신화도 자세히 살펴보고자 한다. 거울 뉴런이 인간을 다른 동물과 다르게 만든다, 할머니를 생각할 때 반응하는 유일한 세포가 뇌 속에 존재한다 같은 이야기들이다.

다음 6장은 새로운 기술에 관련된 신화들이다. 언론에 자주 등장하는 화제의 주장이 등장하며, 뇌 스캔으로 마음을 읽을 수 있다, 인터넷이 우리를 바보로 만든다, 반대로 컴퓨터 기반 뇌 트레이닝 게임이 우리를 똑똑하게 만든다와 같은 이야기들이 포함된다.

끝에서 두 번째인 7장은 뇌가 어떻게 우리의 몸과 세상을 인지하는가를 다룬다. 우리에게 오감만 존재한다는 잘못된 인식을 뒤집고, 우리가 세상을 있는 그대로 정확히 보고 있다는 생각에 도전할 것이다.

마지막인 8장은 뇌 손상과 신경 질환에 관한 오해를 다룰 것이다. 영화 속에서 뇌전증과 기억 상실이 어떻게 묘사되는지 살펴보고, 기분 장애가 뇌 내 화학적 불균형에 의해 일어난다는 보편적인 믿음에 도전할 것이다.

겸허함이 필요하다

뇌에 관한 오해를 풀고 진실을 전하기 위해 논문 수백 편을 보고, 새로 나온 참고 도서를 수없이 읽고, 어떤 때는 세계적 전문가들에게 직접 연락도 했다. 가능한 한 객관적이고자 했으며, 모든 증거를 편견 없이 평가하고자 했다.

그러나 뇌와 관련된 신화를 연구하는 사람들이 바로 깨닫게 되듯이, 오늘의 신화는 어제의 진실이다. 나는 독자에게 최신 증거에 기초한 주장을 펼치되 겸허한 마음으로 한다는 것을 밝히고 싶다. 사실은 시간이 지나면 변할 수 있고, 사람은 실수를 할 수 있기 때문이다. 물론 과학적 합의는 진화할 수 있으나, 비판적이되 편견 없는 접근, 증거 평가 과정에서 유지해야 하는 균형감, 그리고 특정 목표가 아닌 진실 자체를 위해 진실을 추구하는 자세는 변함없이 필요한 덕목이다. 저자는 이러한 정신을 견지하며 이 책을 썼고, 독자가 스스로 뇌 관련 신화를 발굴하는 것을 돕기 위해 여섯 가지 지침을 이 글 뒤에 제시했다.

서론을 뇌 구조 설명으로 마무리 짓기에 앞서 독자들에게 뇌 관련 신화를 판단하는 데 오늘날에도 겸손함이 필요하다는 것을 보여주는 예를 제시하고자 한다. 신화는 직관적으로 마음이 끌리는 연구 결과에 관한 주장에서 시작되는 경우가 많다. 그러한 주장은 타당하고 상식적으로 들리며, 증거는 약하지만 얼마 가지 않아 당연한 사실로 받아들여진다. 형형색색의 뇌 스캔이 지나치게 매력적이고 설득력이 있다는 설은 다수의 선도적인 신경 과학자가 받아들이고 또 주장하는 보편적 아이디어였다. 그러나 최근 증거에 의하면 이는 현대의 뇌 관련 신화 중 하나인 것으로 보인다. 마사 패라Martha Farah 박사와 케이스 훅Cayce Hook 박사는 이 역설적 상황을 "'유혹적인 매력'의 유혹적인 매력"이라고 했다.[5]

뇌 스캔 이미지는 1990년대부터 유혹적이라고 묘사되어 왔으며, 오늘날 신경 생물학과 관련되어 언급될 때는 우리의 합리적 판단을 마비시키는 힘이 있는 것으로 설명된다. 심리학자 개리 마커스Gary Marcus가 2102년에 ≪뉴요커

New Yorker≫에 쓴 뇌 영상 기술의 부상에 관한 (일부 오류를 제외하고) 매우 뛰어난 기사를 보면 "활동 중인 뇌의 영롱하고 형형색색인 사진은 관련 대중 매체에 고정적으로 등장하면서 사람들에게 인간의 마음을 이해하게 되었다는 잘못된 느낌을 주었다"라고 강조한다.[6] 2014년 초에는 스티븐 풀Steven Poole이 ≪뉴스테이츠먼New Statesman≫에서 다음과 같이 주장했다. "기능성 자기 공명 사진은 마치 종교의 우상과 같이 무비판적인 헌신을 야기한다."[7]

뇌 영상 이미지가 유혹적인 매력을 가졌다는 증거는 과연 무엇인가? 이는 불과 두 가지 연구 결과에 전적으로 의존한다. 2008년에 데이비드 매케이브David McCabe 박사와 앨런 카스텔Alan Castel 박사는 대학생들이 막대그래프나 뇌전도보다 기능성 자기 공명 뇌 스캔 이미지를 함께 보여주었을 때 특정 연구의 결론(이 경우는 TV 시청이 수학 실력을 신장시킴)을 더 잘 받아들인다는 것을 보여주었다.[8] 같은 해 디나 와이즈버그Deena Weisberg 박사와 공동 연구자는 일반인 어른과 신경 과학 전공 학생 모두 그 의미가 전무한데도 불구하고 신경 과학 관련 정보를 끼워 넣으면 잘못된 심리학적 설명에 더 높은 만족도를 보였다고 발표했다(이 논문의 제목은 「신경 과학 해석의 유혹적인 매력The Seductive Allure of Neuroscience Explanations」이다).[9]

그렇다면 뇌 영상 이미지가 유혹적인 매력을 가지고 있지 않다는 증거는 과연 무엇인가? 먼저 매케이브의 연구에 대해 패라와 훅 박사의 비평을 보면, 매케이브 박사의 연구팀은 다른 유형의 영상이 '정보 차원에서 동등'하다는 것은 사실과 다르다고 지적한다. 기능성 자기 공명 뇌 스캔 영상은 측두엽 내 활성의 위치와 모양을 보여주는 유일한 기법이며, 이러한 사실은 연구 결과에 대한 평가에 영향을 미치는 정보라는 것이다. 바로 이어 2012년에 데이비드 그루버David Gruber 박사와 제이컵 디커슨Jacob Dickerson 박사는 학생을 대상으로 한 연구에서 뇌 영상 사진의 제공은 새로운 과학 뉴스의 신빙성을 좌우하지 않는다고 밝혔다.[10]

뇌 스캔 이미지의 유혹적인 매력이 재현되지 않는 것은 비정상인가? 그렇지 않다. 2013년까지 최소 세 개 이상의 연구에서도 유사한 결과가 나왔다. 그중에는 988명의 자원자가 세 차례에 걸쳐 참여한 훅 박사와 패라 박사의 연구와, 2000명을 대상으로 10번의 반복 실험을 시행한 로버트 마이클 Robert Michael 박사의 연구도 있다.[11] 마이클 박사 팀에 따르면, 뇌 스캔 사진 제공이 연구 결과에 대한 신뢰도에 미치는 영향은 전반적으로 매우 미미하다고 한다.[12] 결론적으로 '영상이 과도한 영향력이 있다는 지속적인 믿음' 자체가 과장이라는 것이다.

그럼 왜 이렇게 많은 사람이 뇌 스캔 이미지가 유혹적이라는 생각에 유혹된 것일까? 패라 박사와 훅 박사는 뇌 스캔 기법을 쓰지 않는 일반 심리학자가 가진 불안감, 즉 뇌 스캔 기법이 모든 연구비를 독식할 것이라는 생각을 반영한다고 주장한다. 아마도 가장 큰 이유는 그럴듯하기 때문일 것이다. 뇌 스캔 이미지는 그냥 보기에도 매력적이며, 매력적인 이미지가 강한 설득력을 가질 것이라는 설은 믿기 쉽다. 물론 믿기는 쉽지만 틀릴 수도 있다는 것을 기억해야 한다. 즉, 뇌 스캔 영상이 미적으로 뛰어나 보일 수 있으나 한때 우리가 생각했던 것만큼 사람을 호도하지는 않는다는 증거가 있다는 것이다. 이것은 신경 과학에 대해 회의적 시각을 유지하되 새로운 뇌 관련 신화를 만들어내면 안 된다는 것을 상기시킨다.

신경에 관한 유언비어로부터 자신을 보호하는 방법

이 책은 가장 대중적으로 알려진 신경 관련 신화를 소개한다. 그러나 신화는 매일 새로 생긴다. 뉴스나 TV에 나오는 이야기에서 소설과 진실을 구분하는 데 유용한 여섯 가지 조언을 제시한다.

1. 무의미한 신경 관련 언급을 조심해라. 뇌를 거론한다고 해서 그 주장이 올바른 것은 아니다. 2013년에 ≪옵서버Observer≫에서 신경 심리학자 본 벨Vaughan Bell 박사는 사회적·경제적 이유만으로도 이미 충분히 심각한 실업 문제가 더욱 중요한 이유는 '뇌에 물리적 영향'을 주기 때문이라고 말한 정치인에 대해 지적했다.[13] 이는 신경 생물학을 언급하는 것이 주장에 권위를 부여하거나 사회적·행동학적 문제를 실체감 있게 만든다는 그릇된 생각의 예이다. 또한 어떤 특정 상품이나 활동이 즐거움을 가져다주거나, 중독성 혹은 해로움을 가지고 있다는 근거로 뇌의 보상 회로가 활성화되거나 뇌에 다른 변화가 온다고 하면서 뇌 스캔

자료를 제시하는 신문 기사를 자주 보게 된다. 누군가 당신을 설득하려고 할 때는 다음 질문을 스스로에게 던져야 한다. 뇌 관련 언급이 이미 아는 것 이상의 유용한 정보를 제공하는가? 그 정보가 해당 주장의 진실성을 실제로 뒷받침하는가?

2. 이해 충돌이 있는가를 살펴보아라. 가장 충격적이거나 터무니없는 주장은 모종의 목표가 있는 사람이 개진한다. 책을 팔려고 하거나 새로운 유형의 훈련이나 치료법의 구매를 유도하는 것일 수 있다. 이런 사람들이 흔히 쓰는 작전이 뇌에 관한 이야기를 꺼내 자신의 주장을 뒷받침하는 것이다. 자주 나오는 주제 중 하나가 새로운 첨단 기술이나 현대 생활의 일부분이 뇌에 나쁜 영향을 준다는 것이다. 혹은 반대로 새로운 훈련이나 치료가 영구적으로 뇌에 유익한 변화를 가져온다고 주장하기도 한다(285쪽과 265쪽 참조). 이러한 주장은 대부분 추정에 불과하며, 신경 과학자나 심리학자가 자신의 진정한 전공 분야를 벗어나 이야기할 때 나오곤 한다. 이럴 땐 이해관계가 없는 독립적인 전문가의 의견을 구해야 한다. 그리고 그 주장이 같은 분야에 종사하는 전문가가 평가하고 인정한 증거로 지지되는지 검증해야 한다(아래의 "5. 수준 있는 연구를 구분할 줄 알아야 한다" 참조). 대부분의 전문 학술지는 논문 말미에 저자로 하여금 이해 충돌 여부를 밝히게 한다.

3. 엄청난 주장은 의심하고 봐라. 노라이MRINo Lie MRI는 뇌 스캔을 이용해 거짓말 탐지 서비스를 제공하는 미국 회사다. 이 회사의 홈페이지를 보면 "노라이MRI는 인류 역사상 최초이자 유일하게 진실 확인과 거짓 탐지를 직접 측정하는 기술을 사용한다"라고 나온다. 달콤하게 들리는가? 그러면 아마도 사실이 아닐 것이다(244쪽 참조). '혁명적인', '최초로', '끄집어내다', '숨겨진', '몇 초 안에' 같은 문구가 뇌와 관련해 쓰일 때는 조심해야 한다. 허실을 조사하는 방법 중 하나는 주장하는 사람의 경력을 살펴보는 것이다. 만약 누군가가 단 몇 초 안에 숨은 잠재력을 끄집어내는 혁명적이고 새로운 뇌 기술을 개발했다고 주장한다면, 왜 스스로에게 적용해 인기 최고의 예술가가 되거나 노벨상을 타거나 올림픽에 나가지 않았냐고 물어봐야 할 것이다.

4. 유혹적인 은유에 주의하라. 우리 모두 인생의 균형과 평정을 원하지만, 이런 추상적 균형은 뇌의 두 반구 사이의 활동 균형이나 다른 신경 활동의 정도와 아무런 상관이 없다. 물론 일부 자기 계발 전문가는 전혀 개의치 않고 '좌뇌와 우뇌 간 균형'을 들먹여 생활 양식과 관련된 조언에 과학적 요소를 가미한다. 마치 생활과 일의 균형을 위해 균형 잡힌 뇌가 필요한 것처럼 말이다. 누군가 비유적 개념(예를 들면 '깊은 생각')을 실제 뇌의 활동(예를 들면 '뇌의 심부')과 관련지어 이야기한다면, 그것은 아마 쓸모없는 이야기일 것이다. 또 완전히 새로운 뇌 구조나 영역이 제시될 경우에도 조심해야 한다. 2013년 2월 ≪데일리메일Daily Mail≫은 독일의 신경 과학자가 발견했다며, 뇌의 '중앙엽central lobe'에 '흑색 부위dark patch'가 있으면 살인범이나 강간범이라고 보도했다.[14] 그러나 뇌에 중앙엽이란 부위는 존재하지 않는다(98쪽도 함께 참조).

5. 수준 있는 연구를 구분할 줄 알아야 한다. 경험담 같은 것은 조금 생각해 보고 적절히 무

시해야 한다. 뇌 기능 조절에 관한 효율을 제대로 조사하려면 무작위적이어야 하고, 이중맹검법double-blind studies을 써야 하며, 위약 효과에 대비해야 한다. 예컨대 조절의 대상자가 본인이 실제 약을 받았는지 아니면 위약을 받았는지 모르고, 연구자도 어떤 실험 대상자가 위약과 진짜 약 중 어느 것을 받는지 몰라야 한다는 뜻이다. 이런 방법은 동기, 기대, 그리고 편견이 결과에 영향을 미치는 것을 방지한다. 많은 실험이 이런 조건을 갖추지 못한 것이 현실이다. 뇌에 관한 주장을 가장 잘 뒷받침하는 것은 이른바 메타분석meta-analysis•에서 나오는 증거이다. 따라서 가능한 한 이러한 증거를 찾도록 노력해야 한다. 메타분석은 주어진 분야 내 실험 및 시험에서 나온 모든 증거를 종합해 특정 치료가 효용성이 있는지, 그리고 선전만큼 실제로 차이가 나는지 정확한 결론에 도달하는 데 도움이 된다.

6. 인과 관계와 단순 상관관계를 구분할 줄 알아야 한다. 많은 신문 기사에 나오는 뇌 관련 내용은 상관관계를 짤막하게 설명한 것이다. 예를 들면 "X 활동을 많이 하는 사람은 뇌의 Y 부위가 크다" 같은 내용이다. 이는 단순 상관관계 이상을 보여주지 않으며, X 활동이 Y 부위를 정말 크게 만들었는지는 알 수 없다. 인과 관계는 반대로 갈 수도 있고(즉, Y 부위가 큰 사람이 X 활동을 더 많이 한다), 다른 제삼의 요소가 둘 모두에 영향을 줄 수도 있다. 믿을 가치가 있는 과학 분야 기사나 뉴스는 이러한 한계를 상기시킨다. 본인의 초기 가설이나 믿음을 뒷받침하는 증거에만 집중하는 저자들은 이른바 '확증 편향'에 빠지기 쉽다. 이것은 인간적 성향이기는 하나, 양심적인 과학자와 언론인이 진실을 추구하려면 신중하게, 의식적으로 피해야 한다.

위의 여섯 조언은 진정한 신경 과학자와 사기꾼을, 제대로 된 뇌 관련 뉴스와 과대 포장을 구분하는 데 도움이 될 것이다. 최근에 나온 이야기에 대해 확신이 서지 않는다면 다음의 유쾌하고도 신중한 블로거들이 해당 문제에 대해 어떤 의견을 밝혔는지 찾아볼 수 있다.

- 마인드핵스: www.mindhacks.com
- 뉴로스켑틱: blogs.discovermagazine.com/neuroskeptic/
- 뉴로크리틱: neurocritic.blogspot.co.uk
- 뉴로볼록스: neurobollocks.wordpress.com
- 뉴로봉커스: neurobonkers.com

그리고 ≪와이어드≫에 있는 필자의 신경 과학 블로그도 방문할 것을 권한다.

- 브레인워치: www.wired.com/wiredscience/brainwatch/

• [옮긴이] 동일하거나 유사한 주제로 연구된 많은 연구물의 결과를 객관적으로, 계량적으로 종합해 고찰하는 연구 방법이다.

뇌의 구조, 관찰 기법, 용어 입문서

만약 독자가 인간의 뇌를 들어본다면, 첫 번째로 와 닿는 느낌은 상당히 무겁다는 사실일 것이다. 1.4킬로그램 정도 나가는 인간의 뇌는 상당히 높은 밀도를 가진다. 또, 바로 뚜렷하게 패인 골이 보일 것이다. 앞뒤로 난 이 골은 대뇌 종렬이라 불리는데, 뇌를 **반구**hemisphere라고 불리는 좌우 두 부위로 분리한다(217쪽 〈그림 1〉 참조). 두 반구는 뇌 내부 깊은 곳의 **뇌량**corpus callosum이라는 굵은 신경 섬유질로 연결되어 있다(217쪽 〈그림 2〉 참조). 스폰지 같은 질감을 가진 바깥쪽 층은 **대뇌 겉질** 혹은 **대뇌 피질**cerebral cortex로 불리며 주름진 모습을 하고 있다. 해부학에서는 **열회**gyri와 **열구**sulci라고 불리며, 언덕과 계곡이 얽혀 있는 모습이다.

대뇌 피질은 다섯 개의 **엽**lobe으로 나뉜다. 앞쪽의 전두엽frontal lobe, 위쪽의 두정엽parietal lobe, 양 옆에 위치한 두 개의 측두엽temporal lobe, 뒤쪽의 후두엽occipital lobe이 여기에 해당된다(〈그림 1〉 참조). 각 엽은 신경 기능의 일부와 연계되어 있다. 전두엽은 자기 제어와 신체 운동에 중요하다. 두정엽은 감각 기능과 지각 기능을 조절한다. 후두엽은 초기 시각 정보 처리에 필요하다. 특정 신경 기능이 어느 정도까지 특정 부위에 국한되어 있는가는 신경 생물학의 역사와 함께하는 논란이며, 오늘까지도 계속되고 있다(63쪽, 69쪽, 112쪽 참조).

뒤쪽에 달린 꽃양배추같이 생긴 것은 **소뇌**cerebellum로, 하나의 작은 뇌처럼 보이는 것이 특징이다. 소뇌 역시 두 개의 반구로 이루어져 있고, 놀랍게도 전체 부피의 10퍼센트를 차지하지만 뉴런의 반 정도를 가지고 있다. 오랫동안 소뇌는 학습과 운동 제어(즉, 신체 움직임의 조절)와 연계되었으나 최근에는 감성, 언어, 통증, 기억 등의 현상과도 관련 있다고 알려져 있다.

뇌를 높이 들어 아래쪽을 보면 정상적인 상황에서는 **척수**spinal cord와 연결된 **뇌간**brain stem이 아래로 뻗어 있는 것을 확인할 수 있다. 뇌간은 위로는 뇌 안쪽으로 눈높이까지 이른다. 뇌간에는 **연수**medulla와 **교뇌**pons 같은 부위가 있고, 호흡과 심장 박동 조절 같은 기초적인 생명 유지 기능을 가지고 있다. 재채기나 구토 같은 반사 작용도 여기에서 제어된다. 일부 학자는 뇌간을 **도마뱀 뇌**lizard brain라고 부르기도 하지만 이것은 부적절한 명칭이다(172쪽 참조).

뇌를 둘로 갈라서 안쪽 구조를 보면 액체로 가득 찬 빈 공간이 연결되어 있는 것을 발견하게 된다. 이 공간은 **뇌실**ventricle이라고 불리며 충격을 완충하는 역할을 한다(39쪽 참조). 또한 안구 운동에 관여하는 **중뇌**midbrain가 뇌간 위에 있는 것을 보게 된다. 중뇌 위쪽과 앞쪽에는 뇌의 다양한 부위에서 연결과 접속이 오고 갈 때 중계국 역할을 하는 **시상**thalamus이 있다. 시상의 아래에는 호르몬 분비와 식욕이나 성욕 같은 기본 욕구를 조절하는 **시상하부**hypothalamus와 **뇌하수체**pituitary gland가 있다.

시상과 연결되어 뇌 깊숙이 위치한 조직으로 뿔 같이 생긴 **대뇌핵**basal ganglia이 있다. 기저핵으로도 불리는 대뇌핵은 학습, 감성, 운동 조절에 관여한다. 바로 옆에 뇌의 양쪽에는 **해마**hippocampus가 하나씩 있다. 바다 동물 해마와 유사하다는 이유로 해부학자들이 해마라 이름 지었다. 역시 근처에 아몬드 모양의 **편도체**amygdala가 뇌 양쪽에 하나씩 존재한다. 해마는 기억에 필수적인 역할을 하며(70쪽 참조), 편도체는 감정이 결부된 학습과 기억 형성에 중요하다. 해마, 편도체, 연결된 피질의 부위는 통틀어서 **변연계**limbic system라고 불리며 감성의 기능적 연결망을 구성한다(218쪽 〈그림 3〉 참조).

뇌의 어마어마한 복잡성은 맨눈으로는 볼 수 없다. 스펀지 같은 느낌을 주는 덩어리 안에는 850억 개의 **뉴런**neuron이 있고, 이들은 100조 개라는 상상하기 힘든 숫자의 접속을 이룬다(218쪽 〈그림 4〉 참조). 거기에 추가로 비슷한 숫자의 **교세포**glial cell가 뇌 안에 있다(219쪽 〈그림 5〉 참조). 단순히 구조적 역할만 한다는 기존의 생각과 달리 최근 연구 결과는 교세포가 정보 처리에도 관여함을 시사한다(190쪽 참조). 그러나 우리는 뇌의 구조에 대해 무조건 감탄과 숭배로 일관해서는 안 된다. 뇌의 구조는 어떤 기준으로 보더라도 완벽하게 설계되었다고 볼 수 없다(171쪽 참조).

피질 내에 뉴런은 층층이 배열되어 있으며, 각 층에는 다른 유형의 뉴런이 다른 밀도로 분포되어 있다. 뇌를 흔히 **회백질**gray matter이라고 부르는 것은 뉴런의 세포체로 구성된 조직의 해부학적 이름에서 유래된 것이다. 대뇌 피질은 대부분 회백질로 구성된다. 그러나 회백질의 실제 색은, 적어도 신선할 때는 회색보다 분홍색에 가깝다. 회백질은 피질 아래쪽에 지방질로 덮인 신경 축삭axon으로 구성된 **백질**white matter과 대비된다. 축삭은 뉴런의 덩굴처럼 뻗어 나오는 부위이며 다른 뉴런과 의사소통하는 과정에 필요하다(219쪽 〈그림 6〉 참조). 즉, 지방질로 덮인 신경 축삭 때문에 백질의 겉이 흰색을 띤다.

뉴런은 다른 뉴런과 **시냅스**synapse라는 작은 골을 건너 신호를 주고받는다. 바로 이 신경 축삭의 말단에서 **신경 전달 물질**neurotransmitter이라고 불리는 화학 물질이 분비되어 나뭇가지처럼 생긴 **수상 돌기**dendrite를 통해 신호를 수신하는 뉴런으로 흡수된다(〈그림 6〉 참조). 뉴런은 이런 방법을 통해 다른 뉴런으로부터 충분한 자극을 받았을 때 신경 전달 물질을 분비한다. 충분한 자극은 **활동 전위**action potential라는, 축삭을 따라 이동하는 전기 작용을 일으켜 궁극적으로는 신경 전달 물질의 분비를 유도하는 것이다. 신경 전달 물질은 이후 수신자 뉴런을 자극하거나 억제한다. 그뿐만 아니라 반응은 느리나 오래가는 변화를 가져올 수도 있다. 예를 들면 수신자 뉴런에서 유전자 기능의 변화를 유발할 수 있는 것이다.

역사적으로 다양한 신경 부위의 기능에 대한 이해는 **뇌 손상 환자**brain-damaged patient에 대한 연구에서 추론되었다. 19세기에 많이 이루어진 이러한 연구를 통해, 대부분의 경우 언어 기능은 왼쪽 뇌가 지배적인 역할을 한다는 것이 알려졌다(63쪽 참조). 철도공 피니스 게이지와 같은 환자는 결과적으로 이 분야에 상당한 영향을 미쳤다(59쪽 참조). 뇌 손상과 기능 마비의 연결은 오늘날까지도 뇌 연구의 중요한 부분이다. 현대 연구가 과거 연구와 다른 한 가지 큰 차이점은 현대 의학의 스캔 기법이 뇌의 손상 부분을 정확히 잡아낸다는 것이다. 이런 기법이 나오기 전에는 과학자들은 부검을 하려면 환자가 죽기를 기다려야 했다.

현대 뇌 영상 기법은 뇌 구조 분석뿐만 아니라 뇌가 작동하는 것을 보여준다. 바로 뇌 기능에 대한 이해가 현대 뇌 과학에서 가장 흥미로우면서도 논란이 많은 부분일 것이다(235쪽 참조). 현재 환자와 정상인을 포함한 연구에서 가장 널리 쓰이는 방법은 **기능적 자기 공명 영상**functional magnetic resonance imaging: fMRI이다(220쪽 〈그림 8〉 참조). 작동 원리는 가장 활발한 뇌 부위에 흐르는 혈액이 가장 산소 함유량이 높다는 것에 기반을 둔다. 기능적 자기 공명 영상은 뇌 전체에 혈액 내 산소량을 비교해 어느 부위가 활발하게 활동하는지 영상화한다. 그뿐만 아니라 시험 대상자가 뇌 스캔 중 특정 작업을 이행하는 것을 세밀하게 영상화해 뇌 각 부위의 기능을 규정할 수도 있다. 이 밖에도 **양전자 방사 단층 촬영**positron emission tomography: PET과 **단일 광자 단층 촬영**single-photon computed tomography 같이 방사성 동위 원소를 환자나 자원자에게 주사하는 방법이 있으며, 또 다른 방법인 **확산 텐서 영상**diffusion tensor imaging: DTI은 뇌 조직 내 물의 확산을 바탕으로 뇌 내 신경 간 연결을 분석한다. 확산 텐서 영상은 형형색색의 복잡하고 아름다운 배선도를 만들어낸다(223쪽 〈그림 12〉 참조). 2009년에 시작된 **인간 연결체 사업**Human Connectome Project은 인간의 뇌에 존재하는 600조 개에 달하는 세포 간 접속이 이루는 연결망의 지도를 완성하고자 한다.

1920년에 사람에게 처음으로 사용된, 좀 오래된 기법으로 **뇌전도**electroencephalography: EEG가 있다. 이 방법은 두피에 부착된 전극을 통해 전자파를 관찰하는 방법이다(227쪽 〈그림 18〉 참조). 이는 아직도 병원과 연구실에서 널리 쓰이는 기법이다. 공간적 해상도는 좀 더 현대적 기법인 기능적 자기 공명 영상에 비해 떨어지나, 뇌 활동의 변화가 1000분의 1초 단위로 보인다는 장점이 있다. 이에 비해 기능적 자기 공명 영상은 초 단위로 변화가 감지된다. **뇌 자기도 기록법**magnetoencephalography이라는 새로운 기법은 뇌전도의 시간적 정밀성을 가졌으나 공간적 해상도는 떨어지는 편이다.

인간의 뇌를 연구하는 데 뇌 영상 기법만 사용하는 것은 아니다. 최근 들어 각광받는 방법 중에는 **경두개 자기 자극**transcranial magnetic stimulation: TMS 기법이 있다. 이는 자기장 코일을 특정 머리 부위에 놓고 바로 안쪽의 뇌 부위의 신경 기능을 마비시키는 효과를 이용한다. 이러한 방법으로 '가상 마비virtual lesions'를 뇌에 일으킬 수 있다. 따라서 과학자들은 일시적으로 뇌의 특정 부위의 기능 마비를 유도하고, 주어진 정신 활동 혹은 기능에 어떤 영향을 주는가를 관찰할 수 있다. 기능적 자기 공명 영상은 어느 뇌 부위의 활성이 특정 정신 기능과 연관되는지 보여주지만, 경두개 자기 자극은 특정 부위의 활동이 특정 정신 기능에 필요한지를 보여주는 장점이 있다.

지금까지 거론된 기법은 인간과 동물에 공히 쓰일 수 있다. 이외에도 동물만(혹은 대부분 경우가 동물을) 대상으로 하는 유형의 연구가 많다. 이러한 유형의 연구는 인간을 대상으로 하기에는 지나치게 침습侵襲적인 경우가 있다. 예를 들면 인간을 제외한 영장류를 대상으로 이루어지는 많은 연구에는 전극을 뇌에 삽입해 특정 뉴런의 활동을 측정하는 **단일 세포 기록**single-cell recording이라는 기법이 쓰인다. 사람에게는 심한 뇌전증을 치료하기 위한 수술 같은 상황 외에는 거의 쓰지 않는 방법이다. 동물을 대상으로 한 전극이나 관의 뇌 내 삽입은 신경 화학 물질을 특정 뇌 부위에서 관찰하거나 조작하는 데 쓰이기도 한다. 동물을 대상으로 한 또 다른 획기적인 기술은 **광유전학**optogenetics이다. 2010년에 ≪네이처 메서즈Nature Methods≫가 '올해의 기법'으로 지정한 광유전학은 뉴런에 빛에 반응하는 유전자를 삽입하는 방법이다. 이후 개별 뉴런은 다른 색깔의 빛을 이용해 켤 수도 끌 수도 있다.

뇌 연구를 위한 새로운 기법은 늘 개발되고 있으며, 미국의 **브레인 이니셔티브**와 유럽의 **인간 뇌 연구 과제** 덕분에 기술 혁신은 앞으로 가속화될 것이다. 이 책의 저술이 끝나갈 즈음에 백악관 측에서 브레인 이니셔티브 투자비를 "2014 회계연도에 배정된 1억 달러에서 2015 회계연도에는 약 2억 달러"로 두 배 늘리는 계획을 발표했다.

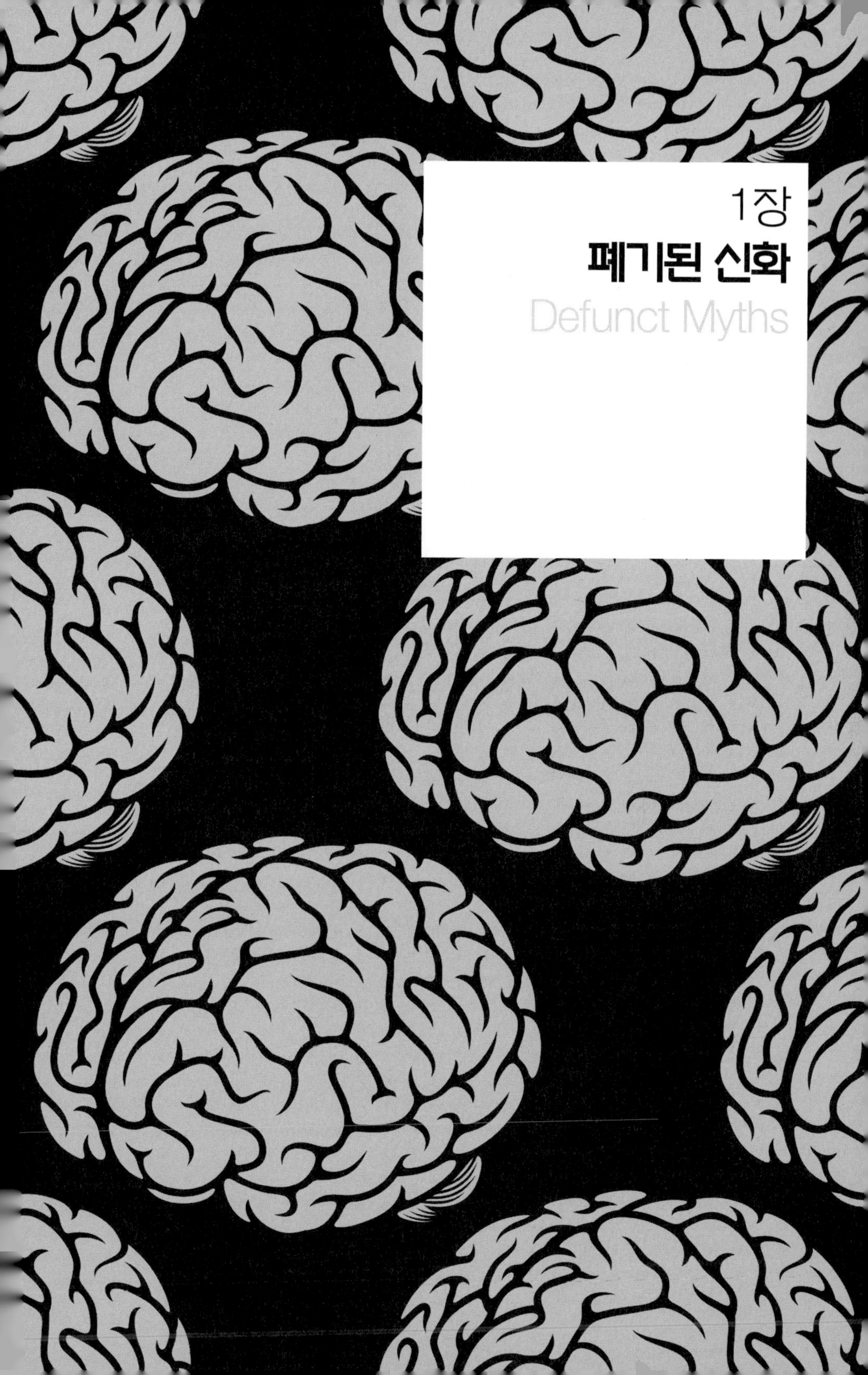

1장
폐기된 신화
Defunct Myths

많은 사람이 한때는 지구가 평평하다고 믿었다. 유명한 과학자도 모든 가연성 물질에는 연소할 때 빠져나가는 플로지스톤이라는 물질이 들어 있다고 믿었다. 화성에는 복잡하게 얽혀 있는 운하가 존재한다는 설도 있었다. 한때 영향력 있던 아이디어들은 이제 쓸모없는 신화로 치부된다. 신경 과학에도 폐기된 개념이 있는데, 1장은 더 이상 아무도 믿지 않는, 혹은 극소수만 신봉하는 뇌에 관한 신화를 다룬다. 우리는 정신과 생각이 뇌가 아니라 심장에 존재한다는 고대의 아이디어부터 시작할 것이다. 뇌의 중요성이 받아들여지면서 다른 신화가 나오기 시작했다. 예컨대 뉴런은 동물혼으로 가득 차 있고, 중요한 정신 기능은 뇌 척수액으로 차 있는 공간인 뇌실에 위치한다는 것이다.

신화 01

생각은 심장에서 나온다

오늘날 생각과 사고력이 뇌에서 일어나는 작용이라는 것을 당연하게 받아들이는 이유는 이 사실과 늘 함께 살아왔기 때문이다. 그러나 주관적 관점에서 보면 눈의 위치를 제외하고는 우리의 정신세계가 머릿속에 있다고 말해주는 것은 없다. 따라서 정신 기능의 원천이 뇌가 아니고 심장이라고 믿은 이집트와 그리스를 포함한 고대 문명의 생각은 놀랄 일이 아니다.

고대 문명이 뇌의 중요성을 몰랐다는 것은 아니다. 에드윈 스미스Edwin Smith의 이른바 외과 의술 파피루스(1862년 미국인 고고학자 에드윈 스미스가 룩소르 지방에서 구매한 것으로, 피라미드 건립 시기에 제작된 것으로 추정됨)를 보면 고대 이집트인이 마비를 포함한 뇌 손상의 영향을 알고 있었다고 판단된다. 그러나 이런 지식이 있었음에도 불구하고 심장 중심주의는 지속되었고, 뇌는 골수 정도로 간주되었다(러시아어, 마오리어, 인도네시아어, 페르시아어, 스와힐리어에서 '뇌'에 해당하는 단어는 말 그대로 '골수'를 뜻한다). 고대 이집트인의 장례를 보면 많은 것을 알 수 있다. 심장과 다른 장기는 사체에 놔두거나 유골 단지에 보존해 존중하는 모습을 보이는 반면, 뇌는 콧구멍이나 두개골 밑에 뚫은 구멍을 통해 퍼낸 뒤 그냥 버렸다.

기원전 8세기 고대 그리스 시인 호메로스의 시를 살펴보면, 고대 그리스인은 세 유형의 영혼이 존재한다고 생각했다. 바로 프시케psyche(신체에 활기를 불어넣는 영혼), 티모스thymos(감정과 격정의 영혼), 누스noos(논리와 지성의 영혼)이다. 누스와 티모스는 반드시 심장은 아니지만 가슴 속에 있다고 생각했다. 아크라가스 출신의 엠페도클레스는 심장이 생각의 중추라고 주장했던 초기 학자다. 그는 심장에서부터 도는 피가 생각을 만들어낸다고 믿었다.

가장 잘 알려진 심장 중심주의자는 아리스토텔레스일 것이다. 다른 많은 사람처럼 아리스토텔레스도 심장이 멈추면 생명이 끝난다는 사실에 주목했다. 또한 뇌는 차갑고 느낌 없고 지엽적인 반면에 심장은 따뜻하고 중심에 위치한다는 것과, 심장은 배아에서 뇌보다 먼저 생성되고 모든 감각 기관과 연결되어 있지만 뇌는 그렇지 않다는 것을 중시했다(물론 이는 아리스토텔레스의 잘못된 인식에서 나온 결론이다). 아리스토텔레스는 또 무척추동물은 뇌가 없어서 뇌가 운동과 감각의 제어 기관이 될 수 없다고 추론했다.[1]

뇌가 생각의 근원이라고 생각하지는 않았지만 아리스토텔레스는 뇌를 중요한 기관으로 간주했다. 뇌는 피가 돌지 않는 심장의 방열기이며, 수면과 관계가 있다고 믿었던 것이다. 또 다른 주목할 만한 심장 중심주의자는 기원전 4세기경에 심장 해부학에 획기적인 발전을 가져온 카리스토스 출신 의사인 디오클레스Diokles이다. 불행하게도 디오클레스는 자신의 발견에 대한 해석을 심장이 인식의 중심이라는 믿음에 기반을 두고 해석했으며, 귀 모양의 심방을 감각 기관이라고 생각했다. 정신 착란증은 심장에서 피가 끓어서 일어나는 것이라고 생각했고(오늘날에도 '지금 네가 내 피를 끓게 해'와 같은 표현이 남아 있다), 우울증은 검은 담즙이 심장에서 진해지면서 생기는 것이라고 믿었던 것이다.[2]

아리스토텔레스보다 수십 년 전에 크로톤 출신의 철학자이자 의사였던 알크마이온Alkmaion(기원전 450년경 출생), 의학의 아버지인 히포크라테스(기원전 460년 경 출생)와 제자들은 심장 중심주의에 반론을 제기했다. 알크마이온은 동물 해부를 가장 먼저 실행한 과학자 중 한명이다. 그가 남긴 글은 사라졌지만, 다른 사람이 인용한 부분을 보면 "감각의 중심은 뇌이다. …… 그리고 생각의 중심이기도 하다"라고 썼다고 전해진다. 2007년에 발표한 논문에서, 로체스터 대학교의 신경 생물학자 로버트 도티Robert Doty는 알크마이온의 발견은 매우 심오한 것으로, 코페르니쿠스나 다윈의 발견만큼 역사적 중요성을 가진다고 주장했다.[3]

히포크라테스 역시 기원전 425년경에 발표한 「성스러운 병에 관해서On the Sacred Disease」라는 논문에서 "사람은 뇌에서, 그리고 뇌에서만 즐거움, 기쁨,

웃음, 농담, 슬픔, 고통, 고뇌와 눈물이 발생한다는 것을 알아야 한다"라고 주장했다. 그뿐만 아니라 생각과 인식 역시 뇌에서 나온다고 결론지었다. 또 다른 선견지명이 돋보이는 히포크라테스의 글 『머리의 부상에 관하여On Injuries of the Head』에서는 뇌의 한쪽에 일어나는 손상이 반대쪽 몸에 문제를 가져온다고 올바르게 지적되어 있다.

히포크라테스 이후 중요한 돌파구를 만들어낸 사람들은 알렉산드리아 지역의 해부학자들이었다. 이들은 처음으로 체계적인 인체 해부를 시도했다. 기원전 300년경에 활동했던 칼케돈 출신의 인간 해부학 창시자인 헤로필로스Herophilos는 뇌신경과 뇌실(뇌 척수액이 차 있는 공간)을 분석했고, 케오스 출신의 에라시스트라토스Erasistratos는 인간의 소뇌(뇌 뒤쪽에 달린 꽃양배추 모양의 작은 뇌 조직)를 동물의 소뇌와 비교 및 분석해 소뇌가 운동과 관련 있다는 것을 올바르게 추론해 냈다. 헤로필로스와 에라시스트라토스 둘 다 감각과 운동에 관련된 신경이 뇌와 척수에 분리되어 있다고 정확하게 주장했다.[4]

그러나 앞에서도 언급했듯이 뇌 중심주의에 기반을 둔 주장이 나온 이후에도 오랫동안 심장 중심주의는 사라지지 않았다. 기원전 3세기에 이르러서도 스토아학파 철학자들은 지능과 영혼이 심장에 있다고 믿었다. 특히 영향력이 강했던 심장 중심주의 옹호자는 솔리 출신의 스토아학파 학자인 크리시포스Chrysippos(기원전 277~204)였다. 그는 마음이 심장에 존재한다는 증거로, 심장이 목소리의 원천이고 목소리는 생각으로 조절된다는 것을 들었다. 심장 중심주의를 뒤집기가 힘들었던 이유 중 하나는 바로 많은 옹호자가 그럴듯한 논리를 가지고 있었기 때문이었다. 그들은 오랫동안 수없이 많은 철학자와 시인이 신봉해 왔기 때문에 심장 중심주의가 옳다고 믿었다. 어떤 주장이 옳다는 근거로서 권위 있는 사람에게 지지받는다는 점을 내세우는 것은 매우 천박한 논리이지만, 오늘날까지도 엉터리 과학을 옹호하는 사람 사이에 널리 쓰인다.

기원후 2세기에 페르가몬에서 검투사들의 치료사로 유명세를 타 '의사의 왕'이란 별명으로 불리던 갈레노스Galenos는 크리시포스를 포함한 다른 심장주의자들이 펼쳤던 주장을 잠재우기 위해 돼지의 후두 신경을 절단하는 극적인 공개 실험을 했다.[5] 뇌에서 후두로 가는 신경을 절단하면 돼지는 몸부림치면서도 소리를 내지 못한다. 심장 중심주의 논리에 따르면 뇌에서 나오는 신경을 절단해도 돼지는 소리를 낼 수 있어야 한다. 그렇지 않다면 심장 중심주의는 틀렸고, 생각과 말은 뇌에 의해 조절됨을 의미한다고 갈레노스는 주장했다. 찰스 그로스Charles Gross는 갈레노스의 입증을 뇌가 행동을 제어한다는 것을 증명한 첫 번째 실험이라고 했으며, 이 실험은 심장 중심주의의 논리를 약화시켰다.

놀랍지는 않지만, 많은 사람이 이 실험 결과에도 승복하지 않았다. 갈레노스에게 야유를 퍼부은 사람 중에는 갈레노스의 증명이 동물에게만 적용된다고 주장했던 철학자 알렉산드로스 다마스케노스Alexandros Damaskenos도 포함된다. 심장에 정신 기능이 있다는 믿음은 르네상스 시대까지 계속되었다. 피의 순환에 관한 설명으로 유명한 영국 의사 윌리엄 하비William Harvey의 글에서도 이런 상황이 보인다. 그의 책 『생체 내 심장과 피의 움직임에 대하여De motu cordis et sanguinis in animalibus』를 보면, 심장은 몸 전체를 다스리는 최상위 기관으로 묘사된다. 이런 신화는 오늘날까지 잔존하는 부분이 있다. '가슴속 깊이 새긴다'와 같은 표현이나 심장이 사랑을 느끼는 장기라는 심리적 역할에 관한 암시는 아직도 널리 퍼져 있다.

한 가지 덧붙여야 할 것은, 인지 기능은 물론 뇌에 기반을 두지만 심장이 우리의 생각과 감정에 영향력을 가진다는 증거가 나오고 있다는 것이다(208쪽과 212쪽 참조). 따라서 옛날 사람이 믿었던 심장 중심주의를 너무 박대하면 안 될 것 같기도 하다.

신화 02

뇌는 동물혼을 온몸으로 퍼뜨린다

갈레노스를 포함한 알렉산드리아의 해부학자들이 이루어낸 발견은 놀라울 정도로 현대 과학과 잘 맞는다. 그러나 그들의 이른바 '통찰'은 조금 오해의 소지가 있다. 당시에는 정신적 기능을 뒷받침하는 생물학적 뇌 현상에 대해 알려진 것이 거의 없었고, 이런 상황이 그 이후 수세기 동안 이어진 것이다.

예를 들면 갈레노스의 해부학 업적은 획기적이었으나, 그는 당시와 그 이후 세대의 많은 사람처럼 두 종류의 영혼이 몸에 존재한다고 믿었다. 그는 우리가 마시는 공기가 생명혼vital spirits으로 변하고, 생명혼이 뇌에 다다르면 동물혼animal spirits으로 바뀐다고 믿었다. 이 변환은 뇌의 빈 공간인 뇌실과, 그가 처음으로 몇몇 동물의 뇌 아래쪽에서 발견한 복잡한 혈관 망에서 일어난다고 주장했다. '경이로운 망rete mirabile'이라는 이 혈관 망은 인간의 몸에는 없지만, 갈레노스는 동물만을 해부했기 때문에 이를 몰랐다. 갈레노스는 뇌의 펌프 작용에 의해 빈 신경관을 타고 온몸으로 퍼지는 동물혼이 운동과 감각을 제어한다고 추정하기도 했다.

동물혼이 맥박과 같이 온몸으로 퍼져나간다는 생각은 오늘날에는 터무니없이 들리지만, 이 역시 심장 중심주의와 같이 놀라운 지속력을 보여주었으며 17세기에서야 폐기되었다. 이렇게 오래 지속된 이유는 모호함 때문이었다. 무게도 없고 형태도 없기 때문에 볼 수도 느낄 수도 없다는 것만 알려졌을 뿐, 그 누구도 동물혼이 정확히 무엇인지 밝히지 못했던 것이다. 이는 당시의 기술로는 동물혼 가설이 틀렸다는 것을 증명할 수 없었다는 것을 의미한다. 오늘날 과학자들은 가치가 있는 가설은 논리적으로 오류를 검증할 수 있어야만 한다고 생각한다. 이는 주어진 가설이 틀렸다는 증거의 유형을 상상할 수 있어야 한다는 것이다. 실제로 그런 증거가 없다고 해도 말이다.

동물혼 가설이 오래 버틸 수 있었던 다른 이유는 수세기에 걸쳐 여러 세대의 과학자와 의사가 갈레노스의 저작에 대해 가졌던 경외심이었다. 위대한 갈레노스에게 도전하는 것은 신성 모독과 같은 것이었다. 그는 너무 많은 업적을 이루었으며, 그의 유일신에 대한 믿음은 기독교와 이슬람 세계에서 공히 인정받는 바였다. 특히 그는 신의 창조적 천재성과 능력을 신봉했다.[1] 또한 중세 시대에 걸쳐 오랫동안 교회가 인체 해부를 금지했던 것도 신경 해부학의 발전을 막았다.

시대를 건너뛰어 17세기에 살았던 '현대 철학의 아버지' 르네 데카르트도 동물혼 가설을 신봉했다. 그는 동물혼을 '매우 섬세한 바람' 혹은 '순수하고도 활기 있는 불꽃'이라고 불렀다. 이렇게 정의하기 힘든 동물혼 개념은 데카르트가 주창한 인간의 영혼 그리고 영혼과 신체의 상호 관계에 관한 개념이 커다란 영향력을 가지는 데 핵심 역할을 했다. 데카르트는 뇌 아래쪽의 작은 조직인 송과체pineal gland에 영혼이 있다고 주장했다. 송과체가 혼을 정화하고 혼의 움직임을 정확히 파악할 수 있는 곳에 자리 잡았다고 여겼기 때문이다. 오늘날 우리는 송과체가 뇌실 위에 있는, 일주기와 계절의 변화에 맞추어 생체 리듬을 조절하는 내분비 기관임을 알고 있다. 데카르트는 송과체가 뇌실 안에서 전후좌우로 기울고 움직이면서 혼의 흐름을 조절한다고 믿었다. 데카르트는 우리가 잘 때는 영혼이 신경에 차 있지 않아 뇌가 느슨해지고, 우리가 정신을 차리고 있을 때에는 혼이 가득 찬 뇌가 긴장감을 가지고 반응한다고 추론했다.

데카르트의 지속적인 주장에도 불구하고 동시대 과학자 일부가 마침내 반론을 제기하기 시작했다. 그들이 답하고자 했던 질문, 그리고 동물혼에 대한 답으로서 제시되었던 질문은 바로 '뇌는 몸의 다른 부위와 어떻게 상호 작용하는가?'였다. 즉, '대체 어떻게 신호가 신경을 따라 전달되는가?'다. 새로 제시된 증거는 혼의 역할을 주장하는 사람들에게 불리했다. 한 과학자는 모종의 혼이 팔 근육으로 흘러가면 욕조 안에서 팔 근육을 수축했을 때 수위가 올라가야 하지 않느냐고 질문하기도 했다. 17세기에 이르러 대안으로 제시된 아이디어 중에는 신경이 모종의 액체로 차 있다는 것과, 신경 내부의 에테르•의 진동에 관한 것이 있었다. 영국의 의사이자 신경 해부학자인 토머스 윌리스Thomas Willis가 주장한 신경 액체설은 신경 다발을 잘라도 액체가 나오지 않는다는 기초적인 관찰로 인해 퇴출되었다. 아이작 뉴턴이 내놓았던 진동설 역시 오래가지 못했다. 뉴턴의 주장에 따르면 뉴런이 신호를 보낼 때 신경 다발이 팽팽히 당겨져야 하는데 실제로는 그렇지 않았기 때문이다.[2]

동물혼에 관한 믿음을 마침내 타파한 것은 전기에 관한 관찰이다. 과학자들은 갈레노스의 시대에 이미 전기를 방출하는 물고기에 대해 알고 있었다(당시에는 두통 치료에 쓰였다!). 그러나 '전기 치료'는 마비 증상에 효험이 있다는 주장과 함께 18세기에 이르러서야 널리 쓰이기 시작했다. 이러한 상황에서 마침내 과학자들은 전기가 뉴런이 다른 뉴런이나 근육과 신호를 주고받는 방법이 아닌가 생각하게 되었다. 그중에서도 선도적 역할을 한 사람은 개구리로 중요한 실험을 한 이탈리아의 해부학자 루이지 갈바니Luigi Galvani였다.[3]

중요한 발견의 순간은 조수가 수술용 메스를 개구리에 대고 있던 때에 우연히 찾아왔다. 조수는 마찰을 통해 정전기를 만드는 기계 옆에 서 있었다. 기계가 스파크를 일으키는 순간, 조수의 메스는 개구리의 다리를 조절하는 신경 다발을 건드리고 있었다. 다리는 예상치 않게 경련했고, 이 관찰은 갈바니가 스파크가 신경 다발 내 존재하는 전류에 영향을 미친 것이라는 결론을 내리는 데 핵심적 역할을 했다.

갈바니의 조카인 지오바니 알디니Giovanni Aldini는 한걸음 더 나갔다. 그는 단두대에서 잘린 머리에 전류를 흘려 얼굴이 씰룩거리는 것을 보여주었다. 가장 극적인 시범은 1803년 런던에서 이루어졌는데, 자기 부인과 아이를 살해해 교수형을 당한 조지 포스터George Forster의 사체를 이용했다고 한다.

갈바니는 이후 신경 다발에 지방질이 들어 있다는 것을 입증했다. 이는 지방질이 절연체 역할을 함으로써 전기가 신경 다발을 통해 빠르게 전달된다

• [옮긴이] 빛, 전자기파 등의 전달을 매개하는 가상의 물질이다.

는 그의 믿음을 뒷받침하는 것이었다. 1850년에는 독일의 의사 겸 물리학자 헤르만 폰헬름홀츠Hermann von Helmholtz가 인간의 신경 신호 전달 속도가 1초당 35미터라는 것을 입증했다. 심각한 신경병인 다발성 경화증은 19세기 프랑스 신경 과학자들이 처음 보고했는데, 이것은 신경 세포를 감싸고 있는 지방질 절연체가 퇴화해 신경 신호가 뒤죽박죽되는 병이다.

신화 03

뇌세포는 커다란 신경망으로 접합되어 있다

신경 생물학을 공부한 사람이면 뉴런 사이의 통신을 매개하는 것이 전기만이 아니라는 것을 당연히 알고 있다. 전류가 신경(1891년에 빌헬름 발다이어Wilhelm Waldeyer가 뉴런이라 이름 붙임)을 통해 흐르는 것은 사실이지만, 결국 전류는 신경 끝에 비축된 신경 전달 물질이라는 화학 물질의 분비를 유발한다. 신경 전달 물질은 시냅스라는 좁은 간극을 건너 신호를 수신하는 뉴런에 다다른다. 시냅스는 뉴런 사이의 간극이 완벽히 입증되지 않은 1897년에 찰스 셰링턴Charles Sherrington이 만든 용어이다. 신경 전달 물질이 신호를 받는 뉴런에 전달되면 뉴런을 따라 전류가 흐르는 현상이 활성화되거나 억제된다.

그러나 뉴런의 신호 전달 방식에 관해 위에서 설명된 수준의 이해는 19세기 말과 20세기에 이르러서야 이루어졌다. 즉, 이러한 지식의 단계에 이르기 위해서는 뉴런의 구조를 자세히 볼 수 있게 한 현미경과 염색 기술의 발전이 필요했던 것이다. 해당 분야의 핵심 인물은 '파비아의 현자'로 알려진 카밀로 골지Camillo Golgi였다. 그는 1873년에 은을 이용한 염색 기법을 개발했다. 그러나 이 기법도 오늘날의 기준으로 보았을 때 상당히 조잡했다. 골지를 포함한 당대의 과학자들은 뉴런 사이의 간극을 보지 못했으며, 그 때문에 모든 뉴런이 접합되어 정교한 신경망을 이룬다고 생각했다. 이것이 바로 후에 잘못된 것으로 밝혀진 '신경 그물설reticular theory'이다.

1880년대에 이르러 조심스럽게, 그러나 올바른 방향으로 뉴런 사이에 간극이 있을 것이라고 처음 제안한 사람은 빌헬름 히스Wilhelm His와 아우구스트 포렐August Forel이었다. 그러나 실제로 골지의 염색 기법을 획기적으로 발전시켜 '신경 그물설'을 퇴치한 사람은 스페인의 신경 과학자 산티아고 라몬 이 카할Santiago Ramón y Cajal이었다. 그의 기법도 신경 간의 간극(즉, 시냅스)을 보여줄 정도로 발전한 것은 아니었지만, 뉴런이 접합되어 있다는 증거도 발견할 수 없었다. 자신의 관찰을 바탕으로 카할은 뉴런이 다른 세포로부터 분리된 독립 개체임을 설득력 있게 주장했다. 이러한 주장이 바로 '뉴런 독트린neuron doctrine'이다. 카할은 신경 신호는 뉴런을 따라 한 방향으로만 전달된다고 주장했다.

카할과 골지는 뇌 구조를 이해하는 데 기여한 공로를 인정받아 1906년 노벨 생리 의학상을 공동으로 수상했다. 여기에서 우리는 오래된 오류가 끈질기게 버티는 것을 보게 된다. 골지는 수상 소감 발표 자리를 빌려 이미 쓸모없게 된 자신의 '신경 그물설'을 옹호하고, 카할의 '뉴런 독트린'을 일시적인 유행일 뿐이라며 비신사적으로 폄하했다.

신화 04

정신 기능은 뇌의 빈 공간에 위치한다

다음 장에는 뇌를 대상으로 이루어졌던 미신적 행위에 관한 이야기가 나온다. 이를 다루기 전에, 앞서 나왔던 동물혼과 밀접하게 관련된 또 다른 폐기된 신화를 알아보자. 오늘날 우리는 뇌실이 뇌 척수액으로 차 있고, 완충 역할을 한다는 것을 알고 있다. 그러나 수 세기 동안 뇌실은 동물혼으로 차 있고, 각 뇌실은 다른 정신적 기능을 가지고 있다고 믿었다.

뇌실 가설은 동서양을 망라한 오래된 기록에 바탕을 두고 있지만, 중세에 이르러서야 체계적 가설로 정리되었다. 이 가설에 의하면 지각 능력은 전뇌실에, 인지 능력은 제3뇌실에, 기억 능력은 소뇌 근처에 있는 제4뇌실에 존재한다. 처음으로 가설을 완성한 사람은 4세기 말 에메사(오늘날 시리아의 홈스 지역)의 주교였던 네메시우스Nemesius였다. 그러나 다양한 형태의 뇌실 가설은 세계 각지에서 오랫동안 꾸준히 제시되었고, 각 가설은 기능의 정확한 위치에 대해 조금씩 차이를 보인다.

역사학자 크리스토퍼 그린Christopher Green의 2003년 논문 「뇌실 내 지적 기능의 위치는 어디서 유래되었나?Where Did the Ventricular Location of Mental Faculties Come From?」에 의하면, 네메시우스는 당대에 거의 알려지지 않았으며 그의 가설이 후세 학자에게 미친 영향은 미미했을 것으로 추정된다.[1] 그린에 의하면 성 아우구스티누스St. Augustinus가 최소한 서구에서는 뇌실 가설이 퍼지는 데 더 큰 영향력이 있었다고 한다. 401년 집필된 성 아우구스티누스의 저작 『창세기의 정확한 의미The Literal Meaning of Genesis』를 통해 뇌실 가설이 널리 퍼졌는데, 그 내용은 다음과 같다.

얼굴 근처 앞쪽에 있는 뇌실로부터 모든 감각이 온다. 두 번째 목 근처에 있는 뇌실로부터 모든 움직임이 일어난다. 세 번째 뇌실은 둘 사이에 있으며, 의사에 의하면 기억의 원천이다.

수 세기 후 놀라운 해부학적 발견을 이루어낸 레오나르도 다빈치 역시 뇌실 가설의 옹호자였다. 16세기 초에 다빈치는 소의 뇌에 뜨거운 밀랍을 부어 넣어 뇌실 모형을 만듦으로써, 그 당시로는 뇌실의 구조를 가장 정확하게 밝혀냈다. 그는 네메시우스의 가설에 맞추어 뇌실의 기능을 제시했다.

뇌실 가설은 빅토리아 시대까지 살아남았지만, 그 전에 르네상스 시대 해부학자인 벨기에의 안드레아스 베살리우스Andreas Vesalius에게 첫 번째 도전을 받는다. 1543년에 발간된 기념비적인 책 『인체의 구조에 관하여De humani corporis fabrica』에서 베살리우스는 인체 해부를 통해 인간과 다른 포유류의 뇌실 구조가 같다는 것을 보여주었으며, 이는 인간의 독특한 정신 기능이 뇌실에 있다는 생각의 기반을 흔들었다. 동시에 그는 해부학적 구조만 가지고는 뇌가 어떻게 정신적 기능을 뒷받침하는지 알 수 없다는 것을 인정했다.

뇌실 가설은 17세기에 이르러 당시 최고의 권위를 가졌던 책 『뇌의 해부Anatomy of the Brain』의 저자인 토머스 윌리스가 좀 더 설득력 있게 부정했다. 이 책의 그림은 크리스토퍼 렌Christopher Wren•이 그린 것으로 유명하다. 뇌 손상을 입은 환자와 선천적으로 기형인 환자로부터 얻은 증거, 그리고 본인이 해부로 얻은 지식을 바탕으로 윌리스는 다른 동물보다 인간에게 훨씬 더 발달된 뇌의 울퉁불퉁 부풀어 있는 바깥 조직, 즉 대뇌 피질에 기억력과 의지 같은 기능이 있다고 올바르게 제시했다. 윌리스는 뇌의 텅 빈 공간이라고 지칭했던 뇌실에 기능이 있다는 가능성을 일축했다. 또한 줄무늬가 있고 신장 같이 생긴 대뇌 아래 위치한 선조체striatum가 운동 제어와 관련이 있다는 것을 올바로 파악하고 있었다.

윌리스의 논리와 명성에도 불구하고, 18세기까지도 대뇌 피질은 혈관이

• [옮긴이] 영국의 건축가 겸 자연 과학자로, 1666년 대화재 이후 런던 재건에 기여했다.

가득 찬 껍질에 불과하다는 도그마가 통용됐다. 19세기에 이르러 프란츠 요제프 갈Franz Joseph Gall에 의해 골상학이 널리 퍼진 후에야 대뇌 피질의 기능적 중요성이 마침내 인정되었다(49쪽 참조).

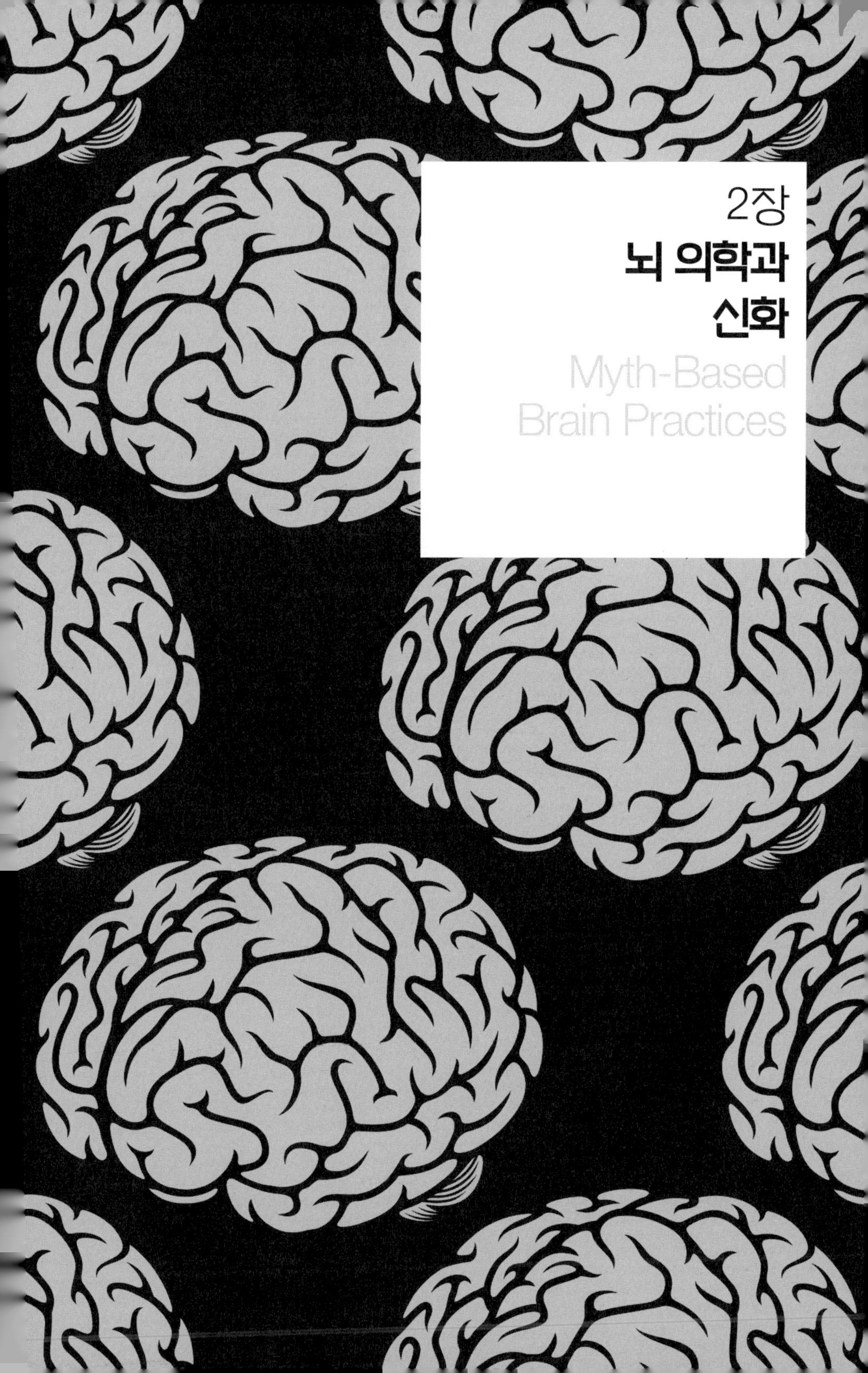
2장
뇌 의학과
신화
Myth-Based
Brain Practices

유사 이래 뇌에 관한 많은 미신과 신화가 뇌 수술과 심리 치료 행위에 영향을 미쳐왔다. 이 장에서는 심리학과 신경 생물학의 전설이 된 세 가지 경우를 예로 든다. 바로 천두술, 골상학, 전두엽 절리술이다. 전설적 위상에 걸맞게 이들은 좀처럼 사라지지 않는다. 천두술은 최근에 영화에도 나왔고, 괴짜 누리꾼들에 의해서도 옹호되고 있다. 골상학 모형은 전 세계 고물상이나 만물상에 여전히 진열되어 있고, 전두엽 절리술은 뇌 심부 자극술이나 줄기세포 이식과 같은 좀 더 정교한 정신 외과 수술로 진화하고 있다.

신화 05

두개골에 구멍을 뚫어 악령을 쫓는다

천두술trepanation(혹은 개공술, 천공술), 즉 두개골에 구멍을 뚫는 행위는 선사 시대에 시작되었다(221쪽 〈그림 9〉 참조). 이 방법은 오늘날 외과에서도 수술 전 예비조사, 두개 내압 저하, 뇌 표면 혈전 제거를 위해 활용된다. 그러나 역사적으로 이 방법이 마취도 없이 활용된 이유는 뇌와 관련된 신화 때문이었다. 악령 혹은 악마를 쫓는다는 이유도 여기에 포함된다. 그러나 오늘날까지도 외딴곳에서 부족 생활을 하는 사람들과 그릇된 이야기에 현혹된 괴짜들이 비과학적인 이유로 천두술을 한다.

고고학적 증거에 의하면 천두술은 문자가 사용되기 전에 미 대륙부터 아라비아 지역에 이르기까지 전 세계에서 행해진 것으로 보인다.[1] 가장 오래된 구멍 뚫린 두개골은 프랑스에서 발견되었는데, 약 7000년 전 것으로 추정된다. 이라크에서 발견된 구멍 뚫린 두개골은 그보다 더 오래된 시술 대상으로서, 1만 1000년 정도 된 것으로 보인다. 최초의 천두술에는 자연석이 쓰였고, 흑요석, 부싯돌, 금속으로 만든 도구도 쓰였다. 고대 그리스와 중세를 거치면서 점차 정교한 도구가 천공과 톱질을 위해 개발되었다.[2]

천공된 두개골 중 가장 유명한 것은 15세기 페루의 것이다. 이 두개골은 19세기 미국 외교관으로 페루에서 근무하던 에프라임 조지 스쾨이어Ephraim George Squier가 인디애나 존스처럼 모험을 해서 구했다. 현재 뉴욕에 있는 미국 자연사 박물관에 소장되어 있으며, 오른쪽 눈 위 전두엽을 덮는 부위에 정사각형의 구멍이 있다.

스쾨이어는 유럽으로 이 두개골을 가지고 가 폴 브로카Paul Broca에게 보여주었다. 브로카는 오늘날 뇌와 언어 능력을 연결시킨 것으로 유명한 인류학자 겸 신경 과학자였다(63쪽 참조). 뇌 크기와 지능 그리고 인종적 차이를 연결시키는 편견과, 브로카가 살던 당시 병원에서의 뇌 수술 과정 중 높은 치사율 때문에 브로카와 동료 학자들은 페루 원주민이 뇌 수술을 했다는 것을 쉽게 받아들이지 않았다. 브로카도 이러한 편견이 있었으나, 결국에는 구멍이 폐쇄 머리 부상(두개골이 손상되지 않은 머리 부상) 이후 환자의 사망 이전에 두개 내압 저하를 위해 시도되었을 것에 동의했다. 즉, 페루인이 신경외과 수술을 했을 것으로 추정한 것이다. 브로카의 추정은 결국 옳은 것으로 판명되었다. 여러 개의 구멍이 있는 두개골이 이후 페루에서 다수 발견되었는데, 이는 일부 환자가 여러 차례 수술을 받았다는 것을 의미한다. 아마도 천두술은 비교적 보편적인 시술이었을 것이다. 페루 남쪽의 한 매장터에서 유해가 1만 구 발굴되었고, 그중 6퍼센트에서 천두술을 받았던 흔적이 보였다.[3]

히포크라테스의 글을 보면 고대 그리스인이 폐쇄 머리 부상 치료에 천두술을 썼다는 것을 알 수 있다. 이들의 논리는 구멍이 지나친 체액의 누적을 막는다는 것이었다. 이는 몸과 뇌에 네 종류의 체액인 황담즙, 흑담즙, 점액, 혈액의 균형이 맞아야 건강하다는 4체액설에 의거한 것이다. 4체액의 상대적 양은 그 사람의 특징을 규정한다고도 믿어졌다. 황담즙은 화를 잘 내는 기질과 연결되어 있고, 흑담즙은 우울함, 점액은 침착함, 혈액은 용기와 결부되었다(점액에서 유래된 단어 phlegmatic은 '침착하다'라는 뜻을 가진 형용사로 쓰인다).

그리스 시대 의사들은 머리 부상을 치료하지 않으면 두개골 아래 고인 피가 해로운 고름으로 응고된다고 생각했다. 믿기지 않겠지만 일부 역사학자는 천두술 시술이 일부 환자에게 도움이 되었다고 주장한다. 당시의 천두술에는 인상적인 부분이 있다. 예컨대 갈레노스의 시대에는 뇌를 보호하는 뇌막이 천두술 중에 손상되지 않게 조심했고, 환자의 나이에 따라 두개골 두께에 차이가 있다는 점을 고려했다. 고대 그리스인은 천두술을 뇌전증을 치료하는 데에도 적용했다. 사악한 기운이 구멍을 통해 밖으로 나간다는 논리였다. 이러한 목표의 시술은 논리의 설득력이 매우 약해진 19세기까지 유럽에서 자행되었다.

르네상스 초기에는 천두술이 '광석'을 제거해 정신병을 치료하는 데 쓰였다는 증거가 있다. 이는 로버트 버턴Robert Burton의 『우울증의 해부Anatomy of Melacholy』 같은 문헌이나 플랑드르 화가 히에로니무스 보스Hieronymus Bosch(1450~1515)(221쪽 〈그림 10〉 참조)가 그린 〈광기 치료Cure for Madness〉 같은 그림에 묘사되어 있다. 천두술은 일종의 정신 외과 수술이었으며, 19세기와 20세기에 자행된 전두엽 절제술의 전신이었던 것이다. 2003년에 발간된 『천두술: 역사, 발견, 이론Trepanation: History, Discovery, Theory』에서 신경 과학 역사학자 찰스 그로스는 많은 예술 사학자가 마치 천두술이 실제로는 실행되지 않았던 것으로 생각하고 보스의 그림을 우화로 간주해 왔다고 밝혔다. 그로스는 이것이 명백한 오류라고 말한다. 즉, 예술사학자가 모르는 실질적 의학적 시술 행위가 보스 그리고 이후 브뤼헐Pieter Bruegel의 그림에 묘사되었다는 것이다.[4] 물론 회의적인 사람도 여전히 있다. 예를 들면 2008년 '바이오에페메라Bioephemera' 블로그에서 생물학자 제시카 파머Jessica Palmer는 "만약 이러한 시술이 실제로 이루어졌다면 이는 틀림없이 모의 수술이었을 것이다. 외과 의사는 '광기의 광석' 미신에 맞춰 실제로 작은 돌을 제거하는 척했던 것이다"라고 했다.[5]

그로스에 의하면, 아프리카 전통 의료 시술을 포함해 20세기에도 수백 건의 천두술이 시행되었다고 한다. 케냐의 니안자 남부 지역의 키시족은 20세기 후반까지 머리 부상 이후 생기는 두통을 치료하기 위해 천두술을 썼다. 이 행위가 오늘날까지도 계속되는지는 확인되지 않았다. 천두술은 전 세계적으로 주류 의학의 범주 밖에서 과학 지식이 부족한 지지자들을 끌어들인다. 여기에는 인터넷의 거짓 선전이 한몫하고 있다. 국제 천두술 옹호 단체The International Trepanation Advocacy Group: ITAG는 이렇게 선전하기도 했다.

> 두개골에 구멍을 뚫는 것은 혈액의 뇌 내 순환을 용이하게 하고, 갈수록 빨리 변하는 세상에 적응하기 위해 그 어느 때보다 중요한 뇌 기능 향상에 도움을 준다.

최근 들어서는 몇몇 자가 천두술 시술자가 유명해진 경우가 있다. 여기에는 『천두술: 정신병 치료법Trepanation』의 저자인 바트 휴스Bart Hughes도 있고, 『구멍 뚫기Bore Hole』를 쓴 조이 멜런Joey Mellen도 포함된다. 두개골의 구멍을 통해 고차원의 의식을 성취할 수 있다는 자가 천두술 시술자들의 주장은 〈머리의 구멍Hole in the Head〉이라는 다큐멘터리에서 다뤄지기도 했다. 자가 시술자 중 한명인 헤더 페리Heather Perry는 2008년 과학 분야 작가 모 코스탄디Mo Costandi와의 인터뷰에서 전기 천공기로 머리에 구멍을 뚫은 경험을 이야기하면서, 자신의 목표가 "명료한 정신 에너지를 더 많이 얻기 위해서"라고 밝혔다.[6]

천두술은 1998년에 방송된 〈ER〉•의 에피소드에서, 그리고 심리 스릴러 흑백영화 〈파이Pi〉를 통해 많은 조명을 받았다. 이에 더해 큰 히트를 쳤던 2003년 영화 〈마스터 앤드 코맨더: 위대한 정복자Master and Commander: The Far Side of the World〉에서도 천두술이 등장한다. 염려스럽게도 최근 인터넷에서 자가 천두술의 시술 방법을 알려주는 영화를 너무나도 쉽게 찾을 수 있다. 2000년 영국 의학 학술지 ≪브리티시 메디컬 저널British Medical Journal≫은 천두술의 확산에 우려를 표명했고, 시술의 위험성에 대해 경고를 하기도 했다.[7] 이 글을 마치며 분명히 하고자 한다. 천두술로 심리적·심령적 혜택을 받을 수 있다는 증거는 없다!

• [옮긴이] 응급실을 배경으로 한 미국 TV 시리즈이다.

신화 06

두개골 모양으로 인간성을 파악한다

뇌에 관한 잘못된 인식을 바탕으로 1830년대에 큰 인기를 누린 것이 또 하나 있다. 바로 골상학이다. 독일 의사 프란츠 요제프 갈 그리고 그의 제자 요한 슈푸르츠하임Johann Spurzheim이 개발한 이 설에 의하면, 정신적 적성과 성격적 특성은 두개골에 있는 돌출 부위와 움어리진 부위를 보면 알 수 있다(222쪽 〈그림 11〉 참조). 갈의 체계에 의하면 뇌의 각 부위(갈은 '뇌 내 장기'로 명명함)에 각기 다른 능력 27가지가 자리 잡고 있고, 그중 지혜나 시적 재능과 같은 여덟 가지는 인간에게서만 발견된다고 한다.

갈은 그의 기법을 두개골학craniology 혹은 장기학organology라고 불렀다. 실제로 골상학이라는 이름을 자리 잡게 한 사람이 바로 슈푸르츠하임이었다. 그는 갈이 분류한 27개 능력을 35개로 확장했고, 골상학 기법을 사회 개혁과 자기 계발에 적용하기 시작했다. 슈푸르츠하임은 골상학이 과학계뿐만 아니라 중산층에서도 큰 인기를 누리게 된 영국에서 순회강연을 했고, 1832년에는 골상학 단체만 29개에 이르렀다. 소설가 조지 엘리엇은 본인 두개골을 좀 더 정확히 분석하기 위해 머리 모양의 주물을 제작해 골상학자 제임스 드빌James de Ville에게 주기도 했다.[1] 앤 브론테와 샬럿 브론테 자매도 골상학의 열렬한 팬이었다. 영국의 대표적인 골상학자인 조지 컴George Combe에게는 왕족 중에도 의뢰인이 있을 정도였다.[2] 골상학은 미국에서도 인기가 있었고, 의료계 내 옹호자 중에 존 워런John Warren, 존 벨John Bell, 찰스 콜드웰Charles Caldwell 같은 의사가 있었다.[3] 유명인 추종자로는 작가 월트 휘트먼과 에드거 앨런 포가 포함되었다.

갈의 체계는 본인의 지인에 대한 관찰을 포함한 다양한 증거에 바탕을 두었다. 예를 들면 학교를 다니던 때 언어 구사 능력이 매우 좋은 친구의 눈이 튀어나와 있던 것을 보고 전두엽과 언어 능력을 연결시킨 것이었다(크게 보아 틀린 것은 아니었으나, 갈은 언어 능력과 관련된 부위를 너무 앞쪽인 눈 바로 뒤로 보았다).

갈은 수학 천재나 범죄자와 같이 특정 재능이 있거나 극단적인 성격을 가진 사람의 머리 모양을 조사했다. 매우 강한 성욕을 가진 사람이나 동물은 목이 굵다는 관찰을 했고, 목덜미 부위에 있는 소뇌가 바로 성욕의 원천이라고 결론지었다.[4] 갈은 자신의 여러 가설을 입증하기 위해 다양한 동물과 인간의 두개골을 수집했다.

갈의 가장 치명적 실수는 본인의 아이디어를 뒷받침하는 증거만 찾았다는 것이다. 이는 바로 편견을 재확인하는 확증 편향의 예에 불과하다(21쪽 참조). 본인의 체계와 일치하는 경우가 아니면 갈은 뇌 손상을 입은 사람을 대상으로 한 행동학 연구를 무시했다. 그 결과로 골상학 기능 해부도는 대체로 부정확했다(예를 들면 색깔 인식 기능을 시각령이 있는 뇌의 뒷부분이 아니고 앞부분에 배정했다). 인간의 뇌 구조의 특이성과 성격을 두개골의 돌출 부위를 통해 파악할 수 있다는 주장이 틀렸듯이 말이다.

골상학에 반기를 든 사람은 갈과 동시대의 프랑스인인 장 피에르 플루랑스Jean Pierre Flourens였다.[5] 그는 동물 실험을 시행했으나, 갈이 만든 기능 해부도가 옳다는 증거를 전혀 찾을 수 없었다. 실제로 그는 기능이 뇌 내 부위별로 분산되어 있다는 증거를 찾지 못했다. 이는 플루랑스가 사람이나 영장류를 대상으로 실험하지 않고 단순한 동물 실험에 의존했기 때문이기도 하다. 골상학에 대한 관심은 통속 심리학 차원에서 유지되었으나, 1840년경에는 과학으로 명성을 잃기 시작했고 풍자가나 만화가의 놀림을 받기 시작했다.

골상학의 명성이 땅에 떨어진 것은 어떤 면에서 보면 불행한 일이다. 해부 기술이 뛰어났던 갈이 뇌 해부학에 기여한 점이 빛을 잃게 되었기 때문이다. 갈 이전에 토머스 윌리스나 레오나르도 다빈치 같은 사람들의 노력에도 불구하고, 대뇌 피질의 기능적 중요성은 거의 무시되었다. 고대 그리스 시대부터 대뇌 피질은 창자와 같이 꼬인 균일 조직으로 간주되었고, 기능적으로 나뉜 부위가 있다고는 생각되지 않았다. 18세기 스웨덴의 신비주의자 에마누엘 스베덴보리Emanuel Swedenborg가 대뇌 피질의 기능적 구성에 대해 활발하게 집필 활동을 했으나 학문적 연고가 없었기 때문에 완전히 무시되었다. 대뇌 피질이 기능적으로 다른, 그리고 다양한 부위로 구성되어 있다는 갈의 주장은 대체로 옳았을 뿐 아니라 이후 부위별 기능 분석에 관한 과학적 관심을 불러일으켰다. 언어 기능이 왼쪽 전두엽에 위치한다는 것을 밝혀낸 폴 브로카(브로카 영역에 대해서는 63쪽 참조)는 갈의 업적을 두고 "현 세기 대뇌 생리학 분야의 모든 발견의 출발점"이라고 했다.

오늘날 골상학은 뇌의 기능이 그려진 유치한 골상학 흉상이 인기가 있는 덕분에 사람들의 기억에 남아 있다. 많은 골상학용 흉상에 '파울러'라는 상표가 붙어 있는데, 이는 19세기 미국에서 골상학으로 산업을 세운 오슨 파울러 Orson Fowler와 로레조 파울러Lorezo Fowler 형제를 기리는 것이다. 또한 현대 뇌 영상 연구를 통해 알게 된 사실인, 특정 기능이 뇌의 특정 부위에 위치한다는 것을 믿지 않는 사람은 이러한 연구를 골상학이라 부르며 비난하기도 한다 (112쪽 참조). 특정 기능이 대뇌 피질을 포함한 뇌의 특정 부위에 위치한다는 사실은 의심의 여지가 없다. 그러나 뇌의 많은 부위가 동시에 활성화된다는 것이 알려지면서, 기능 단위보다 기능 네트워크를 이해해야 한다고 생각하는 신경 과학자가 증가하는 것이 현재 추세이다.

신화 07

전두엽의 연결을 끊어서 정신병을 치료한다

전두엽 절리술frontal lobotomy(전두엽 백질 절제술)은 조직의 일부나 전체를 제거하는 전두엽 절제술frontal lobectomy과 달리 전전두엽과 뇌의 내부 조직을 연결하는 신경 다발 및 조직을 자르거나 파괴하는 것이다. 이 수술은 포르투갈의 신경 과학자 에가스 모니스Egas Moniz가 1936년에 처음 보고했다. 그는 이 과정을 백질 절제술이라 불렀는데, 이것은 흰색을 띠는 신경 다발을 자르는 것을 의미한다. 그의 논리는 조직을 파괴해 환자의 비정상적이고 유해한 정신적 집착을 와해시킨다는 것이었다. 아이디어는 그 전해 런던에서 열린 '제2차 세계 신경학회'에서 얻었다. 모니스는 이 학회에서 공격적인 침팬지 및 원숭이의 전전두엽과 뇌의 다른 부분 사이의 연결을 끊으면 차분해진다는, 예일 대학교 연구자 존 풀턴John Fulton과 칼라일 제이컵슨Carlyle Jacobsen의 실험 결과에 대해 들었다.

동료였던 알메이다 리마Almeida Lima와 함께 모니스는 환자의 뇌에 목표했던 손상을 입히기 위해 처음에는 알코올을 주입했다. 이후 신축성 있는 철사 올가미가 달린 뇌엽 절제용 메스를 사용해 기술을 발전시켰다. 모니스와 리마는 당시 대안이 없던 심각한 정신병 환자에게서 좋은 결과를 얻었다고 보고했고, 이러한 성공은 모니스에게 1949년 노벨 의학상을 안겨주었다. 그러나 모니스에게 성공만 있었던 것은 아니다. 노벨상을 수상하기 10년 전, 전두엽 절리술을 받은 환자는 아니었지만 예전에 치료했던 환자에게 총을 여러 발 맞아 그는 평생 휠체어 신세를 지게 되었다.[1]

미국에서는 신경외과 의사 월터 프리먼Walter Freeman과 그의 동료인 제임스 와츠James Watts가 전두엽 절리술을 마치 종교적 신념을 발휘하듯 열정을 가지고 수행했다. 이들은 얼음송곳같이 생긴 도구로 눈 주변 뼈를 뚫고 뇌에 접근하는 기법을 이용했다. 어떤 때에는 마취제도 사용하지 않고 수술했으며, 갈수록 환자를 무분별하게 선택했다. 프리먼은 전국을 돌아다니며 전두엽 절리술 수천 건을 시술했다. 유명한 환자로는 존 F. 케네디 대통령의 누이인 로즈메리 케네디와 할리우드 여배우 프랜시스 파머도 포함되어 있었다.[2] 모니스와 마찬가지로 프리먼은 좋은 결과를 얻었다고 주장했다. 그러나 모니스와 마찬가지로 프리먼은 시술의 장기적 영향을 조사하지 않았고, 발작이나 마비 또는 사망과 같은 문제점을 무시했다. 프리먼이나 모니스는 손상을 입은 뇌 부위를 볼 수 없었기 때문에 수술 결과를 예측하기 힘들었던 것이다. 전두엽 절리술에 대해 비판적인 사람은 성공적으로 치료된 사람도 실제는 치료된 것이 아니고 단지 둔해지거나 조용해진 것뿐이라고 주장했다.

전두엽 절리술은 영국에서도 각광을 받았다. 영국의 주창자는 호언장담을 일삼는 신경외과 의사인 와일리 매키소크Wylie McKissock였고, 그 역시 전국을 돌며 수천 건의 전두엽 절리술을 진행했다.[3] 매키소크는 1971년 기사 작위를 받았다. 그러나 이 수술이 어디서나 환영받은 것은 아니다. 소련에서는 1950년에 금지되었다.

일반적으로 모니스가 정신 수술psycho surgery의 창안자로 간주되기는 하지만, 계획적으로 뇌를 손상시켜 증상을 완화시키는 아이디어는 르네상스 시대의 천두술과, 이후 19세기 스위스의 심리학자 고틀리프 부르크하르트Gottlieb Burckhardt의 수술에서 유래한다.[4] 1880년에 나온 부르크하르트의 부분 절제술topectomy은 전두엽, 두정엽, 측두엽에서 몇 군데를 절개하는 것이다. 이 방법은 결국 성공하지 못했다. 아마도 수술을 받은 정신병 환자 여섯 명 중 두 명이 죽은 것이 큰 이유였을 것이다. 모니스나 프리먼이 20세기 들어서 정신병 치료 방법이 절실했던 세상에 자신들의 방법을 선보이며 보였던 카리스마와 열정이 부르크하르트에게는 부족했던 것도 이유였을 것이다.

보기에는 이렇게 잔혹하고 무지막지한 방법이 오랫동안 허용되어 왔다는 것은 믿기 힘든 것이 사실이다. 그러나 수술의 대상이 되었던 대부분의 중증 환자에게 다른 방법이 없었다는 것을 기억해야 한다. 이들 중 많은 환자가 전두엽 절리술을 받지 않았다면 수용소에 갇혀 여생을 보냈을 것이다. 또한 대중 매체는 삶의 질이 눈에 띄게 향상된 환자의 이야기에 집중했다. 전두엽 절리술의 인기가 가장 높았던 1950년에 BBC 라디오 방송을 통해 나온 판정은 "고통받던 뇌가 평화를 얻다"였다. 또한 항암 화학 요법에서도 암을 치유하기 위해 정상 조직을 의도적으로 파괴한다는 논리도 이와 비슷한 예로 적용할 수 있다. 심지어 건강한 몸이나 얼굴에 칼을 대서 환자에게 심리적 혜택을 준다는 관점에서 성형 혹은 미용 수술과 비교할 수 있다고 주장할 수도 있다.

전두엽 절리술은 1950년대에 클로르프로마진chlorpromazine(소라진Thorazine)과 같은 정신병 치료약이 나오면서 인기를 잃기 시작했다. 또한 수술 결과가 좋지 않은 경우가 많다는 것이 알려지면서, 프리먼이 '얼음송곳을 신나게 휘두르는' 것을 반대하는 사람이 늘어나기 시작했다. 신경 과학의 전설이 된 전두엽 절리술의 무시무시한 명성은 1975년 대성공을 거둔 영화 〈뻐꾸기 둥지 위로 날아간 새One Flew Over the Cuckoo's Nest〉로 인해 마침내 종말을 맞게 되다. 이 영화에서 반항적인 환자 랜들 맥머피(잭 니콜슨 연기)는 자신의 의지에 반해 강제로 시술받고 결국 정신이 나간 좀비나 다름없게 되었다.

뇌 수술이 없어졌다고 생각하는 것은 실수이다. 뇌 수술은 결코 사라지지 않았다. 오늘날에도 심각한 우울증이나 강박 장애를 앓는 환자 중 다른 치료 방법이 통하지 않는 자들이 최후의 수단으로 뇌 수술을 받는다. 뇌 수술은 전두엽 절리술보다 더 정교하다. 이는 새로운 스캔 기법과 정위 신경 수술 도구를 이용해 수술 대상 부위를 삼차원 좌표로 정확히 표시하기 때문이다. 현재 이루어지는 수술에는 대상회전 절개술anterior cingulotomy, 하미상부 신경로 절개술subcaudate tractomy, 변연계 백질 절제술limbic leucotomy 등이 있으며, 모두 감정 혹은 정서의 처리 과정과 관계있다. 뇌 수술 옹호자들은 이 수술들이 전두엽 절리술 시절보다 훨씬 더 안전해졌으며, 뇌 전체에 퍼지는 약물 처리보다 더 정교한 방법이라고 강조한다.[5] 또한 미국에서는 실험적 수술을 허락하기 전에 득실을 따져보는 기관인 심의위원회가 환자를 보호한다. 유사한 윤리위원회가 영국과 다른 나라에도 존재한다.

현대 뇌 수술 일부는 조직을 파괴하지 않는다. 뇌 심부 자극술은 미세 도구를 삽입해 지속적으로 특정 뇌 부위를 자극해 활성을 억제하는 방법이며, 파킨슨병, 불안 장애, 우울증 치료에 쓰인다. 경두개 자기 자극 기법은 자기 진동을 두피 가까이에서 일으켜 핵심 뇌 부위 일부를 마비시키는 방법이다. 그리고 줄기세포를 손상된 뇌 부위에 이식해 해당 뇌 조직에 적절한 세포로 발생하게 하려는 실험적 시술도 있다. 이러한 방법이 강력한 위약 효과가 아니라 실제 효과가 있는지는 현재 연구하는 중이다.

뇌 수술은 빠르게 발전하는 의학 분야이며, 오늘날의 실험 기법은 의심의 여지없이 훗날의 신경 과학자들을 경악하게 할 것이다. 그런 관점에서, 우리가 다시 프리먼과 와츠가 보였던 저돌성을 다시 용납하는 것은 상상이 되지 않는다.

전기 경련 요법이란 무엇인가?

대중의 인식 속에 어둡게 자리 잡은 또 다른 뇌 치료법은 전기 경련 요법electroconvulsive therapy: ECT이다. 이 기법은 우울증 환자 일부가 뇌전증으로 인한 발작 후 증상이 완화되는 것에 착안해 1930년대에 개발되었다.

전두엽 절리술과 달리 오늘날까지 중증 우울증 환자의 최후 치료 방법으로 널리 쓰인다. 2008년 다니엘 파그닌Daniel Pagnin 연구팀의 메타분석에 따르면, 전기 경련 요법은 모의 치료(즉, 위약)나 항우울증약보다 우월한 치료 효과를 보였다.[6] 스콧 릴리언펠드Scott Lilienfeld 연구팀은 2010년 “전기 경련 요법보다 더 오해받는 것은 없다”라고 밝혔다.[7] 일부는 이 기법이 야만적이며 환자를 좀비로 만든다고 본다.

전기 경련 요법이 기억력에 문제를 일으킬 수는 있지만, 대중문화에서 묘사하는 사악한 모습은 사실과 다르다. 많은 환자가 이 치료법이 자신의 생명을 구했다면서, 우울증이 재발한다면 전기 경련 요법을 다시 받을 것이라고 말한다.[8]

전기 경련 요법의 험악한 평판은 역사에서 일부 기인한 것이다. 초기에는 문제 환자를 벌하는 방법으로 쓰이는 등의 남용이 있었다. 마취제와 근육 이완제가 널리 쓰이기 전에는 유도된 경련이 심한 발작으로 이어지기도 했으며, 골절 같은 심한 부상을 유발하기도 했다. 영화 속 묘사도 나쁜 인상을 주는 데 한몫했다. 〈뻐꾸기 둥지 위로 날아간 새〉에서는 랜들 맥머피가 환자를 선동한 벌로 전기 경련 요법을 받는 악명 높은 장면이 나오기도 한다.

전기 경련 요법에 대한 두려움과 불신의 이유 중 하나는 이 방법의 작용 기전을 모른다는 것이다. 새 단서는 애버딘 대학교의 제니퍼 페린Jennifer Perrin 연구팀이 환자 아홉 명을 대상으로 치료를 받기 전과 후를 비교한 기능성 뇌 스캔 연구를 2012년에 발표하면서 알려졌다.[9] 치료 후에 뉴런 간의 지나친 연결성이 줄어들었다는 것이다. 2013년에 나온 다른 연구 결과에 의하면, 수술받은 양극성 우울증 환자와 단극성 우울증 환자의 뇌에서 국소적으로 회백질의 부피가 늘어났다. 이러한 뇌 내 변화의 정도는 치료의 효과와 비례한다는 것이 밝혀졌다.[10] 그럼에도 불구하고 전기 경련 요법에 반대하는 사람은 여전히 많다. 정신과 의사 존 리드John Read는 2013년 BBC 뉴스와 인터뷰에서 "전두엽 절리술이나 충격 욕조 기법•과 마찬가지로 전기 경련 요법도 앞으로 10년에서 15년 내에 폐기될 것으로 확신한다"라고 말했다.[11]

• [옮긴이] 사람을 물이 찬 욕조 안에 세워놓고 갑자기 욕조를 움직여 넘어지게 하는 치료법이다.

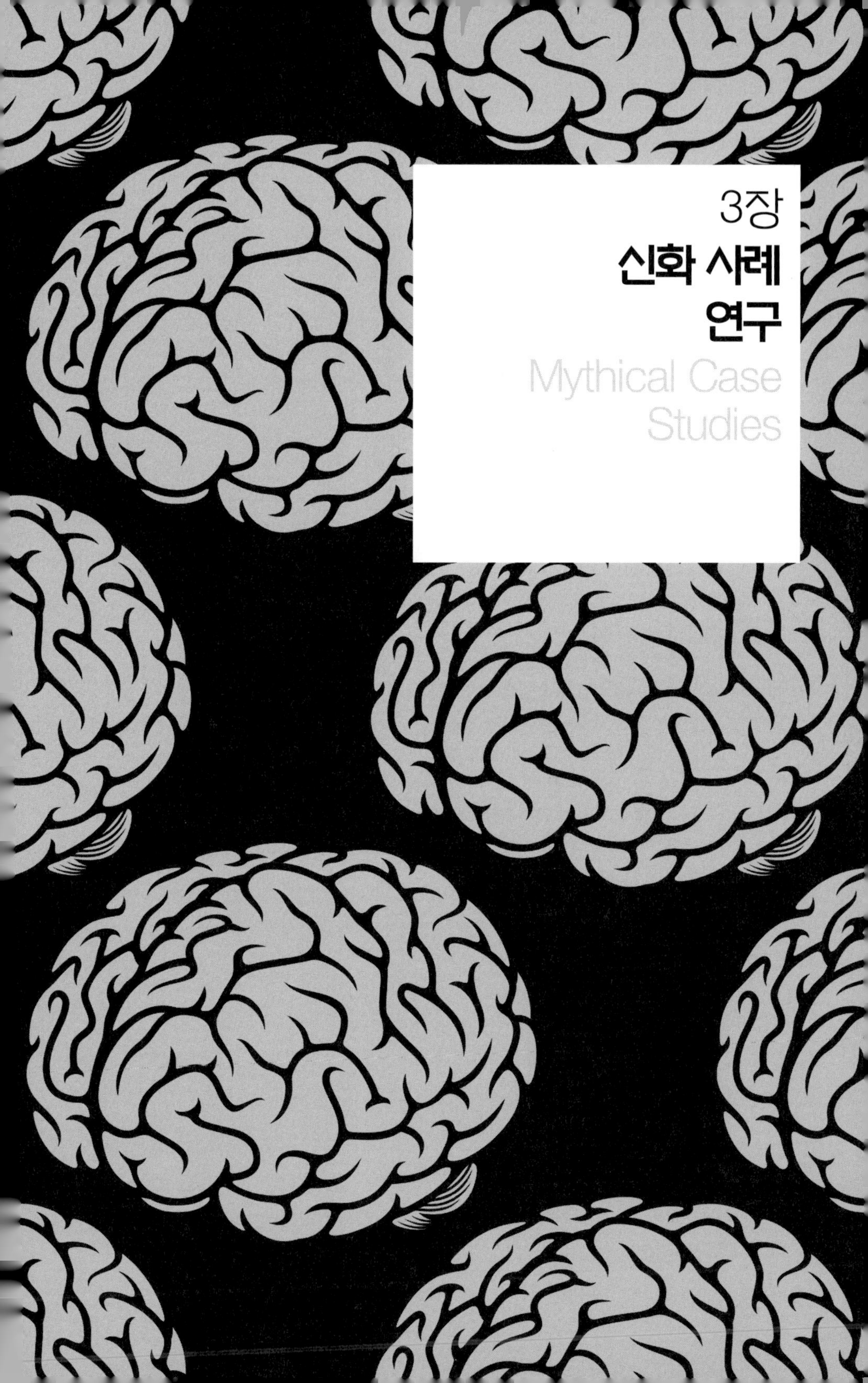

3장 신화 사례 연구

Mythical Case Studies

신경 과학의 역사에는 개인의 불행이 뇌에 관한 획기적인 지식으로 이어지게 한 전설적 인물이 몇 있다. 이 장에선 19세기에 태어난 두 사람과 20세기에 태어난 한 사람, 총 세 사람의 이야기를 소개한다. 피니스 게이지, 탄, 헨리 몰레이슨이 바로 그들이다.

이들의 이야기는 거의 신화적 위상을 가지고 있고, 수백 종의 심리학 및 신경과학 교과서에 등장하며, 심지어는 이들을 다룬 시와 영화도 존재한다. 이 환자들을 대상으로 한 연구가 어떻게 뇌에 관한 여러 신화를 뒤집었는지 보는 한편, 다른 신화와 잘못된 정보가 어떻게 새로 만들어졌는지도 알게 될 것이다. 실제로 현대 과학자들은 여전히 이들의 사례에 관심이 많으며, 최신 장비를 동원해 이들의 병들고 손상된 유해를 대상으로 뇌에 관한 새로운 통찰을 위해 연구를 지속하고 있다.

신화 08

뇌 부상으로 충동적 망나니가 된 역사상 가장 유명한 환자

신경 과학의 전설 중 가장 유명한 것은 쇠막대가 뇌를 통과한 후 성격이 변한 철도 공사 감독 피니스 게이지의 이야기일 것이다. 1848년 게이지는 미국 버몬트주 중부에 건설 중이던 러틀랜드-벌링턴 철도의 작업 현장에서 사고를 당했다. 길을 내기 위해 바위 사이에 화약을 다져넣던 중 예상보다 폭발이 빨리 일어났고, 무게 6킬로그램, 길이 105센티미터, 지름 3센티미터의 쇠막대가 그의 얼굴로 날아가서 왼쪽 눈 밑으로 들어가 정수리를 통과한 뒤 20미터 뒤에 떨어졌다. 소달구지에 실려 근처 병원으로 간 그는 놀랍게도 다른 사람의 도움 없이 달구지에서 일어났다. 그러나 그는 더 이상 예전의 게이지가 아니었다.

처음으로 현장에 달려가 그를 치료했던 의사 중 한 명인 존 할로John Harlow가 쓴 불멸의 기록에 의하면, 게이지의 "정신세계는 극단적으로 변했고, 친구와 지인은 '더 이상 예전의 게이지가 아니다'라고 말했다".[1] 할로는 1868년 보고서에서 그 원인을 "지적 기능과 동물적 본능의 균형 혹은 평형이 파괴된 것으로 보인다"라고 한다. 할로는 당시 상황을 사고 전 게이지의 성격과 대비시켜 설명했다. "그는 균형 잡힌 성격으로, 모두들 그를 기민하고 영리하며 본인이 계획한 일을 열정과 끈기를 가지고 실행하는 사람이라고 생각했다." 사고 이후 성격이 포악해진 게이지는 이후 한 손에 막대를 든 서커스의 구경거리로 일하기도 하며 11년 후에 죽을 때까지 방황하게 된다. 이것이 수백 권의 심리학과 신경 생물학 교과서, 연극, 영화, 시, 유튜브의 촌극이 우리에게 알려주는 바다. 즉, 신화에 따르면 '성격은 전두엽에 존재하며, 여기에 손상이 있으면 당사자는 영원히 변한다'는 것이다.

그러나 실제로 게이지의 사례는 지난 20년간 극적인 재평가를 받게 된다. 이것은 멜버른 대학교의 맬컴 맥밀란Malcolm Macmillan과 매사추세츠주에서 일하는 매슈 리나Matthew Lena의 꼼꼼한 조사 덕분이다(또한 새로운 영상 자료의 도움이 있었다. tinyurl.com/a42wram 참조).[2] 이들의 연구에 의하면 게이지가 바넘 박물관과 다른 곳에서 구경거리로 일한 시간은 매우 짧다는 것이다. 그는 1851년에 뉴햄프셔주의 여객용 마차 사업장에서 18개월간 일하기도 했다. 그리고 1852년 또는 1854년에 칠레로 이민해 발파라이소와 산티아고를 왕복하는 육두마차의 마부로 일을 시작했다. 새로운 어휘를 배우고, 승객에게 친절히 대하며, 말을 잘 제어하면서 수백 마일의 험한 길을 운행하는 일은 매우 힘들었을 것이다. 맥밀란과 리나에 의하면 이러한 상황은 게이지가 심리 사회학적 관점에서 매우 괄목할 만한 회복을 보였다는 것이다. 할로가 묘사한 험악한 방랑자의 삶은 매우 짧은 순간이었을 것이다. 맥밀란과 리나는 게이지가 사고 이후 갖게 된 직업은 그에게 회복에 필요한 환경을 제공했을 것으로 생각한다. 최근에 관찰 기록된 뇌 손상 환자의 회복 성공 사례와 비슷한 상황이다(예외의 경우는 327쪽 참조). 결국 게이지는 1859년에 중병에 걸렸고, 칠레를 떠나 가족이 있는 샌프란시스코로 돌아왔으나 수차례의 발작 끝에 1860년에 사망한다. 그의 두개골과 쇠막대는 보스턴 소재 워런 해부학 박물관에 소장되어 있다.

게이지의 부상과 회복에 관한 애매모호함은 당시의 뇌 기능에 관한 지식 부족에 기인한다. 1장에 나왔듯이 전두엽을 포함한 대뇌 피질은 기능적 중요성을 지니고 있고, 다양한 기능을 가진 부위로 나뉘어 있다는 사실이 겨우 인지되기 시작한 상황이었다. 많은 정보는 골상학에서 나온 잘못된 주장에 바탕을 두고 있다. 또한 게이지에 대한 부검이 이루어지지 않은 것도 이에 기여했다.

게이지의 두개골은 1868년 무덤에서 파내져 할로에게 보내졌다. 할로는 게이지의 왼쪽 전두엽과 중엽이 파괴되었고, 그가 부분적으로 회복된 것은 손상되지 않은 우뇌가 보완을 했기 때문이라고 결론지었다. 이후 게이지의 두개골은 100년 가까이 방치된다. 1980년대에 들어서 새로운 세대의 과학자가 최신 기술을 이용해서 게이지의 부상을 재현하기 시작했다. 가장 첨단의 기술이 쓰인 연구는 2004년에 발표된 컴퓨터를 이용한 해부학적 분석이었다. 브리검 앤드 위민스 병원과 하버드 의대에서 일하는 피터 라티우Peter Ratiu 연구팀은 게이지의 두개골을 대상으로 다층 삼차원 CT 스캔을 했고, 그것을 정상 뇌의 삼차원 모델과 겹쳐보았다. 그리고 쇠막대의 경로를 재현해 보았다. 맥밀란과 리나가 재해석한 게이지의 회복 내용과 일관성 있게, 라티우의 연구팀은 게이지가 왼쪽 전두엽, 좀 더 정확히 말하면 안와 전두와 배횡 전두 부위에만 부상을 입었고 뇌실은 손상되지 않았다는 것을 밝혀냈다. 이것은 게이지가 뇌 양쪽 모두에 부상을 입었다는 과거의 일부 주장과 어긋나는 것이며, 그가 보여준 정도의 회복이 어떻게 가능했는가를 설명해 준다.

2012년에는 캘리포니아 대학교와 하버드 대학교의 존 밴혼John van Horn 박사 연구팀이 확산 텐서 영상 데이터와 자기 공명 영상을 조합해 게이지의 부상이 뇌의 결합 조직까지 손상을 입혔는지 조사했다(223쪽 〈그림 12〉 참조).[3] 이는 이전 과학자들이 무시해 온 부분이다. 쇠막대의 추산된 궤도와 21세기에 작성된 유사한 나이대의 건강한 남성 110명의 뇌에 있는 결합 조직 이미지를 겹쳐 분석한 결과, 게이지 대뇌 피질 내 회백질의 4퍼센트, 그리고 중요한 신경 다발을 포함한 백질의 11퍼센트가 손상을 입었다고 결론 내릴 수 있었다. 이러한 손상은 매우 심각한 결과를 초래했을 것이며, 좌뇌 외에도 간접적으로 우뇌에 영향을 미쳤을 것이라고 한다. 불행하게도 이러한 분석 결과는 게이지의 손상된 연결 조직이 얼마나 부상에 적응을 했는지는 알려주지 않는다.

게이지의 사례가 신경 과학에서는 신화적 위상을 가지고 있기는 하지만, 그가 당시에 유일하게 심각한 뇌 손상으로부터 살아남은 사람은 아니다.[4] 영국 의학 학술지 ≪브리티시 메디컬 저널≫의 기록에 따르면 뇌의 상당 부분을 잃은 뒤에도 비교적 정상적인 삶을 살았던 환자의 사례가 다수 발견된다. 한 사례가 1853년 논문 「전두골 복합 골절과 뇌 조직 손실로부터 회복된 사례Case of recovery after compound fracture of the frontal bone and loss of cerebral substance」에 나타나 있다. 여기에는 빠르게 돌아가는 권양기(윈치 혹은 윈드라스) 손잡이에 부딪친 사고로 '최소한 한두 숟가락' 정도의 '뇌 조직'을 잃은 60세 남자 부스Booth에 관한 이야기가 나온다. 3개월 후 부스의 의사는 환자의 지적 기능에 손상이 없으며, 근육도 "전혀 마비되지 않았다"라고 보고했다.

신화 09

언어 능력은 뇌 전체에 분산되어 있다

19세기 후반에 이르러 대뇌 피질의 중요성이 광범위하게 인정되면서, 의사와 과학자들은 뇌의 어느 부위가 무엇을 하는지 알아내기 위해 뇌에 손상을 입은 환자에게 집중하기 시작했다. 이러한 '우연한 자연 현상'은 매우 유익한 정보를 제공한다. 만약 뇌의 특정 부위에 입은 손상이 특정 기능의 마비로 이어지고 다른 부위의 손상이 동일한 기능 마비를 일으키지 않는다면, 이것은 두 부위의 기능적 독립성을 암시한다. 이른바 '이중 해리double-dissociation'는 더욱 많은 것을 가르쳐준다. 이중 해리는 각기 다른 부위에 손상을 입은 두 환자가 다른 양상의 장애를 보이는 상황이다. 이러한 사례 분석은 오늘날까지도 매우 유효하다.

신경 과학 사상 기념비적인 사례 중 하나는 1861년 4월 11일 프랑스의 신경 과학자 겸 인류학자 폴 브로카를 만나기 위해 파리의 비세트르 병원 외과 병동으로 이송된, 51세의 장기 수용 환자 르보르뉴Leborgne의 사례이다. 그의 불행한 운명이 당시 다수에게 지지받던 언어 능력이 '뇌 전체에 분포되어 있다'는 신화를 뒤집었던 것이다.

르보르뉴는 '탄Tan'이라는 별명을 가지고 있었는데, 그 이유는 답답할 때마다 내뱉던 "하나님의 신성한 이름으로sacré nom de Dieu"(당시에는 심한 욕으로 간주되었다)라는 말 외에 그가 낼 수 있었던 소리는 특별한 의미가 없는 '탄'뿐이었기 때문이다.[1] 이해력에는 문제가 없었지만, 탄은 아마도 어릴 때부터 앓던 뇌전증의 후유증으로 31세가 되었을 때에는 언어 능력을 잃었던 것 같다. 유독한 금속 가스에 노출되어 생긴 것으로 추정되는 심각한 두통 때문에 1833년에 처음으로 병원 신세를 지게 된 탄은 이후 서서히 몸의 오른쪽의 기능을 잃게 된다.[2] 1861년에 비세트르 병원 외과를 찾은 이유는 오른쪽 다리에 생긴 괴저 때문이었다. 탄은 오래 버티지 못했다. 그는 브로카를 만난 지 일주일 만에 사망했다.

탄의 사망은 브로카의 입장에서는 때맞추어 일어났다고 볼 수 있다. 당시 언어 구사력이 전두엽에 있느냐가 학계에서 매우 활발히 논의되던 때였기 때문이다. 골상학적 주장이 신빙성을 잃은 지 얼마 되지 않은 시점이어서 많은 전문가는 언어 구사 능력 및 여러 지적 기능이 뇌 전체에 골고루 분산되어 있다는 쪽으로 기운 상태였다.

장바티스트 부요Jean-Baptiste Bouillaud, 마르크 닥스Marc Dax, 그리고 다른 학자들은 이미 전두엽 손상에 따른 언어 장애 사례를 수십 건 모아 놓은 상태였다. 그러나 학계에서는 인정하려 들지 않았다(67쪽의 "내기" 내용 참조). 탄은 그러한 상황을 역전시켰다. 브로카는 탄의 사망 이후 그의 뇌를 검사했고, 검시 결과를 프랑스 인류학회Société d'Anthropologie de Paris(브로카가 창립함)와 프랑스 해부학회Société Anatomique de Paris에 보고했다. 브로카는 탄의 언어 장애, 정상적인 이해력, 그리고 왼쪽 전두엽 세 번째 전두회 부위에 입은 손상에 대해 보고했다. 이 부위는 이후 브로카 영역Broca's area이라고 불린다(224쪽 〈그림 13〉 참조).

브로카의 명성 그리고 상세하고 정확한 사례 보고가 이전과의 차이를 가져왔고, 결국 당시 신경 과학자들은 언어 구사 능력이 전두엽과 밀접한 관계가 있다는 것을 받아들였다. 역사학자 스탠리 핑거Stanley Finger는 이를 '뇌 과학의 중요한 전환점'이라고 했다.[3] 브로카는 얼마 지나지 않아 추가 사례를 통해 왼쪽 전두엽의 손상이 언어 장애를 가져온다는 것을 알게 되었다(프랑스 신경 과학자 마르크 닥스는 수십 년 전에 이미 같은 관찰을 했으나 결과를 발표하기 전에 사망했다).[4] 브로카는 이러한 언어 장애를 프랑스어로 실어증aphémie이라고 했으나, 이는 아르망 트루소Arman Trousseau가 그리스어 어원을 살려 만든 같은 의미의 단어 'aphasia'로 대체되어 아직도 쓰이고 있다. 오늘날 브로카 영역의 손상으로 인해 생긴 언어 장애는 브로카 실어증Broca's aphasia이라고 불린다.

탄의 뇌 손상에 대해서는 자세히 알려져 있지만 인생 전반에 대해 알려진 것은 거의 없다는 점에서 게이지와 다르다. 일부에 따르면 탄은 상스럽고 공격적이었다고 하나, 브로카는 의료 기록에 신상에 관한 이야기는 거의 남기지 않았다. 다행히 폴란드 역사학자 체자리 도만스키Cezary Domanski가 두 편의 논문을 통해 충실히 기록했는데, 여기에는 르보르뉴의 의료 기록을 포함한 자료가 보고되어 있다.[5]

이제 탄의 이름이 루이 빅토르 르보르뉴Louis Victor Leborgne라는 것과, 그가 후세에 클로드 모네와 다른 인상파 화가에게 영감을 주었던 아름다운 작은 도시 모레쉬르루앙에서 태어났다는 것을 알고 있다. 그는 학교 선생님이었던 아버지 피에르 크리스토프 르보르뉴와 어머니 마르게리트 사바르 사이에서 태어났다. 병 때문에 정상 생활이 불가능해지기 전에 르보르뉴는 신발 틀을 만드는 장인이었다. 건강이 나빠져서 더 이상 일을 할 수 없게 되자, 그는 심각한 빈곤에 처했을 것으로 추정된다. 역사학자 도만스키는 이 점에서 르보르뉴를 동정한다. 르보르뉴가 호감을 사지 못했던 것은 결코 놀라운 일이 아니었다는 것이다. 극빈자로 평생 병원 신세를 지게 된 "희망 없는 어려운 상황에서 르보르뉴의 인간성이 다른 방향으로 형성되는 것은 당연하다"라고 도만스키는 말했다.

르보르뉴의 가족과 생애 전반기 직업에 관한 새로운 정보는 다른 잘못된 인식을 뒤엎는 것이다. "즉, 하층민 출신에 교육을 못 받은 무지렁이라는 인식은 잘못된 것임을 확실히 해야 한다"라고 도민스키는 주장한다. 그는 또한 흥미로운 주장을 편다. 르보르뉴의 고향인 모레에 가죽 무두질 공장이 여럿 있었는데, 그가 내뱉던 '탄'은 자신의 아름다운 고향에서의 어릴 적 기억과 관련이 있다는 것이다.

탄의 뇌에 대해 자세하게 알게 된 것은 브로카가 그를 해부하지 않고 후세를 위해 보존될 수 있도록 외부만 관찰했기 때문이다(뇌는 현재 파리의 뒤피트랑 박물관에 보관되어 있다). 탄의 뇌는 세 차례에 걸쳐 현대 영상 기술로 분석되었다. 첫 번째는 1980년에 이루어진 컴퓨터 단층 촬영CT scan이었고, 다음은 1994년 자기 공명 영상 촬영, 그리고 2007년에 고해상도 자기 공명 영상 촬영이 있었다. 핑거에 의하면 이는 "아마도 뇌 과학 역사상 가장 유명한 뇌"가

되게 하는 데 기여한 분석일 것이다.

신화적인 위상을 가진 모든 사례와 마찬가지로, 탄과 그의 뇌에 관한 해석은 계속해서 진화하고 있다. 2007년에 스캔을 시행했던 니나 드롱커스Nina Dronkers 연구팀에 의하면, 탄이 입은 손상은 브로카가 생각했던 것보다 훨씬 더 광범위했으며, 왼쪽 전두엽의 내부 깊은 곳까지 미쳐 있었고, 여기에는 전두엽을 뇌의 뒷부분과 연결하는 신경 다발인 궁상얼기arcuate fasciculus도 포함되어 있었다.[6] 실제로 탄의 뇌가 입은 가장 심각한 손상은 브로카 영역이 아니었으며, 뇌 내부의 손상이 탄의 중증 언어 장애에 큰 영향을 미쳤을 것으로 보인다. 브로카는 뇌를 해부하지 않아 이러한 손상을 알지 못했던 것이다.

드롱커스 연구팀은 또한 오늘날 브로카 영역으로 생각되는 부위(하전두회의 뒤쪽 3분의 1)는 흥미롭게도 브로카가 처음 지정했던 더 넓은 영역(하전두회의 뒤쪽 2분의 1)과 일치하지 않는다고 지적한다. 이는 현재의 브로카 영역이 원래 브로카 영역보다 작다는 것, 그리고 탄의 실어증은 원래 혹은 현재의 브로카 영역이 아닌 다른 곳의 손상에서 온 것일 수도 있다는 기이한 상황이 벌어졌다는 것을 말한다. "이 모든 것이 브로카의 기념비적인 발견의 가치를 떨어뜨리는 것은 절대 아니다"라고 드롱커스 연구팀은 말한다. 실제로 많은 역사학자는 탄을 대상으로 한 브로카의 연구를 인지 신경 심리학의 출발점으로 여긴다.

그렇다면 현대 신경 과학에서 브로카 영역은 뇌의 어떤 기능을 담당한다고 판단하는가? 이 영역의 손상이 일반적으로 언어 장애를 일으킨다는 브로카의 주장은 옳지만, 브로카 영역 없이도 말을 할 수 있다는 것이 확인되었다. 반면 브로카 영역은 언어 이해, 청취, 음악 연주, 행동 관찰 및 이행 등 다른 정신 기능에도 관여한다는 것이 확인되었다. 현대 심리학자들은 브로카 영역이 말을 할 때와 이해할 때 올바른 구문 처리에 중요하다고 생각한다. 좀 더 뒤쪽의 두정엽과 근접한 영역(베르니케 영역Wernike's area)은 대조적으로 의미를 이해하고 처리하는 데 중요하다고 간주된다.

브로카 영역에 대해 마지막으로 덧붙이자면, 이 부위에 손상을 입어도 언어 생성 능력이 회복될 수 있다는 증거가 있다. 이것은 최근 보고된 주목할 만한 사례 덕분이다. FV라는 약칭으로 불리는 남자 환자는 브로카 영역을 포함한 뇌의 앞쪽에서 커다란 종양을 제거했다. 그럼에도 불구하고 그의 언어 구사력은 거의 영향을 받지 않았다. 2009년에 해당 사례를 기록한 모니크 플라자Monique Plaza 연구팀은 FV가 잘 회복할 수 있었던 이유는 종양이 워낙 천천히 자라서 (전운동 피질과 미상핵 앞부분을 포함한) 다른 부위가 브로카 영역의 기능을 대체했기 때문이라고 믿는다.[7] 그러나 FV에게는 이상한 후유증이 남았다. 그는 다른 사람이 한 말을 다시 말로 옮길 수 없었다.

또 다른 기이한 사례는 2013년에 보고된 17세 소년의 이야기이다. 그는 두 살 때 브로카 영역뿐만 아니라 좌뇌 대부분을 제거해야 했다(커다란 양성 종양을 제거하기 위해서였다!). 그는 우뇌를 이용해 서서히 언어 능력을 회복했고, 나중에는 잘 모르는 사람에게는 읽기와 말하기 둘 다 정상으로 보일 정도였다.[8] 흥미롭게도 우뇌에 형성된 언어 능력 네트워크는 건강한 좌뇌에 만들어지는 기능적 조직을 모사하는 것처럼 보였다. 마치 신경 '청사진'이 있어 그것을 그대로 따르는 것처럼 말이다.

탄 이야기로 다시 돌아가면, 그의 이야기가 심리학과 신경 과학의 역사에서 중요한 부분임에는 의심의 여지가 없다. 그러나 그가 입은 손상 자체에 관한 새로운 이해 그리고 FV와 같은 새로운 사례를 결부해 볼 때, 뇌 손상과 회복에 관한 한 간단한 부분은 없다는 것을 알 수 있다. 부위별로 기능이 분산되어 있다는 사실은 잘 알려진 뇌의 특징이지만, 특정 능력이 한군데로 깔끔하게 배정되는 것은 아니라는 것이다. 뇌에 관한 그 어떤 설명도 이 장기가 손상에 적응하는 놀라운 능력을 고려하지 않고는 성립되지 않는다.

내기

폴 브로카는 언어 중추가 좌뇌 전두엽에 있다는 것을 밝힌 사람으로 인정받고 있지만, 첫 번째로 언어 구사에 전두엽이 중요하다고 모호하게나마 주장한 사람은 프랑스의 의사 장바티스트 부요이다. 그는 1825년에 발간한 책과 논문에서 전두엽에 손상을 입은 후 다른 마비는 보이지 않고 실어증만 보이는 환자에 관해 기록했다.

부요의 문제는 그의 주장이 1848년에 이미 학계에서는 놀림감이 된 골상학처럼 들렸다는 것이다(49쪽 참조). 이후 23년 동안 수백 건의 유사 사례를 기록한 그는 언어 능력이 온전한 전두엽을 필요로 한다는 사실을 굳게 믿었고, 과감한 제안을 한다. 누구든 전두엽 손상을 입고 언어 능력을 유지한 환자의 사례를 제시할 경우, 당시로는 매우 큰돈이었던 500프랑을 주겠다고 한 것이다. 역사학자 스탠리 핑거는 "뇌 과학 역사상 가장 큰 내기"였을 것이라 말했다.

부요의 상금은 여러 해 동안 청구되지 않았다. 그러다가 1865년 뇌의 편측성에 대해 당대 최고의 신경 과학자가 모여 이야기하던 의학 아카데미 토론에서, 벨포Velpeau라는 외과 의사가 부요의 내기에 관해 말을 꺼냈다. 그는 1843년에 본 사례를 들어 그가 상금을 받을 자격이 있다고 말했다. 이미 여러 해가 지난 시점에 나온 주장에 대해 부요가 보인 불신의 표정을 상상해 보라!

벨포의 사례는 1868년에 프레더릭 베이트먼Frederic Bateman 경에 의해 발간되었고, 이제는 구글북스로도 볼 수 있는 『뇌 질병에 의한 실어증에 관하여On Aphasia, or Loss of Speech in Cerebral Disease』에서 찾아볼 수 있다.[9] 베이트먼에 의하면, 벨포가 말하길 "종양이 양쪽 전두엽 자리를 차지한" 60세의 가발 제작자인 환자가 있었으며, 환자가 죽기 전에 보인 놀라운 증상은 바로 그의 "참을 수 없는 수다"였다는 것이다. 베이트먼에 의하면 "그런 수다쟁이는 유사 이래 없었다. 다른 환자들은 수차례 불만을 제기했으나 이 수다쟁이는 밤낮을 가리지 않고 다른 환자의 휴식을 방해했다"고 한다.

벨포가 정확히 사례를 제시했는지, 만약 그랬다면 어떻게 환자가 전두엽 없이 말을 할 수 있었는지는 영원히 알 수 없을 것이다(아마도 전두엽 상당 부분은 온전했을 것이다). 우리가 아는 것은 부요가 졌다는 사실이다. 브로카의 전기 작가였던 프랜시스 실러Francis Shiller에 따르면, "장시간에 걸친 열띤 토론 끝에 부요는 돈을 내야 했다."[10]

신화 10
기억은 대뇌 피질 전체에 분산되어 있다

2008년 12월 2일 오후 5시 5분, 신경 과학계와 심리학계는 이 분야에서 가장 영향력이 컸던 사례의 환자인 헨리 구스타브 몰레이슨이 82세의 나이로 사망했다는 소식을 접하고 슬퍼했다. 1950년대부터 실명을 감추기 위해 각종 발간물에서 HM으로 불리던 헨리의 인생은, 그가 27세 되던 해 매우 심각한 뇌전증 치료의 최후 수단으로 받은 수술 이후 영원히 변했다. 그의 발작은 아홉 살 때 자전거에 머리를 부딪힌 후 시작되었고 지속적으로 악화되었다. 16세 때는 하루에 10차례 이상 양쪽 뇌 반구 모두를 포함하는 이른바 긴장성 간대성 발작tonic-clonic seizure(뇌전증에 관해 351쪽 참조)을 겪게 되었다. 이 발작은 그의 두 뇌 반구에 영향을 미쳤다. 가장 강한 항경련제조차 듣지 않자, 그는 무엇이든 시도해 볼 수밖에 없었다.

윌리엄 비처 스코빌William Beecher Scoville은 캐나다의 유명한 신경외과 의사 와일더 펜필드Wilder Penfield의 제자였고, 이미 정신병 환자의 뇌 일부를 제거해 본 경험이 많았다. 그는 부분 뇌엽 절리술fractional lobotomy이라는 급진적이고 새로운 방법으로 헨리를 수술했다. 이전의 전두엽 절리술보다 더 정교하면서도 환자에게 도움이 될 것으로 생각했기 때문이다. 스코빌은 이 수술이 위험하다는 사실을 알고 있었다(물론 오늘날은 절대로 허용되지 않는다). 그러나 그는 측두엽 일부를 제거하면 헨리의 끔찍한 발작을 근절시킬 수 있으리라 희망했다.

코네티컷주 하트포드 병원에서 수술이 이루어질 당시에 대부분의 전문가는 기억은 대뇌 피질 전체에 분산되어 있다고 생각했다. 앞에서 보았듯이 바로 이전 세기에 브로카가 언어 능력이 뇌 전체에 분산되어 있다는 생각을 뒤집었지만, 기억이 분산되어 있다는 믿음은 굳건했다. 이 믿음은 1917년 미국의 심리학자 칼 래슐리Karl Lashley와 그의 동료 셰퍼드 프랜즈Shepherd Franz가 쥐를 이용해 실험한 결과에서 기인한다.[1] 대뇌 피질의 어느 부분을 제거하든 쥐는 우리 안에 설치된 미로를 기억하는 것으로 보였다. 이 결과와 다른 관찰을 바탕으로 래슐리는 등위성론(기억 상실은 뇌 손상의 위치가 아닌 손상의 정도에 의해 좌우된다)을 제시했던 것이다.

그런데 헨리가 깨어났을 때 발작뿐만 아니라 기억도 사라진 것에 모두들 놀라지 않을 수 없었다. 물론 모든 기억이 사라진 것은 아니었다. 영국 출신으로 맥길 대학교에서 일했던 심리학자 브렌다 밀너Brenda Milner는 포괄적인 신경 심리학 검사를 시작했고, 헨리가 새로운 정보를 장기적으로 기억하지 못한다는 것을 알게 되었다. 몇 초에 걸친 단기 기억에는 문제가 없었고, 과거에 일어났던 일에 대한 기억에도 문제없었다. 그러나 매일 밀너가 헨리를 만날 때마다 헨리는 처음 만나는 것처럼 인사를 했다. 식사를 마친 지 30분 후에 다시 음식을 권하면 그는 처음인 것처럼 식사를 했다. 헨리가 그때까지 기록된 사례들 중 가장 완벽한 형태의 기억 상실에 걸린 것이 명백했다(333쪽 참조). 이는 (이제는 기억 기능에 필수임이 알려져 있는) 해마와 편도체 조직 대부분을 스코빌이 양쪽 뇌에서 잘라냈기 때문이다.

일생 동안 그리고 사후에 헨리는 1만 2000건의 논문에서 거론되었고 100건 이상의 심리학과 신경 과학 연구 과제의 대상이 되었다. 밀너와 스코빌이 1957년에 발표한 그의 기억력에 관한 논문은 4000번 이상 인용되었다.[2] 전 세계 기억력 분야에서 가장 권위 있는 연구자 중 한명인 영국 요크 대학교의 앨런 배들리Alan Baddeley는 나에게 이렇게 말했다. "HM은 신경 과학 역사상 가장 영향력이 큰 환자였다고 해도 과언이 아니다."

밀너의 제자인 MIT의 수잰 코킨Suzanne Corkin이 진행한 연구는 헨리의 기억 중 어떤 부분이 사라졌는지에 대해 새로운 이해를 가져다주었다. 예를 들면 그는 까다로운 기술인 경영 묘사mirror drawing를 배울 수 있었다. 물론 기억엔 전혀 남지는 않았지만 말이다. 경영 묘사는 특정 모양을 거울에 비친 자기 손을 보며 그리는 어려운 작업이다. 헨리의 기술이 향상되는 모습을 통해 그의 절차 기억 체계(예를 들어 우리가 자전거를 탈 때 동원하는 유형의 기억)는 온전했다는 것을 알 수 있었다. 또한 그는 자기 집의 설계를 그림으로 자세히 재현할 수 있었다. 일반 지식도 일부 남아 있었다. 예를 들면 케네디 대통령이 1963년 댈러스에서 암살당한 것을 알고 있었다. 그는 냄새의 정도는 맞추었지만 무엇의 냄새였는지는 알지 못했다. 과학자들은 헨리가 통증에 내성이 강하다는 것을 알게 되었다. 통증 지각은 과거 경험에 대한 기억이 많이 기여한다는 심리적 요소가 있다. 헨리의 통증에 대한 내성은 편도체가 없어진 것과 관계가 있는 것으로 보인다. 편도체는 과거의 고통스러운 경험을 기억하는 역할을 한다.

헨리의 거주지는 그를 연구하는 소수의 과학자에게만 노출되었던 덕분에, 그는 대중 매체의 괴롭힘을 받지 않고 수십 년 동안 코네티컷주 빅포드 건강 관리 센터에서 살았다. 또한 그의 사후를 대비해 뇌를 보존하는 계획이 이미 세워진 상태였다. 그의 유해는 샌디에이고 소재 캘리포니아 대학교의 뇌 관측 연구소Brain Observatory로 옮겨졌고, 뇌는 적출되어 스캔된 후 자카포 아네시Jacapo Annese 연구팀에 의해 2401개의 종잇장처럼 얇은 절편으로 만들어졌다(224쪽 〈그림 14〉 참조). 이 자료는 개별 뉴런 차원까지 보여주는 자세한 디지털 지도를 만드는 데 활용되었고, 전 세계의 과학자에게 2014년에 공개되었다. 53시간에 걸쳐 힘들게 이루어진 절편 과정은 인터넷에서 볼 수 있는데, 그동안 40만 명이 보았다.[3]

2013년 수잰 코킨은 『어제가 없는 남자, HM의 기억Permanent Present Tense』이라는 제목으로 헨리 몰레이슨에 관한 책을 발간했다. "우리는 계속 그에 대해 연구하고 있다"라고 코킨은 일간지 ≪가디언≫과의 인터뷰에서 밝혔다. 영화화 권리는 콜롬비아 영화사와 프로듀서 스콧 루딘Scott Rudin이 구매했다. 헨리는 상냥한 사람이었고 늘 협조적이었다. 자기가 처한 상황에 대한 이해는 부족했으나, 코킨이 그에게 행복하냐고 물었을 때 그는 "나에 대해 과학자들이 알아낸 것이 다른 사람을 돕는다고 생각한다"라고 대답했다.[4]

HM의 판단은 옳았다. 그가 기억력 분야에 남긴 영향은 매우 컸다. 그러나 그것을 긍정적으로 보지 않는 사람도 있다. 2013년 영국 카디프 대학교의 존 애글턴John Aggleton은 HM의 지배적인 영향력이 기억력에 대한 연구에 편향 효과를 가져왔다고 발표했다.[5] 애글턴은 HM의 뇌 손상은 해마뿐만 아니라 백질을 포함해 멀리 떨어진 뇌 영역에도 영향을 미쳤을 것이라고 주장했다.

실제로 헨리의 뇌가 입은 손상의 정확한 범위에 관해서는 논란이 있어왔다. 2014년 샌디에이고 뇌 관측 연구소의 아네시 팀은 처음으로 헨리의 뇌 손상을 삼차원으로 재현했다. 해마의 앞부분은 양쪽 다 흡입술로 제거되었으나 뒷부분은 온전했으며, 이 조직은 살아 있었다.[6] 연구팀은 또한 후각 피질entorhinal cortex이 거의 전부 사라졌다는 것을 밝혀냈다. 이 부분은 대뇌 피질과 피질 하부 뇌 조직에서 해마로 연결되는 '통로'의 역할을 한다. 헨리의 편도체가 완전히 제거된 것도 확인했다. 예상치 못했던 것은 왼쪽 전두엽에 있는 흉터였다. 과학자들은 스코빌이 의도치 않게 남긴 상처로 추정하고 있다. 그리고 이후에 뇌졸중으로 인한 손상의 흔적도 발견되었다. 애글턴은 이 새로운 발견이 헨리의 뇌 손상이 정확히 무엇을 의미하는지 답을 주지 않고 더욱 미궁에 빠지게 한다고 말한다. 해마 뒷부분이 뇌의 다른 부분과 연결되었을 가능성을 남겨놓았다는 것이다.

헨리가 입었던 상처의 범위가 어디까지였는지는 차치하고, 현대 신경 과학이 기억에 관한 한 해마에 집착하는 경향을 보인 것은 사실이다. 이것은 가장 유명한 기억 상실 환자가 양쪽 해마를 모두 잃은 것과 무관하지 않다. 유두체mammillary body와 같이 손상될 경우 심한 기억 상실이 유발될 수 있는 부위의 상처는 훨씬 더 적은 관심을 받았다. "HM의 영향력에 대해 비평하는 것은 신성 모독처럼 느껴진다. 그러나 기억력과 기억 상실에 관한 연구가 해마에만 집중되어 우리의 생각이 지나치게 편향되어 버렸다는 사실은, 우리가 깨닫지 못하는 사이에 지대한 영향을 미친 것으로 보인다"라고 애글턴은 주장한다.

칼 래슐리의 결론, 즉 대뇌 피질 전 부위가 동등하게 기억력에 중요하다는 말은 틀린 것이다. 일부 영역이 다른 영역보다 더 중요하다는 것, 그리고 해마와 편도체가 핵심적이라는 사실은 명백하다. 그러나 애글턴의 주장 역시 옳다. 우리는 지나친 단순화를 경계해야 하고, 해마와 편도체만 중요하다는 가정을 버려야 한다. 앞으로 나올 부분에서 정신 기능이 얼마나 정확히 뇌의 특정 부위에 배정될 수 있는지 다시 살펴볼 것이다(112쪽 참조).

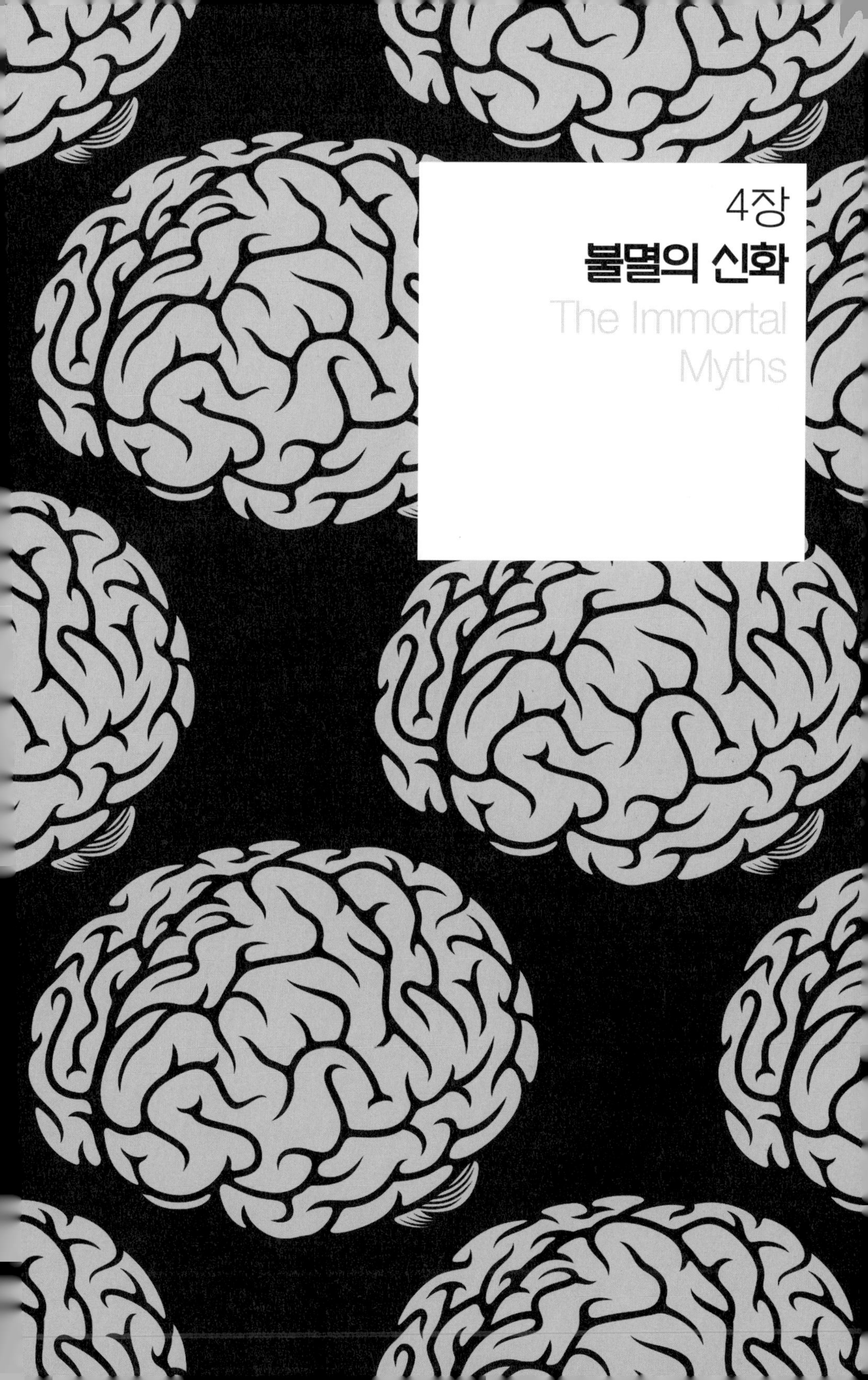

4장 불멸의 신화

The Immortal Myths

어떤 신화는 김이 빠지기도 하고, 유행에 뒤처지기도 하며, 불신의 경계선에서 간신히 버티기도 한다. 그러나 그 외의 것들은 상반되는 증거가 늘어나는 와중에도 좀비같이 끈질기게 위세를 떨친다. 이런 대중적이고 끈질긴 믿음이 자칭 전문가와 전도사에 의해 돌팔이 교육 강좌나 엉터리 활동에 활용된다. 이런 신화의 지구력은 바로 유혹적인 매력에 기인하는 바가 크다. 사실이었으면 하는 것을 내세우는 것이다. 이 장은 10가지 끈질긴 뇌 관련 신화(혹은 주제)에 관한 것인데, 우리가 뇌를 10퍼센트만 사용한다는 상투적인 이야기부터 임신한 여자는 가장 필요할 때 뇌가 뒤죽박죽된다는 오류까지 담았다.

신화 11

우리는 뇌의 10퍼센트만 사용한다

이 불멸의 아이디어에 의하면 대부분의 사람은 뇌의 극히 일부만 사용하며 뇌의 어마어마한 잠재력을 내버려 둔다고 한다. 우리가 낭비하는 회백질의 비율은 시대에 따라 바뀌지만, 90퍼센트가 가장 인기 있는 비율이다.

이 주장의 매력은 쉽게 이해된다. 그 누가 자신에게 언제든지 꺼내 쓰기만 하면 되는 잠재적 지력이 있다는 말을 믿고 싶지 않겠는가? 히트 영화 〈리미트리스Limitless〉(2011)에서 한 등장인물이 "우리는 뇌의 20퍼센트만 쓰고 있다고들 하잖아. 이 약을 먹으면 너는 뇌를 모두 쓸 수 있는 거야"라고 말한다. 그리고 그 마술 같은 약을 먹고 브래들리 쿠퍼가 연기한 영화의 주인공은 오랫동안 질질 끌던 소설을 며칠 만에 끝내는가 하면, 외국어를 하룻밤 사이에 배우고, 증권 시장에서 수백만 달러를 벌어들인다.

2014년에는 스칼렛 요한슨이 강력한 약을 투여받은 여자로 등장하는 영화 〈루시Lucy〉가 개봉되었다. 영화 포스터에는 "보통 사람은 뇌의 능력의 10퍼센트만 쓴다. 그녀가 100퍼센트로 할 수 있는 것을 상상해 보라"라고 나온다. 결과는 어마어마했다. 모든 지식을 습득하는 것부터 생각만으로 자동차를 공중으로 날리는 것까지 포함해서 말이다. "나는 인류가 이에 대해 준비되어 있는지 모르겠다"라고, 영화에서 신경 과학자 역할로 나오는 모건 프리먼은 감정 없이 말한다.

광고를 통해서도 이러한 신화가 퍼져나갔다. 에릭 처들러Eric Chudler는 '어린이를 위한 신경 과학Neuroscience for Kids' 웹사이트에 이런 신화를 이용한 유혹을 통해서 잠재 고객을 끌어들이는 예를 제시했다.[1] 한 항공사는 "우리는 뇌 기능의 10퍼센트만 쓴다고 합니다. 그러나 ×××항공사를 이용하시면 훨씬 더 많이 쓰는 것입니다"라고 선전했다.

의학의 오류에 관한 책[2]을 발간한 크리스토퍼 완젝Christopher Wanjek은 이 신화는 1944년에 처음 광고에 나왔다고 밝혔다. 런던에 위치한 자기 계발 관련 통신강좌 조달 업무를 하던 펠먼Pelman Institute사는 신문에 다음과 같이 광고했다. "무엇이 여러분을 막는가? (과학이 입증한) 단 하나다. …… 여러분이 지력의 10분의 1만 쓰고 있기 때문이다."

한 설문 조사는 사람들이 10퍼센트 신화를 널리 믿는다는 것을 보여준다. 여기에는 다음 세대의 교육을 책임진 사람도 포함된다. 2012년에 발표된 논문에서 사너 데커르 연구팀은 137명의 영국 중학교 교사와 105명의 네덜란드 중학교 교사를 대상으로 이 신화에 대해 조사했다.[3] 48퍼센트의 영국 교사가 우리가 뇌의 10퍼센트만 사용한다고 믿었고 26퍼센트는 모른다고 답했으며, 네덜란드의 경우 46퍼센트가 그렇다고 했고 12퍼센트가 모른다고 했다.

이 신화는 전 세계에 널리 퍼져 있다. 리우데자네이루 생명 박물관Museum of Life의 수자나 에르쿨라누오젤Suzana Herculano-Houzel은 2002년에 2000명 넘는 대중을 대상으로 설문 조사를 실행한 결과, 대학 교육을 받은 사람의 59퍼센트가 10퍼센트 뇌 사용설을 믿는 것을 발견했다.[4] 더욱 염려스러운 점은 35명의 신경 과학자 중 6퍼센트가 10퍼센트 신화를 믿는다는 것이다!

신화의 배경

그럼 도대체 뇌 속에 거대한 회백질이 잠자고 있다는 아이디어는 어디서부터 유래한 것일까? 작고한 심리학자이며 신화 타파에 앞장섰던 배리 베이어스타인Barry Beyerstein은 이 신화의 원천을 찾으려고 애썼다. 그 결과, 하나의 결정적인 원인보다는 여러 가지 유력한 가설이 제시되었다. 동시에 많은 경우가 오보와 와전이 원인이었던 것으로 드러났다.[5]

20세기 초반, 심리학의 선구자 윌리엄 제임스William James는 정확한 수치를 제시하지는 않았지만 사람들이 '잠재적 지력'을 가지고 있다고 했다.[6] 그러나 제임스의 지적은 지력과 잠재력에 관한 것이었지 사람이 뇌를 얼마나 쓰느냐는 아니었다. 이 착각이 아마도 10퍼센트 신화가 오랫동안 버티는 이유를 설명할 수 있을 것이다. 이 가설은 사람에 따라 다른 의미를 가지며, 우리에게 미개발된 잠재력이 있다는 것은 사람이 뇌의 작은 부분을 쓰고 있다는 것보다 훨씬 덜한 논란거리인 것이다.

불행하게도 첫 번째 주장은 쉽사리 두 번째 다른 주장으로 변질된다. 신문 기자였던 로웰 토머스Lowell Thomas가 이를 조장한 바 있다. 1936년 출간된 베스트셀러 자기계발서 『인간관계론How to Win Friends and Influence People』의 머리글에서 저자인 데일 카네기Dale Carnegie는 제임스가 사용한 잠재력이라는 단어에 10퍼센트라는 정확한 수치를 덧붙이며 이렇게 썼다. "하버드 대학교의 윌리엄 제임스 교수는 일반인은 본인의 잠재적 지력의 10퍼센트 밖에 개발하지 못한다고 말하곤 했다." 이것을 통해 토머스는 수백 만 명의 독자를 신화의 초기 형태에 노출시킨다.

또 다른 변질은 알베르트 아인슈타인의 말을 인용하는 과정에서 생긴다. 일설에 따르면 아인슈타인의 천재성은 뇌의 10퍼센트만 사용하는 일반 사람들과 달리 뇌의 모든 역량을 사용하는 것에서 나온다고 신문 기자에게 말했다는 것이다. 그러나 베이어스타인이 아인슈타인 기록보관소의 전문가에게 문의해 본 결과, 그런 말을 한 기록은 찾을 수 없었다. 또 하나의 믿을 수 없는 이야기에 불과한 것이다.

10퍼센트 신화에 더욱 힘을 실어준 것은 신경 과학 연구의 왜곡이다. 1930년대 캐나다의 신경외과 의사 와일더 펜필드는 뇌전증 환자의 뇌 표면을 직접 자극해(발작을 줄이기 위한 수술 중에 생긴 기회를 이용했다) 다양한 느낌을 유발할 수 있다는 것을 발견했다. 중요한 것은 펜필드가 자극을 해도 효과가 없는 부위가 있었으며, 이것이 이른바 '침묵의 피질silent cortex'로 알려졌다는 사실이다. 오늘날 해당 부위의 조직은 '연합 피질association cortex(혹은 연합령)'로 불리며, 우리의 가장 섬세한 정신 기능과 관련된다고 알려져 있다. 전두엽 절리술 환자가 부작용 없이 치료되었다는 주장 또한 근거가 없음에도 불구하고 뇌의 많은 부분이 필요 없다는 가설을 뒷받침했다. 그리고 뉴런보다 교세포가 훨씬 더 많다는, 널리 퍼진 그러나 잘못된 인식 역시 우리 뇌세포 중 10퍼센트만 정신적 기능을 한다는 식으로 왜곡되었다.

마지막으로 의료 사례 보고가 있다. 수두증hydrocephalus(뇌 내 유체의 초과 축적) 환자의 경우, 뇌가 정상인보다 작으나 특별한 어려움 없이 기능한다. 그리고 뇌에 총상을 입거나 다른 뇌 부상을 입은 후 뚜렷한 문제를 보이지 않는 무수히 많은 사례가 보고되었다(실제로 심각한 뇌 부상은 반드시 오래 지속되는 후유증이 있다, 326쪽 참조). 이런 사례들이 암시하는 것은 1980년 발행된 ≪사이언스Science≫에 "당신의 뇌는 정말 필요한가요?"라는 도발적인 기사 제목을 통해 제시되었다.[7] 작고한 영국의 신경 과학자 존 로버John Lorber는 같은 대학교에 다녔던 수두증 환자인 학생 한 명에 대해 다음과 같이 설명했다. "학생은 아이큐가 126이었고, 수학과를 최우수 등급으로 졸업했으며, 사회적으로도 완전히 정상이었으나 뇌가 거의 없었다."

1991년에 방영된 같은 제목의 영국 텔레비전 다큐멘터리에서 로버는 자신의 환자 몇 명의 사례를 들며 같은 주장을 폈다. 베이어스타인에 의하면 당시 로버는 논란을 잘 만들어내는 것으로 알려진 사람이었고, 사례 내용은 극적 효과를 위해 과장되었을 것이라고 생각된다. 다큐멘터리에 쓰인 스캔 기법으로는 뇌가 압축된 것과 세포가 사라진 것을 구분할 수 없다는 것이다. 베이어스타인의 주장에 따르면, 제시된 사례에서 뇌가 기형인 것은 사실이나 뇌 줄기 위에 '뇌가 실질적으로 없다'는 것은 사실이 아니라고 한다.

현실

우리는 실제로 뇌의 얼마나 많은 부분을 쓰는가? 진실은 우리가 뇌 전체를 쓰고 있다는 것이다. 무언가 할 일을 기다리는 여분의 뇌 조직은 없다. 이는 실험 대상자에게 아무 생각도 하지 말라고 해도 뇌 활동의 파장이 조직 전체에 있음을 보여주는 수천 건의 뇌 스캔을 통해 확인된 사실이다. 이제 '불이행 모드 네트워크default mode network(내정 상태 혹은 휴지 상태 네트워크)'라는 조직 간 연계 체계는 사람이 외부 자극에 무감각해질 때 활성화됨을 알게 되었다.

10퍼센트 신화에 반하는 다른 증거는 아주 작은 뇌 손상임에도 불구하고 엄청난 폐해를 입은 환자의 사례에서 나온다(325쪽 참조). 뇌가 시간이 흐름에 따라 손상에 대해 놀라운 적응력을 보이는 것은 사실이다. 로버가 다큐멘터리와 ≪사이언스≫에서 보고한 수두증 사례에 대한 설명은 바로 이 가소성可塑性에서 찾을 수 있다. 수두증 같이 서서히 생기는 증상은 뇌가 새로운 길을 찾아 기능하게 한다는 것이다. 그러나 사라진 뉴런 없이도 뇌가 기능하는 방법을 찾는다는 것이 사라진 세포가 원래 아무 일도 하지 않았다는 뜻은 아니다.

실제로 만약 어떤 뉴런이 더 이상 할 일이 없어지면 (예를 들어 팔다리로부터 감각 신호를 받던 뉴런이 절단 사고 이후에 할 일이 없어지면) 그 뉴런은 근처의 신경 체계가 불필요해진 뇌 조직을 '납치'해 활용한다. 이것이 바로 팔이나 다리 절단 수술을 받은 사람의 얼굴을 건드릴 경우 절단된 부위의 존재를 느끼는 환각지phantom limb 현상의 근거이다. 얼굴을 관장하는 뉴런이 절단된 팔이나 다리를 담당하던 회백질을 이용하기 때문이다.

우리가 뇌의 극히 적은 부분만 사용한다는 것은 진화론적 관점에서도 말이 되지 않는다. 뇌는 '기름을 많이 먹기로' 악명 높다. 무게는 전체의 2퍼센트밖에 되지 않으나 에너지의 20퍼센트를 소비한다. 자연 선택에 의한 진화는 비효율적인 것을 제거하는데, 이렇게 많은 에너지를 소진하는 장기가 거의 쓰이지 않는 것이 용납될 리 없다는 것이다. 직원 대부분이 아무것도 하지 않고 앉아만 있는 회사를 상상해 보라. 그들을 오래 내버려 두겠는가? 우리의 뇌세포도 마찬가지다. 우리에게 새로운 기술을 배우고 뇌 손상으로부터 회복할 수 있는 잠재력이 있는가? 틀림없이 그렇다. 뇌의 10퍼센트만을 쓰고 있는가? 절대로 아니다.

신화 12

우뇌형 인간이 더 창조적이다

"당신은 오른손잡이입니까, 왼손잡이입니까?" 엔터테인먼트 분야 대기업 닌텐도가 파는 〈좌뇌우뇌Left Brain Right Brain〉 게임의 판촉 안내문에 나오는 질문이다. "만약 당신이 양손잡이라면?"이라고 계속되는 문구는 이 게임이 뇌의 양쪽 반구를 모두 훈련시킨다고 주장한다.

이 게임에서 닌텐도는 널리 알려진 좌뇌와 우뇌에 관한 신화를 영리하게 이용한다. 그중에는 다음과 같은 것이 있다. 인간의 양쪽 뇌는 다른 강점이 있다(왼쪽은 합리성, 오른쪽은 창조성), 어떤 사람은 한쪽 뇌가 반대쪽 뇌보다 우세하다, 양쪽 뇌는 상호 소통하지 않는다, (특별한 훈련 없이는) 양쪽 뇌의 강점을 다 살리기 힘들다. 이러한 아이디어에 어느 정도 진실성은 있으나 과대 포장과 지나친 단순화에 희생되고 있다.

이 신화는 자기 계발 지도자에게 좋은 기회가 된다. 그들은 우세하지 않은 뇌 반구(일반적으로 더 창조적인 우뇌)에 갇힌 잠재력을 쓸 수 있게 돕겠다고 약속한다. 다른 '전문가'는 산업계의 문제를 뇌의 양 반구의 문제로 진단한다. 『경영자 vs 마케터War in the Boardroom』 같은 전형적인 경영 분야의 책에서 저자는 회사의 성공은 우뇌 활용자와 좌뇌 활용자가 매끄럽게 소통하는 데 달려 있다고 말한다.[1]

이 신화는 또 남녀 차이와 연결되곤 한다. "남자는 일반적으로 좌뇌가 발달했다. 여자는 우뇌적 성향이 강하나 남자에게 없는 우뇌와 좌뇌 사이에 연결 조직이 있다"라고 '크리스천 워킹 위민Christian Working Women' 웹사이트는 자신 있게 밝힌다.[2] 뇌에 중점을 둔 남녀 차이는 그 자체가 따로 다뤄야 할 신화이기 때문에 뒤에 다시 거론할 것이지만(93쪽 참조), 일단 이는 매우 부정확하고 지나치게 단순화된 결론이다.

이 신화의 끈질긴 매력은 집중력과 합리성을 발휘하는 좌뇌와 편견 없고 창조적인 우뇌가 가지는 은유의 힘에 일부 있을 수 있다. 뇌의 반구가 작동하는 방식은 때로는 회사의 직원 유형을 구분하는 데 그치지 않고 특정 언어나 종교를 규정짓는 데 사용되기도 한다. 영국 유대교 최고 랍비 조너선 색스Jonathan Sacks가 2012년 봄에 BBC 라디오 채널4에서 한 이야기를 보자. "유럽을 번성시키고 창조적으로 만든 것은 우뇌 종교인 기독교가 좌뇌 언어로 해독되었기 때문이다. 초기 기독교 문서는 모두 그리스어로 되어 있다."

이 신화의 가장 훌륭한 옹호자는 2009년에 호평을 받으며 출간된 책 『주인과 심부름꾼The Master and His Emissary』의 저자이며 심리학자인 이언 맥길크리스트Iain McGilchrist일 것이다.[3] 장장 534쪽에 걸쳐 꼼꼼하지만 결국 잘못된 논리를 통해 맥길크리스트는 이 신화를 극단으로 몰고 간다. 뇌의 양 반구를 의인화하며 펴는 그의 주장에 의하면, 큰 그림과 전체를 보는 우뇌 중심의 방식을 떠나 전체 맥락을 보지 못하는 원자론적인 좌뇌(심부름꾼) 방식으로 생각하는 것이 금융 위기와 환경 파괴를 포함한 서구 사회의 많은 문제를 야기했다는 것이다. "서양의 방식은 좌뇌 쪽으로 매우 기울어 있는 반면 동양 문화는 양쪽 뇌를 좀 더 고르게 쓴다"라고 맥길크리스트는 덧붙인다.

신화의 배경

인간의 대뇌 피질은 두 개의 좌우 대칭 반구가 붙어 있는 형상이다. 외과 의사가 뇌의 좌우를 갈라 내부를 들여다보았을 때 눈에 보이는 구조적 특징은 양쪽의 동일함일 것이다. 또한 한 가지 확실한 것은 인간과 다른 여러 동물의 경우, 양쪽 뇌가 같은 방식으로 기능하지 않는다는 것이다.

이는 19세기에 와서 확실해졌다. 시작은 언어 장애를 보이는 뇌 부상 환자는 손상 부위가 모두 왼쪽 뇌에 있었다는 프랑스 신경 과학자 마르크 닥스의 관찰이었다. 언어 기능이 좌뇌에 편향(즉, 왼쪽 뇌에 의해 제어)된다는 사실은 획기적이었으나, 닥스의 아들이 아버지의 논문을 1865년에 발표하기 전까지 주목받지 못했다.[4] 아들 닥스는 신경 생물학의 새로운 장을 열었던 브로카의 환자인 르보르뉴 사례 발표에 자극을 받아 논문을 발표했다(63~68쪽 참조).

뇌의 좌우 기능 분화 혹은 편재화는 닥스와 브로카를 포함한 당대 학자의 발견 이후 큰 관심을 끌었다. 언어가 좌뇌의 지배를 받는다는 것이 알려지면서, 전문가들은 우뇌의 기능적 특화를 추정하기 시작했다. 영국의 신경 과학자 존 휼링스 잭슨John Hughlings Jackson은 우뇌가 지각에 중요하다고 했고, 프랑스의 신경 과학자 쥘 베르나르 루이Jules Bernard Luys는 감정이 원시적인 우뇌에 배당되어 있고 지성은 개화된 좌뇌 소속이라고 했다. 20세기 후반과 21세기 초반에 나타난 자기 계발 지도자에 앞서, 바로 이때 과학적 진실성보다 상업적 능력이 뛰어난 사람이 각종 뇌 기반 치료법을 제공하기 시작했다. 금속 원반과 자석을 피부 위에 올려놓는 것('금속 치료법'이라고 할 수 있다)이 한 예이다. 이러한 치료법은 한쪽 혹은 다른 쪽 뇌를 대상으로 하며, 성격이나 지적 능력의 향상을 가져온다고 주장했다.[5]

20세기에 들어서 좌뇌와 우뇌의 차이에 관련된 관심은 1960년대까지 별로 높지 않았다. 그러나 뇌 반구 절개 수술을 받은 환자를 대상으로 매우 극적인 심리학 실험이 이루어지면서 분위기가 반전되기 시작했다. 이 환자들은 최후의 뇌전증 치료 방법으로 뇌의 반구를 잇는 두터운 신경 다발(뇌량)을 자른 사람들이다. 이를 통해 놀라운 발견이 보고되었으며, 연구를 이끈 미국의 신경 심리학자 로저 스페리Roger Sperry는 노벨상을 수상했다.

환자에게 똑바로 앞을 보라고 하고 한쪽에만 특정 이미지를 제시하는 것을 통해, 과학자들은 뇌의 분리된 두 반구가 독립적으로 그리고 각각의 기능적 특성을 이용해 행동한다는 것을 알아냈다. 예를 들면 사과 그림을 왼쪽에서 보여주면(시신경이 반대쪽으로 가로질러 가기 때문에 오른쪽 뇌에서 처리됨) 좌우뇌 절개 환자는 그림 속 물체가 사과라고 말하지 못했다. 이유는 대부분의 사람에게는 언어 기능이 왼쪽 뇌에 있기 때문이다. 그러나 여러 가지 물건이 들어 있는 주머니를 (우뇌에 의해 제어되는) 왼손이 닿게 가져다 놓으면 사과를 집는 것으로 보아, 단지 말을 하지 못할 뿐 그림은 제대로 보았다는 것을 알 수 있다. 따라서 왼쪽 뇌가 없으면 환자는 사과를 잡고 있어도 사과라고 말하지 못한다는 것이다!

모종의 정보를 한쪽 뇌에만 제시하는 유사한 연구를 통해, 과학자들은 좌뇌와 우뇌가 각기 가진 강점과 약점을 파악할 수 있었다. 예를 들면 우세한 언어 처리 능력 외에도 왼쪽 뇌는 문제 풀이에 좀 더 효율적이었다. 또한 위조된 기억을 형성하거나 모자란 정보를 '채워 넣는' 능력도 있었다. 그와 대조적으로 우뇌는 도덕성과 감성을 처리하는 데 관련이 있었으며 다른 사람의 정신 상태를 파악하는 능력(심리학자들은 '마음 이론theory of mind: ToM'이라고 부른다)을 보였다.

신화 바로잡기

뇌의 양쪽 반구가 서로 다르다는 것은 확실하다. 그러나 신경 과학은 이미 양쪽 뇌에 각기 다른 기능을 부여하는 것에서 다른 단계로 넘어갔다. 초점은 정보 처리 방식, 그리고 양 반구가 어떻게 협조하는가에 있다. 특히 두 번째 사안은 중요하다. 좌우 뇌 절개 환자와 달리 대부분의 사람은 뇌량이라는 굵은 신경 다발로 반구가 연결되어 있기 때문이다. 의학 드라마 〈하우스House MD〉의 주인공 그레고리 하우스 박사는 뇌량을 '뇌의 조지 워싱턴 대교•'라고 적절히 표현했다(물론 다른 작은 연결 고리도 있기는 하다). 이는 정보 처리 기능과 인지 기능이 양쪽 반구에 나뉘어 있으며, 협조를 통해 처리된다는 것을 의미한다.

아마도 이렇게 기능적 비대칭으로 진화된 이유는 뇌가 여러 가지 일을

• [옮긴이] 뉴욕시의 맨해튼과 뉴저지주를 잇는 다리이다.

동시에 처리하는 것이 쉬워지기 때문일 것이다. 어둠 속에서 사육돼 양쪽 뇌가 특화되지 못한 닭을 대상으로 한 연구가 이 가설을 뒷받침한다. 이 닭은 다른 닭에 비해 먹이 찾기와 포식자를 경계하는 일을 동시에 하지 못했다.[6]

인간의 좌뇌와 우뇌의 정보 처리 방식에 관한 영상 분석을 통해 중요한 결과를 도출한 논문을, 2003년에 독일의 의학 연구원Institute of Medicine과 런던의 신경 과학 연구원Institute of Neurology에서 일하는 클라스 슈테판Klaas Stephan 연구팀이 발표했다.[7] 과학자들은 실험 대상자에게 일정한 자극을 제시하는 동시에 다른 요구 사항을 제시했다. 자극은 네 글자로 된 독일어 명사였는데, 세 글자는 까만색이고 나머지 한 글자는 빨간색으로 되어 있었다. 질문이 각 단어에 'A'가 포함되어 있는가 여부였을 때는 주로 좌뇌가 활성화되었다. 반대로 빨간색 글자가 단어의 중앙에서 왼쪽이나 오른쪽 중 어느 쪽에 있는가 하고 물었을 때는 주로 오른쪽 뇌가 활성화되었다. 이 연구가 중요한 이유는 양쪽 뇌의 활용은 무엇을 하려고 하느냐에 따라 달라지는 것이지, 어떤 자극이 주어지느냐에 따르지 않는다는 것을 보여주기 때문이다.

그럼에도 불구하고 좌뇌와 우뇌의 처리 방식이 정확히 어떻게 다른지 규정하고 분류하는 것은 깔끔하게 정리되는 일이 아니다. 대중지향적인 심리학자가 자주 들먹이는 '창조적인 뇌 대 논리적인 뇌'와 같은 양쪽 뇌의 상대적 강점은 그렇게 쉽사리 한쪽으로 배정되지 않는다는 것이다. 루르 대학교에서 일하는 게레온 핑크Gereon Fink와 작고한 심리학자 존 마셜John Marshall 등의 연구를 보자.[8] 이들은 한 실험에서 참가자에게 작은 글자로 구성된 큰 글자를 보여주었다. 큰 글자에 집중할 것을 요청하자 우뇌의 활성화가 관찰되었고, 작은 글자에 집중할 것을 요청하자 좌뇌의 활성화가 관찰되었다. 마치 큰 그림 혹은 자세한 내용에 집중하고자 할 때는 뇌의 기능이 양쪽으로 깨끗하게 분리되는 것처럼 보이는 결과다. 그러나 글자 대신 물체를 이용해 같은 실험을 되풀이했을 때 (예를 들면 작은 컵 그림을 모아 만든 큰 닻 그림을 제시했을 때) 결과는 반대로 나왔다. 큰 그림에 집중하면 좌뇌가 활성화되었던 것이다!

종합하면 한쪽 뇌를 다른 쪽보다 더 활성화하는 과업은 깔끔하게 나뉘는

게 아니라는 것이다. 좌뇌가 지배적으로 이행하는 언어 기능도 같은 복잡성을 가지고 있다. 좌뇌에 언어 구사 기능이 있다는 것은 잘 알려져 있었는데, 우뇌에도 언어 구사 관련 기능이 있다는 것이 확인되었다. 여기에는 억양이나 강조를 감지하는 능력이 포함된다.

좌뇌 우뇌 신화와 관련해 창조력 문제를 검토해 보자. 가장 널리 회자되는 아이디어가 바로 우뇌는 상상력의 원천이고, '우뇌형' 인간이 더 창조적이라는 것이다. 이와 일관되게 한 연구에서는 실험 대상자가 주어진 문제를 조직적으로 접근하지 않고 통찰력을 발휘해 답을 구했을 때 우뇌가 활성화된다는 결과를 보고했다. 또 다른 연구에서는 수수께끼의 단서를 잠깐 보여주는 것은 좌뇌보다 우뇌의 문제 풀이에 도움이 된다고 보고했다. 마치 우뇌가 본인도 모르는 사이에 답에 더 근접한 것처럼 보인다는 것이다.[9]

그러나 통찰력은 창조력의 한 부분일 뿐이다. 이야기를 풀어나가는 것은 다른 부분이다. 좌우 뇌 절개 사례에 대한 연구에서 나온 가장 흥미로운 발견 하나는 이른바 '해석자 현상interpreter phenomenon'이라고 알려진, 좌뇌가 우뇌의 활동에 대해 이야기를 만들어나가는 현상이다. 이에 관련된 전형적인 상황은 로저 스페리의 학생이었던 마이클 가자니가Michael Gazzaniga가 수십 년간 지속한 연구에서 찾을 수 있다. 시작은 환자의 양쪽 뇌에 각기 다른 그림을 보여주는 것이다. 예를 들면 우뇌에는 폭설을, 좌뇌에는 새 발을 그린 그림을 보여준다. 이후 네 장의 그림을 제시하고 오른손이나 왼손으로 앞에서 보았던 그림과 잘 맞는 그림을 잡으라고 한다.

환자의 (우뇌에 의해 지배받는) 왼손은 폭설과 잘 맞는 삽을 집었고, 오른손은 새 발 그림과 잘 맞는 닭 그림을 집었다. 여기까지는 좋았다. 그런데 가자니가가 환자에게 왜 왼손으로 삽 그림을 집었느냐고 묻자 재미있는 일이 벌어졌다. 우리가 여기서 기억해야 하는 것은, 좌뇌만이 말을 할 수 있는데, 좌뇌는 우뇌의 결정 과정을 알지 못했고 폭설 그림도 보지 못했다는 것이다. 가자니가는 환자가 잘 모르겠다고 답하지 않고 우뇌에 의해 지배된 왼손의 행동을 설명하기 위해 새로운 이야기를 만들어낸다는 것을 발견했다. 한 실험 대상자는 닭장을 치우려고 삽을 잡았다고 말했다.

해석자 현상은 좌뇌가 창조적인 일을 할 능력이 없다고 말하는 것은 지나치게 단순한 말임을 보여준다. 수십 년의 좌우 뇌 절개 연구를 정리한 2002년 ≪사이언티픽 아메리칸Scientific American≫에 기고한 글에서 가자니가는 좌뇌를 "창의적이고 해석력이 있다"라고, 우뇌를 "진실성 있고 고지식하다"라고 했다.[10] 이는 랍비 색스를 포함한 여러 사람이 퍼뜨린 신화와 상반된다.

사람을 우뇌형 인간과 좌뇌형 인간으로 나눌 수 있다는 잘 알려진 주장은 또 어떤가? 이 개념은 너무 불분명해 실제로는 의미가 없다. 사람은 그 순간 어떤 일을 하고 있는가에 따라 양쪽 뇌를 다르게 쓴다. 물론 주어진 과업을 이행하는 데 다른 사람보다 우뇌를 더 많이 쓰는 사람이 있을 수 있으나, 다른 과업이 주어지면 그 반대가 될 수도 있다. 또한 우리는 한쪽 손을 더 많이 쓰며, 이는 우리의 언어 기능이 좌뇌나 우뇌 한쪽에 치우치는 경향과 관련 있다는 것도 사실이다. 그러나 우리가 한쪽 손을 선호하는 것을 뇌의 어느 쪽이 우세한가의 가장 확실한 기준이라고 받아들인다면, (우세한 우뇌를 바탕으로 하는) 왼손잡이는 더 창조적이어야 한다. 실제로 왼손잡이인 것과 창조력이 연관이 있다는 주장은 여러 차례 반복되었다. 그러나 이 역시 또 다른 하나의 신화일 뿐이다(90쪽 "왼손잡이에 관한 신화와 진실" 내용 참조).

이에 관련해 중요한 의미를 가지는 연구를 2013년에 유타 대학교의 재러드 닐슨Jared Nielsen 연구팀이 보고했다.[11] 이들은 수천 명을 대상으로 이루어진 기능성 뇌 스캔 촬영 결과를 조사했다. 과학자가 특별히 관심을 가진 것은 뇌 중추 부위 간의 기능 연결이었으며, 이러한 부위가 한쪽으로 배정되어 있는가 여부였다. 대부분의 경우 각 기능의 중추는 한쪽에 있다는 것이 밝혀졌다. 예상대로 언어 기능의 중추는 좌뇌에 있었고, 주의 기능은 우뇌에 있었다. 그러나 지금 다루고 있는 문제와 관련해서 사람에 따라 오른쪽 혹은 왼쪽의 중추가 더 잘 연결된다는 증거는 없었다. "좌뇌의 네트워크가 더 잘 형성되거나 우뇌의 네트워크가 더 잘 형성된 사람이 있다는 증거는 보이지 않았다"라고 닐슨은 언론에 밝혔다.[12]

마지막으로 좌뇌는 "이해력이 부족하다", "성급히 판단한다", "자아도취적이다", 좌뇌의 목표는 "세상을 이용하는 것이다"라는 이언 맥길크리스트의 주장을 다시 살펴봐야 할 것이다. 실제로 그는 좌뇌는 "교육, 예술, 도덕성, 자연 세계 등 모든 것을 공리주의적 계산의 관점에서만 본다"라고 했다. 또한 서구에서는 좌뇌적 사고에 지나치게 의존하기 때문에 서구인이 "인류사상 가장 지각이 없는 위험한 인간들"이라고 경고했다.[13]

두말할 나위 없이 신경 과학은 이러한 지나친 좌뇌의 의인화를 지지하지 않는다. 또한 뇌의 활용이 서구세계에 문제점을 일으켰다는 증거도 없다. 맥길크리스트는 부인하지만, 그의 중심 논지는 동양과 서양을 바라보는 철학적 차이를 우뇌와 좌뇌의 차이로 연계한 은유에 지나지 않는다. 불행하게도 그는 도를 넘게 신경 생물학을 남용했으며, 동양과 서양의 사고방식에는 근본적이고 상반되는 차이가 있다는 '모호한 개념'을 퍼뜨렸다는 비난을 받았다. 케난 말릭Kenan Malik은 "맥길크리스트는 문화적 차이를 강조하는 오래된 그러나 모호한 논지를 현대화해 뇌에 접목했다. 그렇다고 모호한 논지가 덜 모호해지지 않았다"라고 주장했다.[14]

창조적 우뇌 신화는 한동안 계속 유지될 것으로 보인다. '더 페이시스 아이메이크The Faces iMake: Right Brain Creativity'(우뇌의 창조적 가능성을 계발할 수 있는 정말이지 대단한 도구라고 주장한다)라는 아이패드용 어플리케이션 같은 것들은 지금 당장이라도 최신 버전을 내려받을 수 있다! 논리적인 좌뇌와 창조적인 우뇌 신화는 매혹적인 단순함을 가지고 있다. 이 논리에 따라 나는 어떤 뇌를 가졌을까 의문을 던지게 되고, 약한 쪽을 강화하는 앱을 사게 되는 것이다. 다른 사람이나 언어도 좌뇌형 혹은 우뇌형으로 분류할 수 있다. 진실은 그렇게 간단하지 않다는 말로 이런 개념 체계를 상대하기는 쉽지 않다. 그러나 상대해야 할 가치는 있다. 왜냐하면 우리의 뇌가 어떻게 기능하는가라는 진짜로 매혹적인 이야기가 단순무식한 신화에 묻혀서는 안 되기 때문이다.

왼손잡이에 관한 신화와 진실

대부분의 사람이 오른손 사용을 선호하고 약 10퍼센트 정도만 왼손 사용을 선호한다는 것은 상당히 신기한 일이다. 이 10퍼센트라는 비율은 인류 역사에서 비교적 안정적으로 유지되어 왔다. 전문가는 어떻게 성장기 아이에게서 한쪽 손 사용이 우세해지는지 아직 밝혀내지 못했고, 오른손잡이와 왼손잡이의 비율을 설명하는 데 어려움을 겪고 있다. 여기서 왼손잡이와 오른손잡이의 차이를 둘러싼 수많은 신화와 편견이 생겨났다. 우선 잘못된 호칭부터 바로잡자. 완벽한 왼손잡이 혹은 오른손잡이는 없다. 대부분의 사람은 덜 쓰는 손으로도 무언가를 한다. 더 중요한 구별은 왼손이나 오른손을 선호하는 정도이다(과학자들은 선호도가 없는 경우 '양손잡이'라는 표현을 쓴다).

신화: 왼손잡이는 내성적이고 지적이며 창조적이다

화가와 음악가 중에 왼손잡이가 많다는 일화는 제법 있다. 이는 (왼손을 제어하는) 우뇌에 창조성이 있다는 단순한 논리에 힘입어 날개를 폈다. 옹호론자는 레오나르도 다빈치와 폴 매카트니 그리고 다른 많은 예를 지적한다. 그러나 심리학자 크리스 맥매너스Chris McManus는 여러 차례 상을 받은 그의 책 『오른손과 왼손Right Hand, Left Hand』(2004)에서 "왼손잡이가 더 창조적이라는 주장은 지속되어 왔지만 여태 발표된 과학적 연구에서는 이를 뒷받침하는 증거가 거의 없다"라고 밝혔다.[15] 왼손잡이가 더 내성적이라는 주장에 대해서도 그렇다. 2013년 662명의 뉴질랜드 대학생을 대상으로 이루어진 선호하는 손과 성격에 관한 설문 조사에 의하면 "왼손잡이와 오른손잡이는 성격 요소에서 차이를 보이지 않았다".[16] 그러나 양손을 다 쓰는, 즉 한쪽 손에 대한 선호도가 낮은 사람이 좀 더 내성적이기는 했다. 아이큐는 어떤가? 한 대규모 조사에서는 아무런 관련을 찾지 못했고, 다른 조사에서는 오른손잡이가 약간 높은 것으로 나왔다(두 조사 결과를 합하면 지능과 손의 선호도 사이의 연관은 무시해도 좋은 것이었다).

진실: 왼손잡이의 언어 능력은 좌뇌에 덜 의존적이다

인구의 절대 다수의 경우 언어 기능은 좌뇌에 있다. 그렇게 때문에 좌뇌가 손상되는 뇌졸중이나 다른 좌뇌 부상이 언어 장애를 일으키는 것이다. 오른손잡이의 경우 좌뇌의 우세는 95퍼센트를 상회한다. 그러나 왼손잡이는 이 비율이 70퍼센트로 떨어지며, 이에 포함되지 않을 경우 언어 기능은 우뇌에 위치하거나 양쪽 반구에 고르게 퍼져 있다.

신화: 왼손잡이가 더 일찍 죽고, 면역계 질환에도 잘 걸린다

조기 사망 신화는 1988년 《네이처》에 다이앤 핼펀Diane Halpern과 스탠리 코런Stanley Coren이 기고한 논문 「오른손잡이가 더 오래 사는가?Do Right-Handers Live Longer?」에서 시작된다.[17] 저자들은 야구 선수의 사망 기록을 조사했고, 왼손잡이가 더 일찍 죽는다는 것을 발견했다. 그러나 맥매너스는 이것은 20세기에 들어와 왼손잡이가 늘어났기 때문에 생기는 통계적 오류라고 주장한다. 즉, 왼손잡이는 비교적 최근에 태어났다는 것이다. 맥매너스는 이를 『해리포터Harry Potter』를 좋아하는 사람이 그렇지 않은 사람보다 젊다는 점에 비유해 설명한다. "친척 중에 사망한 사람이 있는 자에게 사망한 사람이 해리포터 소설을 읽었는지 물어보면 틀림없이 『해리포터』 광이 더 일찍 사망한다는 결과를 얻게 될 것이다. 이는 해리포터 팬이 대체로 어리기 때문이다." 이 통계적 논리를 이해하지 못한다면 1994년에 이루어진 크리켓 선수의 수명에 관한 연구의 결론을 보면 된다. 이 연구에서 "왼손잡이인 것과 조기 사망은 아무런 상관이 없다"라고 과학자들은 결론을 내렸다.[18] 노먼 게슈윈드Norman Geschwind가 주장한 다른 신화 하나는 왼손잡이가 면역계 질환에 더 잘 걸린다는 것이다.[19] 크리스 맥매너스와 필 브라이든Phil Bryden은 2만 1000명의 환자와 그보다 더 많은 숫자의 대조군 환자를 대상으로 이루어진 89개 연구의 결과를 분석했다.[20] 맥매너스는 "왼손잡이가 면역계 질환에 더 취약한 경향은 전혀 보이지 않았다"라고 자신의 책에서 밝혔다.

진실: 우리는 늙어가면서 점점 양손잡이가 되어간다

2007년 토비아스 칼리슈Tobias Kalisch 연구팀은 60명의 오른손잡이를 모집해 여러 어색한 손동작을 시험했다. 여기에는 선 따라 긋기, 겨냥하기, 가볍게 두드리기 등이 포함되었다.[21] 평균 나이가 25세인 젊은 참여자 집단이 모든 동작을 오른손으로 했을 경우 훨씬 잘한 반면, 중년(평균 50세)의 오른손잡이 집단은 겨냥하기에서 왼손과 오른손의 성적이 거의 비슷했다. 그리고 나이가 더 많은 두 집단(평균 70세와 80세)의 경우 한 동작을 빼고는 양손이 비슷했다. 불행하게도 나이를 먹으며 생기는 양손잡이의 능력은 오른손의 능력이 떨어져서 생기는 결과였다.

신화: 왼손잡이가 탄압받고 있다

2011년 발간된 왼손잡이에 관한 책(릭 스미츠Rik Smits의 『왼손잡이의 수수께끼The Puzzle of Left-handedness』)의 서평에서 ≪가디언≫의 평론가는 "불행하게도 왼손잡이에 대한 편견은 뿌리 깊고 광범위하다"라고 썼다.[22] 실제로 그런가? 왼손잡이가 과거에 힘든 시절을 겪은 것은 사실이다. 이들 중 다수가 오른손을 쓰도록 강요받았다. 또한 다수의 문화권에서 오른쪽은 올바르고 왼쪽은 나쁘다는 편견이 존재했다. 꼭 필요한 사람을 '오른팔'이라고 하거나 서투르고 어색한 사람에게 '왼발만 두 개다'라고 하는 표현을 봐도 그렇다. '사악한'이라는 뜻을 가진 단어 '시니스터sinister'의 라틴어 어원은 '왼쪽'이다. 무슬림은 오른손으로 음식을 먹고 왼손으로 몸을 씻는다. 그러나 최소한 서구 문화에서는 왼손잡이에 대한 탄압이 끝난 것으로 보인다. 최근 미국 대통령 일곱 명 중 다섯 명이 왼손잡이였다는 사실을 봐도 알 수 있다. 삶이 그토록 힘들었으면 그렇게 높은 빈도로 세계에서 가장 힘 있는 자리를 차지할 수 있었겠는가? 물론 이는 추정에 불과하다. 그러나 앞에서 거론된 2013년의 뉴질랜드 연구 결과를 다시 보자.[23] 여기에는 100명 이상의 전형적인 왼손잡이와 오른손잡이의 성격 차이를 분석한 부분이 있다. 왼손잡이가 더 내성적이면서도 개방적이라고 믿었던 과거가 있기는 하다. 그러나 저자가 기술했듯이 이러한 "예술가적이라는 고정 관념을 부정적으로만 볼 수는 없다. 서구 문화 속 젊은 층에서는 왼손잡이가 낙인찍힌 소수자라고 볼 수 있는 증거가 없다."

진실: 왼손잡이가 다양한 운동 경기에서 유리하다

왼손잡이는 안전 관련 규정 때문에 일부 경기에서는 불리하다. 예를 들면 폴로에서는 타구봉이 항상 말의 오른쪽에 있어야 한다. 그러나 권투나 테니스 같이 경쟁자가 맞붙는 종목에서 왼손잡이에게는 분명한 이점이 있다. 간단히 말하면 왼손잡이가 오른손잡이(대부분의 상대)와 맞붙어 본 경우가 오른손잡이가 왼손잡이를 상대해 본 경우보다 훨씬 많다는 것이다. 이른바 '전투 가설fighting hypothesis'에 의하면, 왼손잡이 비율이 유지되는 진화론적 이유는 바로 싸울 때 이점이 있기 때문이라는 것이다.[24] 권투[25]나 펜싱[26]에서 왼손잡이의 승률이 높다는 것을 증명한 연구도 다수 있다. 마지막으로 혹시 궁금하다면 알려드린다. 여러 유형의 동작에서 왼손잡이가 오른손을 쓰는 것을 오른손잡이가 왼손을 쓰는 것보다 훨씬 더 잘한다.

신화 13

여자의 뇌가 더 균형 잡혀 있다
(그리고 성별과 뇌에 관한 다른 신화들)

우선 여자와 남자의 뇌에는 구조적 차이가 있다는 것을 명확히 하고자 한다. 그러나 이 분야의 많은 전문가는 진정한 차이와 완전히 허구적인 차이를 구분하지 못한다. 아니면 예전의 신경 과학에서 인정받았으나 이제는 의미가 없어진 남녀 차이에 계속 매달린다. 더욱 나쁜 것은 이런 신화를 퍼뜨리는 사람들이 뇌에서 보이는 차이를 과학적 근거는 전혀 두지 않고 남녀의 행동 차이와 연결시키는 것이다. 그리고 어떤 경우에는 그럴듯한 논리를 특정 정치적 견해나 정책을 옹호하는 데 쓰기도 한다.

신화: 여자의 뇌 기능은 더 균형 잡혀 있고, 포괄적이다

크게 히트를 친 책 『화성에서 온 남자, 금성에서 온 여자Men Are From Mars, Women Are From Venus』의 작가 존 그레이를 예로 들어보자. 2008년에 나온 후속작 『충돌: 화성 남자 금성 여자를 위한 행복의 전략Why Mars and Venus Collide』에서 그는 "남자는 뇌의 반구 중 한 부분만 사용해 주어진 과업을 수행한다"라고 썼다. 여자는 그에 반해 "많은 상황에서 양쪽 뇌를 모두 사용한다"라고 덧붙였다. 그레이는 이러한 뇌의 차이를 연장해서 남자는 한 번에 하나만 생각한다는 속설을 추론한다. "남자는 어떻게 하면 승진할 수 있을까에 골몰하다가 우유 사오는 것을 잊어버린다."

그레이가 꺼내든 남자의 뇌는 국소적이고 편향적으로 기능한다는 신화는 널리 퍼져 있으며, 무수하게 많은 인쇄물과 웹문서에 인용된다. 구글에서 10초 만에 찾은 캐나다의 인기 웹사이트 ≪스위트 101Suite 101≫에 나온 기사의 저자는 근거 없는 자신감을 가지고 이렇게 말한다. "남의 말을 들을 때 남자는 뇌의 한쪽만 사용하고 여자는 양쪽을 다 쓴다는 것은 사실이다."[1]

이러한 신화의 한 출처는 미국 신경 과학자 노먼 게슈윈드 연구팀이 1980년에 제기한 가설이다.[2] 자궁 내에 남성호르몬인 테스토스테론이 높아지면서 남자아이의 좌뇌는 여자아이의 좌뇌보다 천천히 발생하며, 결국 더 비좁은 공간 때문에 크기에 제한이 생긴다는 것이다.[3] 그러나 게슈윈드의 주장은 사실이 아니다. 노스캐롤라이나 대학교의 존 길모어John Gilmore 팀이 신생아 74명의 뇌를 스캔해 본 결과, 남아의 좌뇌가 여아의 좌뇌보다 작다는 증거는 찾을 수 없었다.[4] 남자의 뇌가 더 편향되어 있다는 아이디어는 위트레흐트 대학교의 의료 연구소에서 일하는 이리스 소메르Iris Sommer 연구팀의 분석에서도 부인되었다. 총 377명의 남자와 442명의 여자를 대상으로 이루어진 14개의 연구 결과를 메타분석한 결과, 언어 능력의 뇌 내 편향성(양쪽 뇌 중 한쪽으로 치우친 정도)은 남녀 간 차이를 보이지 않았다.[5]

이와 관련된 아이디어 하나는 여자가 남자보다 좌뇌와 우뇌를 잇는 뇌량이 더 굵다는 것이다. 이것이 사실이었다면 아마 더 굵은 뇌량이 남자보다 더 효율적으로 뇌 양쪽을 쓰게 할 것이다. 이 문제에 대해 오르후스 대학교의 미켈 발렌틴Mikkel Wallentin이 2009년 논문에서 사후 부검 자료와 뇌 영상 자료를 종합해 발표했다. 그의 결론은 "지금까지 주장되었던 뇌량의 남녀 간 차이는 전설에 불과하다"였다.[6] 2012년에 이루어진 확산 텐서 영상 연구에서 전두엽의 양쪽 뇌 사이 연결은 남자가 여자보다 강하다는 것이 결론이었다.[7]

신화: 여자에게는 예민한 거울 뉴런이 있다

여자가 남자보다 감정 처리에 좀 더 능하다는 증거는 어느 정도 존재한다. 예를 들면 캐나다와 벨기에 연구팀이 발표한 2010년 연구에 따르면 여자가 남자보다 시각이나 청각으로 제시된 두려움과 혐오스러움의 표현을 구분하는 데 더 능숙하다.[8] 그러나 많은 대중 심리학 분야 저자는 이를 윤색해 감정 처리에 능한 여자 뇌의 이점에 관해 거침없이 추정했다. 가장 중요한 장본인은 2006년에 『여자의 뇌, 여자의 발견The Female Brain』을 쓴 루앤 브리젠딘Louann Brizendine이었다. 브리젠딘은 여자는 특히 감정적 미러링mirrioring•에 능해 다른 사람의 고통에 더욱 민감하며, 이는 여자에게 거울 뉴런이 더 많거나 더 활성화된 거울 뉴런이 있어 그렇다고 추정했다(196쪽 참조). 거울 뉴런은 영장류에서 처음 발견된 뉴런의 일종으로 특정 행위를 할 때와 다른 개체가 똑같은 행위를 할 때 공통적으로 활성화되는 뉴런이다.

『젠더, 만들어진 성Delusions of Gender』에서 코딜리어 파인Cordelia Fine은 브리젠딘의 주장을 부정하는 데 여러 쪽을 할애한다.[9] 브리젠딘이 인용한 여자의 강한 공감 능력을 보여주는 뇌 영상 연구는 여자만 대상으로 했고, 남자 대조군은 없었다.[10] 책에서 인용된 또 다른 연구는 남자가 보인 고통에 대한 공감과 관련된 뇌 활동은 대상 남자가 공평하게 게임에 임하다가 고통받을 때만 일어난다는 것을 보여준다.[11] 여자는 공평하게 게임에 응했는지에 상관없이 고통받는 사람에게 차별 없이 공감을 보여주는 경향이 있었다. 그러나 브리젠딘은 더 나아가 남자에게 공감 반응이 없는 것으로 해석했다.

거울 뉴런에 관해 파인이 문헌 조사를 한 결과, 남자보다 여자에게 거울 뉴런이 더 많다거나 여자의 거울 뉴런이 더 활발하다는 증거는 없었다. 이 점에 대해 브리젠딘은 하버드 대학교의 심리학자 린지 오버먼Linsay Oberman과 개인적 교신 내용을 증거로 제시했다. 그러나 파인이 오버먼과 연락을 취한 결과, 오버먼은 브리젠딘과 교신을 취한 일이 없으며, 여자가 거울 뉴런 기능이 더 뛰어나다는 어떤 증거도 알지 못한다고 했다!

• [옮긴이] 무의식적으로 다른 사람의 행동이나 말에 동조해 동질감을 형성하는 과정이다.

신화: 남자와 여자의 뇌 회로는 다른 방식으로 연결되어 있다

대중 매체와 일부 과학자는 특정 성별에 정형화된 고정 관념을 뒷받침하는 신경 과학 증거를 찾는 데 혈안이 되어 있는 듯하다. 이러한 상황은 그들의 판단력을 흐림으로써 새로운 증거를 피상적이거나 편견을 가지고 해석하게 해, 결국 성별에 관한 기존의 사고방식을 강화하기만 한다.

이것이 바로 2013년 미국의 저명한 학술지인 ≪PNAS≫에 뇌 회로에 관한 논문이 발표되었을 때 생긴 일이다.[12] 펜실베이니아 대학교의 레이지니 버마Ragini Verma가 이끄는 연구팀은 확산 텐서 영상을 이용해 8세에서 22세 사이 949명을 대상으로 뇌 내 연결망을 조사했고, 남자와 여자의 뇌 내 연결망은 다르게 구성되어 있다고 주장했다. 그들은 "남자와 여자의 연결 방식이 근본적으로 다르다"라고 밝혔다.

자세한 내용을 보면, 남자는 각 뇌 반구 내 연결이 촘촘했고, 여자의 뇌는 좌뇌와 우뇌 간 연결이 더 많았다는 것이다. 연구팀은 논문뿐만 아니라 이후 언론 발표를 통해 이러한 차이가 남녀의 행동 차이를 설명하는 데 도움이 된다고 밝히거나 은연중에 암시하기도 했다. 즉, 여자는 직관적으로 생각하고 동시에 여러 가지 일을 수행하는 능력이 뛰어나고 남자는 스포츠와 지도 읽기에 재능을 보인다는 것이다. 작가 존 그레이는 분명히 이 주장을 좋아했을 것이다.

전 세계의 대중 매체도 이 연구 결과에 열광했다. ≪데일리메일≫은 "이러한 연결망은 여자가 여러 가지 일을 수행하기에 적절하다는 것을 말한다"라고 했고, "남녀 간 뇌 회로의 실제적 차이는 왜 남자가 지도를 더 잘 보는지 설명해 준다"라고 ≪인디펜던트The Independent≫도 덧붙였다.

이 연구에 쓰인 기술적 요소는 대단히 인상적이었다. 그러나 불행하게도 연구팀과 언론은 문제를 뒤죽박죽으로 만들었다. 첫째로, 남녀 간 뇌 연결망의 차이는 과학자가 암시했던 만큼 의미 있지 않았다. 과학자들은 '근본적인' 차이를 보였다고 했지만, 다른 전문가가 수치를 다시 분석한 결과, 차이는 통계적 유의성이 있으나 현저하다고 볼 수 없었다.[13] 또한 이 차이는 개인별 수치가 많이 겹치는 평균적 차이라는 것을 기억해야 한다. 남자인 나의 뇌가 이 글을 읽는 여자 독자의 뇌보다 더 여성적일 수 있다는 것이다.

둘째로, 언론 보도의 잘못된 내용과 달리 이 연구에서는 직관적 생각이나 다중 과업 수행과 같은 행동을 조사하지 않았다. 과학자들은 단지 추정했을 뿐이다. 이전에 발표된 연구에서 같은 실험 대상을 상대로 행동 기능 검사를 하기는 했으나, 코딜리어 파인이 지적하듯이 성별 간 차이는 '미미했으며', ≪PNAS≫ 논문에 나온 지도 보기 같은 시험은 여기에 포함되지도 않았다.

버마 연구팀이 자신들이 찾은 결과를 통해 정형화된 남녀 간의 차이를 뒷받침한다는 결론에 도달한 방식은 '역추론'이라고 불리는 논리적 실수이다(240쪽에 추가적으로 이 실수에 대해 나온다). 그들은 뇌 내 연결망의 차이를 찾은 뒤, 여기에 다른 연구가 제시했던 관련 부위의 기능을 바탕으로 남녀 간의 차이가 가지는 의미를 추정해 버렸다. 예를 들면 좌뇌는 분석적이고 우뇌는 직관적이라는 좌뇌 우뇌 신화를 꺼내든 것이다(82쪽 참조). 과학자들이 남자가 여자보다 좌뇌와 우뇌 간 연결망이 더 촘촘하다고 주장하는 한 부위는 소뇌였는데, 연구진은 남자의 회로가 운동을 위해 만들어졌다는 것을 주장하면서 소뇌의 기능을 운동 조절에만 국한했다. 그러나 소뇌는 다른 많은 기능을 수행한다는 것이 현대 연구에 의해 이미 밝혀진 바 있다. 2009년에 발표한 총설叢說•에서 피터 스트릭Peter Strick 연구팀은 "소뇌가 보이는 기능의 범위는 놀라울 정도이며 집중력, 실행 제어, 언어, 기억력, 학습, 통각, 감정, 중독에 관련해 감지하고 평가하는 역할을 포함한다"라고 밝혔다.[14]

새로운 연구를 이전 연구 결과의 맥락에서 해석하는 것은 당연히 중요하다. 버마 팀은 이전에 439명을 대상으로 한 연구에서 의미 있는 남녀 간 차이를 보지 못했다고 인정했다. 그리고 우리는 뇌량에 관한 다른 연구들을 알고 있다(94쪽 참조). 뇌량은 좌뇌와 우뇌 사이의 가장 큰 연결 고리이다. 따라서

• [옮긴이] 어떤 문제의 전체를 통틀어 하는 설명이나 논설을 뜻한다.

버마가 주장하는 것처럼 여자에게 더 많은 연결이 있다면, 일관성 있게 여자에게서 더 두터운 뇌량을 찾을 수 있어야 한다. 그러나 일부 연구에서는 반대 결과가 도출되었다. 내가 ≪와이어드≫ 블로그에 올린 뇌 연결망 연구에 대한 결론이다. "와, 정말로 멋있는 회로 그림이다! 그런데 (과학자들의) 해석은 정말로 아쉽다."

신화: 소녀가 소년보다 큰 크로커스를 가지고 있다

과대 포장된 연구와 편향된 해석은 그렇다고 치자. 이 분야에서 일부 사기꾼의 주장은 과학적 근거가 전무하다. 미국의 한 교육 전문가는 전국을 돌며 강연하면서 여자아이의 "경험의 세밀한 부분을 보는"(발표 자료에 이렇게 나온다) 능력은 남자아이보다 네 배 큰 '크로커스crockus'를 가지고 있기 때문이라고 주장했다.[15] 이는 크로커스가 상상 속의 뇌 부위임을 생각할 때 매우 놀라운 주장이다.

펜실베이니아 대학교의 언어학과 교수 마크 리버먼Mark Liberman은 2007년에 '랭귀지로그Language Log'라는 자신의 블로그에서 크로커스 사건을 자세히 설명한다. 여기에는 왼쪽 전두엽 근처로 추정되는 부위에서 남녀 간 차이의 증거를 찾아보았던 조사의 내용도 포함된다. 리버먼은 2004년 UCLA 의대에서 레베카 블랜턴Rebecca Blanton 연구팀이 진행한 조사를 거론한다.[16] 25명의 소녀와 21명의 소년을 대상으로 이루어진 뇌 스캔 연구에서 비교·분석한 결과, 크로커스 주창자의 주장과 달리 왼쪽 하측 전두회(강연자의 그림에 나온 크로커스와 유사하게 생긴 부위)는 소년이 통계적으로 유의하게 컸다는 것이 밝혀졌다. 남녀 간에 크기가 엇갈리는 경우도 있었다.

성별에 따른 뇌의 차이에 대해 중요한 점을 다시 한번 강조해야 할 것 같다. 남녀 간 뇌 구조의 평균에 차이가 있을 수는 있어도 이것을 바로 행동의 차이로 추론할 수는 없다. 따라서 우리는 근거 없이 추론되고 왜곡된 뇌 연구를 바탕으로 남녀의 교육 방식의 차별화를 열렬히 주장하는 사람을 비판적인 시각으로 바라봐야만 하는 것이다.

그렇게 봐야 하는 사람 중 한 명이 '남녀 분리 공립 교육을 위한 전국 연합National Association for Single Sex Public Education'이라는 조직을 운영했던 레너드 색스Leonard Sax이다. 색스는 발간물을 통해 뇌의 차이를 고려해 여자아이와 남자아이는 다르게 교육받아야 한다는 주장을 폈다. 예를 들면 남자아이는 편도체(감정 처리에 관련된 피질하 영역)가 여자아이보다 늦게 대뇌 피질과 연결을 맺는다고 했다. 그리고 이로 인해 남자아이가 자신의 감정에 대해 이야기하는 데 어려움을 갖게 된다고 주장했다.[17]

색스가 인용한 뇌 스캔 연구 논문에는 11세에서 15세 사이의 소년 9명과 9세에서 17세 사이의 소녀 10명을 대상으로 공포에 질린 얼굴을 바라보게 하는 실험의 결과가 나온다.[18] 과학자들이 실제로 편도체와 피질 간 연결을 본 것은 아니다. 이를 위해서는 다른 유형의 스캔 기법이 필요하다. 실제 이행된 것은 공포에 질린 얼굴을 보는 동안 편도체와 전전두엽의 활성 정도를 비교였다. 과학자들은 추가로 활성 정도의 차이와 나이를 비교했다. 색스가 물고 늘어지는 발견은, 나이가 많은 여자아이는 피질 대 편도체의 활성 비율이 어린 여자아이보다 높았지만 남자아이의 경우 차이가 없었다는 부분이다.

이는 자체적으로 흥미로운 발견이기는 하다. 그러나 일단 대상자의 숫자가 적었고, 여자아이의 나이 차이가 좀 더 컸으며, 요구된 행동은 완전히 수동적인 것이었다. 이 실험이 소녀와 소년이 어떤 감정을 가지게 되는지, 그리고 감정 처리 방식에 관련해 어떤 의미를 갖는지는 말하기 힘들다. 저자들도 "결론은 잠정적인 것이다"라고 인정했다. 그런데 이 결과의 연장선상에서 남녀 간의 감정 표현 능력 차이를 말하는 것은 어마어마한 비약이다. 더 나아가 이를 바탕으로 남녀 간 교육 방식의 차별화를 주장하는 것은 말도 안 될뿐더러 잠재적으로 위험하기까지 하다. 혹시 궁금해할까 봐 알려드리는데, 2014년에 184종의 연구를 메타분석한 결과 남녀를 분리해 교육하는 것이 남아나 여아에게 교육적 이점이 있다는 증거는 전혀 나오지 않았다.[19]

현실

앞서 밝힌 대로 평균적인 남자의 뇌와 평균적인 여자의 뇌는 차이가 있다. '평균적인 뇌'라는 것을 강조하는 이유는 중간에 겹치는 부분에 속하는 사람의 비율이 높고, 남녀 간 차이는 많은 수의 남녀를 대상으로 평균을 비교할 때만 확실히 드러나기 때문이다. 그런 차이점 중 하나가 뇌의 크기다. 상대적으로 큰 몸을 고려하더라도 남자가 여자보다 뇌가 크다.

이는 여러 차례 기록된 바 있다. 샌드라 위텔슨Sandra Witelson 연구팀이 58명의 여자 뇌와 42명의 남자 뇌의 무게를 사후에 각각 재본 결과, 여자의 뇌는 평균 1248그램이었고 남자의 뇌는 평균 1378그램이었다. 남녀 간에 겹치는 부분이 있기 때문에 일부 여자는 일부 남자보다 뇌가 더 크다. 1998년에 덴마크에서 발표된 논문에 따르면 남자의 큰 뇌는 신피질neocortex에 뉴런이 16퍼센트 더 많다는 것을 의미한다고 한다.[20]

남녀 간의 차이는 뇌의 각 부위에서도 보인다. 예를 들면 기억과 관련된 해마는 여자가 더 크고, 편도체는 남자가 더 크다.[21] 뇌의 국소 부위의 활성화 양상도 남녀 간 차이를 보인다. 감정적 기억은 여자에게는 왼쪽 해마를, 남자에게는 오른쪽 해마를 활발하게 하는 경향이 있다. 외투 외피막(회백질로 구성됨)은 여자가 더 두껍고, 여자가 일반적으로 높은 회백질 대 백질(절연체 역할을 하는 세포로 구성됨) 비율을 보인다.[22] 그러나 이런 차이는 성별보다 뇌의 크기에 달린 것일 수도 있다. 다시 말하자면, 작은 뇌가 높은 회백질 비율을 가지는데, 바로 여자의 뇌가 작은 경향을 보이기 때문에 회백질의 비율이 높다는 것이다.

남녀 간 뇌의 차이를 이용해 행동의 차이를 설명하려 하는 것은 떨치기 힘든 유혹이다. 남자의 정신 회전 시험mental rotation tasks•에서의 우월성, 그리고 여자의 감정 처리의 우수성 같은 현상을 설명하려 할 때 바로 그렇다.[23]

• [옮긴이] 평면이나 입체의 심상을 회전시켜 분별하는 능력을 평가한다.

사실 우리는 성별 간 뇌 차이의 의미를 잘 알지 못한다. 심지어는 차이점이 행동의 유사성을 가져올 수도 있다. 이는 '보상 가설compensation theory'이라고 알려져 있으며, 뇌의 활성화 양상이 다름에도 불구하고 각종 과업에 임할 때 남자와 여자가 유사하게 행동하는 이유를 설명해 준다. 이에 관련해서 여자아이와 남자아이가 우스운 비디오를 볼 때 관찰한 뇌 영상 연구를 보자. 여자아이의 뇌는 농담에 좀 더 강한 반응을 보였으나, 비디오에 대한 주관적인 감상은 남자아이와 다르지 않았다.[24] 또 다른 흔한 실수 중 하나는 물리적 증거를 지나치게 직접적으로 행동학적 설명에 적용하는 것이다. 국소적인 뇌의 활동을 정신 집중의 증거로 간주하는 것을 예로 들 수 있다.

남녀 간 행동 차이가 대중 매체에서 보여주는 것처럼 고정되어 있지는 않다는 사실을 기억하는 것도 중요하다. 문화적·사회적 기대감이나 압력도 중요한 역할을 한다. 예를 들면 여자에게 '여자는 정신 회전 시험이나 수학에 약하다'고 말하는 것은 실제로 성적을 떨어뜨린다(이른바 '고정 관념의 압박stereotype threat'이라는 현상이다). 그러나 그들에게 동기를 부여하는 긍정적 정보를 주거나 가명으로 시험에 응하게 하면 남녀 간 차이는 사라진다.[25] 한편 능력에 관해 성 관련 고정 관념이 강하지 않은 나라일수록 여자가 과학 과목을 더 잘하는 것으로 나타났다(그러나 이 두 가지 사례의 인과 관계는 반대일 수도 있음을 기억해야 한다).[26]

남녀 간 차이를 지나치게 단순화하거나 일반화하는 것은 잔인한 자기충족적인 예언이 되어 남자와 여자가 근거 없는 고정 관념의 틀을 벗어나지 못하는 결과를 초래한다는 것을 알려준다. 실제로 이런 신화를 퍼뜨리는 것이 사회 발전을 방해할 수도 있다는 증거가 있다. 엑서터 대학교 과학자들이 2009년에 실행한 연구에 따르면, 성별에 따른 행동학적·생물학적 차이는 고정된 것이라는 논지에 노출된 사람은 사회가 여자를 차별하지 않는다는 것에 동의할 가능성이 높아진 것으로 나타났다.[27]

마지막으로, 남녀 간의 뇌 차이가 의미 있는 현상임을 인정하는 것은 나름 중요하다. 그리고 그 차이는 조심스레 해석해야 한다(파인은 "이 세상에서 남자의 뇌와 가장 비슷한 것은 여자의 뇌"라는 것을 강조한다). 그러나 정치적 올바름을 지나치게 의식해서 차이가 있음을 부인하는 것은 옳지 않다. 신경 과학자 래리 카힐Larry Cahill은 2006년 논문 「신경 과학에서 성별이 중요한 이유Why sex matters in neuroscience」에서 성별에 따른 뇌의 차이점을 제시했다. 성별에 따른 뇌의 차이점을 이해하는 것은 뇌에 대한 이해 자체를 도울 뿐 아니라 남자와 여자 각각에서 훨씬 더 많이 보이는 자폐증이나 우울증에 대한 새로운 지식을 가져다줄 수 있다. 메릴랜드 의과 대학교의 마거릿 매카시Margaret McCarthy 연구팀도 2012년 논문 「뇌의 성별 간 차이: 그리 불편하지 않은 진실Sex differences in the brain」에서 이에 동의한다.[28]

성별은 퇴행성 뇌 질환과도 관련 있다. 알츠하이머병의 경우 뇌에 있는 신경섬유 덩어리는 여자에게 더 심각한 위험 인자이며, 여자 알츠하이머병 환자는 남자 환자보다 더 심한 정신 기능 상실을 보인다는 증거도 있다(325쪽 뇌 부상 관련 내용 참조).[29] 실용적 측면에서 보자면, 뇌 연구를 진행하며 남녀 간의 차이가 가져오는 혼란스러운 측면을 고려하는 것도 늘 중요하다. 매카시 연구팀은 "남자만 대상으로 한 연구의 숫자는 놀라울 정도로 많고, 이런 양상은 바뀌지 않는다"라고 지적한다.

여자아이는 정말 분홍색을 좋아하는가?

성별 차이의 원천에 관한 논쟁의 축소판이 된 이슈가 있었다. 바로 여자아이가 분홍색을 선호하느냐, 그리고 만약 그렇다면 이것이 선천적이냐 아니면 문화적 산물이냐에 관한 논란이었다. 2007년 뉴캐슬 대학교의 과학자가 남녀 실험 참여자에게 색깔 있는 네모 중 하나를 고르게 했다. 양성 모두 푸른색 색조를 선호했으나, 여자아이는 남자아이보다 붉은색을 더 많이 선택했다.[30]

영국만 아니라 중국에서도 같은 결과가 나왔다. 과학자들은 여자가 역사에서 사냥보다 과일을 따는 쪽으로 특화되어 왔기 때문에 "배경보다 붉은 색조를 띤 물체를 선호한다"라고 결론지었다. 무비판적인 뉴스 머리기사가 뒤를 이었다. BBC 온라인에 나온 "소녀가 분홍색을 좋아하는 진짜 이유"가 대표적이다.[31]

그러나 다른 연구 결과는 색에 대한 성별 선호가 선천적이지 않다는 것을 보여준다. 2011년 바네사 로부Vanessa LoBue와 주디 드로치Judy DeLoache의 논문에는 7개월에서 다섯 살 사이의 남아와 여아 192명을 대상으로 다양한 색깔의 작은 물체(컵 받침대 혹은 플라스틱 클립)를 제공한 결과가 설명되어 있다.[32] 성별 간 차이는 두 살을 넘겼을 때 보이기 시작했다. 여자아이는 분홍색을 선호했고 남자아이는 분홍색을 피하기 시작했다(두 살 전에는 그렇지 않았다). 이때가 바로 어린아이에게 성별에 대한 인식이 생기는 때임을 고려하면 여아의 분홍색 선호는 선천적이라기보다는 학습된 것일 가능성이 있다.

지난 몇 년 사이에 이 논란은 새로운 국면을 맞았다. '여아는 분홍색, 남아는 푸른색' 문화는 상대적으로 최근에 생긴 현상이며, 1920년 이전에는 반대였다는 것이다. 1890년 주부 잡지 ≪레이디스 홈 저널Ladies Home Journal≫에는 이렇게 나온다. "순 흰색은 공용이고, 색깔을 원하면 남아는 분홍색, 여아는 푸른색으로 하면 됩니다." 이 성별의 반전을 지난 10년간 여러 저자와 언론인이 인용하면서 색깔 선호는 선천적이라는 개념을 완전히 없애버린 것으로 생각되었다.

그러나 2012년에 투린 대학교의 마르코 델기우디체Msarco del Giudice가 바로 앞에서 나온 성별 반전이 일종의 도시 괴담이라고 주장하면서 흥미로워지기 시작했다.[33] 그에 의하면 이 반전은 조 B. 파올레티Jo B. Paoletti가 잡지에서 발견한 짧은 문구에 근거한 것이고, 그 문구는 단순한 실수나 오타로 생긴 것일 수 있다는 것이다. 기우디체는 미국과 영국에서 1800년과 2000년 사이에 발간된 모든 책을 대상으로 구글 엔그램 뷰어 문헌 검색을 실행했다. '여아는 푸른색blue for a girl', '여자아이들은 푸른색blue for girls', '남아는 분홍색pink for a boy', '남자아이들은 분홍색pink for boys' 등의 문구는 하나도 찾을 수 없었다. 반면에 '남아는 푸른색blue for boys', '여아는 분홍색pink for girls' 등은 1890년에 처음 나와서 제2차 세계대전 이후에 많이 보였다.

물론 이 역시 성별과 색깔의 연계가 문화적 현상이라는 것과 모순되지 않으나, 기우디체의 논문은 20세기 초에 성별의 반전이 있었다는 것을 성공적으로 반박하는 것 같다. 전체적으로 보아 이 이야기는 어떻게 신화가 만들어지고 확산되는지 보여주는 한 예인 듯하다. 이러한 이야기 말고도 2013년에는 성별에 따라 선천적으로 선호하는 색깔이 있다는 설을 반박하는 논문을 클로이 테일러Chloe Taylor 연구팀이 발표했다.[34] 서구식 소비문화와 분리되어 있는 나미비아 시골의 힘바족은 여자가 붉은색이나 분홍색을 좋아하는 경향이 없다고 한다.

신화 14

성인의 뇌에서는 새로운 뇌세포가 만들어지지 않는다

성인이 되면 새로운 신경망의 연결과 새로운 세포 간 접속은 가능하나 새로운 뉴런을 생산하지는 못한다. 저축은 있으나 수입이 없는 사람처럼, 우리는 뉴런의 잔고가 줄어드는 것을 지켜볼 수밖에 없다. 이는 한때 신경 과학계 전체가 믿었던 잘못된 생각이다. 늘어나는 증거에도 불구하고 지난 세기 마지막까지 권위 있는 과학자들이 놓지 않았던 생각이기도 하다.

'성체의 뇌에는 새로운 세포가 없다'라는 신조의 뿌리는 스페인의 위대한 신경 과학자 산티아고 라몬 이 카할의 글에 그 뿌리를 둔다(37쪽 참조). 카할은 부상에 대한 뇌의 반응 기전에 관한 획기적인 연구를 했다. 그는 20세기 초반 학자 대부분이 동의했던 '가혹한 칙령'을 제시했다. 즉, 포유류 성체의 중추 신경계(뇌와 척수)에서는 새로운 뉴런이 생산되지 않고, 재생의 잠재력은 말초 신경계(중추 신경계에서 나머지 신체로 뻗어 나가는 조직)나 간과 심장 같은 다른 장기에 비해 제한되어 있다는 것이다. 피부에 상처를 입으면 피부가 다시 만들어지지만, 머리를 부딪치면 뇌세포 일부를 영원히 잃는다는 것이다. 사람들은 이렇게 믿어왔다.

"발생이 멈춘 후 축색 돌기와 수상 돌기의 '성장과 재생의 샘'은 돌이킬 수 없이 말라버린다." 이것은 1913년 발간된 카할의 역작 『신경계의 퇴행과 재생Degeneration and Regeneration of Nervous System』에 나온 말이다.[1] 그는 "성체의 중추 신경계에서 신경 경로는 고정된 것이고, 멈춘 것이며, 바꿀 수 없는 것이다. 모든 세포는 죽을 수밖에 없고, 재생되는 것은 없다"라고 덧붙였다. 카할의 판단은 지난 세기 내내 지지받았고, 임상 사례의 관찰 역시 일치하는 것으로 보였다. 뇌졸중으로 뇌 손상을 입은 사람은 이후 언어, 운동, 기억 등에서 장애를 보인다. 재활은 가능하지만 길고 어려운 과정이다.

도그마와의 투쟁

카할의 판단이 잘못되었을 수 있다는 첫 번째 증거는 분열하는 세포를 표지하는 새로운 기법을 쓴 MIT의 조지프 앨트먼Joseph Altman과 고팰 다스Gopal Das에 의해 1960년에 제시되었다.[2] 그들은 쥐, 고양이, 기니피그에서 새로 생성된 뉴런이 해마(뇌 깊숙이 위치한 둘둘 말린 조직), 후각 신경구olfactory bulb(냄새 감각과 관련됨), 대뇌 피질에 있다는 증거를 보고했다. 앨트먼은 권위 있는 학술지에 결과를 발표했지만 이 보고는 학계에서 거의 무시되었다. 연구비는 바닥났고, 앨트먼은 논란이 덜한 연구를 진행하기 위해 다른 대학교로 옮겼다.[3]

학계의 반응이 차가웠던 이유 중에는 표지 방법의 기술적 한계도 있었다. 또한 일부 전문가는 새로 생성된 세포는 뉴런이 아니고 교세포라고 주장했다. 당시에는 신경 줄기세포라는 개념이 존재하지 않았다. 이 미성숙한 세포는 분열하면서 특정 뇌세포로 바뀔 수 있다. 이런 세포가 있다는 것을 모르는 상태에서 과학자들은 새로운 뉴런은 이미 존재하는 성숙한 뉴런의 분열을 통해서만 생성될 수 있다고 생각했다. 그러나 그들은 또한 성숙한 뉴런이 분열하는 것이 불가능하다는 것을 알고 있었다.

역사학자 찰스 그로스는 여기에 다른 숨은 의도가 있다고 믿는다. 즉, 보수파의 일원이 수십 년 동안 유지되어 온 '새 뉴런은 없다no new neurons'라는 교리를 유지하기 위해 의도적으로 새로운 증거를 무시했다는 것이다. 2009년에 발간된 수필집 『머리에 난 구멍Hole in the Head』에서 그로스는 앨트먼의 회고를 인용한다. "일부 영향력 있는 신경 과학자에 의해 우리가 제시한 증거를 은폐하려는 은밀한 시도가 있었다. 그리고 나중에는 우리 실험실을 폐쇄해 아예 입막음을 하려고 했다."[4] 그로스에 의하면 앨트먼의 선지적인 발견이 있은 지 15년 후에 소장파 연구자 마이클 캐플런Michael Kaplan이 좀 더 정제된 기법을 사용해 앨트먼의 연구 결과를 확인했다. 캐플런도 권위 있는 학술지에 연구 결과를 발표했으나 신경 과학계는 이번에도 심각하게 받아들이지 않았다.

2001년 신경 과학의 최신 동향을 보고하는 학술지 ≪트렌즈 인 뉴로사이언스Trends in Neurosciences≫에 본인의 경험을 직접 밝히면서 캐플런은 다음과 같이 말했다. "혁명 중에는 어느 편에 서는가를 확실히 해야만 한다. 1960년대와 1970년대에 성체 뇌에서도 뉴런이 생성된다는 것을 지지했던 사람들은 무시당했거나 침묵을 강요받았다." 결국 캐플런은 자신의 발견에 대한 저항에 좌절해 연구계를 떠나 임상 의사의 길을 걸었다.[5]

앨트먼의 논문과 캐플런의 논문 이후 성체의 신경 발생에 관한 추가 증거는 1980년대에 이르러서 페르난도 노테봄Fernando Nottebohm 연구팀이 진행한 연구의 결과로 나타나기 시작했다. 이들은 카나리아 수놈의 노래 부르는 행동과 관련된 뇌 부위의 크기가 계절에 따라 변한다는 것을 보여주었다.[6] 노래를 배워야 할 필요가 커지면 해당 뇌 부위의 뉴런 숫자도 늘어났다. 이와 유사하게 박새는 겨울이 되어 먹이가 귀해지면서 기억력이 더욱 요구될 때 해마에 새로운 뉴런이 생겨났다.[7]

그럼에도 불구하고 도그마는 계속 유지되었다. 성체 신경 발생에 대해, 회의론자들은 모든 발견은 쥐와 새에 국한된 것이고 사람을 포함한 영장류에는 적용되지 않는다고 주장했다. '새 뉴런은 없다'는 입장의 옹호자 중 한 명은 저명한 학자이자 신경 과학 협회Society for Neuroscience: SFN 회장을 역임했던 예일 대학교의 파스코 라키츠Pasko Rakic였다. 그의 연구팀은 1980년대 중반에 붉은털원숭이에서는 성체 신경 발생의 증거를 찾을 수 없다는 논문을 발표한 바 있다.[8] 라키츠는 "사람들은 내가 '잘 들어, 새 뉴런은 없어'라고 말한 사람이라고 이야기한다. 그것은 절대 내 입장이 아니었다. 나는 페르난도의 새 이야기에 반대한 것이 아니다. 단지 그가 새에서 관찰한 현상이 사람에게도 적용된다고 말한 것에 반박했을 따름이다"라고 2001년에 발표한 ≪뉴요커≫ 기사에서 밝혔다.[9]

라키츠에 의하면 카나리아는 매 계절 새 노래를 배워야 하기 때문에 새로운 뉴런을 생성하는 것이 합리적이라는 것이다. 그러나 인간은 사회생활을 영위하는 데 필수인 정교하고 지속적인 기억력을 위해 새 뉴런을 생성하는 적응력을 포기하는 대가를 치렀다고 주장했다. 라키츠의 생각은 신경 발생이 좀 더 단순한 뇌를 가진 종에서 널리 퍼져 있다는 보편적 관점과 일치하는 것이었다.

성인 인간의 뇌 속 신경 발생

라키츠의 반박에도 불구하고, 1980년대와 1990년대를 걸쳐 분열하는 세포를 표지하는 방법이 발전하면서 성체 신경 발생의 증거가 쥐와 새뿐 아니라 영장류에서도 관찰되기 시작했다. 이런 관찰의 상당 부분은 프린스턴 대학교의 엘리자베스 굴드Elizabeth Gould의 실험실에서 이루어졌다. 그녀는 나무두더지, 마모셋원숭이, 마카크원숭이 성체의 뇌에서 새로이 생성된 뉴런을 관찰했다고 보고했다.[10] 이 동물은 열거된 순서대로 인간과 진화적으로 더 가깝다. 라키츠 연구팀은 처음에는 결과에 비판적이었으나, 이후 라키츠 본인도 성체 영장류의 뇌에서 새 뉴런의 존재를 확인했다.[11]

그러나 아마도 '새로운 뉴런은 없다'라는 신조를 완전히 파괴한 건 성인 인간의 뇌에서 신경 발생이 일어난다는 발견일 것이다. 이것은 쉬운 일이 아니었다. 동물을 대상으로 하는 연구는 동일한 방법으로 진행되었다. 동물은 분열 전 세포를 표시하는 염색 물질을 주사받는데, 시간이 지나면 염색 물질이 딸세포들에 전달된다. 그리고 연구자들은 연구에 따라 몇 분, 몇 달 혹은 몇 년이 지난 후 동물을 죽여서 뇌의 절편을 만든다. 그다음 세포를 뉴런 혹은 교세포로 분간하게 하는 다른 염색이 가해진다. 그중 처음 주입된 염색 물질이 있는 뉴런은 새로 생성된 것이 분명할 것이다.

뇌를 절편으로 만들어 현미경으로 관찰한다는 것을 고려하면, 이러한 실험을 사람을 대상으로 실행할 수 없다는 것은 자명하다. 그러나 1990년 후반에 페테르 에릭손Peter Eriksson이 신경 발생 관찰에 쓰던 브로모디옥시유리딘bromodeoxyuridine이라는 염색 물질을 암 환자를 대상으로 세포의 성장을 관찰하는 데 사용한다는 사실을 알아냈다. 이 분야 다른 개척자 중 한명인 프레드 게이지Fred Gage(피니스 게이지의 후손[12], 59쪽 참조)와 함께 에릭손은 다섯 환자의 해마를 사후에 조사하는 실험을 승인받았다. 물론 예측이 가능한 부분이지만, 다섯 명 모두의 해마에서 염색된 뉴런을 관찰했을 때의 흥분을 상상해 보라. 이는 뉴런의 발생이 염색 물질이 주사된 이후 일어났다는 것을 확인해 주는 결과였던 것이다.[13] "이 환자들은 이 목적을 위해 자신의 뇌를 기증한 것이고, 성인의 신경 발생에 대한 증명은 이들의 넓은 도량 덕분에 가능했다"라고 게이지는 2002년 논문에 기술했다.[14]

성체 신경 발생의 추가적인 직접 증거는 2013년에 발표된 독창적 연구에서 찾을 수 있다.[15] 스웨덴 카롤린스카 연구소Karolinska Institutet의 키르스티 스팔딩Kirsty Spalding 연구팀은 1955년에서 1963년 냉전 시대에 이뤄진 지상 핵폭탄 실험의 결과로 공기 중에 동위 원소인 탄소14 농도가 높아졌다는 사실을 이용했다. 공기 중에 확산되어 식물로 흡수된 탄소14는 수십 년 동안 서서히 줄어들었고, 이것이 사람 세포의 탄소14 농도에 영향을 미쳤다. 우리가 식물을 섭취하면 탄소14가 우리 몸 안으로 들어오고, 세포가 분열할 때 그 농도가 DNA에 기록되기 때문이다.

사후 기증된 수십 개의 뇌를 보면서 과학자들은 탄소14의 농도를 이용해 해마 내 치상회dentate gyrus(모습이 치열과 유사하다고 해서 붙은 이름)에 있는 뉴런을 포함한 세포의 나이를 측정했다. 1955년 이전에 태어난 사람의 뇌에 있는 뉴런 내 탄소14의 농도는 그들이 태어나고 자랐을 때 대기 중에 있었던 탄소14의 농도보다 높았고, 이는 성체 뇌에서 뉴런이 새로 만들어졌음을 의미했다. 추가 분석을 통해 성체 해마에서 약 700개의 뉴런이 매일 만들어지며 뉴런이 생성되는 정도는 나이가 들면서 조금 낮아질 뿐이라는 것을 알게 되었다.

오늘날 인간을 포함한 포유류의 뇌의 두 부위에서 새로운 뉴런이 만들어진다는 사실이 널리 받아들여졌다. 한 곳은 앞에 나온 해마 내 치상회이고, 다른 한곳은 뇌 척수액이 들어 있는 뇌 내 공간의 일부인 측뇌실lateral ventricle

이다(226쪽 〈그림 16〉 참조). 측뇌실 부위에서 만들어진 뉴런은 부리 쪽 이동 줄기rostral migratory stream라는 통로를 통해 후각 신경구(전뇌 아래 위치한, 냄새 감각을 처리하는 중간 연결 신경 조직)로 이동해 간 다음, 시간이 지나면 이미 그곳에 존재했던 뉴런과 유사하게 변한다. "신경 발생은 단발적 사건이 아니고 긴 과정이다"라고 2003년 게이지는 다른 논문을 통해 밝혔다.[16]

의혹은 남아 있다

우리는 이제 성체 신경 발생이 가능하다는 것을 알고 있지만, 여러 가지 의혹과 논란은 여전히 남아 있다. '뜨거운' 이슈 중 하나는 전두엽에 새 뉴런이 있는가 하는 것이다. 프린스턴 대학교의 엘리자베스 굴드 연구팀은 이를 뒷받침하는 증거를 찾았다고 주장했으나,[17] 원조 불신자인 라키츠는 그렇지 않다는 결과를 발표했다.[18] 줄기세포는 뇌의 여러 부위에서 분리가 가능하지만, 외실과 해마에서만 아직 파악되지 않은 과정을 통해서 뉴런을 생성한다.

현재 진행형인 시급한 문제는 성체 신경 발생이 기능적으로 의미가 있느냐는 것이다. 뇌졸중이나 발작은 신경 발생을 매우 강하게 촉진시키지만, 역설적으로 뇌에 해를 끼치는 것으로 보인다. 이 현상을 재활의학에 활용하기 위해서는 여러 해의 공들인 연구가 필요할 것이다. 줄기세포의 분열·분화·이동을 제어하는 분자에 대해 더 많이 알아야 하며, 새로이 생성된 뉴런이 기존의 신경망에 포함되는 것을 제어하는 인자들에 대해서도 배워야 한다.

새로운 해답이 나오기 시작했다. 엘리자베스 굴드, 트레이시 쇼어스Tracey Shors, 프레드 게이지가 진행한 연구에서 새로운 뉴런이 생성되는 속도는 환경 요소에 달려 있다는 흥미로운 증거가 제시되었다. 1999년에 발표된 바에 의하면, 쳇바퀴 위에 가만히 앉아 있는 쥐에 비해 운동을 하는 쥐는 2배 가까이 더 많은 뉴런을 만들어낸다. 운동하는 쥐의 해마 내에서 생성되는 뉴런의 수는 하루에 1만 개에 달한다고 한다.[19] 공간 학습과 연합 학습이 가능하고 다른 동물과 소통을 할 수 있으며 놀 거리가 많은, 즉 자극을 많이 주는 환경에서 또한 생성되는 뉴런의 숫자가 늘어났다.[20] 2013년에 쇼어스 연구팀은 새로운 기술을 몸에 익히는 행동(예를 들면 회전하는 막대기 위에서 균형 맞추기) 역시 쥐의 치상회에서 새로이 생성되어 살아남는 뉴런의 숫자를 늘린다는 것을 발견했다.

이러한 연구에서 일관성 있게 나타나는 것은 배우기 만만치 않은 과제의 경우에만 신규 뉴런의 생존을 보호하고 기능적으로 뇌에 융합되도록 한다는 것이다. 이는 늙은 쥐에도 적용된다. 2013년 한 연구에서 쥐에게 균형감을 가르쳐 보았는데, 쉽게 균형을 잡을 수 있는 상황에서는 신규 뉴런의 생존율이 늘어나지 않았다. 이는 균형을 잡기 어려운 상황에서 실패한 쥐도 마찬가지였다. 또 다른 연구에서는 신경 발생이 방지된 쥐의 경우 장기 기억력 시험에서 낮은 실적을 보였다.[21] 종합해 보면, 학습 그리고 신규 뉴런의 생성과 그 운명은 의미 있는 연관성을 보이는 것 같다. 그러나 이 새로 태어난 세포가 어떻게 배움의 과정을 돕는지는 아직 모른다.

한 가설은 이 세포가 새로운 기억의 형성 시기를 기록한다고 추정한다. 또 다른 아이디어는 새로운 뉴런이 이른바 '유형 구분pattern separation'(즉, 유사한 상황을 분리할 수 있는 능력)에 관여한다는 것이다. 유형 구분이 없으면 상황을 지나치게 동일화하는 경향이 생긴다. 예를 들면 불꽃놀이의 무해한 소리를 폭탄 소리로 오해하는 것 같은 경우다. 이 추정은 항우울제나 항불안제가 신경 발생을 촉진함으로써 치료 효과를 보인다는 연구 결과와 일치한다. 이를 통해 환자들은 과거에 경험했던 것과 비슷한 위협이지만 안전한 상황인 때에 위협을 느끼지 않도록 해준다는 것이다. 굴드에 의하면 스트레스와 위협은 반대로 신경 발생을 억제한다고 한다.

이와 관련된 2007년 발표 연구를 보면 항우울제의 장기 복용은 알츠하이머병 환자에게 도움이 된다고 한다.[22] 이러한 현상은 신경 발생에 미치는 영향을 통해 이루어졌을 수 있다는 것이다. 그러나 다른 결과는 그다지 밝지 않은 전망을 제시한다. 2011년 아르투로 알바레스부이야Arturo Alvarez-Buylla가 이끄는 연구팀의 발표에 의하면, 신경 줄기세포가 줄을 지어 측뇌실에서 후각 신경구로 이동하는 현상은 18개월 미만의 아이에서 쉽게 확인된다고 한다(추가로 피질로 가는 기대치 않았던 세포도 있었다). 그러나 이 이동은 좀 더 나이를 먹은 아이에서는 매우 미미해지고, 성인의 뇌에는 실질적으로 존재하지 않는다고 한다.[23] 이는 손상된 뇌 부위에 인공적으로 신경 발생을 유도할 수 있다는 희망에 찬물을 끼얹는 것이다.

종합해 보면, 한 세기 동안 믿었던 '새로운 뉴런은 없다'라는 신조는 틀린 것으로 보인다. 그러나 성체 신경 발생을 이용해 뇌 손상이나 뇌 질병을 치료할 수 있는가, 그리고 심지어 건강한 뇌의 능력을 강화할 수 있는가를 포함한 많은 의문이 남아 있다. 일부 전문가는 낙관적이다. "신경 발생을 촉진하는 약으로 뇌 질환을 치료하는 날이 올 것이다"라고 2003년에 게이지는 밝혔다. 그러나 2012년에 관련 분야 글에서 신경 과학자 출신의 저술가 모 코스탄디는 좀 더 비관적인 관점을 보였다. "어쩌면 오래된 신조가 맞는지도 모르겠다. 뇌는 가소성보다 안정성을 더 선호하는 것 같다. 성체 단계까지 남아 있는 신경 줄기세포는 맹장과 같은 진화의 유산일 수도 있다".[24]

신화 15

뇌에는 신성한 지점이 있다
(그리고 신성한 영역에 관한 신화들)

신성 지점God spot에서 종교적 경험이 유래한다는 가능성은 끊임없는 흥미를 일으킨다. 이 집착은 종교성의 신경 과학적 해석을 찾으려고 하는 과학자들이 부채질하고 있다. 그뿐만 아니라 모종의 이유 때문에 작가와 머리기사를 뽑는 기자는 과학의 범주를 넘어서서 최적의 영적 지점이 뇌 어디엔가 있다는 생각을 계속 재탕하고 있다. 그 결과로 『당신의 신성 지점: 뇌와 마음이 어떻게 믿음을 만드는가Your God Spot』(제럴드 슈멜링Gerald Schmeling 지음) 같은 책이나 2009년 ≪인디펜던트≫에 실린 "믿음과 '신성 지점'"과 같은 기사가 나왔다.[1]

이 신화의 기이한 점은 신성 지점이나 신성 부위를 실제로 믿지 않는 작가에 의해 선전된다는 것이다. 매슈 앨퍼Mattew Alper는 2001년 『뇌의 하나님 부위The 'God' Part of the Brain』라는 제목의 책에서 실제로는 어떤 특정 뇌 부위도 종교적 믿음과 연결시키지 않는다. 이와 유사하게 신문 머리기사도 신성 지점을 거론하면서 기사 내용은 그 존재를 부인하는 양상을 보인다. "뇌의 신성 지점에 관한 연구가 신앙과 관련된 뇌의 영역을 밝힌다"라는 제목의 영국 ≪데일리메일≫ 기사도 제목과는 반대의 내용을 담고 있다.[2]

이 ≪데일리메일≫의 기사는 2009년 발표된 연구 내용을 소개한다. 일간지 ≪인디펜던트≫에도 나온 내용인데, 신에 대해 생각할 때 활성화되는 부위(여러 곳임)는 우리가 다른 사람의 감정이나 의도에 대해 생각했을 때 활성화되는 부위와 같다고 한다.[3] "종교만을 위한 신성 지점이 따로 있는 것이 아니다"라고 연구자 조던 그래프먼Jordan Grafman은 ≪데일리메일≫에서 밝혔다. 또한 그는 "우리가 매일 다양한 신뢰 체계에 쓰는 뇌 부위 안에서 종교 역시 처리된다"라고 ≪인디펜던트≫에 덧붙였다.

그 시작

종교적 숭고함의 원천은 수 세기 동안 학자를 매료시켰으나, 신경 구조 내 신성 지점에 관한 최근의 생각은 1950년대 캐나다의 신경외과 의사 와일더 펜필드의 관찰에 뿌리를 둔다. 그는 심한 뇌전증으로 수술을 받은 환자의 노출된 측두엽 피질을 전기로 자극할 경우 환자가 특이한 육체적 감각과 격한 감정을 가지게 된다는 것을 관찰했다.

이후 1960년대에 런던에서 일하는 임상 의사 엘리엇 슬레이터Eliot Slater와 A. W. 비어드A. W. Beard가 모즐리 병원과 영국 국립 신경과·신경외과 병원의 69명의 뇌전증 환자에 대해 보고했다.[4] 이 중 4분의 3이 측두엽 뇌전증temporal lobe epilepsy을 보였고, 38퍼센트가 "예수님이 하늘에서 내려오시는 것을 보는" 것과 같은 종교적인 혹은 신비적인 경험을 했다는 것이다. 신비로운 경험을 한 사람의 4분의 3은 측두엽 뇌전증 환자였다(그러나 이는 전체 환자 중 측두엽 뇌전증 환자와 같은 비율임을 기억해야 한다).

이러한 초기 관찰은 측두엽이 종교적 경험과 모종의 관계가 있다는 생각의 씨를 뿌렸고, 해당 부분의 뇌 안에 하나의 신성 지점 혹은 모듈이 있다는 신화를 부추겼다. 1970년대에 와서 노먼 게슈윈드와 스티븐 왁스먼Stephen Waxman이 측두엽 뇌전증 환자 일부가 강력한 종교적 감성과 참을 수 없는 집필욕을 포함한 여러 가지 독특한 증상을 보였다고 보고했다. 이는 이른바 게슈윈드 증후군Geschwind syndrome 혹은 측두엽 인격temporal lobe personality이라는 개념을 탄생시켰다.[5] 역사학자와 정신 과학자들은 이후 잔 다르크, 사도 바울, 에마누엘 스베덴보리, 심지어는 무함마드를 포함한 많은 매우 종교적인 인물도 측두엽 뇌전증을 앓고 있었다고 추정하기도 했다.

좀 더 최근에는 영향력 있는 신경 과학자이자 과학 커뮤니케이터 빌라야누르 S. 라마찬드란Vilayanur. S. Ramachandran에 의해 측두엽과 종교 경험의 연계성이 퍼졌다. 샌드라 블레이크슬리Sandra Blakeslee와 공저한 베스트셀러 『라마찬드란 박사의 두뇌 실험실Phantoms in the Brain』에서 그는 (손에 나는 땀을 기준으

로) 종교와 관련된 단어를 보면 극적인 감정 상승을 겪는 두 명의 측두엽 환자를 거론한다.[6]

이 내용 때문에 라마찬드란은 해당 사례가 신성 지점과 관계가 있다는 생각을 바로잡기 위해 많은 노력을 기울여야 했다. "몇 년 전에 대중 매체는 내가 측두엽에 신성 지점 혹은 신점이 있다는 말을 한 것처럼 보도했다"라고 그는 2003년 방영된 BBC의 〈호라이즌Horizon〉이라는 프로그램 중 "뇌 안에 신God on the Brain" 편에서 말했다. "이는 완전한 난센스다. 신과 관계된 측두엽 내 특정 부위는 없다. 단, 측두엽의 일부분의 활동이 종교적 믿음을 원활하게 할 수는 있다."

여기에는 '신의 헬멧God Helmet'도 등장한다. 신경 과학자 마이클 퍼싱어Michael Persinger의 이 이상한 기구만큼이나 신성 지점 신화를 확산시킨 것은 없을 것이다. 캐나다 온타리오주 로렌티안 대학교의 퍼싱어는 신의 헬멧(그는 발명자의 이름을 따서 코런 헬멧Koren helmet이라고 부름) 효과를 1980년대에 처음 보고했다. 퍼싱어에 의하면 이 헬멧은 1~5마이크로테슬라의 약한 자기장을 측두엽에 걸어 대부분의 사람에게 기이한 느낌을 유발하며, 때로 보이지 않는 존재를 감지하게 하거나 신을 마주 대하게 한다는 것이다. 2006년 발표된 논문에서 퍼싱어 연구팀은 수십 년에 걸쳐 이루어진 19번의 실험에서 모은 407명을 대상으로 한 연구 자료를 발표했다.[7] 결론은 "보이지 않는 존재의 감지, 지각이 있는 존재의 느낌은 실험실에서 인위적으로 만들 수 있다"라는 것이었다.

작가와 기자가 왜 신앙심 깊은 뇌전증 환자와 강력한 신의 헬멧에 매료되는지 쉽게 이해된다. 실제로 많은 사람에게 측두엽의 신성 지점은 당연한 것이 되어버렸다. 오늘날 신성 지점의 가장 유명한 신봉자는 의사이자 자칭 임사 체험 전문가인 멜빈 모스Melvin Morse이다. 그는 〈오프라 윈프리 쇼the Oprah Winfrey Show〉, 〈래리 킹 라이브Larry King live〉 등 여러 인기 TV 프로그램에 출연했다. 그는 2001년에 뇌와 종교성에 관한 책을 홍보하면서 "오른쪽 측두엽이 영적 시현의 원천이라는 것은 잘 알려져 있다"라고 주장했다.[8] 미국의의식 과학 연구소Institute for the Scientific Study of Consciousness는 자신들의 웹사이트에서 "우리 모두 신성 지점을 가지고 있다. 이 뇌 부위는 우리 육체 밖에 있는 지식 그리고 지혜의 원천과 소통을 허락한다"라고 주장했다.[9]

현실

이렇게 유명한 지지자가 많지만 측두엽과 강한 종교적 느낌을 특별하게 연관 짓기에는 근거가 약하다. 우선, 측두엽 뇌전증 환자가 겪는 종교적 경험의 빈도는 매우 과장되었다. 2012년 심리학 잡지 ≪사이콜로지스트The Psychologist≫에서 크레이그 에이언스톡데일Craig Aaen-Stockdale은 1990년대 후반에 발표된 광범위한 연구를 조명한다.[10] 여기에는 일반인 사이에서 기대했던 것보다 적은 비율인, 137명의 측두엽 뇌전증 환자 중 세 명만이 종교적 경험을 한 것으로 보고되어 있다.[11]

전문가들은 또한 역사 속 종교적 인물에게 소급해 내렸던 진단에 대해서도 의문을 제기한다. 잔 다르크의 예를 보자. 2005년에 발간된 「유명한 그 사람들은 정말로 뇌전증이 있었나?Did all those famous people really have epilepsy?」라는 논문에서 존 휴스John Hughes는 뇌전증 증상으로 나타나는 기이한 지각적 경험은 '빛이 반짝하는 정도로' 매우 단순하고 짧다는 것을 지적한다.[12] 이에 반해 잔 다르크는 여러 시간에 걸쳐 정교한 시각적 경험을 했다. 휴스가 인용한 다른 뇌전증 전문가 피터 펜윅Peter Fenwick에 의하면 "측두엽 뇌전증과 측두엽 병변이 신비한 혹은 종교적인 경험과 관계있다는 것은 측두엽의 기능에 관한 과학적 이해보다는 저자의 열광에 기인한다"는 것이다.

퍼싱어의 신의 헬멧도 비판받기 시작했다. 스웨덴 웁살라 대학교의 페르 그란크비스트Pehr Granqvist 연구팀은 엔지니어에게 헬멧을 제작하게 하고, 89명을 대상으로 (실험자와 대상자 모두 도구가 켜졌는지 모르는) 이중맹검 실험을 수행했다.[13] 2005년에 발표된 결과에 따르면 헬멧을 통한 자극이 종교적 경험을 유발하거나 보이지 않는 존재를 감지하게 한다는 증거는 전혀 없었다. 암시에 잘 걸리는 대상자의 경우 좀 더 이상한 느낌을 받는 경향을 보였는데, 이는 바로 퍼싱어가 보고한 놀라운 효과가 어떻게 얻어졌는가에 대한 힌트를 제공했다. 신의 헬멧이 생성하는 자기장이 워낙 약했기 때문에 그란크비스트가 아무런 효과를 보지 못한 것은 놀랄 일이 아니었다. 에이언스톡데일이 ≪사이콜로지스트≫ 기사에서 밝혔듯이 헬멧이 생성한 자기장은 1마이크로테슬라였고, 이는 "냉장고 문에 붙이는 자석의 5000분의 1에 해당하는 힘"이었다. 퍼싱어는 그란크비스트의 해석에 동의하지 않았고, 스웨덴 연구팀의 자기장이 제대로 기능하지 않았다고 주장했다.

측두엽에 관한 구체적인 주장은 그렇다고 하더라도, 신성 지점이 뇌 어디엔가 있다는 주장은 다수의 수녀와 신부를 포함한 종교인을 대상으로 이루어진 뇌 스캔을 통해 터무니없는 주장임이 밝혀졌다. 내부적으로 모순이 자주 발견되는 이러한 연구의 명백한 결론은, 신앙심과 종교적 경험은 뇌 전체에서 보이는 다양한 활성 양상과 연계된다는 것이다. 앤드루 뉴버그Andrew Newberg와 유진 다퀼리Eugene d'Aquili가 불교 승려를 대상으로 진행한 실험에 의하면, 우뇌 전전두엽이 활성화되었고(집중의 효과로 추정됨) 두정엽 활동은 억제(유체 이탈의 느낌과 관련될 수 있음)되었다.[14] 그에 반해 같은 실험실에서 '방언'(노래하고 알아들을 수 없는 소리를 내고 온 몸으로 황홀감을 느끼는 등의 현상으로, 일부 사람은 신령에 의한 기적이라고 믿음)을 하는 다섯 명의 여자를 대상으로 실행한 뇌 스캔에서는 전두엽의 활동이 억제된 것으로 볼 수 있었는데, 이는 자기 제어와 집중의 하락을 나타내는 것이다.[15]

몬트리올 대학교의 마리오 보레가르Mario Beauregard의 실험실에서는 수녀 15명의 뇌를 세 가지 다른 상황에서 뇌 스캔을 실행했다. 세 가지 다른 상황은 눈을 감고 쉬는 상황, 감정이 격했던 사회 경험을 기억하는 상황, 하나님과 일체감을 느꼈던 순간을 기억하는 상황이었다.[16] 마지막 종교적 상황은 여섯 곳의 뇌 부위의 활성화와 일치했다. 여기에는 미상핵, 뇌섬, 열성두정엽, 전두엽 일부분, 그리고 측두엽 일부분이 포함된다. 과학 잡지 ≪사이언티픽 아메리칸 마인드Scientific American Mind≫를 통해 보레가르는 같은 대학교의 유사한 연구와 본인의 연구 결과를 요약해 다음과 같이 밝혔다. "측두엽에만 있는 신성 지점은 없다."[17]

다른 부위에 관련된 신화

신성 지점에 대해 보여준 집착은 뇌의 어떤 지점을 향한 집착 현상의 일부일 뿐이다. 대중 매체는 신경 성감대에서 대뇌 유머 감각 지점까지 새로운 것을 내놓는 것에 열중하고 있고, 우리는 망설임 없이 이를 덥석 무는 것이 현재 상황이다. 2012년 여름, 이 책의 초고를 쓸 무렵 ≪애틀랜틱≫에 "과학자들이 아이러니 감지 센터를 발견하다!"라는 제목의 기사가 실렸다.[18] 내용을 보면 "과학자들이 자기 공명 촬영을 이용해 아이러니를 이해하는 데 필요한 뇌의 중추를 찾아냈다"라고 나온다. 2014년 ≪뉴욕타임스New York Times≫에 나온 뇌 부위 관련 기사 제목은 "뱀이 무서운가요? 시상침pulvinar(시상의 일부)(23쪽 참조) 때문에 그렇습니다"였다.[19]

2012년 ≪애틀랜틱≫에 실린 기사가 바로 문제의 핵심을 알려준다. 특정 뇌 부위나 뇌 구조에 대해 우리가 보이는 집착의 문화는 심리학과 신경 과학에서 1990년대 이후 폭발적으로 늘어난 뇌 영상 촬영 실험에 의해 부채질되고 있다. 즉, 특정 행위를 이행하는 사람과 다른 상황(가만히 있거나 다른 행위를 이행하는 상황)에 처한 사람의 뇌 내 혈류의 양상을 비교하면서 특정 행위와 관련 있는 뇌 부위를 찾아내는 것이다(235, 253쪽 참조).

이러한 스캔 기법을 이용한 연구는 경두개 자기 자극 기법에 의해 보완된다. 경두개 자기 자극 기법은 앞에서 설명한 대로 뇌 내 특정 부위의 활동을 일시적으로 마비시키는 방법(가상 마비라고 불림)이며, 마비 이후의 효과를 관찰하는 방법이다. 이 방법은 특정 부위가 특정 정신 기능의 성공적 수행에 필요한가를 알려주는 장점이 있다.

뇌에 기능별로 특화된 부위가 존재한다는 사실에는 의심의 여지가 없다. 이 장기는 꿈틀대는 균질한 덩어리가 아니다. 우리는 19세기부터 신경 과학자들이 보고해 온 환자의 국부 뇌 손상이 가져오는 영향을 통해 이에 관해 알고 있다(63~68쪽 참조). 그러나 실제로는 신문 기사 제목이 우리에게 암시하는 것보다 훨씬 복잡하다. 특정 뇌 부위가 특정 정신 기능에 관련이 있다고 해서 그 부위만 중요한 것도 아니고, 그 부위가 가장 중요한 것도 아니며, 그 부위가 해당 기능만 이행하는 것도 아니고, 늘 해당 기능을 이행하는 것도 아니다.

이는 어느 정도 상식의 문제인 것이다. 다양한 기능을 어떻게 정확히 정의할 것인가? 다른 사람에 대해 생각하는 것이 뇌에서 어떻게 구현되는지 의문을 던질 수는 있다. 그럼 고통받는 사람에 대해 생각하는 것은 어떻게 구현되는가? 고통받는 가까운 친척에 대해 생각하는 것은 다르게 구현되는가? 정신적 고통을 받는 누이에 대한 생각은? 여러 기능에 대한 정의는 한도 끝도 없이 다양한 것이다. 그리고 도대체 어떤 차원의 부위를 찾고 있는 것인가? 대뇌 피질 위의 불거져 나온 부위(뇌회), 특정 뉴런 군이 이루는 네트워크, 아니면 특정 뉴런(23쪽 참조)?

아이러니를 감지하는 과정을 보자. 두말할 나위 없이 여기에는 다른 여러 기초적인 [언어뿐 아니라 타인의 의도와 관점을 이해하는(이른바 마음 이론)] 과정이 필수적이다. ≪애틀랜틱≫기사로 돌아가 보면, 저자들은 "우리는 환자가 구두로 전달된 아이러니를 이해하는 과정에서 이른바 마음 이론 네트워크(한 부위가 아니다!)가 활성화되는 것을 증명했다"라고 기술한다. 이후 기자인 로버트 라이트Robert Wright는 제목이 지나치게 과장되었다는 것을 인정했다. "물론 마음 이론 네트워크 바깥 부위도 아이러니를 감지하는 데 역할을 할 수 있다." 그러나 자극적인 제목의 유혹을 어떻게 떨쳐내겠는가? 어쩌면 그의 기사 자체가 하나의 교묘한 아이러니였는지도 모르겠다.

정신 기능과 해부학적 뇌 부위를 결부시킬 때 얼마나 '줌인'을 해야 하는가가 얼마나 어려운 문제인지는 전전두엽의 상황을 보면 알 수 있다. 프랑스 국립 보건 의학 연구소Institut national de la santé et de la recherche médicale: INSERM의 찰스 윌슨Charles Wilson 연구팀이 발표한 논문에 나오듯이, 이 조직을 대상으로 정신 기능과 세부 부위의 연계에 관해 무수히 많은 연구가 진행되어 왔다.[20] 연구 결과가 보고된 문헌들은 총체적으로 난해한 것은 물론이고 적용된 세부 부위의 경계도 연구에 따라 차이가 많았다. 다양한 세부 부위는 광범위한 상호 연결을 이루고 있었고, 세부 부위를 기능적으로 나누는 방법도 다양했다. 주어진 과업을 어떤 수준으로 추상화하느냐에 따라 활성화되는 부위가 달라진다는 증거도 나왔고, 얼마나 많은 기억력이 필요한가에 따라 다른 부위가 활용되기도 한다는 보고도 있었다.

윌슨의 연구팀은 이런 연구의 표준은 '이중 해리'를 찾는 것이라고 한다. 이는 두 개의 다른 부위를 비교했을 때 각 부위의 손상이 다른 부위의 손상에서는 보이지 않는 인지 기능 장애를 가져와야 하는 것이다. 그러나 전전두엽에 관한 연구가 많기는 해도 이중 해리가 적용된 경우는 매우 드물다. 아마도 환자가 국부적 손상을 입은 경우가 적었고, 설사 그렇다 하더라도 한쪽 뇌에만 손상을 입어 반대쪽에 의해 보완이 되기 때문일 것이다.

윌슨 연구팀은 더욱이 상황이 복잡한 이유는 전전두엽 전체가 하나의 독특한 기능(시간차를 두고 일어나는 복잡한 사건의 인지)을 가지고 있으며, 이는 하위 부위의 기능을 통해서 설명할 수 없기 때문이라고 이야기한다. 그리고 "우리의 주장은 아무리 나무가 잘 보여도 숲 전체를 보는 것이 중요하다는 것이다"라고 기술한다.

마지막으로 프랭클린 앤드 마셜 대학교의 마이클 앤더슨Michael Anderson을 포함한 여러 학자가 제안한 '신경 재활용neural reuse'이라는 아이디어를 고려해 보자. 이는 최근에 진화한 뇌 기능은 진화의 관점에서 '오래된' 뇌 망을 사용하기 때문에 대부분의 뇌 세부 구획은 여러 다른 기능에 관여한다는 것이다. 2010년 발표된 논문에서 앤더슨은 심지어 언어 기능과 밀접하게 연결된 브로카 영역에도(66쪽 참조) 몸의 움직임을 준비하는 기능과 다른 사람의 움직임을 인지하는 기능을 포함해 언어 처리 외의 기능이 있다고 밝혔다.[21] 이와 유사하게, 이른바 측두엽에 위치한 '방추상 얼굴 영역fusiform face area'도 기존에 알려진 얼굴 인지 기능 외에 자동차나 새를 인지하는 기능도 가지고 있다는 것이다. 이 부위가 얼마나 특화되어 있는지는 여전히 논쟁의 대상이다.

앤더슨은 총 1만 701건의 뇌 활성화 사례를 968개의 부위에서 측정한 뇌 영상 연구 1469건을 집대성해 분석했다. 평균적으로 뇌의 국소 부위는 4종의 다른 뇌 기능과 관련되어 활성화됐다. 물론 뇌를 스캔할 때 쓰이는 것과 같은 좀 더 큰 단위로 구획을 할 경우, 기능의 중복은 더 커지기 마련이다. 앤더슨은 뇌를 66개의 부위로 나눌 경우, 각 부위는 아홉 개의 정신 기능과 연계되어 활성화된다는 것을 밝혀냈다. 이럴 경우 신성 지점과 같은 개념이나 부위별로 뇌의 기능을 깔끔하게 배정하려는 시도는 지나친 단순화임이 드러난다. "지역적 선택성은 신경 과학이 추구해 왔던 오래된 이상이다"라고 앤더슨은 2011년 자신의 ≪사이콜로지투데이≫ 블로그에 밝혔다. "그러나 최근의 발견은 그 이상을 포기하고 여러 개체에서 공통적으로 존재가 입증된 뇌 부위들의 인식 가능하고 안정적인 기능적 네트워크의 개념을 받아들이게 했다."[22]

신화 16
임신한 여자는 정신줄을 놓는다

"내가 임신했을 때 말입니다. 광장에서 집에 돌아오는 길에 개 줄을 잃어버렸죠. 그래서 겉옷을 벗어서 그걸로 개를 묶었어요. 그런데 내가 안에 제대로 된 옷을 입고 있지 않았다는 것을 잊어버린 거죠. 망사 조끼 비슷한 것을 입고 있었어요. 어떻게 그걸 모를 수 있죠? 그보다 애초에 제가 왜 망사 조끼를 입고 있었던 거죠?" 이는 ≪가디언≫의 정기 기고자이자 여권신장론자인 조 윌리엄스Zoe Williams가 2010년에 회상한 내용이다.[1]

윌리엄스는 본인이 임신과 관련된 생물학적 변화로 인한 정신 마비의 일종을 경험했다고 믿는다. 이는 임신과 더불어 뇌가 마비되거나 기억력이 감퇴한다는 생각에서 나온 것이다. 이러한 일화는 어디서나 만날 수 있고, 작가나 방송인에 의해 반복되어 이야기된다.

CBS 방송국 〈얼리쇼Early Show〉 진행자 해나 스톰은 2007년에 "세상에, 아이 셋을 낳고 나니 뇌가 영원히 쪼그라든 것 같아요"라고 말하기도 했다. 잡지 ≪뉴스테이츠먼≫의 기사에서 당시 임신 중이었던 BBC의 주요 뉴스 프로그램 〈투데이Today〉의 앵커 세라 몬터규는 "나의 가장 큰 걱정은 뭐랄까, 임신 건망증 현상이에요"라고 밝히기도 했다.[2] 이러한 생각은 존경받는 의료계 권위자도 지지한다. 2005년에 발간된 영국 보건성 팸플릿 『예비 아버지가 알아야 할 50가지 사실50 things would-be fathers should know』에서는 "임신 중의 여자는 조금 얼빠진 것 같다. …… 호르몬 때문에"라고 나온다.

이 '상태'는 사회 평론가도 인용한다. 영국 방송인 너태샤 캐플린스키가 임신한 상태에서 거액의 계약을 이끌어냈다는 뉴스를 접한 뒤 일요 주간지 ≪선데이타임스The Sunday Times≫의 칼럼니스트 미넷 마린은 캐플린스키에게 다가올 일에 대해 충고했다. "어느 순간에는 임신 때문에 생기는 기억 상실이 뇌에 영향을 미칠 것이다. 이는 심지어는 여권 신장주의자도 인정하는, 널리 받아들여지는 현상이다."

설문 조사 역시 임신 중에 기억력이 감퇴한다는 믿음이 널리 퍼져 있다는 사실을 뒷받침한다. 2008년에 선덜랜드 대학교의 로스 크롤리Ros Crawley는 임신 중인 여자와 임신하지 않은 여자 그리고 이들의 배우자를 대상으로 설문 조사를 했고, 모두 임신은 인지 능력의 감퇴를 가져온다고 믿었음을 밝혀냈다.[3]

이러한 인식을 고려할 때 임신부에 대한 편견이 특히 직장에서 만연해 있다는 우려스러운 상황이 과학자들에 의해 발견된 것은 전혀 놀랄 일이 아니다. 이러한 편견에는 여러 가지 요인이 있으나 기억력과 인지 능력 감퇴에 관한 일반적인 믿음이 큰 역할을 한다. 1990년 펜실베이니아 대학교의 세라 코스Sara Corse가 진행한 연구를 보자. MBA 학생에게 처음 만난 여자 임원과 만나게 하고 이후 만남을 평가를 하게 했다. 이 회사 '임원'은 실제로는 연기자였다. 핵심 결과는 '임원'이 임신했다는 거짓 정보를 제공받은 학생의 평가가 정보를 제공받지 않았던 학생보다 낮았다는 것이다.[4]

좀 더 최근인 2007년 현장 조사에서 미셸 헤블Michelle Hebl은 여자 참여자가 임신한 분장을 한, 혹은 하지 않은 상태로 가게에 들어가 손님 행세를 하게 했다. 임신한 것처럼 보인 여자는 확실히 다르게 취급받았다. 한편으로 사람들은 임신부를 무례하게 대했고, 다른 한편으로 접촉과 지나친 친절을 제공하기도 했다.[5] 또한 같은 연구에서 임산부가 취업을 시도할 경우 적대감을 경험한 것으로 드러났다. 전통적으로 남자가 했던 일의 경우 특히 더 노골적이었다. 같은 해에 발표된 연구 결과에서 제니퍼 커닝엄Jennifer Cunningham과 테레즈 마캉Therese Macan은 고용주 역할을 맡은 대학생은 같은 자격 조건과 같은 면접 실력을 가진 경우 임신부를 피하는 경향이 있다는 것을 밝혀냈다.[6]

현실

임신 건망증 신화가 난데없이 나온 것은 아니다. 임신부를 대상으로 한 무수히 많은 설문 조사와 일기 형식 보고를 보면 보통 3분의 2에 해당하는 임신부가 임신이 지적 기능, 특히 기억력에 영향을 준다고 '느낀다'. 물론 영향이 증명된 것은 아니다. 그리고 피로나 스트레스 같은 생활의 변화가 아니고 임신의 생물학적 효과로 인해 생기는 현상임이 증명된 것도 아니다.

임신이 뇌에 야기한다고 주장되는 생물학적 효과 중 가장 극단적인 것은 바로 (CBS의 해나 스톰의 경우와 같이) 뇌가 축소된다는 내용이다. 이 주장의 과격한 면을 고려할 때 아마도 많은 증거가 있을 것으로 생각하기 쉬울 것이다. 실제로 이 주장은 2002년 발표된 런던 임페리얼 의과 대학교에서 이루어진 소규모 연구에 전적으로 의존한다.[7] 앤절라 오트리지Angela Oatridge 연구팀은 자간전증preeclampsia(고혈압을 수반하는 증상) 환자 다섯 명을 포함한 임신부 아홉 명의 뇌를 스캔했고, 뇌가 2퍼센트에서 6.6퍼센트까지 축소되며 출산 6개월 후 원상 복귀한다는 증거를 찾았다. 뇌실과 뇌하수체가 커진다는 증거도 있었다. 그러나 재현 실험이나 좀 더 큰 실험군을 대상으로 실행한 실험이 없는 상황에서 이 결과를 신빙성 있게 보기는 힘들다.

인지 기능 저하의 문제로 다시 돌아와 보면, 임신부에 의한 주관적 보고는 많이 있으나 객관적 실험은 일관성이 없다. 기억력 손상을 보고한 연구가 있는 반면 아무런 차이를 보지 못한 경우도 있는 것이다. 일부 전문가는 임신의 영향이 신빙성 없거나 적다고 말한다. 일부는 실험실마다 다른 방법을 쓰는 것이 문제라고 했다.

모든 증거를 고려해 진실에 다가가려 했던 연구 결과는 시드니의 뉴사우스웨일즈 대학교의 줄리 헨리Julie Henry와 멜버른 소재 호주 가톨릭 대학교의 피터 렌델Peter Rendell이 2007년에 발표되었다. 이들은 17년에 걸쳐 이루어진 14건의 연구에서 나온 모든 증거를 대상으로 메타분석을 이행했다. 이들의 결론은 임신은 인지 능력에 영향을 미치나 "상대적으로 미묘"하거나 "상대적으로 작은 정도"이며, 집행 기능이 필요한 상황(많은 정보를 한 번에 처리할 때)에서 가장 확실히 나타났다.[8]

불행하게도 헨리와 렌델이 발표한 논문의 초록(요약)은 오해의 여지가 많게 제시되었다. "분석 결과에 의하면 임신부는 일부 기억력이 유의하게significant 손상된다"라고 했다. '유의하게'라는 표현은 통계적으로 의미가 있다는, 즉 우연의 일치가 아니라는 뜻이다. 그러나 니콜 허트Nicole Hurt가 매스컴의 보도를 비판했듯이 전 세계의 기자가 연구 요약을 오해하고 대중에게 선정적으로 전달했다.[9] "다수의 임신부가 **상당한**considerable 기억력 손상을 경험한다"(≪옵서버≫, 강조는 저자가 추가) 그리고 "임신부는 **상당한** 장애를 겪는다"(≪힌두스탄타임스≫, 강조는 저자가 추가)와 같은 것이다.

헨리와 렌덜의 메타분석 이후 이 분야에는 많은 굴곡이 있었다. 호주에서 2010년에 발표된 연구는 다수의 여자를 대상으로 임신 전, 임신 중, 임신 후에 걸쳐 작업 기억과 처리 속도를 포함한 인지 능력을 조사했다는 점에서 이전에 이루어진 많은 연구보다 우수하다고 볼 수 있다. 결과를 보면, 헬렌 크리스텐슨Helen Christensen 연구팀은 임신이 인지 기능 저하와 관련이 있다는 어떤 증거도 찾을 수 없었다.[10] 결국 새로운 신문 머리기사가 세상에 돌았다. "임신부의 뇌는 곤죽이 아니다"라고 ≪데일리 텔레그래프Daily Telegraph≫가 선언했고, "건망증이 심한 엄마는 더 이상 '혹' 때문이라고 말할 수 없게 되었다"라고 ≪타임스Times≫가 판정했다.

그럼에도 불구하고 임신 관련 인지 기능 장애를 뒷받침하는 증거는 계속 나오고 있다. 최근의 예를 보자. 2011년에 캐리 커틀러Carrie Cuttler 연구팀은 61명의 임신부를 대상으로 한 연구에서, 이들이 실험실에서는 기억력에 아무런 문제가 없지만 실제 생활의 '현장 시험'에서는 미래 계획 기억(앞으로 해야 할 일에 대한 기억)에 문제가 있다고 밝혔다.[11] 이듬해 제시카 헨리Jessica Henry와 바버라 셔윈Barbara Sherwin은 55명의 임신부와 21명의 대조군을 대상으로 실행한 연구를 통해 임신부가 언어 정보 기억력과 처리 속도에서 대조군보다 떨어진다고 했고, 이는 호르몬의 변화와 관련된다고 주장했다.[12] 2013년에도 대니엘 윌슨Danielle Wilson 연구팀은 대조군에 비해 임신부에게 기억력 손상이 있다는 결과를 발표했다.[13] 중요한 점은 이 연구에 수면 감시 부분이 있었으며 언어 정보 기억력이 떨어지는 이유가 수면 부족 때문은 아니라는 점을 밝혀낸 것이다.

종합해 보면 임신은 일부 여자에게 기억력을 포함한 인지 능력의 변화를 가져오는 것으로 보인다. 결과가 일관성이 없는 이유는 다양한 조사 방법의 영향일 수도 있으며 시험 내용이 얼마나 실제 생활을 적절히 반영하는가의 문제도 있을 수 있다. 그러나 이에 너무나 당연한 질문을 하나 할 수밖에 없다. 만약 임신 건망증이 실제로 일어나는 현상이라면, 왜 여자는 가장 정신을 바짝 차려야 할 때 정신이 나가는 방향으로 진화했는가?

동물 연구와 모성 본능의 강화

임신과 결부된 인간의 인지 기능 문제는 쥐나 다른 포유류 암컷이 임신과 육아 중에 인지 기능 저하가 아닌 향상을 보인다는 사실에 대비해 볼 때 더욱 의아하다. 이 분야의 선구자는 리치먼드 대학교의 크레이그 킨슬리Craig Kinsley다. 2010년에 그는 필자에게 다음과 같이 말했다. "(어미) 쥐는 유전적·대사적으로 많은 투자를 한 자식을 잘 돌보기 위해 필요한 모든 기능이 향상된다. 사냥을 포함한 먹이 확보 능력과 공간 기억력이 강화되고 스트레스와 불안감에 대한 저항력이 생긴다."[14]

킨슬리와 랜돌프메이컨 대학교의 켈리 램버트Kelly Lambert의 연구에 따르면 임신과 관련된 기능 향상은 양육 행동과 관련 있는 시상하부의 내측 시삭전야medial preoptic area of the hypothalamus: mPOA 부위와 기억을 관장하는 해마의 변화에 의해 매개된다. 즉, 내측 시삭전야 부위의 부피와 세포 밀도 그리고 해마 뉴런에서는 수상 돌기의 숫자가 늘어나는 것이다(수상 돌기는 가시 같이 생긴 뉴런 표면에 있는 돌출 구조이며 신호 전달의 효율을 높일 수 있다). 먹이 확보와 다른

공간 관련 기술의 강화는 이로써 설명될 수 있다.[15]

나는 2010년 킨슬리에게 왜 다른 동물과 달리 인간은 임신 기간에 인지 기능이 저하된다는 보고만 있는지 문의한 바 있다. 킨슬리에 의하면 이 차이는 어떤 능력과 행동을 조사하느냐에 달려 있다. "임신부를 대상으로 조사된 데이터는 대부분 자식을 보호하고 육성하는 것과는 상관없는 기술, 행동, 관심사"라는 것이다. 또 다른 가능성은 임신 건망증은 다가오는 책임의 수행을 위한 뇌의 변화가 가져오는 부작용이라는 것이다. 이렇게 놓고 보면 임신 건망증은 뇌에서 일어나는 모성 본능 강화의 대가인 셈이다.

최근에는 이런 모성 강화의 이점에 관한 인간 대상 연구가 쏟아져 나오고 있다. 미시간 대학교의 제임스 스웨인James Swain의 실험실은 신생아 엄마의 뇌에 자기 아이의 우는 소리에만 특히 민감한 부분이 있다는 사실을 보여주었다.[16] 실제로 출산 후 뇌에 변화가 있었는지 보기 위해 김필영이 이끄는 코넬 대학교와 예일 대학교 연구팀은 19명의 신생아 엄마를 대상으로 출산 직후와 수개월 후에 뇌 스캔을 시도했다. 이 결과 출산 수개월 후의 경우 전전두엽, 두정엽, 시상하부, 흑질, 편도체를 포함해 육아와 관계가 있을 가능성이 높은 부분의 부피가 늘어났다는 것을 확인했다.[17]

브리스틀 대학교와 스텔렌보스 대학교의 과학자들은 각기 2009년[18]과 2012년[19]에 임신부가 분노 혹은 공포를 보이는 얼굴을 구분하는 능력이 우월하다고 보고했으며, 특히 공포를 보이는 얼굴에 민감했다고 한다. 스텔렌보스 대학교 연구팀에 의하면 "위험 요소에 대해 임신부가 보이는 고조된 감지력은 부모로 가지는 경계심의 중요성 그리고 잠재적으로 위험한 요소에 대한 반응의 진화적 유의성과 일치하는 것이다."

이와 유사한 발견은 앞으로 계속 나올 것이다. 임신부를 대상으로 한 연구의 초점이 육아와 직접적으로 관련된 행동과 지적 능력의 조사로 바뀌기 시작했기 때문이다. 임신이 여자의 뇌와 정신 기능에 심오한 영향을 미친다는 것은 확실해 보인다. 그러나 그 영향이 부정적이기만 하다는 생각은 잘못된 것이고 이는 서서히 퇴출되고 있는 상황이다. 임신 때문에 생긴 기능 저하는 연약한 자식을 돌보기 위해 생기는 뇌 기능 강화의 부작용일 가능성이 높다. 많은 사람이 임신 건망증 신화의 종말을 환영할 것이다. 그 단순성과 편향성은 여자들에 향한 편견을 부추기기 때문이다.

신화 17

우리는 8시간 동안 자야 한다 (그 외 잠에 관한 신화들)

잠자는 시간을 다 합하면 수십 년이 된다. 잠이 인생에서 차지하는 비중을 생각해 보면 우리가 이 근본적인 행동에 대해 별로 아는 것이 없다는 사실에 놀라게 된다. 무지는 물론 신화의 창궐을 위한 비옥한 토양이며, 당연히 우리가 생각해 봐야 할 수면에 관련된 신화가 한둘이 아니다.

우리가 매일 밤 8시간씩 푹 자야 한다는 기본적인 생각도 최근에는 흔들리고 있다. 수백 건의 역사적 문헌을 보면 17세기 말까지는 잠은 두 번에 나누어 자고 중간에 한두 시간 정도의 야간 활동이 있는 것이 일반적이었다.[1] 일부 전문가는 이것이 우리의 '자연스러운' 경향이며, 한밤중에 깨는 불면증 환자는 실은 오래된 본능 때문에 일어나는 이 현상에 대해 걱정할 필요가 없다는 것이다.

신화: 수면은 뇌를 꺼두는 때이다

1950년대부터 과학자들이 수면에 대해 본격적으로 연구하기 시작하면서 잠과 관련된 기본 생리학에 대한 지식이 많이 늘었다. 잠자는 동안은 신경이 꺼져 있는 시간이라는 일반적 믿음과 달리 뇌는 수면 중에 매우 바쁘다는 것을 우리는 알고 있다. 수면은 90분 주기를 가지고 4단계를 순환한다. 각 주기 내에는 3단계의 '서파 수면slow wave sleep' 혹은 '정상 수면orthodox sleep'으로 알려진 비렘수면이 있고, 1단계의 렘rapid eye movement: REM(급속 안구 운동)수면이 있다. 비렘수면은 전체의 80퍼센트를 차지하고, 렘수면은 꿈꾸기를 포함한 활발한 신경 활동과 관련이 있다. 멜라토닌과 같이 수면 각성 주기를 조절하는 호르론에 대해서도 많은 지식을 얻었다. 그러나 이러한 발전에도 불구하고 정확히 왜 우리가 잠을 자는가는 여전히 풀리지 않은 수수께끼로 남아 있다.

모든 포유류와 어류는 잠을 잔다. 그리고 파리와 같은 '하등' 동물도 수면과 유사한 휴식 기간을 가진다. 하나의 답은 수면이 깨어 있는 것을 통해 얻을 게 없을 때 동물이 취하는 행동이라는 것이다. 다른 전문가는 수면이 좀 더 실제로 필요한 기능을 가지고 있을 것이라고 생각한다. 그렇지 않다면 수면 부족이 왜 그리 유해하겠는가? 우리 모두 밤에 잠을 못자서 생긴 고통이나 불편을 겪은 적이 있다. 종단 연구를 통해서도 교대 근무를 통해 생긴 장기적 수면 장애가 가져오는 심각한 건강 문제가 증명되었다. 또한 쥐를 대상으로 한 실험을 통해서 장기적 수면 박탈이 사망을 유발할 수 있다는 것이 증명되었다.

최근의 한 제안에 의하면 수면은 뇌세포의 전반적인 활성 상태를 원상복구시키는 방법이라고 한다.[2] 학습은 세포 간의 연결을 강화하는 것이기 때문에 새로운 정보와 기술을 습득하면서 깨어 있는 상태를 유지하면 세포의 활성 정도는 계속해서 올라갈 수밖에 없다. 뇌세포의 지나친 자극은 신경 독성 neurotoxicity을 가져올 수 있기 때문에 수면은 뇌세포 간의 네트워크를 잘 유지하면서도 뇌를 진정시키는 방법이 될 수 있다는 것이다.

잠이 필요한 근본 이유에 대한 연구가 진행되는 동안에도 우리에게는 밤에 일어나는 현상에 관한 신화가 계속해서 돌고 있다. 일부는 진실이거나 최소한 진실의 일면을 가지고 있다. 이 중 다섯 개를 차례로 살펴보자. 10대가 어른보다 잠이 더 많이 필요하다는 잘 알려진 아이디어부터 시작할 것이다. 다음은 지그문트 프로이트가 말한 대로 꿈은 우리의 마음의 창문인가를 볼 것이고, 그다음은 진짜로 잠자는 동안 외계인의 실험 대상이 되었는지 탐색할 것이다. 우리가 꿈을 조종할 수 있는가에 대해서 이야기한 후, 마지막으로 단어 녹음테이프와 다양한 교육 기구를 이용해 잠자는 동안 공부하는 것이 가능한지 살펴볼 것이다.

신화: 10대는 잠이 더 필요한 것이 아니고 게으른 것이다

대개 10대는 세상에 어떻게 돌아가든 늦게 자고 늦게 일어나고 싶어 하는 경향이 있다. 그냥 내버려 두면 점심때가 지나도 안 일어날지 모른다. 그런데 이들이 정말로 본인 말대로 잠이 더 필요한 걸까, 아니면 이것은 10대 게으름뱅이의 변명에 불과할까?

실제로 10대의 체내 시계가 성인과 다르게 설정되어 있다는 증거가 늘고 있다. 2만 5000명의 스위스인과 독일인을 대상으로 한 2004년의 설문 조사에서는 약속이 없는 날 잠자리에 드는 시간을 조사했다. 그 결과 청소년기가 진행되면서 점점 늦어졌고 20세에 가파르게 정점에 다다랐다.[3]

물론 이 현상이 늦게 자는 것이 게으름 때문이 아니고 필요에 의해서라는 것을 증명하지는 않는다. 2010년에 발표된 다른 연구는 엄격하게 8시간씩 수면을 취하게 할 경우 청소년이 어른보다 더 심한 주간 졸림증을 보였다고 보고했다. 로드아일랜드주 브래들리 병원에 있는 메리 카스케이던Mary Carskadon의 수면과 생체시계 실험실에 의하면 멜라토닌•이 10대 후반 청소년의 뇌에서는 늦은 시간까지 계속 분비된다는 증거도 있다고 한다.

10대가 늦게까지 버티는 이유와 관련해서 카스케이던은 어린이와 10대 참가자를 대상으로 36시간 동안 잠을 못 자게 한 뒤 뇌파를 분석하는 실험을 수행했다. 그 결과 어린이보다 10대에게 수면욕의 축적이 느리게 진행된다는 것을 밝혔다.[4] 카스케이던은 과학 잡지 ≪뉴사이언티스트New Scientist≫에 발표한 기사에서 이것이 바로 10대가 밤늦게까지 잠을 자지 않고 버틸 수 있는 이유라고 밝혔다.[5]

일화적이긴 하지만 영국의 한 학교에서 10대가 어른과 다른 수면욕을 가지고 있다는 증거가 나왔다. 수년 전 타인사이드시에 있는 몽크시턴 고등학교가 9시에 시작하던 수업을 시험 삼아 10시로 바꿔본 일이 있었다. 어떤

• [옮긴이] 수면 주기를 조절하는 호르몬이다.

일이 일어났을까? 결석은 급락했고 수학과 영어 성적은 급상승했다. 이 학교는 1972년 이후 최고의 성적을 냈다. 런던 대학교 부속 고등학교 역시 10대의 기상 시간을 늦추는 것이 좋다는 판단 아래 1교시 시작을 10시로 조정한 바 있다.

신화: 꿈은 무의식으로 가는 왕도다

주관적 관점에서 보면 꿈은 잠에 관한 한 가장 큰 수수께끼일 것이다. 초현실적인 구성과 기이한 등장인물에 관한 잔상을 가지고 깨어나면서 본인 뇌의 창조성에 놀라는 것은 자주 있는 일이다. 여전히 논란으로 남아 있는 질문은 과연 이런 야화가 무언가 의미를 가지고 있느냐는 것이다. 프로이트는 꿈을 '무의식으로 가는 왕도'라고 믿었던 것으로 유명하다. 그는 악몽을 포함한 우리의 꿈이 상징적 표현으로 가득 차 있고 해석을 통해서 우리가 가지고 있는 깊은 욕망과 두려움을 알아낼 수 있다고 했다. 꿈은 숙원 성취의 표현이라는 프로이트의 주장과 관련된 조사가 있었다. 양다리를 못 쓰는 장애인 15명을 대상으로 시행한 설문 조사에서 그들이 걷는 꿈을 꾸지만 온전한 사람보다 낮은 빈도로 꾼다는 것을 알게 되었다. 마리테레즈 소라Marie-Thérèse Saurat가 이끄는 연구팀은 이와 같은 결과가 프로이트의 가설과 맞지 않는다고 결론지었다. 장애인은 다시 걷고 싶은 열망이 매우 강하기 때문에 만약 꿈이 숙원 성취 표현이었다면 장애인이 걷는 꿈을 매우 많이 꾸어야 한다는 것이다.[6]

그럼에도 불구하고 꿈이 상징성으로 가득 차 있다는 아이디어는 믿기지 않을 정도로 인기가 있고, 많은 사람이 꿈속에 나오는 복잡 미묘한 일이 의미가 없다는 것을 받아들이지 않는다. 약 50퍼센트의 미국인은 꿈에 모종의 의미가 있고 숨겨진 욕망을 표현하는 것이라고 믿으며, 만약 꿈에 추락 사고가 나오면 비행기를 타지 않겠다고 했다. 『해몽의 5단계: 꿈의 의미를 발견하는 빠르고 효율적인 방법5 Steps to Decode Your Dreams』과 같은 책은 계속해서 잘 팔리며 요즘에는 해몽용 컴퓨터 프로그램도 여러 가지가 있다. 그뿐만 아니라 자신을 "공인된 꿈 분석가" 그리고 미국에서 "가장 신뢰받는 꿈 전문가"라고 주장하는 로리 퀸 로언버그Lauri Quinn Loewenberg 같은 자칭 전문가도 있다.[7]

내가 ≪사이콜로지투데이≫ 블로그에 꿈의 상징성은 신화일 뿐이라는 글을 올리자, 로언버그는 온라인으로 내가 충분히 조사하지 않았으며 1996년부터 해온 본인의 연구에 의하면 꿈에는 의미가 있다고 주장했다. 관련 문헌 조사를 통해 나는 로언버그가 발표한 연구는 하나도 없다는 것을 지적했다. 그러자 로언버그는 "저의 연구를 전문가 심사 과정에 맡기지 않아요. 연구 결과는 저의 개인 영업에만 씁니다"라고 답했다. 물론 이로써 로언버그의 주장은 그 진실성을 판단하기 힘들게 되었다.[8]

진실은 꿈에 유용한 의미가 있다는 것을 보여준 연구는 거의 없다는 것이다. 그나마 증거를 제시한 경우에도 과학적 수준은 낮은 편이다. 카디프 대학교의 크리스토퍼 에드워즈Christopher Edwards 연구팀은 2013년에 '울먼 꿈 이해 기법Ullman Dream Appreciation technique(여러 사람이 모여 꿈의 의미에 대해 대화를 나누는 방법)'을 시도한 참가자가 평소 생활의 문제에 대한 통찰을 얻었다고 했다.[9] 그러나 과학자들도 인정했듯이 대조군이 없었기 때문에 실제로 꿈을 분석해서 통찰이 생겼는지 아니면 다른 사람과 대화를 나누어서 그렇게 되었는지 알 수 없었다. 2014년에 발표된 다른 연구에서는 견습 치료사가 고객이 나오는 꿈을 꾼 뒤 고객에 대해 통찰력이 생겼다고 했다.[10] 그러나 이것이 사실인지 아니면 뒤늦게 깨달은 것을 착각한 것인지 독립적으로 검증할 수 있는 방법은 없다.

한 영향력 있는 신경 생물학 가설에 의하면 꿈은 산발적인 뇌 줄기의 신경 활동과 기억의 무작위적인 활성화에서 온다고 한다. 이에 의하면 꿈은 고차원적인 뇌 부위에 의해 이러한 단발성 현상을 주관적 경험과 일관성 있게 해석하려는 노력의 결과인 것이다.[11] 물론 이는 꿈의 의미를 알려고 해서는 안 된다는 뜻은 아니다(많은 사람이 즐기는 것이기도 하니까). 그러나 꿈에 해독해야 하는 숨겨진 진실이 있다는 것은 신화라는 것이다. 꿈에서 일어나는 일의 의미를 알려주는 엄격한 공식은 현재로서는 없다는 뜻이다.

물론 꿈의 내용이 완전히 무작위적이라는 것도 아니다. 낮 동안의 행동이 꿈의 내용을 좌우한다는 증거는 있다(프로이트는 이를 주간 잔재라고 했다). 하루 종일 DVD를 본 사람은 아마도 상상 속의 세상과 방금 본 영화 속 등장인물에 관해 꿈꾸는 것에 익숙할 것이다. 또 다른 흔한 경험은 외부에서 나는 소리나 느낌을 꿈에 접목시키는 것이다. 홍콩 슈완 대학교의 캘빈 카이칭 유 Calvin Kai-Ching Yu는 엎드려서 자는 것이 매트리스로부터 압력을 성기에 전달시켜 성적 내용이 담긴 꿈을 꾸게 한다는 설문 조사 결과를 발표하기도 했다.[12] 2014년에 발표된 연구에 의하면 배우자가 바람을 피우는 꿈을 꾼 사람은 다음 날 배우자와 문제를 일으키는 경향이 있다고 한다. 단, 꿈이 미래를 알려준 것이 아니고 꿈 때문에 비합리적인 질투나 의심이 생겨났기 때문일 가능성이 높다.[13]

신화: 한밤중에 외계인이 방문한다

만약 당신이 한밤중에 깨어나 움직이지도 못하고 가슴이 무엇엔가 눌리는 것 같고 방안에는 누군가가 있는 것 같은 느낌을 경험을 한 적이 있다면 아마도 의사가 '수면 마비sleep paralysis'라고 부르는 상황에 처했던 것이다. 많은 사람이 최소한 한 번쯤은 겪었을 이 경험은 렘수면 중 꿈을 꾸다가 깨어나서 생기는 것으로 추정된다. 꿈에 나오는 행동을 따라하는 것을 막기 위해 렘수면 중에는 일반적으로 몸이 마비된다고 한다(몽유병 현상은 근육이 마비되지 않는 비렘수면 4단계에서 훨씬 자주 일어난다). 수면 마비 중에 우리는 부분적으로 깨어나지만 몸은 옴짝달싹 못 하는 상태로 있고, 꿈의 일부는 계속된다. 수면 장애는 수면 주기 중 렘수면이 예외적으로 일찍 올 때 자주 일어난다. 시차, 스트레스, 피로가 심할 때 수면 주기가 엉망이 되기 쉽고 렘수면이 바로 오며 결과적으로 수면 마비가 일어날 가능성이 높아지는 것이다.

수면 마비는 일부 사람이 주장하는 전설적 경험에 새로운 관점을 제시한다. 여기에는 한밤중에 외계인에게 납치된 다수의 경우가 포함된다(납치당한 사람 중에는 전 일본 수상 하토야마 유키오鳩山由紀夫의 부인 하토야마 미유키鳩山幸도 있다). 이런 한밤중의 외계인 방문 이야기는 수면 마비 증상을 현대 문화 속에 널리 퍼져 있는 테마의 맥락 속에서 해석한 결과일 가능성이 높다.

런던 대학교 골드스미스 캠퍼스의 이상 심리학 교수 크리스 프렌치Chris French가 외계인에게 납치된 경험이 있다고 주장하는 19명의 설문 참가자를 대상으로 분석해 본 결과, 이들은 같은 나이의 대조군에 비해 수면 마비를 경험하는 빈도가 훨씬 높았다.[14] 다른 시대 다른 지역의 사람이 겪는 수면 마비 경험이 당사자가 소속된 문화 속 믿음 체계와 일관성 있게 이야기된다는 것은 많은 것을 시사한다. 중세 유럽에는 수면 마비를 겪은 것으로 추정되는 사람은 이것을 유혹적인 악마의 방문이라 해석했다. 캐나다의 이누이트도 수면 마비를 악령의 방문이라고 믿는다.[15]

외계인이든 악령이든 신경 과학적으로 해석을 하건 수면 마비가 불쾌한 경험인 것은 틀림없다. 2009년 ≪사이콜로지스트≫에 기고한 글에서 프렌치 교수는 "이런 마비 증상에서 생기는 불안감과 고통을 최소화하기 위해" 대중과 의료 전문가 모두 수면 마비에 대한 각성이 시급하다고 주장했다.

신화: 꿈은 마음대로 조종할 수 없다

크리스토퍼 놀란 감독의 2010년 개봉작 〈인셉션Inception〉에서 레오나르도 디카프리오는 다른 사람의 꿈속으로 들어가 내용의 전개를 조작할 수 있는 기계와 기술을 가진 사람 중 하나로 나온다. 이 기술은 상상 속에만 존재하지만, 영화는 자각몽lucid dreaming 혹은 명석몽이라는 현실 속 현상에 기반을 둔다.

수면 마비가 꿈꾸는 도중에 깨어나는 상태이나 꿈이 조종되지 않는 상황인 반면, 자각몽은 부분적으로 깨어 있는 상태에서 꿈이 조종되는 좀 더 쾌적한 상황이다. 자각몽은 수면이 거의 끝나가는 시점에 꿈나라와 생시의 모호한 경계에서 많이 생긴다.

자각몽을 한번도 경험한 적 없는 사람을 위한 힌트가 있다. 전자책『너의 꿈을 조종하라Control Your Dreams』의 저자인 셰필드 대학교의 톰 스태퍼드Tom Stafford와 자각몽자 캐스린 바슬리Cathryn Bardsley는 본인이 깨어 있는가 아니면 자고 있는가를 알아채는 연습을 하라고 한다.[16] 깨어 있을 때 이렇게 연습하는 것은 바보같이 보이지만, 습관이 들면 잠자고 있을 때 자신이 자고 있음을 깨닫게 될 가능성이 높아진다고 한다.

조명 스위치를 켰다 껐다 해보는 것이 본인이 깨어 있는지를 점검해 보는 좋은 방법이다. 꿈속에서는 조명 상태가 변하지 않을 것이기 때문이다. 스스로 꼬집어보는 것은 좋지 않은 방법이다. 자기 자신을 꼬집는 꿈을 꾸는 것은 너무나 쉬운 일이기 때문이다. 그다음에 꿈꾸는 중이라는 것을 깨달으면 평정을 유지하도록 노력해야 할 것이다. 흥분하면 아마도 잠에서 깨버리고 말 것이다. 마지막으로 다음 번 자각몽 중에 무엇을 할 것인지 목표를 세워라. 스태퍼드와 바슬리는 "비행은 늘 좋은 경험이고 성행위도 인기 있다. 치러야 할 대가가 없기 때문에……"라고 기술한다.

〈인셉션〉 줄거리의 핵심은 꿈속에서 일어나는 일이 실제 상황에 영향을 미친다는 것이다. 놀랍게도 자각몽 중의 행동이 깨어 있는 동안의 생활에 영향을 미친다는 증거가 있다. 2010년 베른 대학교의 연구자 다니엘 에를라허Daniel Erlacher가 발표한 논문에 따르면 자각몽을 꾸는 동안 동전을 컵 안에 던져 넣는 연습을 하면 실제로 동전 던지기 기술이 향상된다고 한다.[17]

신화: '수면 교육' 테이프로 골프 실력과 프랑스어 실력을 향상시킨다

동전 던지기 실험은 잠자는 동안 무언가를 배울 수 있다는 사례로 인상적으로 보일 것이다. 그러나 이 실험의 참가자는 자각몽에 매우 탁월한 능력을 가졌기 때문에 선별되었다는 걸 기억해야 한다. 또한 이들조차 동전 던지기 꿈을 원할 때 꿀 수 있는 것도 아니고, 이 연구는 단순 동작 연습에 관한 것이지 새로운 지식의 습득을 분석한 것이 아니었다는 것을 고려해야 한다. 외국어 단어 테이프 혹은 '골프 실력 향상용 최면 수면' CD와 같은 잠자는 동안 켜놓는 교육용 청취물이 조금이라도 효과가 있다는 증거는 없다. 즉, 지금까지의 증거에 의하면 우리는 잠자는 동안에는 복잡한 정보를 습득하지 못한다.

반면에 잠자는 동안 매우 원초적인 형태의 학습은 가능하다는 증거가 나오기 시작했다. 2012년에 발표된 혁명적인 연구에서 사람들이 자는 동안 훈련이 이루어진다는 첫 번째 증거가 제시되었다.[18] 이스라엘 바이즈만 과학연구소Weizmann Institute of Science의 아나트 아르지Anat Arzi 연구팀은 수면 중의 참가자를 좋은 냄새(샴푸나 탈취제) 혹은 나쁜 냄새(부패한 생선이나 고기)와 함께 특정 음에 노출시켰다. 다음날, 좋은 냄새와 결부되었던 음이 들릴 때 참가자는 더욱 킁킁거리며 냄새를 깊이 맡으려고 했다. 이는 참가자가 음이나 냄새에 대한 기억이 전혀 없는 상황에서 일어난 현상이었다.

잠이 학습에 중요하다는 증거는 많이 있다. 이에 관해 이스브란트 판데르베르프Ysbrand van der Werf 연구팀은 삐 소리로 서파 수면을 방해하는 방법을 이용해 연구를 진행했다.[19] 핵심 발견은 바로 참가자가 잠을 방해받을 경우, 그렇지 않은 경우보다 잠자기 전에 배운 내용에 대한 기억력 시험에서 눈에 띄게 저조한 실력을 보였다는 것이다.

수면은 학습에 워낙 중요하기 때문에 잠을 포기하면서 시험 준비를 할 가치가 없다고 한다. 캘리포니아 주립 대학교의 연구팀은 2012년에 발표된 연구에서 이 가설을 검정해 보았다. 수백 명의 학생이 수면과 학습에 관한 일기를 2주간 작성했고, 잠을 안 자고 공부를 하면 다음 날 수업 내용 이해와 시험 성적에 나쁜 영향을 미친 것으로 나타났다.[20]

또 다른 연구는 수면이 그날 배운 내용의 확립에 얼마나 중요한지 보여주었다. 한 대표적인 연구에서는 쥐 해마의 뉴런이 잠자는 동안 활성화되는 양상이 쥐가 깨서 먹이를 찾을 때와 유사하다고 보고했다.[21] 이는 마치 잠자는 쥐가 깨어 있던 때 알게 된 길을 따라 머릿속으로 먹이 찾는 연습을 하는 것 같았다.

이런 결과를 바탕으로 잠들기 얼마 전이 학습을 위한 최적의 시간이냐에 관심이 쏠리기도 했다. 2012년에 요하네스 홀츠Johannes Holz 연구팀은 10대 소녀의 손가락을 순서대로 쓰는 시험(절차상 학습의 일종) 연습은 잠들기 바로 전에 하는 것이 오후에 하는 것보다 효과가 좋았다고 발표했다.[22] 이와 대조적으로 사실 기억 학습은 오후에 하는 것이 잠자기 전에 하는 것보다 높은 성과를 보였다는 연구가 있다. "단어 암기와 같은 서술 기억 학습은 오후에 해야 하고, 축구나 피아노 연주 같은 운동 기능은 늦은 저녁에 훈련해야 한다"라고 과학자들은 결론 내렸다. 독자들은 일주일 시간표를 조정하기 전에 이 소규모 연구는 재검증되어야 한다는 것을 기억하라.

잠이 왜 필요한지는 여전히 수수께끼의 원천이다. 그러나 최신 증거에 의하면 잠에 관한 많은 아이디어는 신화에 불과하다. 독자들은 수면에 관한 연구에 관심을 기울이라. 신경 과학자가 학습과 기억에 관련해 수면의 중요성에 대한 돌파구를 찾아내고 있고, 이를 이용하는 방법이 머지않아 개발될 수 있기 때문이다.

최면이란 무엇인가?

"그리고…… 잠에 빠질 것이다"라고 최면술사가 말한다. 손가락을 딸깍하는 소리와 함께 또 한 명의 자원자가 잠에 빠진다. 최면이란 뜻의 영어 단어hypnosis는 잠이라는 뜻의 그리스어에 어원을 두고 있지만, 최면은 잠의 한 형태가 아니다. 우리는 뇌 활동 분석 그리고 경험담을 통해 최면은 실제로 집중과 몰두의 상태인 것을 알고 있다.

형상화 유도나 자신의 호흡 혹은 시계 소리처럼, 본인이나 외부에서 일어나는 현상에 집중시키는 등 여러 가지 기법이 최면의 '무아지경'을 이끌어내는 데 쓰인다. 그러나 유도된 상태가 하나의 독특한 의식 상태인가에 대해서는 아직도 논란의 여지가 많다. 최면에 걸린 사람은 휴지 상태 네트워크의 활성 저하[23]와 전두엽 주의 영역의 활성화를 포함한 전형적인 뇌 활성 양상을 보인다.[24] 그러나 이것이 최면 상태 고유의 양상인지는 확실치 않다.

최면은 또한 암시 감응성을 유도하는 데 쓰이기는 하나, 암시에 민감한 사람(피곤할 것이라고 하면 피곤을 느끼는 사람)은 최면에 걸리는 것과 상관없이 암시에 잘 걸린다. 최면이 이전에는 무의식적인 것으로 간주되던 이른바 스트룹 효과Stroop effect를 무력화한다는 것을 입증한 사례를 보자.[25] 이는 색깔을 적시하는 단어(예를 들면 파란색)가 제시되면 (가정이지만) 저절로 주어진 단어가 실제로 어떤 색깔로 인쇄되어 있는지 말하는 데 어려움을 겪는 현상이다. 최면을 이용한 암시가 이런 현상을 없앤다는 것은 최면이 역할극이 아님을 의미한다. 그러나 다른 연구에서는 사전 최면 없이 암시만을 통해 같은 효과를 얻기도 했다.[26] 이런 발견은 최면이 암시 혹은 연상의 힘 이상이라는 주장에 물음표를 던지게 한다.

이런 문제점과 함께, 무대 위의 속임수라는 대중적 묘사에도 불구하고 신경 과학자는 최면 암시를 설명하기 어려운 신경 증상을 모델화하는 데 유용하게 쓰기 시작했다. 최면에 의해 유도된 팔다리 마비 증상은 이른바 '전환 장애conversion disorder'로 생기는 마비와 유사하게 보인다.[27] 전환 장애는 물리적 질환이나 상처가 아닌 정서적 상처로 인해 생기는 마비 증상을 말한다. 2013년에 발표된 신경 과학과 최면에 관한 권위 있는 총설에서 심리학자 데이비드 오클리David Oakley와 피터 핼리건Peter Halligan은 암시의 심리학적 그리고 신경 과학적 효과는 "인간의 인지 능력 중 가장 놀라운, 그러나 연구가 부족한 부분이다"라고 말했다.[28]

신화 18

뇌는 일종의 컴퓨터이다

우리는 머릿속에 매우 강력한 컴퓨터를 한 대 가지고 있다.

대니얼 카네먼Daniel Kahneman[1]

외계인이 지구에 온다면 아마도 인간은 스스로를 로봇으로 간주한다고 생각할 것이다. 인간을 컴퓨터에 비유한 표현이 너무나 많기 때문이다. 위에 나온 대중 심리학 책 속의 말을 봐도 그렇고, 다양한 자기 계발 서적을 봐도 마찬가지다. "당신의 마음은 운영 체제이다. …… 최고의 버전은 장착했는가?"라고 드라고스 루아Dragos Roua는 묻는다. 소설도 마찬가지다. 마이클 램키는 소설 『승인받지 않은 것들The Unsanctioned』에서 다음과 같이 묘사했다. "조각난 정보를 조직적인 포맷으로 뇌 속에 재구성하기 위해 먼저 마음을 비우는 것은 힘들 때마다 나타나는 습관이 되었다."

마음을 컴퓨터에 비유하는 것이 널리 퍼진 이유는 지난 세기에 심리학이 발전했던 역사 속에서 찾을 수 있다. 초기에 지배적이었던 '행동학적' 접근은 인간 심리 내면의 작동 방식을 추정하는 것을 금기시했다. 심리학자 존 왓슨John Watson은 1913년에, 그리고 이후 십여 년간은 앨버트 와이스Albert Weiss가 신생 과학인 심리학은 확실히 관찰 가능하고 측정이 가능한 행동에만 집중해야 한다는 논지를 폈다.

그러나 컴퓨터와 인공 지능 분야의 혁신적 발전에 일부 영향을 받아서 1950년대에는 이른바 인지 혁명이 시작되었다. 이 분야의 선도자가 행동주의의 제한을 거부하고 내면의 심리 작용에 관심을 기울였으며, 이 과정에서 컴퓨터 관련 비유를 썼던 것이다. 1967년에 발간된 『인지 심리학Cognitive Psychology』(일부 심리학자는 이 분야의 이름이 이 책에서 온 것으로 간주한다)이라는 책에서 울리크 나이서Ulric Neisser는 다음과 같이 기술했다. "인간의 인지 기능을 이해하려고 노력하는 것은 컴퓨터가 어떻게 프로그램되어 있는가를 알려고 하는 것과 비슷하다." 미국의 성격 심리학자 고든 앨포트Gordon Allport는 1980년 발간된 책에서 더욱 분명하게 밝힌다. "인공 지능의 도래는 심리학 역사상 가장 중요한 사건이다."[2]

지난 세대에서 뇌를 증기 엔진이나 전화 교환국에 비유했다면, 오늘날 심리학자와 일반인은 정신 현상을 묘사하는 데 컴퓨터 기반 용어를 자주 꺼내든다. 아주 흔히 보이는 비유 중 하나는 마음을 소프트웨어로, 뇌를 하드웨어로 묘사하는 것이다. 기술은 '내장'되어 있다는 표현이 쓰인다. 감각은 '입력'되는 것에 해당하고, 행동은 '출력'되는 것에 해당한다. 누군가가 급하게 행동이나 말을 수정하면 '온라인'으로 처리했다고 한다. 신체 조절에 관심이 있는 과학자들은 '되먹임 혹은 피드백 회로'라는 용어를 자주 쓰는 것을 볼 수 있다. 안구 운동 전문가는 우리가 글을 읽을 때 보이는 단속성 도약 안구 운동을 '탄도성'으로 묘사하는데, 이는 안구의 궤적이 로켓과 같이 사전에 '프로그램'되어 있다는 의미를 내포한다. 기억력 분야 연구자들은 '용량', '처리 속도', '자원 제약'과 같은 용어를 많이 써서 마치 컴퓨터에 관해 이야기하는 것으로 보일 때도 있다. 내가 공저자로 참여했던 대중서의 제목은 『마인드 해킹Mind Hacks』이었는데, 뇌를 이해하기 위해 자신을 대상으로 실험하는 것에 관한 내용이었다.[3]

뇌는 정말로 컴퓨터인가?

이 질문에 대한 답은 얼마나 말 그대로의 의미에 집착하느냐, 그리고 컴퓨터란 정확히 무엇이냐에 달려 있다. 물론 뇌는 트랜지스터, 플라스틱 배선, 기판으로 만들어져 있지는 않다. 그러나 궁극적으로 뇌와 컴퓨터가 정보 처리 장치인 것은 사실이다. 이는 오래된 아이디어다. 17세기에 토머스 홉스는

"사고한다는 것은 결국 계산, 즉 더하기와 빼기를 한다는 것 그 이상이 아니다"라고 했다.[4] 스티븐 핑커Steven Pinker는 그의 책 『빈 서판The Blank Slate』에서 계산 이론computational theory 관점에서 보았을 때 마음이 컴퓨터라는 것은 아니나 "마음과 인간이 만든 정보 처리 기기는 일부 같은 원리를 쓰고 있다"라고 밝혔다.[5]

일부 학자는 마음을 컴퓨터에 비유하는 것이 유용하다고 생각하지만, 계산론적 관점을 비판하는 사람에 의하면 인간과 컴퓨터가 결코 같을 수 없는 점이 있다고 한다. 우리는 생각을 하지만 컴퓨터는 생각을 하지 않는다는 것이다. 1980년에 발표된 유명한 중국어 방Chinese room 비유에서 철학자 존 설John Searle은 문이 닫힌 방 안에서 중국어로 된 글귀를 문틈으로 받는 사람을 상상해 보라고 했다.[6] 그 사람은 중국어를 모르지만 어떻게 한자를 처리하고 답하는지에 대한 설명서를 보고 답을 한다고 가정하자. 방 밖에 있는 중국인은 방 안에 있는 중국어를 아는 사람과 소통하고 있다고 생각하지만 방 안의 그는 현재 주고받는 내용을 전혀 모른다. 설이 하고자 하는 말은 방 안의 바로 그 사람이 컴퓨터와 같다는 것이다. 겉보기에는 이해를 하는 것처럼 보이나 실제로는 아무것도 모르고, 본인이 하는 일의 의미를 전혀 파악하지 못한다는 것이다.

또 한 명의 계산론주의적 관점에 대한 비판자는 『마음이 컴퓨터가 아닌 이유Why the Mind is Not a Computer』의 저자인 레이 탤리스Ray Tallis이다. 탤리스는 컴퓨터도 마음과 같이 부호를 처리하지만 부호는 그것을 이해하는 사람에게만 의미를 가진다고 하면서 설에 동의하는 의견을 밝혔다. 우리는 '계산을 한다' 혹은 '신호를 감지한다'와 같은 표현을 사용해 컴퓨터를 의인화하고, 똑같은 표현을 뇌 속에서 일어나는 신경 생물학적 과정에 적용한다. "컴퓨터는 도구에 불과하다. 컴퓨터가 계산을 한다는 것은 시계가 시간을 알려주는 것과 같은 개념이다. 시계는 우리가 시간을 알아내는 데 도움을 주는 것이지 시계가 자체적으로 시간을 아는 것은 아니다"라고 탤리스는 2008년 발간된 논문에서 밝힌다.[7]

이렇게 컴퓨터에 관한 비유는 철학적이라고 말할 수 있다. 다른 비평가는 컴퓨터와 뇌의 기술적 차이를 지적한다. '지능의 개발Developing Intelligence'이라는 인기 블로그에서 크리스 채섬Chris Chatham은 뇌는 아날로그식이고 컴퓨터는 이진법 체계로 작동한다는 것을 포함한 10개의 핵심적 차이를 나열한다.[8] 즉, 컴퓨터의 트랜지스터는 켜지거나 꺼지거나 둘 중 하나이지만 뇌 속의 뉴런은 신호 송출의 속도를 조절할 수 있으며 여러 다른 뉴런으로부터 입력된 신호를 종합해 신호를 보낼지 결정한다는 것이다.

채섬은 컴퓨터와 달리 뇌는 신체의 일부임을 강조한다. 이는 새로운 분야인 내재된 인지력embodied cognition의 관점에서 중요하다. 우리의 몸은 어떻게 생각에 영향을 미치는지 드러난다. 손을 씻는 행위가 도덕적 문제에 대한 결정을 바꿀 수 있고, 우리 몸의 따뜻함이 상대방의 인간성에 대한 판단을 흐리게 할 수 있으며, 책의 무게가 책의 중요성을 판단하는 데 영향을 미칠 수 있다는 것이다(210쪽 참조). 손을 자유롭게 움직일 수 있게 하면 아이들이 수학 문제를 푸는 새로운 방식을 배우는 데 도움이 되기도 한다. 이러한 사례에 상응하는 컴퓨터 관련 현상은 상상하기 힘든 것이 사실이다.

유사해 보이는 기억 현상도 어떻게 뇌와 컴퓨터가 다른지 알려준다. 사람과 컴퓨터 모두 정보를 저장하고 검색하지만 방식은 다르다. 심리학자 개리 마커스에 의하면 컴퓨터는 '우편번호' 체계를 쓴다. 즉, 모든 저장된 정보는 고유한 주소가 있고 거의 완벽한 신뢰도로 찾아낼 수 있다. 그러나 사람은 기억의 정확한 위치가 어디인지 전혀 모른다. 우리의 기억 저장고는 맥락과 유용성에 좌우된다. 정확한 이름과 날짜는 생각이 안날 때가 많지만 우리는 상황적 요점을 기억하는 것이다. 상대방이 어떻게 생겼는지, 직업이 무엇이었는지, 이름은 정확히 기억나지 않지만…….

신화: 계산론적 마음 이론은 아무 쓸모가 없었다

컴퓨터와 뇌는 중요한 차이가 있고, 이것이 인공 지능을 개발하는 사람이 로봇에서 인간의 능력을 재현하려고 할 때 어려움을 겪는 이유이다. 얼굴을 인식하거나 프리스비를 잡는 것 같이 사람은 쉽게 할 수 있는 일이 여기에 해당된다. 그러나 우리의 뇌가 컴퓨터와 다르다고 해서 컴퓨터에 비유하는 것과 계산론적으로 마음을 이해하려는 것이 쓸모없다고 할 수는 없다. 실제로 컴퓨터 프로그램이 인간의 인지 능력을 따라잡지 못할 때, 뇌는 컴퓨터 프로그램의 그것과는 다른 방법이 존재한다는 것을 짐작할 수 있다.

어떤 부분은 쉽게 이해가 간다. 기억력의 경우 뇌는 컴퓨터 프로그램보다 훨씬 더 전후 맥락을 파악해 기억을 되살리며 빠져 있거나 불확실한 정보를 훨씬 더 유연하게 처리할 수 있다. 인간의 인지 능력을 모의하는 시도에 점차적으로 '(뇌 내 뉴런의 연결을 모사하는) 신경 네트워크'가 가져오는 적응성을 감안하려는 노력이 이루어지고 있다. 이전의 시도에서 나온 답을 통해 '배우는' 되먹임 체계를 이용하려는 것이다.

≪사이콜로지스트≫에 기고한 "컴퓨터가 마음에 대해 알려준 것"에서 파드리크 모네이건Padraic Monaghan 연구팀은 컴퓨터 모델로 인간의 마음을 모의하는 시도를 통해 배운 예를 제시했다.[9] 읽기의 예를 보면 불규칙적으로 발음되는 단어의 경우 정해진 발음 법칙을 이용하는 컴퓨터 모델보다 해당 단어의 통계적 특성을 고려하는 모델이 발음을 더 정확히 했다. 이런 통계적 처리를 일부러 방해할 경우 컴퓨터는 난독증과 유사한 현상을 보였으며, 이를 통해 인간의 독서 장애를 새로운 시각으로 이해하게 되었다.

이외에도 컴퓨터를 이용해 인간 인지 현상 모델을 개발하게 된 예가 많다. 어떻게 다른 각도와 나른 상황에서의 얼굴 모습을 평균화해 얼굴을 추상화하는가, 어린이가 물체를 분류하기 위해 보는 세부 요소는 나이가 들면서 어떻게 바뀌는가, 사실 기반 지식이 어떻게 신경 네트워크에 분산되어 있는가 등이다. 마지막 사례는 단어를 찾거나 물체를 분류하는 능력에 결손이 생기는 퇴행성 뇌 질환인 의미 치매semantic dementia의 발생 양상을 설명하는 데 도움이 되었다. 일반적으로 희소성이 있는 단어(예를 들면 희귀종 새의 이름)가 먼저 사라진다. 이후 한 항목 내 종류를 구분하지 못하게 된다. 모든 새는 단순하게 새로 분류되고 각 종의 이름은 잊게 된다. 이는 환자의 개념이 서서히 불투명해지는 것과 같다.

컴퓨터를 이용해 인간의 인지 능력을 모사해 보는 시도가 심리학과 신경과학에 많은 정보를 가져왔다는 것에는 의심의 여지가 없다. 모네이건과 공저자들이 밝혔듯이 "컴퓨터 모델은 인간의 마음이 어떻게 정보를 처리하는가에 대해 심오한 통찰력을 가져왔다". 물론 여러 학자 사이에서 얼마나 이 모사가 유용할 것인가, 그리고 그 한계는 어디까지인가에 대해 많은 논란이 있다. 철학자 대니얼 데닛Daniel Dennett이 이 상황을 잘 정리했다. 그는 "뇌는 컴퓨터다. 그러나 우리가 아는 그 어떤 컴퓨터와도 같지 않다. 당신의 데스크톱 컴퓨터나 노트북 컴퓨터와는 다르다는 것을 명심해야 한다"라고 최근에 밝힌 바 있다.[10]

언젠가 뇌 기능을 시뮬레이션하는 컴퓨터가 만들어질 것인가?

남아공 출신 신경 과학자 헨리 마크람Henry Markram은 2009년 테드 글로벌TEDGlobal 2009에서 "인간의 뇌를 제작하는 것은 불가능하지 않으며 10년 안에 해낼 수 있다"라고 말했다. 4년 후 그는 야심찬 '인간 뇌 연구 과제'를 제안해 유럽 연합으로부터 10억 유로의 연구비를 성공적으로 유치했다. 목표는 현미경으로만 볼 수 있는 개별 뉴런의 이온 통로 단백질 수준부터 시작해 인간 뇌의 컴퓨터 모델을 제작하는 것이다.

이는 로잔 공과 대학교의 뇌 정신 연구소Brain and Mind Institute에서 수행한 마크람의 블루브레인 프로젝트Blue Brain Project에 바탕을 둔 기획이다. 이 프로젝트는 2006년에 1만 개의 뉴런을 포함하는 쥐의 대뇌 피질을 성공적으로 모델화한 바 있다. 인간 뇌 연구 과제는 세계 각지에서 모은 데이터를 집대성하고 슈퍼컴퓨터를 이용해 모델화를 시도하려고 한다. 단, 이 경우는 인간의 뇌 전체를 대상으로 한다. 기대되는 유용한 결과는 뇌 질환의 모사이며, 이는 새로운 예방 및 치료 방법으로 이어질 것으로 기대된다. 공상 과학 소설 같지만 마크람은 최종 모사 버전에서 자각 현상을 구현할 것으로 추정하고 있다.

인간 뇌 연구 과제의 신빙성에 대한 전문가의 의견은 나뉘어 있다. 비관론자 중 한 명은 이스라엘 바르일란 대학교의 신경 과학자 모셰 아벨레스Moshe Abeles이다. 그는 ≪와이어드≫에 다음과 같이 말했다. "우리에게는 뇌의 모든 세부 사항을 알 수 있는 능력이 사실상 없다. 따라서 데이터를 계속 축적한다고 해서 뇌가 어떻게 기능하는가를 알아내겠다는 것은 불가능한 이야기다".[11] 그러나 다른 전문가는 좀 더 희망적이다. 10년이라는 기간에 대해서 비관적인 경우도 있기는 하지만 말이다. 같은 ≪와이어드≫에서 영국의 컴퓨터 엔지니어 스티브 퍼버Steve Furber는 다음과 같이 말했다. "헨리의 계획에서 근본적인 문제는 발견할 수 없다. 헨리의 야심 빼놓고는 말이다. 물론 이런 야심은 무시무시하기도 하고, 이런 일을 위해서 꼭 필요하기도 하다."

신화 19

마음은 뇌 외부에 존재한다

철학자들은 수천 년 동안 마음과 뇌가 어떻게 연관되는지에 관한 질문과 씨름해 왔다. 현재 신경 과학 전반에선 뇌의 표출된 속성을 마음이라고 본다. 뇌가 없다면(그리고 몸이 없다면)(205쪽 참조) 마음도 없기 때문에 모든 심리적인 경험은 신경 생리학적 현상과 상관성을 갖는다.

그러나 많은 사람이 이러한 생각에 완전히 동의하지는 않는다. 사람들은 완전한 신경 생물학적 서술은 빨강색을 보거나, 맛있는 초콜릿바의 맛을 보거나, 또는 철학자들이 퀄리아qualia라고 일컫는 다른 현상학적인 경험에 대한 느낌을 꼭 집어 설명할 수 없는 점을 지적한다. 이들은 이를 쌍방이 서로 영향을 끼치는 현상(즉, 객관적인 관점이 주관적인 관점과 조화를 이루는 것은 불가능한 일)으로 여긴다. 그래도 많은 신경 과학자들은 낙관적이어서, 우리가 뇌를 더 잘 이해하게 되면 이러한 '어려운 문제'들은 더 나은 지식으로 해결할 것으로 믿는다.

우리가 이와 같은 고전적인 논쟁을 해결할 수는 없을 것이다. 그러나 우리가 할 수 있는 것은 뇌의 외부에 존재하는 것으로 보이는 마음에 관한 일부 특정한 주장들과, 신체와 상관없이 일어나는 심리적인 현상을 꼼꼼하게 검토하는 일이다. 신경 과학의 기본 원리(마음이 뇌에서 비롯되었으며 뇌에 의존적이다)를 극복하기 위해서는 그 증거가 확실하고 압도적이어야 한다. 그러나 우리가 앞으로 토론할 각각의 주제와 관련된 증거가 종종 매우 미약하다는 것을 보게 될 것이다. 따라서 뇌가 없어도 마음이 있을 수 있다는 생각은 지금도 하나의 풀리지 않은 신화로 남아 있다.

일부 특정한 주장을 검토하기 전에, 우리는 마음이 물리적인 뇌와 얽혀 있다는 것을 뒷받침하는 몇 가지 기본적 사실을 다시 살펴볼 필요가 있다. 첫째, 당신이 뇌에 하는 모든 일들이 당신의 마음에 영향을 끼친다. 술을 마시면 알코올 같은 화학 물질이 당신의 뇌를 취하게 하고, 잘 아는 것처럼 당신은 의도하지 않았던 심리적인 효과를 경험할 것이다. 더 구체적인 예를 들어보자. 외과 의사가 신경 수술을 통해서 당신의 대뇌 피질을 전극으로 자극할 경우 당신은 회상하기와 같은 특정한 심리적인 지각을 경험하게 되는데, 물론 자극받는 뇌의 위치에 따라 경험하는 특징은 다양할 것이다.

반대로, 뇌를 사용하는 일을 할 때는 뇌의 해당 부위에 영향을 끼친다. 예를 들어 도시의 복잡한 도로 교통망을 외우고 있는 런던 택시 기사의 해마체(공간 기억에 매우 중요한 구조)는 크기가 상당히 커진다. 해마체 연구에서 선도적인 역할을 해온 엘리자베스 매과이어Elizabeth Maguire가 초보 택시 기사의 뇌를 추적 조사한 결과, 몇 년의 수습 기간이 지난 후 택시 기사의 해마체 크기가 운행 초반보다 커진다는 것을 발견했다. 이는 여러 노선을 기억하는 일이 뇌에 변화를 가져온다는 사실에 관한 확실한 증거이다(운전 면허증을 따지 못하거나, 수습 택시 기사를 하지 않은 이들은 해면체의 성장을 보이지 않았다).[1]

심리 요법의 신경 효과에 대한 연구를 보자. 사람들은 대화 요법이 심리적 효과를 나타내는 반면 약물 치료는 뇌에 신경 생물학적 효과를 나타내는 것으로 생각하는 경향이 있다. 그러나 심리적인 것이 뇌에 있다면, 현대 신경과학이 예견하는 바와 같이 심리 요법도 뇌에 대한 영향력을 당연하게 지녀야 할 것이다. 이러한 사실은 연구를 통해서 명확하게 확인되었다.[2] 뇌 영상을 이용한 연구 결과에 의하면, 팍실Paxil이라는 약물을 복용하는 환자나 인지 행동 요법cognitive behavioral therapy: CBT을 받은 환자 모두에서 우울증의 회복은 복측부 전전두엽 피질ventrolateral prefrontal cortex에서 일어나는 대사의 감소와 연관되었다. 한편, 성공적인 인지 행동 요법은 팍실 약물 복용의 경우에서 발견되지 않는 뇌의 변화와 연관되었는데, 대상, 전두엽, 해마체 부위의 활성이 증가되었다. 아마도 이는 피질의 '하향식' 작용 기전(예를 들어 기대와 신념에 의한 작용)에서 비롯한 것으로 보인다. 강박 증상 환자를 분석한 뇌 영상 연구에서 환자의 증상 회복이 오른쪽 미상핵(동작, 기억 및 감정에 관여하는 기저핵 구조)

의 대사율의 변화와 연관되었으며, 이는 행동 요법이나 항우울제인 프로작Prozac(플루오제틴fluoxetine)과 상관없다는 것을 알게 되었다.

신화: 임사 체험은 마음이 뇌와 몸에서 분리될 수 있다는 것을 입증한다

임사 체험, 즉 뇌가 거의 정상 기능을 하지 못하는 상태에서 사람의 마음은 물론 의식까지도 계속 기능하는 것으로 보이는 극적인 경우로 인해, 뗄 수 없는 것으로 보이는 마음과 뇌의 상호 관계가 도전받게 되었다. 늦어도 19세기부터, 심장마비 환자와 다른 외상을 입은 사람들이 그들의 몸 위를 떠돌았다거나, 그들을 안내하는 불빛이 한쪽 끝에 있는 터널을 보았다거나, 일생을 다시 체험했다거나, 심지어 먼저 돌아가신 친척들을 만났다는 이야기들이 지금까지 들려온다.

자신의 임사 체험을 기록한 신경외과 의사의 책 『내가 본 천국: 외과 의사의 사후 여행Proof of Heaven』은 이 현상에 새로운 관심을 일으켰다. 이 책은 "천국은 존재한다: 어느 의사의 사후 체험"이라는 제목으로 ≪뉴스위크Newsweek≫ 표지를 장식했다. 이 잡지에서 에번 알렉산더Eben Alexander 박사는 2008년에 어떻게 자신의 뇌가 심각하게 감염되었으며, 이로 인해 어떻게 혼수상태에 빠지고 뇌의 피질이 완전한 활동 정지 상태에 이르게 되었는지 기록했다. 그는 혼수상태에서 "분홍색과 흰색이 섞인 뭉게구름"과 "투명하면서도 빛나는 생명체의 무리"로 가득한 곳으로 여행했으며, 머리를 땋았으며 "솟은 광대뼈와 깊고 푸른 눈"을 지닌 아름다운 여인과 함께 나비의 날개를 타고 날아 다녔다고 회상했다.

이러한 외상이 있기 전에도 '신앙심 깊은 기독교인'을 자처한 알렉산더 박사는 자신의 경험은 사후 세계의 존재와 (우리의 목적에 결정적인) 잠재의식이 뇌에 있지 않다는 것을 뒷받침한다고 믿고 있었다. 알렉산더 박사는 "저는 남은 인생 동안 잠재의식의 실체를 연구해 저와 함께 일하는 과학자뿐만 아니라 일반인에게도 우리는 육체적인 뇌 이상의 존재라는 사실을 명백하게 밝히고 싶습니다"라고 기약하면서 결론을 맺었다.

회의론자들은 알렉산더 박사의 해석에 비판을 쏟아냈다. 저명한 신경 과학자 콜린 블레이크모어Colin Blakemore는 ≪텔레그래프The Telegraph≫에 기고한 글에서, 이는 임사 체험의 많은 경우가 지나치게 감상적이고 자위적이라임을 드러낸 것이라고 주장했다.[3] 그는 "기독교 신자의 임사 체험이 성경적인 비유로 가득 찼다는 것은 무의미하지 않을까?"라고 물었다. 이어서 "이는 그들의 특정한 믿음의 정당성을 확인하는 것이거나, 정상적인 인지력이나 기억과 마찬가지로 임사 체험도 문화적·개인적 편견 그리고 과거 경험의 흔적이다"라고 주장했다.

신경 과학자이며 무신론자인 샘 해리스Sam Harris는 블로그에서 (블레이크모어가 지적한 바와 같이) 신경외과 의사가 기본적인 뇌 과학을 간과한 점에 대해 당혹스러움을 감추지 못했다.[4] 알렉산더 박사는 CT 스캔 자료를 자신의 대뇌 피질 비활성 상태의 증거로 제시하지만, 모든 신경 과학 개론에서 CT 스캔은 기능이 아니라 구조에 관한 정보를 제공한다고 가르친다. 해리스는 "알렉산더의 모든 논거는 (정말이지 모든 논거가 완전하게) 대뇌 피질이 '폐쇄되고', '불활성화되고', '완전하게 폐쇄되고', '전적으로 꺼져 있는' 상태에서 천국을 봤다는 사실만 확신에 찬 어조로 반복적으로 말하고 있다"고 비판했다. 이어서 해리스는 "그가 이와 같은 주장에 대해서 제시하는 증거들은 전혀 적합하지 않을뿐더러, 이 현상과 관련되는 뇌 과학에 대해서 그가 전혀 모른다는 것을 보여준다"라고 지적했다.

과학 문헌은 임사 체험에 대해 어떤 이야기를 하고 있을까? 놀라울 만큼 공통점이 있다. 예를 들어, 심장마비를 이기고 생존한 사람의 12퍼센트에서 18퍼센트가 임사를 체험한 것으로 추정된다. 이 분야에 종사하는 일부 연구자들은 나비를 타고 날아다녔다는 신경외과 의사와 같이 뇌 활동이 정지된 사이에 발생하는 복잡한 정신 상태의 경험들로 인해, 정신에 대한 유물론적 관점이 도전받고 있다고 생각한다.

버지니아 대학교의 브루스 그레이슨Bruce Greyson은 이 분야의 전문가이다. 2010년에 발표한 논문 「탈물질주의 심리학에서 임사 체험의 의미Implications of Near-Death Experiences for a Postmaterialist Psychology」[5]에서, 그레이슨은 그 마법 같은 뇌사 상태에서 보고 들을 수 있었던 임사 체험자, 그리고 그들의 수술을 담당했던 외과 의사의 증언 항목에 주목했다. 일부 맹인은 임사 체험 상태에서 앞을 볼 수 있었다는 이야기도 했다. 그레이슨은 "뇌-정신 동일주의의 물질주의 모델과 일반적 마취나 심장마비 상태에 일어나는 임사 체험 사이에 존재하는 갈등은 매우 깊으며 또한 불가피하다"라는 의견을 내놓았다.

임사 체험에 관한 보고들이 대단히 흥미로운 것에는 의심의 여지가 없다. 분명한 것은 이들이 강력하면서도 정서적으로 치열한 심리적인 사건을 경험했기 때문에 이에 관한 연구가 이루어져야 한다는 것이다. 이들 중 대다수가 자신이 보고 느꼈다고 생각하는 것으로 인해 영구적으로 변화되기도 한다. 그러나 이 시점에 정신이 뇌에 뿌리를 둔다는 생각을 버려야 할까? 만약 그렇게 한다고 치면 과학의 자연 법칙에 대한 이해가 기초부터 흔들리지 않을까? 그 책임은 분명히 임사 체험을 평범한 단어로는 설명할 수 없다면서 의심은 건너뛰고 '초자연적' 설명을 찾는 사람들에게 있을 것이다.

지금도 임사 체험이 정신과 뇌의 나눌 수 없는 연결 고리를 부정한다는 주장을 의심할 만한 좋은 근거들이 있다. 첫째, 뇌에 문제가 있다고 믿기 어려운 상황에서도 임사 체험의 여러 양상들이 일어난다. 예를 들어 수면 마비 중에도 유체 이탈 경험이 흔하게 보고된다(134쪽 참조). 또한 (난치성 뇌전증 치료를 위한 수술에서) 우측 측정두엽 접합 부위를 직접 자극해 이를 유도할 수도 있다. 높은 관성력에 놓인 비행기 조종사가 눈으로 공급되는 피와 산소의 부족으로 인해 겪는 시각의 터널링tunneling 체험도 있다. 저산소증이나 여러 기분 전환용 약물(예를 들어 케타민, 특히 DMTN, N-Dimethyltryptamine 사용자들의 환각 체험)로 나타나는 효과도 임사 체험의 양상과 매우 비슷하다. 이러한 예시들은 뇌에 일어난 변화가 임사 체험의 요소들과 비슷한 특이한 경험을 일으킬 수 있다는 것을 뒷받침한다. DMT는 우리의 뇌에 소량으로 존재하는데, 특히 임사 체험에 관여하는 후보 물질일 가능성이 높다.

임사 체험을 문헌에서 다루는 데 가장 큰 문제는 어쩔 수 없이 항상 회고적이어서 기억의 허상과 편견에 취약하다는 점일 것이다. 임사 체험이 정신에 대한 물질주의 관점에 도전하고 있다고 생각하는 그레이슨을 비롯한 다른 연구자들은 임사 체험이 어떻게 뇌사 상태에서 일어나는지 이야기하며, 임사 체험이야말로 정신과 뇌의 연결 고리가 망가진 경우라고 주장한다. 그러나 이런 것들이 사실인지 우리는 아직 모른다. 진행되는 뇌 활성이 정확하게 어느 수준인지 모를 때가 있다. 임사 체험 자체가 뇌사 상태로 이어지는 과정이나 외상 후 회복 과정에서 발생할 수도 있는 것이다. 변형된 의식 상태가 사람들의 시간 감각을 엉망으로 만든다는 것은 잘 알려진 사실이어서, 환자가 아주 오랜 시간처럼 느끼는 경험도 실제로는 뇌사 상태로 빠지기 직전이나 직후 영점 몇 초 동안 일어난 일일 가능성도 충분하다.

임사 체험 환자가 수술 중 의식이 완전한 상태에서 수술실 꼭대기를 날아다닐 때만 접할 수 있는 정보에 관한 예증이 가장 놀라울 수 있다. 그러나 이러한 주장에 관한 실제 사례는 완전하게 입증되지 않은 상태이며, 이는 환자가 마취 상태에서 들은 소리이거나, 수술 전이나 후에 다른 사람들에게서 들은 재미있는 정보를 짜 맞춘 것일 수도 있다.

심장마비 생존자 63명을 조사해 2001년에 발표한 논문에서, 연구자들은 위에서만 볼 수 있는 그림을 천정 가까이에 매달았다.[6] 이 실험의 목적은 유체 이탈 경험을 한 환자들이 천장에 매단 그림을 기억할 수 있는지를 조사하는 것이었으나, 불행하게도 이 연구에서 임사 체험자 중 누구도 유체 이탈 경험을 하지 않았다. 일부 환자들은 임사 체험 기간 중에 세상을 이미 떠난 사람들을 병실에서 만났다고 주장하는 경우도 있다고 그레이슨은 보고했다. 그러나 이러한 주장들도 일화에 지나지 않았다.

2011년 심리학자 딘 몹스Dean Mobbs와 캐럴라인 와트Caroline Watt는 저명한 학술지 ≪트렌즈 인 코그니티브 사이언스Trends in Cognitive Sciences≫에서 "임사 체험이 과학적으로 풀 수 없는 일이라고 믿는 것은 근거가 없다"라고 기고했다.[7] 이들은 "대신에, 임사 체험은 정상적인 뇌 기능이 어긋난 경우이다"라고 주장했다. 2012년 템플턴 재단은 학제 간 불멸 프로젝트Immortality Project에 500만 달러를 책정해 임사 체험에 관한 연구를 진행했는데, 그중 일부는 임사 현상과 관련되는 문화 간 연구에 관한 것이었다.

신화: 응시 받는 느낌은 마음이 뇌와 몸의 경계를 넘는다는 사실의 방증이다

여러분은 누군가가 여러분을 뚫어지게 보고 있는지 확인하기 위해서 주변을 살핀 적이 있는가? 조사에 응한 사람들의 80퍼센트에서 90퍼센트가 이러한 경험이 있다고 답했는데, 일부 비주류 과학자들은 이러한 현상이 우리가 무언가를 뚫어지게 바라볼 때 투사된 시선을 사람들이 소위 '육감'으로, 다른 쪽을 보고 있어도 탐지가 가능하다는 증거라고 해석한다. 사실이라면 이는 마음이 뇌를 뛰어넘어 일으키는 효과의 또 다른 예시이다.

오늘날 이러한 해석을 가장 지지하는 과학자는 영국의 생물학자 출신인 루퍼트 셸드레이크Rupert Sheldrake이다. 2005년 그는 저서에서 시각적 영상은 우리 마음에만 있지 않고, 세상 밖으로 투사된다고 주장한다. "이런 투사는 뇌의 지각판에서 일어나 뇌를 넘어 확장되기 때문에, 관찰자와 피관찰자를 연결한다는 것이 나의 가설이다"라고 설명했다(157쪽 참조).[8]

타인의 응시를 느낄 수 있다는 현상에 대한 연구는 심리학 창시자 중 한 사람인 에드워드 티치너Edward Titchener에 의해서 19세기 말부터 시작되었는데, 당시에 그는 이러한 현상이 실제로 존재하는지 뒷받침할 만한 증거가 없다고 주장했다. 그는 이 현상은 일종의 '기억 편향memory bias'으로 설명했다. 예를 들어, 만일 우리가 이러한 느낌이 있어 주변을 살폈으나 우리를 보고 있는 사람이 없을 때는 이러한 경험을 쉽게 잊는다. 반대로 우리 뒤쪽에서 은밀하게 관찰하고 있는 누군가를 발견한 경우, 우리는 이를 오래 동안 기억하는 것이다. 또 다른 가능성은 우리가 뒤돌아보고, 뒤에 있는 누군가의 관심을 끌어들이고, 그래서 그 사람이 우리 쪽을 보게 되고, 그렇게 그들이 우리를 관찰하고 있다고 오해하는 것이다.

현대에 와서는 셸드레이크가 이 현상에 대해 다양한 연구를 했는데, 그중 하나는 ≪뉴사이언티스트≫와 디스커버리 채널과 협업으로 진행한 대규모 연구이다. 이 연구에서 수천 명의 자원자들은 이 현상을 집에서 조사하고 그 결과를 보고했다. 셸드레이크와 다른 연구자들이 수행한 테스트는 통상적으로 두 가지 형태였다. '직접 응시' 실험은 같은 방에 있는 두 사람이 실행하는 것으로, 한 사람이 다른 이의 뒤에서 응시하는 동안 다른 이는 그대로 있으면서 응시를 받았는지 아닌지에 대한 느낌을 답변하는 것이다. 다른 한 실험은 '원거리 응시'로, 한 사람이 다른 이를 CCTV를 통해 응시하는 방법이라 두 사람이 같은 방에 있지 않는다. 이 경우 응시 받는 사람의 신체적 각성을 측정하는데, 이들이 원거리 응시를 받을 때 받지 않을 때보다 피부에 땀이 더 분비되는지를 측정한다.

2005년에 셸드레이크는 이에 대한 증거를 재검토하면서 여러 가지 연구의 결과가 낮은 확률이지만 (통계학적으로) 유의성이 있는 효과를 보인다고 발표했다. 참가자들은 응시 받은 경우의 55퍼센트 정도 수준에서 올바르게 짐작했다. 물론 누군가가 여러분을 응시하는 것을 감지할 수 없다면 이 수치는 50퍼센트 수준이 될 것이다. 슈테판 슈미트Stefan Schmidt 연구팀은 2004년에 '직접 응시' 실험 방법을 사용한 36개의 연구와 '원거리 응시'를 사용한 7개의 연구를 묶어 두 가지 메타분석을 수행했다.[9] 이들도 두 실험군에서 "낮기는 하나 유의성 있는 효과가 있다"라는 결론을 지었다. 그러나 셸드레이크가 이러한 현상을 시각에 관한 급진적인 학설과 일치하는 미묘한 효과로 해석한 것과는 다르게, 슈미트 연구팀은 "최근의 과학적 지식 체계에 적용할 수 있는 특정한 학술적 개념은 없다"라고 해석했다.

회의론자는 응시 받는 느낌에 관한 연구에 대해 몇 가지를 비판해 왔다. 예를 들어, 의미가 있다고 보고하는 연구의 질이 형편없다고 지적한다. 그들은 응시-무응시 시행 순서에 의문을 제기하면서, 참가자들이 작위적 순서를 알아낼 수 있는 가능성을 예로 들었다. 이는 조사 중에 참가자들이 잘 하고 있는지 실시간으로 알려주는 조사 방식에서 발견되는 위험 중의 하나이다. 한편, 2005년 데이비드 마크스David Marks와 존 콜웰John Colwell은 시행 순서의 무작위 방법을 적합하게 조정해 수행한 연구에서도 참가자들이 응시를 감지할 수 있다는 것을 뒷받침할 만한 증거를 찾을 수 없었다고 보고했다.[10]

또 하나의 관점은 참가자들이 응시를 감지하는 성공률을 평가하는 방법에 있다. 회의론자들은 대다수 참가자들이 편중된 반응(응시를 감지하지 않은 것보다 감지한 것을 선호함)을 보인다는 점을 강조했다. 참가자가 응시 받지 않은 상태에서 응시 받았다고 답을 하는 경우를 허위 경보 비율에 적용하는 것이 중요하다고 전문가들은 지적했다. 트리어 대학교의 토마스 베르Thomas Wehr는 2009년에 편중 반응을 반영하는 평가 시스템을 사용한 조사에서 응시 받는 것을 느끼는 감각에 대한 증거를 발견하지 못했다고 보고했다.[11]

끝으로, 과학자들이 응시에 대한 결과를 수집하는 과정에서 어떻게든 영향을 끼친다는 점이다. 실험 자료의 패턴을 보면, 옹호론자는 의미 있는 결과를 발견하는 반면 회의론자는 무의미한 결과를 도출하는 경향이 있다. 옹호론자 메릴린 슐리츠Marilyn Schlitz와 회의론자 리처드 와이즈먼Richard Wiseman은 이러한 문제의 근본 원인을 알아내기 위해서 공동 연구를 했다. 연구 결과, 슐리츠가 실험 참가자에게 소개 인사를 하는 경우마다 응시 효과가 있었으나 와이즈먼이 소개 인사를 한 경우에는 응시 효과가 없었다는 것을 발견했다.[12] 이후 2006년도에 발표된 논문에서[13] 이들은 혼합형(즉, 슐리츠가 소개 인사를 하고 와이즈먼이 응시 실험을 진행하거나 이와 반대로 진행함)으로 실험을 진행했다. 이 실험의 목적은 연구자가 영향을 끼치는 실험 과정의 특정 부분을 제거하는 데 있었다. 실제로 이 연구에 이어서 원거리 응시 실험도 시행했는데, 누가 무엇을 했는지에 관계없이 긍정적인 증거는 도출되지 않았다.

종합해 보면 대다수의 연구에서 사람이 주목을 받고 있음을 감지할 수 있다는 증거를 발견한 것은 분명히 흥미롭다. 반면 시각의 작동 기전에 대한 지식을 전면적으로 거부하는 이런 종류의 증거를 근거로 간단하게 타당성을 부여할 수 없는 여러 가지 방법론적인 문제와 모순점이 있다. 토머스 길로비치Thomas Gilovich는 "비슷한 문제가 있는 연구들을 종합해서는 실제를 정확하게 평가할 수 없다"라고 언급한 바 있다. 응시에 관한 문헌에 대해 긍정적인 대다수의 연구자들도 마음이 어떻게든 시각을 뇌에서 세상 밖으로 투사한다는 제안에는 회의적이라는 점을 셸드레이크도 다시 지적했다.

이 책을 거의 마무리할 무렵에 응시 감각에 관한 또 다른 형태의 테스트가 ≪스켑틱매거진Skeptic Magazine≫에 게재되었다는 것을 알게 되었다.[14] 이 논문의 연구팀은 응시 감각 현상에 대해 이루어진 이제까지의 실험 중에서 가장 엄격하게 조절된 실험적 연구를 수행했다고 소개했다. 이 연구를 수행한 제프리 로Jeffrey Lohr 연구팀은 134명의 참가자를 여러 그룹으로 나누어 일부는 한쪽 방향 거울을 통해서, 다른 그룹은 CCTV를 통해서 응시를 받게 했다. 일부는 셸드레이크의 학설을 익히고 나머지는 기존의 시각 이론을 접했다. 연구자들은 실험 수행자가 실험 결과에 대해서 가지는 편견으로 생기는 모종의 효과를 줄이고자 수십 명의 학생을 실험 수행자로 의뢰했다. 중요한 발견은, 셸드레이크의 학설을 읽은 참가자는 자신이 응시를 받는지 여부를 감지할 수 있다는 자신감은 높아졌으나 실제로 응시 감각을 향상시키지는 못했다는 점이다. 이 연구는 응시 감각에 대한 증거를 찾지 못했다. 로 연구팀은 앞으로 연구는 이 현상을 증명(자신들의 연구가 이 현상이 없다는 것을 분명하게 증명했다고 연구팀은 믿고 있으므로)하는 것에 둘 것이 아니라, 왜 사람들이 처음부터 이 현상을 믿게 되는지에 초점을 맞추어야 한다고 결론지었다.

신화: 염력은 마음이 뇌와 몸을 넘어 존재하는 것을 말한다

마음과 뇌는 나누어 생각할 수 없다는 발상에 도전하는 또 다른 현상은 염력telekinesis(신체를 사용하지 않고 마음으로 사물을 조작하는 힘. 사이코키네시스psychokinesis라고도 한다)이다. 1970년대의 슈퍼스타이자 자칭 초능력자인 유리 겔러Uri

Geller는 손을 대지 않고도 숟가락을 굽히고 시계를 빠르게 가게 만드는 '숙련 기술'의 소유자였다. 관객들은 이러한 시범에 열광했으나, 회의론자들은 겔러가 간단한 마술 기교를 사용해 정신력이라고 속였다고 단정했다. 1973년 회의론자 제임스 랜디James Randi는 미국의 〈투나이트쇼Tonight Show〉에 출연하는 겔러의 도우미 역할을 맡으면서 자신의 준비 팀이 모든 소품을 직접 준비하고, 겔러 팀이 준비한 모든 소품을 방영 전까지 사용하지 못하게 했다. 겔러는 그날 밤 염력을 사용하는 위력을 전혀 발휘하지 못했는데, 순간적으로 기력이 떨어졌기 때문에 실패한 것이라고 설명했다.

염력을 연구하는 과학자들은 고도로 조절된 환경에서 연구를 수행한다. 그들이 선호하는 방법은 사람이 정신력만 사용해 무작위적 전자 발생기의 출력에 차이를 낼 수 있는지를 측정하는 것이다. 만일 어떤 이의 의도적인 생각으로 생성된 출력의 패턴이 사람의 간섭 없이 생성된 양상과 다를 경우, 이를 염력의 증거로 여긴다. 프라이부르크 대학교의 홀거 보슈Holger Bösch는 300개 이상의 실험 내용을 취합해 분석한 결과, 사람의 정신력이 무작위적인 출력값을 변동시키는 효과는 미미했으나 통계적으로 의미 있는 수준이었다고 발표했다. 이러한 발표에 대한 반응은 두 가지였는데, 기대 섞인 지지파와 비판적 입장을 내세우는 그룹이었다.[15]

그러나 이 결과에도 문제점이 있었다. 실험 참가자의 의도와 반대되는 효과를 보고한 세 개의 규모가 매우 큰 연구 결과와 긍정적인 결과를 보고한 작은 규모의 연구 결과를 취합한 결과(부정적인 결과에 대한 연구가 발표되지 않은 가능성도 제시했다), 보슈 팀은 염력의 존재를 '검증되지 않음'이라고 발표했다. 그러면서도 이제까지의 연구가 찾지 못한 효과가 입증된다면, 이는 분명히 '근본적인 중요성'을 갖게 될 것 이라고 내다보았다.

회의론자는 이에 동의하지 않으면서, 충분한 분량의 연구를 취합하면 의미가 없는 차이점들이 통계적으로 유의한 결과를 낼 수 있으며, 특히 여기서 가장 중요한 점은 효과의 크기라고 반박했다. 또한 이들은 새로운 메타분석에서 평균 효과 규모가 너무 작아 의미가 없다고 반박했다. 회의론자인 데이비드 윌슨David Wilson과 윌리엄 섀디시William Shadish는 동전 던지기 게임의 예를 들면서, 보슈 연구팀이 주장한 염력 효과는 너무 작아서 의미가 없다고 설명했다. 예를 들어 여러분이 동전의 한 면이 나오면 1달러를 받고 다른 면이 나오면 1달러를 잃는 게임을 한다고 가정했을 때, 염력을 사용해 두 달 동안 계속해 수십 만 번을 던지고 여러분이 받는 돈은 48달러뿐이다. 보슈는 "의미성이 보이지 않는 대목이다"라고 언급했다.[16]

그럼에도 불구하고 노에틱 과학 연구소The Institute of Noetic Science의 딘 래딘Dean Radin 박사는 이 메타분석을 언급하면서, 윌슨과 섀디시는 작은 효과 값을 실용적 중요도로 혼동하는 일반적 오류를 범했다고 지적했다. 그는 "전자의 전하 수위는 극도로 작지만, 전하에 대해 더 이해를 하고 난 후에야 세상을 밝히는 힘으로 사용되었다"라고 언급했다. "만일 정신과 물질의 상호 작용이 실제로 있다면, 그 실용적 결과는 전기나 원자력보다 클 수도 있을 것이다"라고 했다

지금까지 이야기한 현상들은 흥미로울뿐더러 앞으로 더 많은 연구가 필요한 분야이다. 그러나 이 현상 중의 어떤 것도 뇌가 마음을 유발한다는 기존의 관점을 부정하지 않는다. 응시 받는 느낌이나 염력과 같은 효과들은 의심스러울 정도로 미미하다. 회의론자들이 극도로 엄격한 상태에서 그 결과를 반복하고자 했을 때에는 항상 아무런 결과를 얻지 못했다. 긍정적인 효과가 발견되는 경우에도, 작은 표본 크기로 인해서 결과에 의미성이 생긴 것인지 아니면 통계적 결함인지에 대한 논쟁으로 이어졌다. 우리는 열린 마음을 유지해야겠지만, 현재로선 마음은 뇌 안에 단단히 자리 잡고 있는 것이다.

시각은 눈에서 나온다?

우리가 무엇을 볼 때 눈에서 무언가가 나온다는 루퍼트 셸드레이크의 생각은 우리가 인정하는 시각 과학에 대한 기존의 이해와는 정반대되는 의견이다. 무슬림 학자 이븐 알하이삼Ibn al-Haytham(965~1040)이 시각은 눈으로 들어온 빛을 통해서 작동한다고 기록한 이후, 근대에 들어서 빛이 눈 뒤편에 있는 망막 세포를 자극하는 것으로 알려졌다. 이와 반대로 잘못

된 견해는 크로톤 출신 알크마이온Alkmaion의 저서에 나오는 것으로 기원전 15세기로 거슬러 올라가는데, 시각은 눈에서 나오는 광선으로 이루어진다는 것이다. 플라톤도 이 견해를 옹호했으며, 이러한 생각은 악마의 눈(시선으로 저주를 보내는 능력)이나 사랑의 화살(예를 들어 셰익스피어의 『사랑의 헛수고Love's Labours' Lost』에 나오는 "연인의 눈빛은 독수리도 눈멀게 한다"는 구절)과 같이 역사와 문학에 잘 나타나 있다.

그럼에도 불구하고, 간단한 실험을 통해서도 일명 추가 방출extramission 학설이 이치에 어긋난다는 것을 알 수 있다. 지나치게 밝은 전구를 응시할 때 어떻게 느끼는지 생각해 보자. 너무 밝은 나머지 눈이 아플 지경이다. 태양을 직접 응시하면 눈이 상한다. 추가 방출 학설에 따라 별을 볼 수 있으려면 눈에서 나온 입자들이 빛보다 더 빠른 속도로 움직여야 한다.

그러나 시각이 눈에서 외부로 나온다는 발상에 동조하는 사람은 셸드레이크만이 아니다. 1990년대에서 2000년 초반까지 제럴드 와이너Gerald Winer와 제인 코트렐Jane Cottrell은 일련의 연구를 수행해, 학령기 아동 60퍼센트와 대학생 세 명 중 한 명꼴로 우리가 시각을 이용하는 동안 눈에서 무엇인가가 방출된다고 믿고 있다고 발표했다.[17] 대학교 재학생을 대상으로 수행한 추가 조사에서도 이 생각은 그대로 유지되었는데, 시각 과학 개론의 내용에 거부감을 가진 것으로 나타났다.[18] 이러한 현상은 주관적인 시각과 관계가 있다(이미지가 '세상 밖에' 있는 것처럼 보인다)고 설명하지만, 이는 아마도 신화가 가진 강력한 힘 때문인 것으로 와이너와 코트렐은 해석했다. 응시 받는 것을 인지하는 지각이 있다고 믿는 생각과 시각이 밖으로 나간다는 생각은 서로를 강화하는 것으로 보인다.

신화 20

신경 과학이 인간에 대한 이해를 변화시킨다

이 책에서 강조하는 것은 뇌에 대해 대중이 가진 믿음과 과학적인 사실 사이에 있는 차이에 관한 것이다. 대중과 언론 모두가 신경 과학에 대해 정확하게 이해하고 있지만, 더 중요한 것은 신경 과학의 출현이 과연 사람들이 관심을 기울여 온 예술, 법률, 창조력, 지도력에 관한 생각과 자신을 보는 자세에 변화를 가져올 수 있을지에 관한 것이다. 뇌 과학의 대두는 거부할 수 없는 것이 되고 있다.

필자는 이 책의 서론에서 유럽과 미국이 신경 과학에 엄청난 투자를 선언한 사실을 언급했다. 이 분야의 흐름을 대강 살펴보아도 지난 20년간 이루어진 놀라울 정도의 발전을 알 수 있다. 1969년에 결성된 신경 과학 협회가 1979년 개최한 첫 연례 학술 대회에는 약 1300명이 참석했다. 조지 H. W. 부시가 1990년대를 '뇌 과학의 시대'로 지칭하면서 뇌 과학에 대한 관심과 연구 기금이 증가했고, 신경 과학에 대한 대중적 관심과 출판이 계속 늘어났다. 2005년 들어서 신경 과학 협회 회원 수도 폭발적으로 늘어나 3만 5000명에 달했다. 결과 면에서도 상승 속도는 눈부셨다. 1958년 전 세계에서 출판된 신경 과학 분야 논문의 수는 약 650편이었으나 2008년에는 400여 학술지에 2만 6500편의 논문이 출판되었다.[1]

대부분의 해설가는 신경 과학계에서 벌어지고 있는 이러한 쓰나미 현상이 이미 인간의 일상생활과 자신의 이해에 대해 엄청난 영향을 끼치고 있다고 믿는다. 잭 린치Zack Lynch가 2009년 『신경 혁명: 어떻게 뇌 과학이 세상을 변화시키는가?The Neuro Revolution』에서 주장한 내용을 살펴보자. 그는 신경 과학의 발견이 "인간의 생활, 가정, 사회, 문화, 정부, 경제, 예술, 여가, 종교(즉, 인류의 존재에 핵심적인 모든 것)에 급진적 변화를 가져올 것이라고 주장한다.

이것이 사실일까? 아니면 뇌에 관한 또 다른 신화가 만들어지는 것일까?

옹호론

나는 신경 과학을 통해서 인간을 이해하고 영향력을 행사하고자 노력했으나 이 노력이 대개 과학에 대한 왜곡이나 오해에 근거해 이루어졌던 여러 경우를 이 책에 소개했다. 예를 들어 두 개의 반구로 이루어진 인간의 뇌 구조로 서방 세계의 출현을 설명하고(83쪽 참조), 인간에게만 있는 감정 이입 능력을 원숭이에서 처음 발견된 거울 뉴런의 존재와 연관시키려 했던(196쪽 참조) 시도가 있다.

과학 평론가들은 '뇌의 상품화'[2]도 지적한다. 뇌를 언급해 아이디어를 파는 데 사용하는 방식이 점차 증가하는데 '신경 언어 프로그램neurolinguistic programming: NLP'(166쪽 "신화: 신경 언어 프로그램은 효과적인 심리학 기술이다" 참조), 뉴로 마케팅(248쪽 참조), 그리고 브레인짐Brain Gym(272쪽 참조) 같이 좀 더 과학적이고 최첨단으로 보이는 자기 계발 방법과 치료를 제시하기도 한다. 이 같은 경향이 지속되는 가운데 2007년 뉴로 리더십 연구소The Neuroleadership Institute[3]는 "인류가 생각하고, 발전하고, 성취하는 양식을 변화시키는 신경 과학의 연구를 도모하고, 발전시키고, 공유한다"라는 취지로 출범했다.

런던 대학교UCL와 캘리포니아주 버클리에는 세계 최초로 뉴로 에스테틱스 연구소Institute of Neuroesthetics[4]가 설립되었다. 이 연구소 설립자 세미르 제키Semir Zeki[5]는 법률, 도덕성, 종교, 경제와 정치, 심지어 예술까지 인간의 활동 전반을 총괄하는 신경 법칙을 이해함으로써 인간의 본성을 깊이 파악하는 것을 목표로 한다고 설명했다. 또한 맥아더 재단 신경 과학 연구 네트워크MacArthur Foundation Research Network on Law and Neuroscience도 설립되었다. 이처럼 신경 신학, 신경 범죄학, 신경 윤리학도 급격하게 떠오르는 분야이다. 2013년 런던의 RSA는 '뇌와 영성'에 관한 프로젝트를 발표했다.[6]

마르코 로스Marco Roth는 2009년 발표한 그의 저서에서[7] '신경 소설novel'의 부상을 언급하면서 1997년 이후에 이언 매큐언, 조너선 레섬, 마크 해던, 그리고 리처드 파워스가 각각 드클레랑보 증후군de Clerambault's syndrom,• 투렛 증후군Tourette's syndrom,•• 자폐증, 카프그라 증후군Capgras syndrom•••에 대해 쓴 소설을 예로 들었다. "이러한 경향은 인간의 정체성의 근원에 대한 접근으로서, 인성에 관한 환경 이론이나 관계 이론에서 뇌 자체의 연구로 복귀하는 흐름을 보여준다"고 로스는 설명했다.

다른 학자들은 이러한 현상을 '뇌 중심주의' 혹은 '신경 중심주의'라고 부른다. 이는 인간의 정서, 창조성, 책임감 등의 근원을 뇌에서 찾고자 하는 현대의 경향이다. 마리노 페레스 알바레스Marino Pérez Álvarez는 2011년 그의 저서에서 "인간은 이제 자신에 의해서보다 뇌에 의해서 정의되고 있어서, 저자들은 이를 신경 인간 혹은 시냅스 인간, 혹더 나아가서 뇌가 만들어 놓은 환영을 자신이라고 여긴다"라고 했다.[8]

신경 과학의 지배력이 인간이 자신을 묘사하는 방법도 바꾸는 징조가 여러 곳에서 보인다. 2013년 7월 말 나는 트위터로 '뇌'라는 단어에 대한 즉석 조사를 시행해 수백 개의 비슷한 답신을 받았다. "런던으로 가는 중, 신나는 날 …… 뇌가 벌써 진동하는 걸 느낄 수 있어", "공부해야 하는데, 나의 뇌는 '절대 안 되지 씨× 이라고 하네", 또 다른 하나는 "지저분한 뇌: 내가 싫어하는 모든 놈을 한 방에 날려버려"라고 불운해 보이는 어떤 트위터 응답자가 썼다.

캘리포니아 대학교의 폴 로드리게스Paul Rodriguez는 2006년[9]에 일상생활과 글쓰기 도처에서 언급되는 뇌를 체계적으로 분석했다. 예를 들면 '두뇌 폭풍brainstorm'(영감), '두뇌 세탁brainwash'(세뇌하다), '두뇌의 소산brain child'(생각, 창작물)과 같은 표현을 통해서, 그는 사람들이 발상의 본질을 나타내기 위해 뇌의

• [옮긴이] 전혀 관계없는, 심지어 나를 모르는 사람이 자신을 사랑한다고 믿는 망상증이다.
•• [옮긴이] 본인의 의지와 관계없이 같은 행동이나 소리를 반복하는 신경 장애다.
••• [옮긴이] 친구나 배우자 또는 주변인들이 완전히 똑같은 모습으로 분장한 가짜라고 믿는 증상이다.

본질을 어떻게 사용하는지 주목했다. 또한 사람들이 일상적으로 자신을 뇌로 어떻게 표현하는지 살펴보았는데, 자신을 뇌와 분리해 "이 메뉴가 내 뇌를 혼동시키고 있어" 혹은 자신의 상태를 역설적으로 표현해 "내 뇌가 죽은 것 같아"라고 하는 것이 있었다.

임상 신경 정신과 의사 본 벨은 2013년 ≪옵서버≫ 기사에서 비슷한 내용을 주제로 다루었다.[10] "나는 버스에서 신경 과학에 대해 이야기한 적이 전혀 없었는데 이런 일이 최근 한 달 사이에 두 번이나 일어났다"면서 동료 한 명이 그에게 두뇌가 작동하지 않는다고 말한 것, 해외에 간 학생이 해외에서 공부하니 뇌가 더 잘 돌아간다고 말했던 경우를 예로 들었다. 벨은 "신경 과학이 우리의 일상생활에 놀라울 정도로 깊숙이 들어와 있다"라고 설명했다.

반대론

뇌에 대한 과학적 연구가 어느 때보다도 대중의 의식에 깊이 자리 잡고 있다는 주장에 반박할 사람은 드물 것이다. 신경 과학은 우리의 대화에 스며들어 있으며, 이 중에 대부분이 이전에는 인문학으로 여겨졌던 분야이다. 그러나 이러한 변화가 실제로 사람들이 자신을 보는 방식을 바꾸었을까? 신경 과학이 이러한 주제를 혁신적으로 변화시켜 그 영역을 넓혀가고 있을까? 이제까지의 증거를 살펴보면 그렇지 않다.

뉴로 리더십이라는 새로운 영역을 살펴보자. 디르크 린데바움Dirk Lindebaum과 마이크 준델Mike Zundel 같은 경영학자들은 이와 같은 새로운 분야의 여러 관점에 대해서 염려하고 있다. 예를 들어 훌륭한 지도력과 연관되는 신경 과학적 요인에 관한 연구를 통해서 효과적인 지도력의 구성 요소들을 파악하는 일이 자칫 반대로 작용할 수 있는 것이다.[11] 이는 뇌를 인간 행동의 '근본 원인'으로 가정하는 것이지만, 분명한 것은 뇌도 신체적 상태, 과거의 경험과 생각 등에 의해서 쉽게 영향을 받는다는 점이다. 이들은 2013년 저서에서 "바른 방향으로 가는 첫 걸음은, 조직적 신경 과학이 혼자의 힘으로 지도력에 대한 이해를 급진적으로 변화시킬 것이라는 기대를 버리는 것이다"라고 조언했다.

트러스티드어드바이저TrustedAdvisor의 설립자이며 경영 자문을 맡고 있는 찰스 그린Charles Green도 회의론자다. 그는 2013년 자신의 블로그에서 저명한 학자와 경영 분야 대가의 예를 들어 집중 조명하면서, '습관을 바꾸는 신경 과학'을 주장하는 대니얼 골먼Daniel Goleman과 "고위 경영 환경에 대한 이해를 촉진하는 데" 뇌 과학이 필요하다고 주장하는 스리니바산 필레이Srinivasan Pillay를 언급했다.[12]

전문가들이 신경 화학 물질이나 뇌의 특정 영역 등을 언급하면서, 신경 과학은 어느새 실천할 만한 충고 정도로 전락했다고 그린은 평가했다. 더구나 이들의 조언은 "잘 알려진 사항에 대한 잘못된 추론이나 과장"에 지나지 않는다고 지적했다. 예를 들어 다른 사람들의 나쁜 습관을 고치는 것을 돕고자 할 때, "조언하기 전에 공감하고", "배려하는 태도를 취하라"고 골먼은 권유했다. 또한 필레이는 기존의 개념을 신경 과학 전문 용어로 재구성하면 사람들이 더 쉽게 받아들일 수 있다고 주장했다. 이와 같은 예를 통해 이들의 결론이 "신경 과학 자체와 연관이 전혀 없거나", "어리석을 정도로 진부한 것"이라고 그린은 단정했다.

신경 미학neuroaesthetics의 새로운 원리는 어떨까? 이제까지 이 분야는 주로 아름다운 예술의 발견에 관여하는 뇌의 활동 양상에 관한 것이었다. 이러한 발견들은 예술가들이 시각적 기전을 활용하는 방법을 규명하는 한편, 예술적 희열을 과학적으로 이해하는 데 소중하게 사용될 것이 분명하다. 그러나 신경 미학이 예술에 대한 소비나 관심에 변화를 가져온다는 징조는 거의 보이지 않는다.

과학자이며 저술가인 필립 볼Philip Ball은 ≪네이처≫에 기고한 글에서[13] 예술에 대한 환원주의적 접근이 예술의 창조에도 바르거나 틀린 길이 있다는 잘못된 발상(미학은 문화와 환경에 관한 것이지 뇌의 기본 성질에 관한 것이 전혀 아니기 때문에 벌어지는 실수)으로 이어질 수 있다고 지적했다. 무엇보다도 그는 이 분야가 성취할 수 있는 것에 큰 기대를 갖고 있지 않았다. "이제까지 업적을 살펴보면 다음과 같은 일들이 벌어질 것 같습니다. 음악을 들을 때 중격의지핵, 복측피계부, 편도체같은 뇌의 보상-쾌감 회로가 활성화된다. 이것뿐입니다. 더 이상은 아닐 것입니다"라고 예측했다.

군중 속의 자신을 이해하는 데 신경 과학은 어떠한 영향을 끼칠까? 사람이 생활 속에서 뇌를 언급하는 징조가 있다는 이야기를 앞에서도 했는데, 문제는 이러한 현상이 자의식의 변화를 가져올 수 있을까? 2013년도에 발표된 리뷰에서, 런던 대학교의 클리오드나 오코너 그리고 헐린 조프Helene Joffe는 자의식에 대한 신경 진화neuroevolution와 관련된 언급 내용은 과장된 것이라고 주장했다. 이들은 10대 소녀를 대상으로 조사해 2012년 발표한 결과를 예로 들었다.[14] 대다수가 '청소년의 뇌'에 대한 개념이 있었고, 중요하고 흥미로운 주제라고 생각했으나, 이 개념이 자의식을 이해하는 데 아무런 도움도 되지 않았으며, 심지어 지루한 주제라고 답변한 청소년도 많았다. "조사에 참가한 청소년 대다수가 신경 과학이나 뇌 피질의 가소성에 대해 이미 알고 있었으나, 자신의 행동을 이해하는 데 적합하게 사용하고 있는 청소년은 거의 없었다"고 과학자들은 보고했다.

2012년 발표된 연구 보고서는[15] 성인 과잉 행동 장애attention deficit hyperactivity disorder: ADHD 환자가 자신의 상태를 어떻게 이해하는지 조사했다. 신경 과학에서 많이 벗어나긴 했지만, 참가자들은 생물학, 심리학, 그리고 사회적 이슈와 관련된 광범위한 요인을 언급했다. 연구자들은 "신경 생물학은 ADHD 환자 사이에도 영향을 끼치고 있지만, 이들의 생각을 지배하는 수준은 아니었다"고 보고했다.

인간의 자유 의지에 대한 생각과 형사 책임의 해석에 대한 영향은 어떨까? 일부 해설자는 우리의 행동과 연관되는 신경 과학적 요인을 이해할수록 개인의 선택과 책임에 대한 신념을 유지하기 힘들어질 것으로 내다보았다. 2006년 ≪이코노미스트The Economist≫의 한 기사 제목은 "현대 신경 과학이 자유 의지의 개념을 훼손하고 있다"였다.[16]

이에 대한 증거는 혼재되어 있다. 2008년에 발표된 논문에서[17] 사람은 범법자의 행위에 대한 책임을 다룰 때 가해자가 심리학적 혹은 신경 과학적 용어로 정의한 상태였는지에 집중한다는 것을 보고했다. 미국 예심 판사에 대해 다룬 연구에서, 판사는 정신 질환으로 판정받은 피고인이 그의 상황에 작용한 신경 생물학적 요인을 증언하는 경우에 피고인에게 더 너그럽다는 것을 발견했다.[18]

2013년에 로런스 스타인버그Laurence Steinberg는 미국 대법원의 대표적인 네 가지 판결에서 청소년 범죄자가 성인 범죄만큼 죄질이 나쁜지 결정하는 데 신경 과학이 미친 영향을 참조했다. 조사 결과, 신경 과학은 대법원의 결정 과정에서 점점 더 많은 역할을 하는 것으로 나타났는데, 특히 청소년의 뇌가 아직 발달 중이고, 미성숙한 10대가 장차 책임을 다하는 성년으로 성장할 것이라는 해석 때문인 것으로 나타났다. 그러나 이러한 사실들이 잭 린치를 비롯한 다른 사람이 예견한 신경 과학의 진화인지는 확실치 않다. "신경 과학의 증거가 대법원에서 설득력이 있는 것은 새로운 것을 제시했기 때문이 아니라, 좀 더 정확하게 말하자면 상식과 행동 과학에 맞아 떨어지기 때문이다"라고 로런스는 해석했다.

신경 과학의 새로운 발견이 우리가 모르는 사이에 우리의 도덕적 행동에 영향을 끼칠 수 있다. 일련의 연구 결과, 인간의 행동과 결정 과정에 대한 신경 생물학적 설명을 들은 사람은 비윤리적으로 행동하는 경향이 증가하는 것으로 나타났다. 2008년 발표된 연구는[19] 학생들이 퀴즈의 답을 맞히면 상금을 주는 게임에서, '자유 의지는 일종의 환상'이라고 제안한 프랜시스 크릭Francis Crick에 대해 설명을 들은 학생과 듣지 않은 학생을 비교해, 설명을 들은 학생이 더 많은 상금을 얻었다는 것을 밝혀냈다. 아마 설명을 들은 학생들은 실제로 답을 맞힌 게 아니라 속임수를 써서 맞혔을 것이다. 캐슬린 보Kathleen Vohs와 조너선 스쿨러Jonathan Schooler는 이 같은 발견에 큰 의미를 두었다. 그들은 "결정론적인 설명을 들으면 비윤리적인 행동을 할 확률이 높아진다"면서 "대중을 이와 같은 위험에서 보호하는 방법을 찾아야 한다"라고 결론지었다.

그렇지만 너무 우려하지 않아도 될지 모른다. 2013년 로테르담의 에라스뮈스 대학교에 있는 롤프 즈반Rolf Zwaan은 결정론적 신경 생물학 정보를 접한 사실이 속임수 사용에 끼치는 영향을 재현할 수 없었다고 반박했기 때문이다.[20]

서론에서 오늘날의 신화가 내일은 사실이 될 수 있다고 언급했는데, 인간 이해의 혁명을 이끌고 있는 신경 과학 시대에 산다는 생각 자체도 이러한 변화를 보여주는 좋은 예일 것이다. 뇌 과학의 파도는 인간 연구와 일상생활의 많은 영역의 해변을 강타하고 있다. 또한 정보의 홍수를 일으켜서 기존의 원칙과 생각을 뒤집을 수도 있다. 하지만 이러한 예견조차도 아직까지는 하나의 과장된 신화로 남아 있다.

오코너와 조프는 2013년에 발표한 논문에서 "신경 과학이 사람과의 관계뿐만 아니라 세상과의 관계를 극적으로 바꿀 것이라는 주장은 과장된 것이다"라고 결론 내렸다. 이들은 "많은 경우에, 신경 과학적인 발상은 기존의 이해 방식에 도전하기보다는 보존하는 방향으로 사용되었다"라고 설명했다.

"뉴로 경영neuroentrepreneur이 자아낸 장밋빛 약속과 기대에도 불구하고, 이 분야의 단체가 금방 발족될 것으로 보이지는 않는다"라고 니컬러스 로즈Nikolas Rose와 조엘 아비라셰드Joelle Abi-Rached가 2013년에 발간한 책 『신경: 새로운 뇌 과학과 마음의 경영Neuro』에서 주장하면서, "신경 생물학이 다음 세대의 행동 양식을 지배하는 데서 어떤 역할을 할지 예견할 수 없다"라고 말했다. 이제까지 모든 증거들을 비교·분석해 보면, 신경 과학은 사람이 자신을 보는 양식을 바꾸지 못했을 뿐더러, 예술이나 인간성에 대한 재정립도 이루지 못했다. 그러나 앞으로 이 분야를 주목할 필요는 있다.

신화: 신경 언어 프로그램은 효과적인 심리학 기술이다

신경 과학의 기대치와 유명세를 이용하려면 누구나 간단하게 '신경'이라는 접두사를 제품이나 치료 기술 앞에 붙이기만 하면 된다. 리처드 밴들러Richard Bandler와 존 그라인더John Grinder가 1970년에 신경 언어 프로그램(이하 NLP)을 시작했을 때 이 작전은 환상적으로 먹혔다. 이들의 시스템은 가장 실력 좋은 심리 치료사의 행동을 관찰해, 그들의 성공의 배경에 있는 기전을 추론한다는 발상에서 시작했다. 이와 연관해서 두 사람은 개인이 선호하는 시스템을 투영해 사람들이 타인과 관계를 쌓는 것을 도울 수 있다고 주장했다.

이와 같은 교훈을 바탕으로 NLP는 엄청나게 성공한 국제적 자기 계발 및 수련 운동으로 성장했고, 비즈니스와 스포츠 세계에서는 믿을 수 없을 정도로 널리 알려져 있다. 짧은 기간의 훈련으로 누구나 NLP 전문 종사자가 될 수 있었기 때문에 이러한 훈련 운동은 계속해서 성공을 거두었고, 이 프로그램에 기적 같은 효과가 있다 생각하는 새로운 수강자로 인해서 지속적으로 승진하는 즐거움도 누릴 수 있었다. NLP 홍보용 웹사이트에는 이 기술은 누구나가 거의 모든 것을 성취할 수 있도록 도와준다는 인상적인 설명을 하고 있다.[21] 오늘날 많은 회사들이 고가의 참가비를 지급하며 직원을 NLP 훈련에 보내고 있다. 직원은 번쩍이는 교재와 함께 인간 심리학의 비밀을 배웠다는 믿음을 갖고 나오며, 운이 좋으면 인상적으로 들리는 '전문 종사자master practitioner' 자격증을 받아오기도 한다.

오늘날에 와서 NLP는 심리학 및 신경 과학의 주류에서 상당히 벗어나 있다. 이는 NLP가 사용하는 컴퓨터 관련 혹은 신경학 관련 참고문헌은 상당히 불필요했고, 주요 주제도 충분히 검토되어 있지 않았기 때문이다. 또한 그 방법과 주장하는 내용이 모호하고, 일관성이 결여되어 있으며, 신뢰하기 어렵기 때문이다. 그럼에도 불구하고 주요 주제, 특히 선호 표현 시스템preferred representation system과 관련된 아이디어를 입증하고자 하는 시도가 최근 수년간 있었다. 2009년 토마시 비트코프스키Tomasz Witkowski는 여태까지 발간된 NLP의 적합하게 제어된 경험적 타당성들에 관한 종합 분석을 수행했다. 33개의 관련 연구를 분석한 결과, 18.2퍼센트 정도가 NLP를 지지하는 결과를 나타낸 반면, 54.5퍼센트는 전혀 지지하지 않았고, 나머지 27.3퍼센트는 모호했다. 비트코프스키는 ≪폴란드 심리학 소식지Polish Psychological Bulletin≫에서 분명한 판단을 제시했다.[22] "내 분석에 의하면, NLP는 과학 흉내를 낸 쓰레기가 분명하고, 이는 반드시 사라져야 한다."

일부에서는 NLP가 적합한 일을 통해서 대중성을 바탕으로 성장해야 한다고 주장한다. 보통 시장에서 사람들은 워크숍 참여를 강요받지 않는다. 그러나 의문스러운 심리학적 기술을 가진 중간 경영자들을 보내는 것과 공황 장애를 앓고 있는 참전 용사들을 치료하고자 NLP를 사용하는 것은 별개의 것이다. 2013년 후반에 참전용사를 지원해주던 웨일스 지역 국민 건강 서비스National Health Service: NHS는 지역 구호 단체와 함께 NLP 치료법으로 공황 장애를 가진 군인을 치료하고자 했으나 곧 그만두었다. 베터런스 NHS 웨일스Veterans' NHS Wales의 책임 의사인 닐 키치너Neil Kitchiner 박사는 BBC와의 인터뷰에서 이렇게 말했다.[23] "일부는 NLP 치료를 받고 상태가 매우 악화되어서 NHS와 참전 용사 지원 단체로부터 상당한 도움이 필요했다." 기록에 의하면, 공황 장애에 대한 NLP 치료는 최근에 들어 과학적인 치료로 인식되지 않는다.

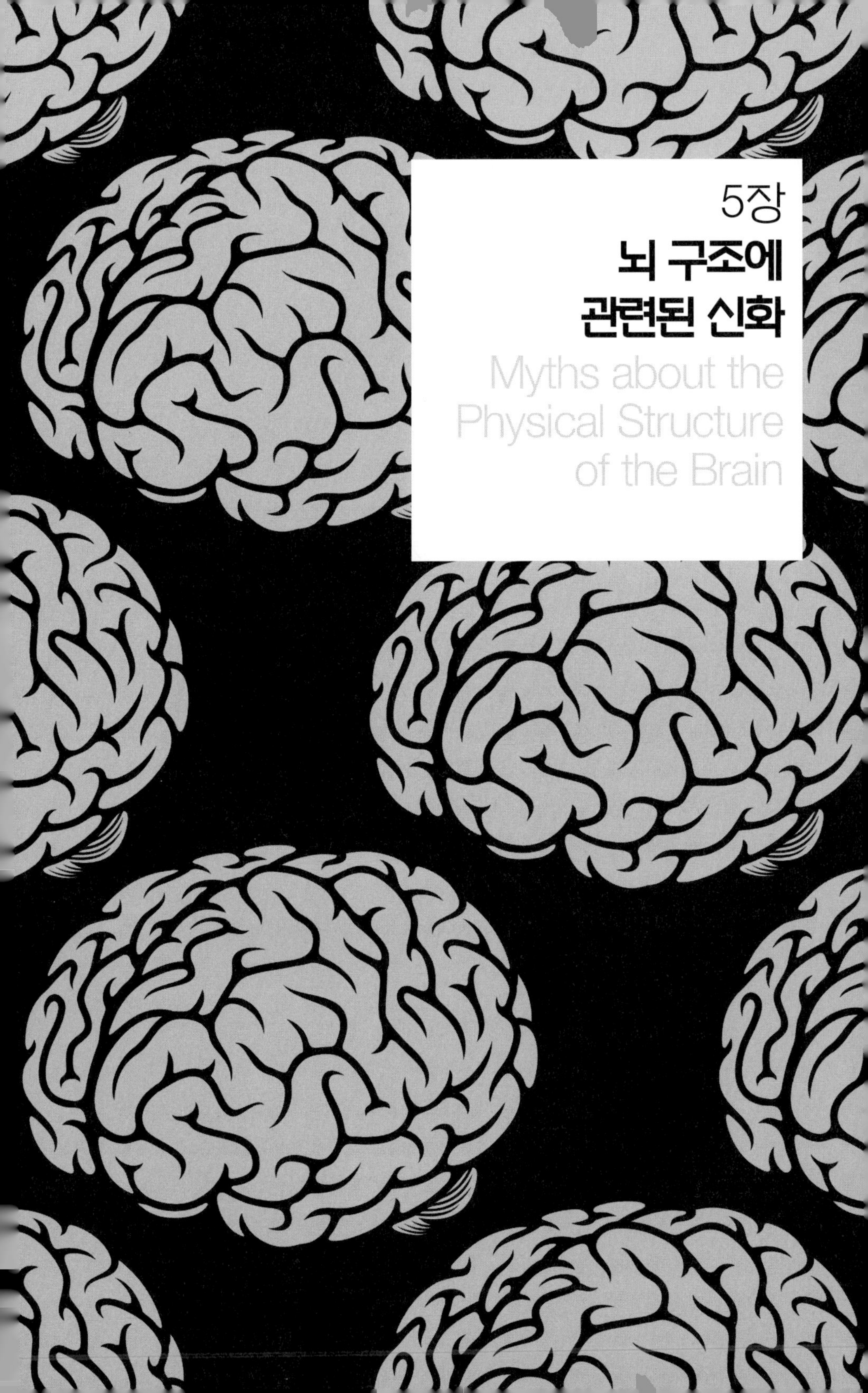

5장

뇌 구조에 관련된 신화

Myths about the Physical Structure of the Brain

방송사 관계자, 작가 그리고 많은 과학자가 인간의 뇌에 대해 점점 더 많은 기대를 가지고 자신의 일에 몰두하고 있다. 이들은 뇌의 복잡성에 대해 무척 놀라워한다. 뇌의 크기, 수조 개의 신경 세포, 신경 세포 간에 연결된 엄청난 수의 연결점이 그것이다. 미세한 수준에서는 여러 종류의 특정 뇌 세포가 인간을 인간답게 만드는 데 관여하는 모든 것을 설명할 수 있다는 놀라운 추측을 하기도 한다. 5장은 이러한 신화를 대략적으로 살펴보면서 뇌의 물리적인 구조를 상세하게 알아보고자 한다. 이것은 두개골 안에 있는 뇌 조직이 중요하다는 뇌에 관한 이야기다. 사람의 몸은 이 엄청난 뇌를 옮기는 두 다리가 달린 운반체 그 이상이라는 것을 보여줄 것이다. 뇌는 우리가 어떻게 생각하고 느끼는지에 막대한 영향을 끼치기 때문이다.

신화 21

잘 설계된 뇌

"인간의 뇌는 자연이 가장 섬세하게 조율해 정교하게 만든 작품이다." 이것은 2010년 출판된, ≪타임스≫가 발행하는 과학 잡지 ≪유레카Eureka≫의 뇌 특집 기사에 소개된 말이다. 머리 안에 들어 있는 1100그램의 고깃덩어리에 대한 경외심은 거의 전 세계적이다. "사람의 두개골 안에 있는 조직은 세계에서 가장 빠른 슈퍼컴퓨터보다 더욱 강력하다." 이것은 『뇌 입문서The Rough Guide to the Brain』라는 책의 뒷면에 적혀 있는 짧은 글귀이다.

저자들이 뇌의 경이로움을 앞다투어 격찬하는 것처럼 보일 때가 종종 있다. 신경 과학자 데이비드 이글먼David Eagleman은 ≪디스커버Discover≫에서 "우주를 통틀어 인간의 뇌가 가장 복잡하다"라고 말하면서, "은하수의 별만큼 많은 수의 뉴런이 사람 뇌에 존재한다"라고 설명한다. 이것들 다음으로 가장 많이 비교되는 대상은 인터넷이다. 한 사람의 뇌에 있는 뉴런을 연결하는 지점은 대략 100조 개로 추산되는데, 이는 전 세계 인터넷 웹페이지를 모두 연결하는 링크의 수인 1조 개를 훌쩍 넘는 수치이다.

와우! 뇌는 매우 놀랍다. 그저 그런 정도가 아니라, 놀라울 정도로 복잡하고 빠르며 섬세하게 조율되어 있다. 그런데 지난 10여 년간 일부 심리학자와 신경 과학자들이 품은 이런 종류의 경외로 인해서 생긴 새로운 신화(뇌가 생물학적 완성의 정점이다)에 대해 우려가 나오고 있다.

신경 과학자 데이비드 린든David Linden도 여기에 포함된다. 그는 저서 『우연한 마음The Accidental Mind』[1]의 표지에 다음과 같이 썼다. "여러분은 아마도 다음과 같은 장면을 본 경험이 있을 것이다. 사람의 뇌 측면에 불이 켜지고, 스톤헨지를 헬리콥터로 촬영하는 것처럼 선회하는 카메라, 그리고 경이로울 정도로 조율이 잘된 뇌의 격조 높은 디자인을 예찬하는 중저음의 목소리. ……

이 책은 이 모든 것이 완전한 오류임을 밝힌다." 다른 비판자는 『클루지: 인간 정신의 우연한 생성Kluge』[2]의 저자인 게리 마커스다. '클루지'는 공학 용어로서, 엉성하고 임시방편으로 만들어졌지만 그런대로 쓸 만한 것을 지칭하는 용어이다. 린든과 마커스는 사람의 뇌를 생물학적 설계의 대표적인 위업으로 미화하는 것보다는 하나의 '클루지'로 보는 것이 더 합당하다고 주장한다.

균형의 보정

뇌에 대해 더 실제적인 인식을 보급하고 편중된 견해에 균형을 이루고자, 린든과 마커스를 비롯한 다른 과학자들은 뇌의 결점들을 강조했다. 그들은 결점을 세 범주로 구분했다. 뇌의 전체 구조와 뇌가 본연의 기능을 일으키는 기전, 뇌의 생리학적인 한계점, 그리고 이와 연관해 생각의 결점과 오류가 일어나는 경로에 관한 예시이다. 이제 세 관점을 간단하게 살펴보자.

뇌는 자연 선택으로 일어난 진화의 산물이다. 그렇기 때문에 처음부터 목적을 갖고 만들어진 것이 아니라 지금의 뇌가 있기 전부터 수정과 첨부가 이루어져 온 것이다. 린든은 이와 같은 형성 과정을 콘 아이스크림에 비유했다. "진화하는 동안에 고도의 기능이 첨가되었는데, 이는 새로운 아이스크림이 맨 위에 놓이고, 그 밑에 있는 아이스크림은 대체로 변하지 않은 채 있는 것과 같다." 쉽게 이야기하면 (뇌간과 중뇌의 일부를 포함하는) 뇌의 심층부의 경우, 인간보다 진화가 덜 된 동물인 도마뱀이나 개구리의 심층부와 인간의 심층부는 크게 다르지 않다. 인간의 거대하고 넓은 대뇌 피질은 맨 꼭대기 층의 아이스크림에 해당된다.

이러한 설명은 뇌의 디자인에 분명히 흠집을 내는 일이다. 그러나 중요한 점은 아이스크림 모델도 비판의 대상이 되어왔다는 점이다.[3] 도마뱀 같은 하등 동물도 (본능적인 생존만을 위한) 한 층짜리 아이스크림과 비슷한 뇌 구조를 갖고 있지만 매우 다르다. 이들도 전뇌forebrain를 갖고 있지만 사람과 비교할 수 없을 정도로 작으며 발달되지도 않았다. 일부 전문가는 인간 뇌의 뇌간과 중뇌는 계속 진화한다고 주장한다. 유명인들의 체중 감량 코치인 알레한드라 루아니Alejandra Ruani는 "여러분이 음식을 사거나 텔레비전을 시청할 때 …… 여러분의 도마뱀 뇌는 크리스마스 트리처럼 반짝 하고 켜진다"[4]라고 설명한다. 미국 작가 세스 고딘도 "도마뱀 뇌는 단지 하나의 개념이 아니다. 실제로 여러분의 척추 맨 꼭대기에 존재한다"라고[5] 이야기한다. 그러나 많은 사람들이 주장하는 것과는 전혀 다르게, 사람의 머리 안에 이름 그대로의 '도마뱀 뇌'라는 것은 없다. 그래도 린든의 기본적인 주장은 다음과 같은 관점에서는 사실이기도 하다. 진화가 이전부터 점진적으로 작동되어 온 결과, 인간의 뇌가 기능하는 방식을 제어하고 절충해 온 것이다.

그렇다면 뇌의 고유한 생리학적 결점이나 약점은 무엇일까? 뇌의 가장 심각한 한계 중 하나는 느리다는 것이다. 이는 뉴런을 따라서 전달되는 전기의 흐름이 엄청나게 비효율적이기 때문이다. 이는 뇌에서 정보가 전달되는 기본적 방식에서 생기는 결과이다. 간단하게 말하자면, 뉴런이 자극을 받고 역치를 넘어서 '활동 전위'가 유발되면 전류가 흘러가 화학 물질(신경 전달 물질)을 방출시키고, 이 물질은 신경 세포 사이의 간극을 지나 이웃하는 뉴런에 도달한다. 이것이 뉴런 사이에 소통이 일어나는 방식이다.

이런 식으로 뉴런을 따라서 발생하는 전도의 최고 속도는 시간당 644킬로미터(가장 느린 뉴런은 시간당 1.5킬로미터)인데, 시간당 약 10억 킬로미터인 구리선의 전도 속도와 비교하면 느려도 너무 느린 것이다. 이는 축삭(뉴런의 세포체에서 뻗어 나온 기다란 가닥)의 벽에 있는 채널(통로)의 개폐를 통해 원자들이 출입함으로써 생겨난, 뉴런의 축삭을 따라 흐르는 전하에서 비롯된다. 린든은 이러한 과정을 구멍이 많이 난 가느다란 정원 호스를 지나는 물에 비유했다. 뇌 세포들이 반복해서 빠르게 활동 전위를 일으키는 데는 한계(최고 한계는 초당 400회)가 있고, 격렬하게 작동한 후에는 휴지기도 필요하다.

뇌의 정보 처리 과정에 전반적으로 퍼져 있는 노이즈까지 고려하면(여기서 '노이즈'는 공학적으로 무의미한 신호를 뜻함), 이렇게 느린 속도는 우리가 주변 상황을 파악하며 이 세상에서 활동하는 방법(7장에서 상세하게 다룰 내용)에 대한 여러 함축적인 의미를 갖는다.

뉴런의 신호 전달과 관련되는 과정은 거의 모든 측면에서 비효율적이고 일관성이 떨어지는 것도 사실이다. 알도 파이살Aldo Faisal 연구팀이 2008년 발표한 논문 「신경계의 소음Noise in the nervous system」[6]에서 이와 관련된 내용을 많이 소개했다. 예를 들어, 축삭을 따라 퍼지는 활동 전위를 만드는 세포막의 채널이 종종 무작위하게 열려서 신호를 방해할 가능성이 있다는 것이다. 활동 전위가 축삭의 말단에 일단 도달하면 신경 전달 물질의 방출을 촉진해 더 많은 변수가 생긴다. 신호 전달은 신경 전달 물질을 운반하는 주머니 모양의 기관인 소낭이 가진 분자의 수에 따라 달라지며, 분자가 시냅스를 가로지르는 과정은 더욱 예측하기 어렵고, 분자와 결합하는 수용체의 수도 매우 다양하기 때문이다(219쪽 〈그림 6〉 참조).

뇌는 이와 같은 지연과 소음 문제를 극복하기 위해서 여러 가지 신호를 평균화하는 한편, 세상에서 언제라도 일어날 만한 일들을 예측한다. 뇌는 자신이 예측하는 것과 접수한 신호를 비교해 소음을 제거하는 기회로 사용한다. "이와 같은 수학적인 복잡성은 역설적이게도 생물학적으로 생기는 실수를 만회하기 위해 사용된다"라고 칼 지머Carl Zimmer는 ≪와이어드≫에서 설명했다.[7]

뇌에서 발견되는 또 다른 명백한 결함은 부상과 신경 과학적 질병에 취약하다는 점이다. 이는 다발성 경화증에 대한 뉴런 단위의 차단 장치가 없다는 점(35쪽 참조)부터 뇌에 대한 산소 공급 부족으로 발생하는 뇌졸중이 유발하는 일련의 부수적인 상해(331쪽 참조)에까지 이른다. 이 책의 마지막 장에서 뇌 질환을 논의할 것이지만, 여기서는 우리가 고마워해야 할 뇌의 특정한 취약점을 논의해 보도록 한다.

조지아 공과 대학교의 존 맥도널드John McDonald는 인류가 신체에 비해서 상대적으로 큰 뇌를 만들어온 진화 과정 때문에 암이라는 고도의 위험에 처하게 되었다는 학설을 내놓았다. 구체적으로 말하자면, 다른 영장류와 비교해 인간은 세포 예정사apoptosis(계획된 세포의 죽음을 지칭하는 과학 용어)의 과정이 짧아졌기 때문에 암의 위험이 더욱 커졌다는 증거를 맥도널드가 제시한 것이다. 맥도널드는 "진화 과정에서 자연 선택으로 인해 단축된 세포 예정사는 인간의 뇌의 크기를 증가시켜 온 유일한 원인일 것이다"라고 ≪뉴사이언티스트≫에서 설명했다.[8] 만일 맥도널드의 주장이 맞는다면, 이는 뇌 진화의 엉성한 실체를 보여주는 예시이다. 어쩌면 인류는 놀라울 정도로 엄청난 지능을 가진 대신 그만한 대가를 치르는 것일 수도 있다.

인간의 뇌가 완벽한 슈퍼컴퓨터라고들 하지만, 이는 심리학자들이 이제까지 지적한 바와 같이 사람들의 생각과 감각 과정에서 일어나는 수없이 많은 오류와는 정면으로 배치된다. 이에 관한 예는 책 한 권을 쓸 정도로 많기도 하고 실제로 상당수의 책들이 나와 있는데, 딘 부오노마노Dean Bounomano의 『뇌의 버그Brain Bugs』부터 댄 애리얼리Dan Ariely의 『상식 밖 경제학Predictably Irrational』, 데이비드 맥레이니David McRaney의 『착각의 심리학You Are Not So Smart』까지 다양하다. 여기서 생각의 가장 기본적인 두 가지 양상으로 꼽히는 기억과 언어에서 지적되는 결점을 살펴보자.

컴퓨터와 달리 우리의 기억은 연상(하나의 생각이 관련되는 다른 생각을 자연스럽게 불러와서 연속적으로 확장되는 네트워크)을 통해서 이루어진다. 이런 시스템에는 엄청나게 많은 취약점이 있는데, 예를 들어 언제 사건이 일어났는지 헷갈리거나, 이름을 기억해 내는 일이 어렵거나, 계획한 일을 기억하지 못하는 등의 건망증이 있거나, 거짓 기억의 형성이 그러하다. 심리학자 대니얼 색터Daniel Schacter는 1999년 그의 유명한 저서 『기억의 일곱 가지 죄악The Seven Sins of Memory』에서[9] 이와 같은 결함을 일곱 가지 주제(일시적임, 건망증, 합쳐 다루기, 배치 오류, 암시 감응성, 편견, 성격적 특성)로 다루었다. 세계 도처의 법정에서 목격자 증언을 다룰 때 현재보다 훨씬 더 면밀하게 해야 한다고 심리학자들이 주장하는 이유는 이러한 결함들 때문이다.

게리 마커스는 자신의 책에서 인간의 기억에 관한 장단점을 비교하면서, 본인은 저장된 정보마다 고유한 조회 코드가 주어지는 컴퓨터와 같은 방식으로 기억할 수 있는 것을 더 좋아한다고 했다(142쪽 참조). 그는 "우리의 맥락적인 기억의 신빙성에 대해 생각해 보면 들어가는 비용에 비해 그 혜택(예를 들면 속도)이 많지는 않은 것 같다"라고 말한다.

마커스는 인류가 언어를 사용하는 방식에서도 결함을 발견했는데, 그 방식은 "약점, 불완전성, 특이점들로 가득하다"라고 말한다. 여러 가지가 있지만, 그중에서도 한 개념에 한 단어를 할당하는 대신 여러 의미를 갖는 단어를 많이 사용하는 데서 발생하는 언어의 불확실성을 지적했다. 문법 규정이 그 불확실성을 조장할 수도 있어서, 누가 누구에게 무엇을 했는지 늘 확실한 것도 아니다. 마커스는 세상의 언어들이 최선이 아닌 차선, 즉 인류의 본성이 어느 정도 반영되어 이루어진 무질서한 진화의 결과로 본다. 우리가 어떤 언어를 처음부터 디자인한다면 문제는 상당히 달라질 텐데, 이는 19세기 후반에 루드비크 자멘호프Ludwik Zamenhof(루도비코 자멘호프)가 규칙이 간단하고 모호성이 적어 빠르고 쉽게 배울 수 있도록 창시한 에스페란토와 유사할 것이라고 마커스는 내다봤다.

마커스는 파스칼Pascal이나 C 같은 컴퓨터 언어는 불규칙성이나 모호성이 없기 때문에 여러 면에서 인간의 언어보다 우월하다고 치켜세우면서, "컴퓨터는 다음 단계에 해야 하는 일이 절대로 불분명하지 않다"라고 설명했다. 그러나 불행한 것은 컴퓨터 코드를 칭송하는 마커스를 지지하는 사람들에게도 컴퓨터 언어나 에스페란토가 사람들의 소통 방법으로 각광받지 못했다는 점이다. 이는 아마도 좀 더 많은 다양성과 모호성으로 이루어진 시스템을 선호하는 사람의 뇌에 이러한 언어들이 딱 들어맞지 않기 때문일 것이다.

인간의 언어는 본질적으로 결함이 많고 부정확한 인간의 마음에서 생겨나기 때문에 차선에 가깝다고 마커스는 설명한다. 이것은 인간의 언어 시스템(성대가 만든 소리를 혀와 입술이 다듬는 체계)이 갖는 제약이 그 부분적인 원인이기도 하다. 또한 그는 "인간의 언어는 최악이다라는 말이 아니다, 다만 이와 같은 숙고를 통해서 더 나아질 수도 있을 것이다"라고 말한다. 기억의 취약점이나 언어의 모호성은 인간의 뇌가 일은 잘하지만 완벽하게 생각하는 기계와는 거리가 먼 절충형에 가깝다는 의미라는 게 마커스의 메시지이다.

우리는 뇌를 지나치게 경외하지 않도록 경계하는 한편, 뇌가 완벽하게 디자인되었다는 생각에 빠지면 안 된다. 이 작은 책자가 이러한 관점에서 실질적인 점검을 위한 무언가를 해내길 바랄 뿐이다. 말하자면, 우리는 뇌에 관한 지나친 환상을 진정시키는 데도 극단적이지 않도록 조심해야 한다.

제임스 리들James Liddle과 토드 섀클포드Todd Shackelford는 ≪진화심리학Evolutionary Psychology≫에서 여러 생물학적 문제에는 최적의 해결책이 있으며, 이런 일이 진화 과정에서 이루어질 수 있다는 마커스의 진화학설[10]에 대해 비판했다. 심리학자 톰 스태퍼드는 ≪BBC 사이언스 포커스BBC Science Focus≫에서 이와 유사한 염려를 나타냈는데, "종종 틀리기는 해도 다시 껐다 켤 필요가 없는 생물학적 기억에 나는 상당히 만족한다"라고 했다.[11] 스태퍼드의 주장을 지지하는 이들은[12] 뇌의 형편없는 디자인에 관한 린든의 주장에 반발하면서, 그렇게 형편없다면 왜 세계 도처에 있는 수많은 인공 지능 연구실이 뇌처럼 작동하는 컴퓨터를 디자인하기 위해서 그렇게 애쓰는지 되묻기도 한다.

균형은 이러한 점에 대한 시대의 요구이기도 하다. 우리는 뇌의 약점과 장점을 동시에 파악하는 한편, 뇌는 놀라운 기관이라는 관점을 견지해야 할 것이다.

신화 22

뇌는 클수록 좋다

마블코믹스의 악당 캐릭터 '리더'는 사고로 감마 방사선에 노출된다. 이 사고로 리더(전에는 새뮤얼 스턴스)는 초지능의 천재가 된다. 여러분은 그를 보는 순간 이 사실을 알게 될 텐데, 리더는 굉장히 큰 뇌가 담긴 높이 솟은 거대한 두개골을 자랑하기 때문이다. 그리고 우리들은 뇌는 클수록 좋은 것이라고 알고 있다. 그런데 과연 그럴까?

실제로는 상당히 복잡하다. 제일 먼저 우리가 동물계의 일반적인 뇌를 논하는 것인지, 아니면 사람의 뇌를 논하는 것인지 분명히 구분할 필요가 있다. 사람의 뇌에 관한 간단한 질문을 던져보자. 뇌가 큰 사람일수록 정말로 지능이 더 좋을까?

사람의 뇌

사람의 경우, 뇌 전체 부피와 지능 간의 상관관계는 0.3~0.4(1은 완전한 상관관계를 나타냄) 정도이며, 이는 전문가들이 중간 정도의 상관관계로 해석하는 수치이다. 뇌 크기와 지능 간의 상관관계를 이해하는 일은 매우 복잡해서, 아직도 풀리지 않은 질문이 많이 남아 있다.[1]

이는 지능과 관련되는 뇌의 특정 영역이나 특정 물질과 관련될 수도 있을 것이다. 과학자들이 사람의 전두엽 및 측두엽을 포함한 뇌 피질과 지능의 연관성을 조사한 결과, 그 값은 0.25 정도로 나타났다. 또한 회색질(세포체로 구성된 부위) 혹은 백질(신경 세포들을 연결함)과의 연관을 조사한 결과, 회색질이 지능과 약간 더 높은 연관성을 나타냈지만, 그 값은 여전히 0.3 정도에 머

물렸다.[2]

뇌의 전체 크기보다 지능에 더 중요한 요인은 뉴런 간의 연결 효율성이다. 캘리포니아 주립 대학교의 폴 톰슨Paul Thompson은 일란성 쌍둥이와 이란성 쌍둥이 92명의 뇌를 확산 텐서 영상으로 촬영해 분석했다.[3] 이 영상은 뇌의 백질에서 경로를 형성하는 연결점을 보여주는데, 톰슨 연구팀은 지능이 높은 사람일수록 더 빠르고 효율적인 경로를 갖는 경향이 있다고 분석했다. 톰슨은 "여러분이 어떤 이를 지칭하며 그 사람의 생각이 빠르게 돌아간다고 묘사하는 것은 일리가 있다"라고 이야기하면서, "전달 과정이 더 신속하기 때문에 이들은 더 효율적으로 정보를 처리하고, 이에 준해서 결정을 내린다"라고 주장한다.

렉스 정Rex Jung과 리처드 헤이어Richard Haier는 지능과 관련되는 뇌의 기능에 대한 방대한 문서를 정리하는 야심 찬 시도를 했다. 37편의 뇌 영상 논문의 결과를 통합하고 분석해 2007년에 논문을 발표하면서, 지능은 전뇌와 후뇌에 퍼져 있는 14곳의 특정 부위가 연결되어 형성하는 네트워크인 P-FIT parieto-frontal integration theory(두정엽-전두엽 통합 학설) 네트워크와 연관되어 있다고 제안했다.[4] 인간의 지능 관련 분야에서 세계적인 권위자인 이언 디어리Ian Deary 연구팀은 2010년에 발표한 논문[5]에서 P-FIT는 지능을 형성하는 뇌의 부위에 관한 질문에 대해 가장 좋은 답을 제시한다고 발표했다.

인간 뇌의 역량과 관련해 이야기하자면, 큰 것이 꼭 좋은 것은 아니다. 그리 매력적이지는 않으나 납득할 만한 기준은 '뇌의 영역에 따라 클수록 좋을 수 있으나, 빠르고 효율적인 연결점을 갖는 것이 더 중요할 수 있다'는 것이다. 고도 지능과 연관된 뇌의 특징은 뇌의 뉴런과 교질 세포의 비율이다 (194쪽 참조). 그러나 이는 평균보다 작은 크기의 알베르트 아인슈타인의 뇌를 조사한 결과에만 의거하는 증거이기 때문에 상당히 조심스럽게 다루어야 할 필요가 있다.

메리언 다이아몬드Marian Diamond 연구팀은 이 위대한 물리학자의 뇌와 '정상인' 11명의 뇌를 비교해 두정엽에 있는 특별한 영역 하나를 발견했는데, 아인슈타인의 이 부위에 있는 모든 뉴런은 훨씬 많은 교질 세포를 갖고 있었다.[6] 연구팀은 이 결과를 1985년에 발표하면서, "아인슈타인의 뇌의 특정 부위에서 발견되는 뉴런과 교질 세포 비율은 아인슈타인의 비상한 개념화 능력을 표현하는 데 집중적으로 사용되었다는 것을 나타낸다"라고 제안했다. 간단하게 들리겠지만, 이 연구와 함께 아인슈타인의 뇌가 평균보다 작다는 사실은 지능이 뇌 전체의 크기보다는 뇌의 부분적인 특징과 관련이 크다는 것을 더욱 뒷받침한다. 2013년에 이와 일치하는 또 다른 보고가 있었는데,[7] 아인슈타인의 새로 발견된 뇌 사진 19장을 분석한 결과였다. 그의 뇌는 전두엽에 확장되어 있는 연합 연령association area과 좌뇌의 체성 감각 피질somatosensory cortex 및 운동 피질motor cortex이 정상보다 컸고, 특히 뇌량이 매우 두꺼웠으며, 두정엽의 구조도 매우 특이했으나 뇌의 전체 크기는 보통 사람과 별다르지 않았다.

동물의 뇌

동물의 왕국을 대상으로 뇌를 조사해 보면 큰 뇌가 똑똑한 뇌라는 주장을 지지하기는 더욱 어렵다. 우리는 인류가 우주에서 가장 똑똑한 창조물이라고 여기지만, 많은 동물이 인간보다 더 큰 뇌를 가지고 있기 때문이다. 코끼리와 고래는 우리와 비교도 되지 않을 정도인데, 우리의 뇌보다 6배 이상 크다(227쪽 〈그림 17〉 참조)! 이 동물들은 물론 더 많은 수의 뉴런을 갖고 있다. 고래의 뇌(9킬로그램)는 2000억 개의 뉴런을, 인간의 뇌(1.3킬로그램)는 850억 개의 뉴런을 갖고 있다.

뇌의 크기가 지능보다 몸의 크기와 더 많은 상관관계를 갖는 이유는 간단한 해부학적 및 계량학적 논리에서 찾을 수 있다. 큰 동물일수록 더 큰 감각 기관을 갖는 경향이 있고, 데이터가 많아지면서 이를 처리하기 위해서 더 큰 뇌가 필요해진 것이다. 예를 들어 피부 면적이 넓어지면 더 많은 피부 수용체 그리고 더 큰 체성 감각 피질(신체에서 오는 감각 신호를 처리하는 뇌의 부위)이 필요하다. 비슷한 예로, 근육이 많아질수록 더 많은 수의 운동 뉴런을 필요로 하는데, 이와 동반해 뇌의 운동 피질도 커진다. 이와 같이 동물의 몸 크기와 함께 커진 신경 용량은 생각 같은 고도의 능력에 활용되기보다는 늘어난 감각 처리 같은 '유사한' 일에 사용된다는 점을 주목해야 한다.

절대적인 뇌의 크기보다 지능을 더 잘 나타내는 것으로 인식되고 있는 것은 몸체에 대한 뇌의 상대적인 크기인 대뇌화 지수encephalization quotient: EQ다. 이와 같은 측정법은 인간의 자존심을 좀 더 세워주는데, 인간의 EQ는 7.6이며, 이는 동물 중 가장 높은 수치이다(돌고래는 5.3, 침팬지는 2.4, 고양이는 1이다). 실제로 인간의 뇌는 진화학적으로 인간에 가장 근접한 종인 침팬지의 세 배에 달한다. 더구나 1999년 발간된 뇌 영상 연구 논문에 의하면,[8] 영장류 11종을 비교한 결과 인간의 뇌에는 매우 넓은 신피질(뇌의 전반부에 위치해 여러 가지 복잡한 정신적 기능을 담당하는 곳)이 있는데, 이 신피질에는 일반적으로 생각하는 것보다 훨씬 많은 주름이 있으며(피질 표면의 접힘을 말하는데, 많이 접힐수록 일정한 공간에서 더 많은 표면을 갖게 되며, 이는 더 많은 데이터 처리 능력을 뜻한다), 더 많이 확장되어 있는 백질 연결점을 갖고 있다고 보고했다.

그럼에도 불구하고 EQ에 대한 지적 사항이 몇 가지 있다. 리우데자네이루 대학교의 신경 과학자 수자나 에르쿨라누오젤은 여기서 산출되는 값은 동일한 종류의 동물을 묶기 위해서 어떤 동물을 선택하느냐에 따라 달라진다는 점을 지적했다.[9] 이 연구팀은 예외를 지적했다. 예를 들어, 중앙 및 남아메리카에 서식하는 꼬리감는원숭이는 작은 몸집을 가지고 있어서 몸집이 더 큰 고릴라보다 더 높은 EQ를 나타내지만, 일반적인 행동과 문제 해결 능력으로 판단할 때는 고릴라가 더 똑똑한 것으로 판단된다.

에르쿨라누오젤은 동물의 종류에 따라 뇌가 다르게 발달됐다고 지적한다. 다시 말하면, 뇌의 크기와 뇌 세포 수의 상관관계는 동물의 종류에 따라 다르다는 것이다. 예를 들어 쥐의 뇌가 커지면 뉴런의 크기도 커지기 때문에, 커진 쥐의 뇌를 구성하는 뉴런의 수는 당신이 예상한 수치보다 상대적으로 적은 수가 된다는 뜻이다.

이런 사례는 지능을 측정하는 데 무엇을 말해줄까? 이는 동물의 왕국 전체를 비교할 때 뇌의 크기를 지능을 나타내는 척도로 삼기에는 매우 부족하다는 것을 뜻한다고 에르쿨라누오젤 팀은 주장한다. 뇌가 크다고 해서 반드시 뉴런의 수가 비례적으로 증가하는 것은 아니다. 다시 말해서, 이는 지능의 표시로서 뇌의 크기보다는 뉴런의 절대적인 수에 초점을 맞추는 것이 더 타당하다는 것을 의미한다.

'큰 것이 좋은 것'이라는 신화에 대해 마지막으로 짚고 넘어가야 할 중요한 관점은 작은 뇌를 가진 생물체가 이루어낸 놀라운 지능의 업적이다. 땅벌의 경우, 뇌의 부피는 인간 뇌의 100만분의 1에 불과하다. 이와 같이 작은 뇌를 지녔음에도 불구하고 벌의 행동은 매우 복잡하다. 2009년 발표된 연구에서 라스 치트카Lars Chittka와 제러미 니븐Jeremy Niven은 다른 종류의 춤(다른 벌과 소통하는 다른 종류의 메시지), (수십 평방킬로미터에 분포하는 꽃의 위치 기억하기를 포함한) 꿀 찾기, 몸단장, 경비 업무, 그리고 물 길어오기 등 벌의 59가지 다른 행동을 수록했다.[10]

벌의 학습 능력을 주도면밀하게 조사한 결과는 매우 인상적이다. 예를 들어 벌은 '같음-다름 규칙sameness-difference rules'를 습득해 과거와 다른 것보다는 동일한 시각적 패턴을 인식함으로써 효율성의 보상을 받는다. 또한 이러한 규칙을 바탕으로 해당 규칙이 달라지는 것을 쉽게 인식할 수 있는 또 다른 종류의 보상을 가져다준다.

이는 동물의 지능에 대한 신화를 정정할 수 있는 좋은 기회이다. 흔한 조롱 중의 하나가 바로 '새대가리bird brain'인데, 이는 새의 두뇌를 갖고 있다는 점을 부끄럽게 여긴다는 의미이다. 그러나 실제로 사람의 뇌보다 훨씬 작은 뇌를 가졌음에도 불구하고, 많은 종류의 새들은 놀라울 정도로 똑똑하다. 특히 이는 까마귀과 동물에 적용되는데, 이들은 상당히 높은 수준의 사회적 지능을 나타내는 행동을 한다(이들의 EQ가 매우 높고 뇌의 전두엽 부위가 상대적으로 잘 확장되었다는 점은 주목할 만하다).

덤불어치scrub-jays의 먹이 숨기기가 그 예다.[11] 이들이 처음 포획물을 숨겼을 때, 만일 잠재적인 도둑이 주변을 서성거리고 있다면 덤불어치는 다시 먹이를 숨기는 데 어려움을 겪는다. 다른 동물들이 주변에 있을 때, 덤불어치들은 자신의 움직임을 숨기기 위해서 그림자를 사용하지만 혼자 있을 때는 사용하지 않는다. 도둑들 또한 대단한 영리함을 보인다. 예를 들어 도둑질을 하려는 큰까마귀는 먹이를 감추어 놓은 새를 속이기 위해서 일부러 다른 장소를 찍어댐으로써, 실제로는 그 먹이가 있는 곳을 알지만 모르는 것처럼 다른 새를 속인다.

인간과 인간을 비교하거나 동물의 왕국을 관찰해 보면, 뇌의 크기와 지능의 사이의 연관에 대해서 풀리지 않은 수수께끼는 많다. 분명한 것은 뇌의 크기가 항상 고도의 지능에 기여하지는 않는다는 점이다. 연결의 상태와 효율이 아마도 뇌의 크기만큼 중요할 것이다. 또한 곤충의 지능은 상대적으로 적은 수의 신경계가 이루어내는 인식 능력을 증명하는 데 유용하게 사용될 것이다.

신화: 멸종된 보스콥인은 우리보다 똑똑했고 더 큰 뇌를 가지고 있었다

우리는 인류가 가장 똑똑하고, 가장 큰 뇌를 갖고 있으며, 진화의 정점에 있다고 생각한다. 그런데 우리보다 똑똑하고 더 큰 뇌를 갖고 있었던 선조가 있다면 어떨까? 1913년 남아프리카공화국 보스콥Boskop 지역에서 발견된, 매우 큰 두개골을 가진 '보스콥인'을 소개하고자 한다.

신경 과학자 개리 린치Gary Lynch와 리처드 그랭어Richard Granger는 저서인 『큰 뇌: 인류 지능의 기원과 미래Big Brain』에서 이 두개골의 소유자는 우리보다 25% 정도 뇌가 더 컸을 것이라고 추정한다. 이 두개골의 발견 이후 비슷한 크기의 두개골이 부근에서 더 발견되었으며, 이 종은 어린이 같은 얼굴 모양이 특징이라고 소개했다.

린치와 그랭어는 2009년 ≪디스커버≫에서 "보스콥인이 아니었다면, 우리는 인류가 인류의 조상뿐만 아니라 모든 동물 중에서 가장 정점에 있다고 생각했을 것이다"고 말했다.[12] 이 인류는 그리 멀지 않은 과거에 남아프리카공화국 상당 지역에 거주했을 것이라 했다. 그리고 두 저자는 큰 뇌를 가졌으나 사라진 지 오래된 인류의 선조가 지녔을 뛰어난 지능을 추측했다. "이 인류의 선조는 우리보다 더 멀리 볼 수 있었을 것이다. 그로 인한 잠재적 성과가 상당했을 것이며, 그에 따르는 비용과 이득도 컸을 것이다."

이를 통해 다음과 같은 질문을 던져볼 수 있다. 만일 보스콥인이 그만큼 똑똑했다면, 그들은 어떻게 멸종되었고 우리는 여전히 존재하고 있는 것일까? 그럴 듯한 답은 이들이 애당초 존재하지 않았을 수도 있다는 것이다. 위스콘신-매디슨 대학교 인류학과 교수인 존 호크스John Hawks는 신경 과학자는 아니지만 인류 화석 전문가이다. 호크스 교수는 린치와 그랭어가 지난 40년간의 인류학이 이룬 성과를 무시했다고 비난했다. "린치와 그랭어가 이야기한 '보스콥인'을 인정하는 생물 인류학자나 고고학자를 보지 못했으며, 이는 인류학의 역사에서 쓸모없는 분야일 뿐이다"라고 언급했다. 실제로, 1950년대에 케이프타운 대학교 로널드 싱어Ronald Singer 교수는 사라진 보스콥인이라는 발상의 실체를 폭로했다. 그는 해당 지역에 산재한 엄청난 수의 두개골을 수집해 분석한 결과, 보스콥인의 두개골은 정상 범위 내에 있다는 결론을 지었다. 싱어 교수는 "이와 같은 추측은 충분한 데이터가 없었던 1923년이나 분명한 사실이라고 여겨지던 1947년도에는 가능했겠으나, 이제 1959년도에는 존재할 수 없다"라고 못 박았다.[13]

신화 23

여러분은 할머니 세포를 갖고 있다

이것은 당신의 뇌 안에 당신 할머니의 존재를 대표하는 세포를 한 개 이상 갖고 있다는 말이다. 할머니를 생각하고, 보고, 듣는 일이 이 특별한 세포를 활성화시킨다. 더 나아가서 할머니 세포grandmother cell 학설은 이러한 원칙을 뇌에서 자신이 맡은 기능을 다하는 각각의 세포에 적용할 수 있다고 한다. 당신이 할머니 세포만 가진 것이 아니고, 어머니의 존재에만 특별하게 반응하는 어머니 세포도 가지고 있으며, 아내가 있는 경우 당신의 아내에 대한 '아내 세포', '마이클 잭슨 세포'(이 남자가 누구인지 안다는 것을 전제로), '엠파이어 스테이트 빌딩 세포'도 있다는 등 그 목록은 계속된다.

대중 매체는 이런 개념을 좋아한다. 특히 이런 개념을 매력적인 여자 연예인에게 적용할 때 좋아한다. 2008년 보고된 새로운 발견에 대해서, 영국의 ≪데일리메일≫은 "제니퍼 애니스턴 뇌 세포"의 발견이라고 보도하면서, "우리가 좋아하는 연예인을 볼 때 뉴런은 어떻게 작동할까?"를 설명했다.[1] 2005년 초반에 ≪뉴욕타임스≫도 "핼리 베리의 이름이 적힌 뉴런"이라는 제목으로 비슷한 기사를 실었다.[2] ≪사이언티픽아메리칸≫도 "하나의 얼굴, 하나의 뉴런"이라는 더 명료한 제목 아래 비슷한 연구 결과를 게재했다.[3]

할머니 세포의 기원

할머니 세포라는 특이한 용어에는 이상한 역사가 있다. 이 용어는 인지 과학자 제리 레트빈Jerry Lettvin이 1969년에 MIT에서 학생들에게 뇌가 개념을 어떻게 대변하는가에 대한 주제를 이해시키기 위해서 만들어낸 가상의 이야기에서 유래했다. 레트빈의 이야기는 필립 로스의 소설 『포트노이의 불평Portnoy's Complaint』에 나오는, 어머니에 대한 집착에서 벗어나기 위해 신경외과 의사에게 도움을 청하는 인물에 관한 것이었다. 이 소설에서 신경외과 의사는 특정 세포가 특정 개념을 표출한다고 믿고, 포트노이의 뇌에서 '어머니 세포'를 모두 파괴한다. 수술 후 포트노이는 어머니라는 개념은 이해했으나 어머니의 특별한 면을 이해하지 못하게 된다. 이 이야기에 등장하는 신경외과 의사는 이어서 '할머니 세포'를 찾게 된다. 이 표현은 심리학자와 신경 과학자들이 어떻게 뇌가 개념을 표출하는지 토론하는 동안 이들의 상상 속에서 생겨난 것이다.

미래학자이며 역사학자인 찰스 그로스에 의하면[4] 할머니 세포라는 특이한 용어는 레트빈의 이야기에서 유래한 것이지만, 특정 개념을 표출하는 세포에 관한 일반적인 생각은 더 오래 전에 생겼다. 그로스는 1967년 폴란드 신경생리학자 예르지 코노르스키Jerzy Konorski가 제안한 '그노시스 세포gnostic cells'(독특한 지각 경험을 담당하는 세포의 한 종류)를 원숭이의 하측두 피질에서 발견했다면서, 손짓과 얼굴 표정에 선택적으로 반응하는 세포가 존재한다고 강조했다. 1953년 영국 신경 과학자 호러스 발로Horace Barlow는 개구리의 망막에 '벌레 탐지기bug detectors'라는 선택적으로 기능하는 세포가 있다고 보고했다.

이 세포는 정말 존재할까?

할머니 세포를 발견하는 데 가장 근접한 과학자는 영국 레스터 대학교의 로드리고 키안 키로가Rodrigo Quian Quiroga였다. 키로가 연구팀은 전극을 사용해 환자의 중앙측두엽medial temporal lobe: MTL의 세포 활성을 하나씩 기록했다. 그들은 이 연구를 통해서 매우 특이한 반응 패턴을 보이는 세포를 발견하고, 이를 '개념 세포concept cells'라고 이름 붙였다.

2005년에 발표된 논문[5]은 어떤 환자의 우측 후방 해마에 있는 뉴런 하나가 여배우 핼리 베리의 사진에만 반응했으며, 고양이 복장을 입은 핼리 베리에도 반응한다고 보고했다. 또한 이 뉴런은 고양이 복장을 입은 다른 사람의 사진에는 반응하지 않았으나, '핼리 베리'라는 단어에는 반응해 활성 상태가 되었다. 이는 개념화라는 측면에서 볼 때 해당 세포가 핼리 베리의 개념에 민감하다는 것을 강하게 시사한다. 이 세포에 이웃한 다른 뉴런은 마더 테레사의 모습에 민감하게 반응했으나, 핼리 베리에는 그렇지 않았다. 과학자들은 개념 세포가 지형적으로 특정한 구조를 이루지는 않는 것으로 본다. 즉, 유사한 개념을 표출하는 세포들이 서로 가깝게 배치되어 있는 것은 아니다. 연구자들은 이런 배치가 새로운 연계를 빠르게 배우는 데 최적화된 배열일 것이라고 추측하고 있다.

개념에 민감한 세포에 관한 한층 더 분명한 증거는 시드니 오페라하우스와 인도의 바하이 사원을 구분하지 못하는 환자의 연구에서 도출되었다. 환자의 주관적인 혼동과 마찬가지로, 환자의 중앙측두엽에 있는 뉴런은 두 개의 다른 건물을 마치 동일한 건물인 것처럼 반응했다. 그들은 이 연구를 통해서 뉴런이 특정한 개념에 대해서 얼마나 빠르게 반응하는지 파악했다. 키로가 연구팀을 만난 지 하루 이틀 정도 지난 일부 환자들에서, 어떤 뉴런은 키로가뿐만 아니라 연구팀에도 반응하는 것을 관찰했다.

키로가 연구팀이 2010년도에 발표한 흥미로운 연구 보고서[6]에서, 개념 세포들은 연예인의 사진이나 이름뿐만 아니라 연예인에 대한 생각으로도 활성화된다는 것을 발표했다. 실제로 특정 대상에 대한 생각은 시각적 자극보다 우선적으로 작용했다. 남자 배우 조시 브롤린에 민감한 뉴런은 환자가 조시 브롤린에 대한 생각에 몰입할 때, 심지어는 마릴린 먼로 70퍼센트 그리고 조시 브롤린 30퍼센트 비율로 합성된 사진을 볼 때도 높은 활성을 보였다. 더욱 충격적인 사실이 2009년 키로가 연구팀의 논문에서 발표되었는데, 해당 개념 세포의 활성 수위를 측정해 환자가 보고 있는 그림이 무엇인지 상당히 정확하게 예견할 수 있었다.[7]

핼리 베리 뉴런이 할머니 세포의 예시가 될 수 있을까? 한 가지 개념을 표출하는 특정한 하나의 뉴런은, 할머니 세포라는 엄격한 의미에서 볼 때 예시가 되지 못할 것이다. 키로가 연구팀은 시험적으로 제한된 수의 그림의 효과를 조사해 상대적으로 제한된 수의 뉴런의 활동을 기록했다. 이는 연구자들이 핼리 베리 뉴런이 반응할 수 있는 다른 자극들이 있는지 확인하고, 핼리 베리에 반응할 수 있으나 연구자가 기록하지 못한 다른 세포가 있는지 조사하기 위한 것이었다. 조사 결과, 키로가 연구팀이 발견한 고도의 선택적인 세포들의 대부분은 연관이 있는 다른 개념에도 반응했으나 매우 약한 수준으로 나타났다. 예를 들어 어느 환자의 해마에 있는 뉴런 하나는 드라마 〈프렌즈Friends〉에 나오는 여배우 제니퍼 애니스턴의 사진에 강하게 반응했으나, 같은 드라마에 나오는 여배우 리사 쿠드로의 사진에는 약하게 반응했다. 다른 세포는 〈스타워즈Star Wars〉의 두 인물인 루크 스카이워커와 요다의 사진에 모두 반응했다.

그렇다면 할머니 세포라는 개념은 완전한 허구일까? 일부 전문가는 그렇다고 생각한다. 2014년에 "폐기될 과학 개념은 무엇인가?"라는 질문에 대해, 솔크 연구소의 컴퓨터 신경 과학자 테런스 세노스키Terrence Sejnowski는 할머니 세포에 안녕을 고하겠다고 답했다.[8] 반면 일부 과학자들은 할머니 세포의 가능성을 계속 지지하고 있다. 예를 들어, 브리스틀 대학교의 제프리 보어스Jeffrey Bowers 교수는 2009년에 발표한 논문 「할머니 세포의 생물학적 타당성: 심리학 및 신경 과학에서 신경 네트워크 학설의 의미On the Biological Plausibility of Grandmother Cells」[9]에서 할머니 세포 학설이 사실일 가능성은 여전히 존재한다고 밝혔다. 다만 그 시스템 내에서 상당한 규모의 중복이 발생하기 때문에, 많은 수의 세포들이 동일한 개념에 반응할 것이라고 설명했다. 이는 레트빈의 원래 이야기에서 소설 속 신경외과 의사가 환자의 '어머니 세포' 수천 개를 제거했다는 부분과 일치한다.

키로가와 다른 연구팀들이 제기하는 지배적인 의견은 추상적인 개념이 하나의 (할머니) 세포나 엄청난 수의 뉴런의 협연으로 이루어지는 것이 아니라 소수의 뉴런으로 구성된 소위 '소규모 네트워크'에 의해 이루어진다는 것이다. 소규모 네트워크에 있는 세포 하나하나는 연계된 개념에 의해서 활성화되기 때문에 연관성을 학습할 수 있는데, 이는 하나의 발상이 다른 하나의 발상으로 연결되는 의식을 설명할 수 있다.

신화 24

교질 세포는 뇌의 접착제에 불과하다

'**신경** 과학'이라는 단어가 모든 것을 설명한다. 수십 년간, 뇌 세포를 연구하는 과학자들은 대부분 수조 개의 뉴런에만 집중해 왔다. 그러나 뉴런과 비슷한 숫자의 세포가 뇌에 있는데, 교질 세포glial cell가 그것이다.

전통적으로 뉴런은 뇌의 대표적인 정보 처리 단위로 공인되어 왔다. 반면 교질 세포는 정보 전달 기능이 없는 대신 절대적으로 중요한 뉴런을 보조하는 살림살이 세포로 오랫동안 여겨왔다. 교질 세포의 다른 기능은 뇌의 구조와 안정성에 기여하는 것으로도 알려져 있다. 교질 세포라는 이름도 그리스어에서 접착제를 의미하는 '글리오크gliok'라는 단어에서 유래했다. 그러나 이 단어는 '점액slime'으로도 번역될 수 있어서, 과학자들이 이제까지 하찮게 평가해 온 교질 세포의 이미지를 뒤집을지도 모른다.

교질 세포에는 여러 종류가 있다. 중앙 신경계에서 가장 중요한 것 중 하나는 희돌기 교세포oligodendrocyte인데, 이는 뉴런의 축삭을 감싸서 신호 전달을 빠르게 한다. 소교세포microglia는 면역 시스템의 일부로서 시냅스 성장과 가지치기에 관여하고, 성상 세포astrocyte는 별 같은 모양 때문에 붙은 이름이지만 특별한 염색 기술로 보면 별보다는 가지가 훨씬 많은 생김새이다. 말초 신경계에서 가장 중요한 교질 세포는 슈반 세포Schwann cell이며, 이는 말초 신경 세포의 축삭을 절연시킨다.

지난 20년간 성상 세포의 기능에 대한 연구가 이루어졌다. 1990년대 말에도 믿을 만한 신경 생물학 교과서에는 성상 세포가 신호 전달에 관여하는 기능은 없으나 뉴런을 보조하는 주요 기능이 있다고 나와 있었다. 성상 세포는 여러 보조 기능, 예를 들면 쓰고 남은 신경 전달 물질을 없애고 뉴런에 필요한 혈액과 에너지를 원활하게 공급하는 일을 한다. 그러나 최근에 우리는 성상 세포가 신호 전달에 관여한다는 것을 알게 되었다. 성상 세포는 서로가 이야기할 뿐만 아니라 뉴런과도 직접 소통한다. 다만 뉴런과 뉴런 사이의 소통 방법과는 다르게 이루어진다.

뉴런 사이의 소통은 전기적 및 화학적 과정이 혼합된 형태로 일어난다. 서론에서 이것을 잠깐 언급했지만 신경 생리학에 익숙하지 않은 독자를 위해서 여기서 좀 더 구체적으로 설명하겠다. 세포막에 있는 펌프의 작용으로, 뉴런은 일반적인 상태에서는 세포 내부가 외부에 대해 상대적으로 더 많은 음전하를 띠고 있다. 이는 세포막을 경계로 양쪽 공간에 있는 양전하 및 음전하를 띄는 원자('이온'이라고 부름)의 비율로 이루어진다. 특히 중요한 이온은 양전하를 가진 나트륨과 칼륨이다. 세포막에 있는 펌프는 칼륨 두 개가 들어올 때마다 나트륨 세 개를 내보내, 세포 내부의 상대적인 전하를 음성으로 유지한다. 전하의 차이는 평형을 지향하는데, 이는 물리학의 기본 법칙이다. '음성 휴지막 전하negative resting potential'는 여기서 유래하는 것으로, 강에 설치된 댐에 비유할 수 있다.

뉴런이 접수한 자극으로 막에 있는 채널이 열리면 양이온이 세포 안으로 들어가 음이온 비율을 낮춘다. 이 현상이 지속되면 '활동 전위'를 활성화하고, 여기서 형성된 전류가 뉴런의 막을 따라 퍼진다. 이는 보통 시냅스 전 말단pre-synaptic terminal이라는 뉴런의 부위에서 화학 물질의 방출로 끝난다. 이 화학적 신경 전달 물질은 시냅스 사이에 존재하는 간극을 가로질러, 이 신호를 접수하는 시냅스 후 뉴런과 결합해 활동 전위를 발생시킨다.

교질 세포는 대부분의 경우에는 교질 세포 간 혹은 교질 세포와 뉴런 간에 이와 같은 전기적 방법으로 소통하지 않는다. 교질 세포는 이웃한 세포들 내부의 칼슘(나트륨 혹은 칼륨처럼 양전하를 갖는다) 농도를 변화시켜 서로 소통한다. 교질 세포는 뉴런 사이에 있는 시냅스를 감싸서 글루탐산 그리고 아데노신을 포함하는 신경 활성 물질을 방출하는데, 이 과정을 '접착 전달gliotransmission'이라고 부른다. 교질 세포는 또한 뉴런에서 방출되는 신경 전달 물질에 대한 수용체를 갖고 있어서, 뉴런에서 오는 화학적 신호가 교질 세포의 활성에 영향을 끼칠 수 있다. 이는 세 가지 구조, 즉 뉴런의 시냅스 전 말단, 다른 뉴런의 시냅스 후 말단, 그리고 이 두 가지를 감싸는 성상 세포의 일부로 이루어지기 때문에 '삼중 시냅스tripartite synapses'라고 부르며, 복잡한 피드백 회로를 형성한다. 간단하게 말하면, 교질 세포도 뉴런에 영향을 끼치고 뉴런도 교질 세포에 영향을 끼친다.

삼중 시냅스에서 이루어지는 성상 세포와 뉴런 사이의 소통으로써 성상 세포가 뉴런 사이에 일어나는 신호에 관여해 정보 처리에 직접적 효과를 낸다고 생각하는 신경 과학자의 수가 최근 들어 늘고 있는 추세이다. 2003년에 선견지명 있는 논문이 발표되었는데,[1] 마이켄 네데르고르Maiken Nedergaard 연구팀은 "간단하게 말해서, 성상 세포는 주변 청소를 담당할뿐더러 뉴런에 업무를 지시하는 역할도 한다"라고 설명했다.

신경 과학자들은 뉴런이 삼중 시냅스 구조를 통해서 성상 세포와 쌍방향으로 영향을 끼칠 것으로 보고 있다. 요약하자면, 삼중 시냅스에 있는 뉴런이 함께 있는 성상 세포에게 신호를 보내고, 이 신호는 다시 이웃하고 있는 교질 세포에 영향을 준다. 그러므로 이와 같이 신호를 받은 성상 세포는 삼중 시냅스에 가담하는 모든 뉴런의 양상에 영향을 끼친다.

복잡해 보이겠지만 이 모든 것이 사실이다. 케리 스미스Kerri Smith는 2010년 ≪네이처≫에 발표한 글에서[2] 교질 세포를 연구하는 안드레아 볼테라Andrea Volterra의 다음과 같은 언급을 인용했다. "만일 교질 세포가 신호 전달에 관여한다면, 뇌에서 일어나는 정보 처리는 이제까지 예상했던 것보다 엄청나게 복잡할 것이다."

교질 세포의 또 다른 기능은 뉴런 간의 새로운 시냅스를 만드는 과정을 돕는 한편, 기존의 시냅스를 선택적으로 제거하는 일이다. 다시 말하면 교질 세포는 신경 네트워크의 형성과 관리 측면에서 건축가 기능을 하는 것으로 보인다. 또한 교질 세포는 혈관 세포와 소통해 필요한 곳에 혈액이 공급되도록 한다.

교질 세포가 여러 신경 과학적 질병과 뇌 및 신경계의 상해 반응에서 중요한 기능을 수행하기 때문에, 교질 세포에 대한 심층 이해가 더욱 중요하다. 여러분의 이해를 도울 만한 몇 가지 예를 들어보자.

- 뇌와 척수가 손상되면 교질 세포는 증식을 거듭해(신경교증gliosis이라 지칭한다) 뉴런의 축삭이 회복되지 못하도록 일종의 상처를 만든다.
- 가장 흔한 신경 질환의 하나인 다발성 경화증은 희돌기 교세포의 뉴런의 축삭을 감싸는 지방층이 소실되는 것이 그 특징이다.
- 일차 뇌종양의 가장 흔한 형태로 알려진 교아종glioblastoma도 병든 교질 세포에서 시작된다.
- 뇌전증도 성상 세포의 신호 전달에 영향을 주는 것으로 보고되었다.
- 성상 세포는 알츠하이머병에서 병적으로 축적되는 단백질을 분해하는 데 관여한다.
- 교질 세포의 결함은 치명적이며, 마비를 동반하는 증상을 나타내는 근위축성 측삭 경화증amytrophic lateral sclerosis을 유발한다. 이 병은 운동 뉴런 질병이라고도 부르고, 혹은 이 병으로 사망한 미국의 유명 야구 선수의 이름을 딴 루게릭병Lou Gehrig's disease이라고도 한다.
- 교질 세포는 HIV 감염, 우울증, 조현병schizophrenia과도 연관이 있는 것으로 여겨진다.

교질 세포의 기능에 대해 밝혀진 것은 많지 않으며, 아직도 논란의 여지가 많다. 많은 이들이 교질 세포의 신호 전달이 가진 기능적 중요성을 인지하고 있으나, 교질 세포 연구가 살아 있는 동물의 조직 내에서 작용하는 모습을 관찰하지 못하고 배양된 세포나 분리된 조직에 의존하는 상황을 기술적으로 보완하는 것이 가장 중요한 문제라는 데 전문가들이 의견을 함께하고 있다.

2010년 미국 채플힐에 있는 노스캐롤라이나 의과 대학교의 켄 매카시Ken McCarthy 연구팀은 급증하는 교질 세포 연구자들에게 충격을 준 논문 한편을 발표했다.[3] 이들은 유전자 조작 생쥐를 사용해 성상 세포 자체 내에서 그리고 성상 세포 간에 칼슘 신호 전달을 제거했으나, 해마의 신경 과학적 기능에 차이가 없다는 보고를 했다. 이는 신호 전달에서 교질 세포의 기능적 중요성에 대한 의문을 적어도 뇌의 일부 영역에 한해 제기하는 것이었다. 그러나 일부에서는 이 연구가 치밀하게 이루어지지 않은 점을 지적했다. 특히 이들은 특정한 성상 세포를 불활성화하기 위해 사용했던 것과 동일한 '칼슘 클램프'를 이용해서 수행한 다른 연구에서는 신경 기능에 차이가 있었다는 예를 들었다.[4]

이와 같은 논쟁은 칼슘 신호가 교질 세포와 뉴런이 소통하는 방식을 어떻게 조절하는지 밝힐 수 있는 상세한 연구를 통해서 해결될 것이다. 또 하나 분명한 것은 교질 세포를 살림꾼으로 정의하는 것은 이제 신화가 되었다는 점이다. 네데르고르 연구팀은 종설 논문에서 교질 세포는 단순히 뉴런의 도우미가 아니라 "부모 같은 존재"라고 주장했다. 교질 세포에 대한 무관심이 너무 오랫동안 지속되었다는 목소리가 서서히 높아지고 있다. 2013년 미국 메릴랜드주 베데스다 소재 국립보건원의 R. 더글러스 필즈R. Douglas Fields는 ≪네이처≫에 기고한 원고에서, 오바마 정부의 브레인 이니셔티브는 교질 세포의 중요성을 잊지 말아야 한다고 했다. "브레인 이니셔티브 발표 어디에서도, 2012년과 2013년에 편찬된 백서에도, 브레인 이니셔티브의 확장을 위해 신경 과학계가 해야 할 야심 찬 계획을 발표했던 학술지에도 '교질 세포'란 단어는 언급되지 않았다"라고 말했다.[5] 이어서 "지도를 만들려고 탐험을 떠난다면, 미지의 영역을 조사하는 것이 최우선이 되어야 한다"라고 주장했다.

신화: 교질 세포가 뉴런보다 10배 많다

이것은 잘 알려지지는 않았지만 조금 미스터리한 뇌 관련 신화이다. 지난 수십 년간 대부분의 믿을 만한 교과서는 교질 세포가 뉴런보다 훨씬 많다고 자신만만하게 서술했다. 예를 들어 노벨상 수상자 에릭 캔델Eric Kandel, 제임스 슈워츠James Schwartz, 토머스 제셀Thomas Jessell이 1981년 출간한 권위 있는 교과서 『신경 과학의 원리Principle of Neural Science』에는 "교질 세포의 수는 뉴런의 수보다 훨씬 많다. 척추동물의 중앙 신경계에는 교질 세포가 뉴런보다 10~50배 더 많다"라고 서술되어 있다.

그러나 최근의 증거는 이와 같은 주장과 완전히 상반되는데, 뇌에 있는 교질 세포의 수와 뉴런의 수가 비슷할 것으로 추측된다. 필자가 만난 적 있는 리우데자네이루의 신경 생리학자 수자나 에르쿨라누오젤(78쪽 참조)의 연구팀은 직접 개발한 혁신적인 기술로 새로운 사실을 발견했다. 이 연구팀은 뇌 조직을 완전히 분쇄해서 교질 세포와 뉴런을 구분할 수 있는 특정한 DNA 마커를 사용했다. 2009년 이 연구팀은 남자 네 명의 뇌를 동일한 방식으로 분석한 결과, 교질 세포와 뉴런의 비율이 대략 1 대 1임을 알게 되었다.[6]

교질 세포가 뉴런보다 엄청나게 많다는 발상이 어디에서 생겼는지는 풀리지 않은 수수께끼다. 2012년 신경 과학 분야의 작가 데이지 유하스Daisy Yuhas 그리고 페리스 잽Ferris Jabr은 ≪사이언티픽아메리칸≫의 '브레인웨이브스Brainwaves' 블로그에서 '10 대 1 신화'의 진실을 밝히는 형사로 활약했다.[7] 이들은 뇌 절편을 현미경으로 관찰해 세포 수를 세는 전통적 기술을 사용해 수행한 연구 논문을 찾아서 종합적인 분석을 했는데, 논문들에선 0.5 대 1에서 2 대 1까지는 언급되었으나 10 대 1 혹은 50 대 1의 비율에 관한 언급은 찾을 수 없었다. 이들은 "연구 논문을 뒤져본 결과, 뉴런에 대한 교질 세포의 비율이 10 대 1이라는 것을 직접적으로 지지하는 논문은 단 한편도 없었다"라고 결론지었다.

물론 에르쿨라누오젤 연구팀의 발견을 다른 연구자들이 재검토할 필요가 있다. 뉴런과 교질 세포의 비율이 뇌의 부위 혹은 다른 종 사이에서도 다르게 나타난다는 점에 주목할 때, 그 양상은 단순한 비율에서 드러난 것보다 훨씬 복잡할 것이기 때문이다. 다만 이제 교질 세포가 뉴런보다 10배에서 50배까지 많다는 대중의 생각은 뇌에 관한 신화 중 하나로 보인다.

신화 25

거울 뉴런이 사람을 사람답게 만든다 (그리고 망가진 거울 뉴런은 자폐증을 일으킨다)

1990년 이탈리아 신경 과학자들이 원숭이의 뇌에서 특이한 반응 양상을 보이는 세포를 발견했다. 원숭이들이 임의의 행동을 취할 때 전운동 피질premotor cortex에 있는 이 뉴런들이 활성화되는데, 특히 다른 개체가 동일한 움직임을 취할 때도 이 뉴런들이 거울처럼 활성화되었다. 이는 우연한 발견이었다. 파르마 대학교의 자코모 리졸라티Giacomo Rizzolatti 연구팀은 전극을 사용해 짧은꼬리원숭이의 전뇌 세포 하나하나의 활성을 기록했다. 이들은 원숭이가 어떻게 사물에 관한 시각 정보를 사용해 이들의 움직임을 유도하는지를 알고자 했다. 연구원 레오나르도 포가시Leonardo Fogassi가 어느 날 우연히 원숭이를 위한 음식물인 건포도를 건드렸을 때, 원숭이의 거울 뉴런들이 작동하는 것을 발견했다. 이 세포들은 포가시가 손을 뻗는 동작을 볼 때도, 원숭이가 직접 손을 뻗을 때도 모두 활성화됐다. 이 세포들의 정확한 기능과 효과는 신경 과학에서 가장 뜨거운 주제가 되어왔다.

신화

2000년 샌디에이고 소재 캘리포니아 대학교의 영향력 있는 신경 과학자 빌라야누르 라마찬드란은 다음과 같은 과감한 예견을 했다.[1] 그는 "DNA가 생물학에서 하는 역할을 거울 뉴런은 심리학에서 할 것이다. 거울 뉴런이 하나의 통합된 체제를 가지기 때문에 실험으로 증명하기 어려워서 당분간은 신비한 상태로 남아 있겠지만, 인간의 정신 능력의 주체를 설명하는 데 도움을 줄 것이다"라고 내다보았다.

이 세포가 발견된 이후 라마찬드란은 엄청나게 흥미로운 이 영역에서 선두를 달리고 있다. 거울 뉴런이 사람을 사람답게 만든다는 많은 자료가 보고되었다(실제로는 원숭이의 뇌에서 발견했다는 점은 다소 역설적이다). 무엇보다도, 많은 사람이 이 세포를 인류 문화의 신경 생물학적 근원으로 꼽는 공감 능력의 신경 과학적 핵심체로 보고 있다.

과학 커뮤니케이터로 알려진 라마찬드란의 호소력은 신경 과학에 대해 그가 가진 열정적인 전파력에 있다. 거울 뉴런이 발견된 이후 흥분이 고조되었던 초창기에, 그가 그저 흥분하기만 했을까? 전혀 그렇지 않다. 2011년 그가 일반 대중을 위해서 저술한 책[2] 『명령하는 뇌, 착각하는 뇌The Tell-Tale Brain』에서 그는 거울 뉴런에 관한 주장을 강하게 내세웠다. "문명을 형성한 신경"이라는 제목의 글에서 거울 뉴런의 개념은 우리가 다른 이들을 흉내 낼 수 있는 공감 능력이 뇌의 진화를 가속시켰으며, 질병 인식 불능증anosognosia(자신의 마비 혹은 장애를 거부하는 증상)과 같은 신경 정신학적 상태를 이해하는 데 도움이 되었을 뿐만 아니라, 언어의 기원을 이해하는 데 도움이 되었으며, 무엇보다도 6만 년 전부터 이루어진 더욱 세련된 형태의 예술을 누리고 도구를 사용하는 인류 문화 창출에 엄청난 도약을 이루었다고 설명했다. "오늘날 인터넷, 위키피디아, 블로그와 같은 역할을 거울 뉴런은 인류의 초기 진화 과정부터 해온 것으로 볼 수 있다"라고 그는 설명했다. "인류 발전사는 폭포처럼 시작되었고, 오던 길로 되돌아간 적은 없다." 2006년 공동 저자 린지 오버먼과 함께 쓴 책에서[3] 그는 "거울 뉴런으로 인해서 인류는 한낱 땅콩 대신 별나라에 갈 수 있는 방도를 얻었다"라고 주장했다.

인류의 진화가 거울 뉴런 덕분이라고 주장하는 과학자는 라마찬드란뿐만이 아니다. 유명한 철학자 앤서니 C. 그레일링Anthony C. Grayling은 사람들이 연예인의 생활에 지대한 관심을 갖는 행동에 관한 기고에서 이러한 현상은 거울 뉴런 때문이라고 주장했다. "인류는 거울 뉴런으로부터 공감이라는 엄청난 선물을 받았다. 이는 '거울 뉴런'의 기능에 의해서 진화된 생물학적 능력이다"라고 설명했다. 에바 심슨Eva Simpson은 2012년 ≪타임스≫에서 왜 사람들이 테니스 챔피언 앤디 머리Andy Murray가 눈물을 흘릴 때 감동받는지에 관해 썼다. 머리는 "우는 것은 하품하는 것과 같다", "우리가 바라보고 있는 사람을 따라 행동하는 것은 뇌 세포인 거울 뉴런 때문이다"라고 했다. 열차 선로에 떨어진 이를 구한 한 남자의 영웅적인 행동에 관한 2007년 ≪뉴욕타임스≫ 기사에서 거울 뉴런이 다시 언급되었는데, 카라 버클리Cara Buckley는 "사람들이 다른 이가 경험하는 기쁨이나 슬픔을 느낄 수 있는 것은 거울 뉴런 때문이다"라고 설명했다.

거울 뉴런의 기능에 관한 과학 분야 기사는 의미 있는 제목으로 라마찬드란의 주장을 지지하고 있다. 예를 들어 2006년 ≪뉴욕타임스≫ 한 기사의 제목은 "마음을 읽는 세포"였다.[4] 미국 심리학 협회American Psychological Association 월간지에 소개된 논문의 제목은 「마음의 거울The mind's mirror」이었다.[5] 이러한 현상은 대중 매체에서도 상당히 고조되고 있다. 웹사이트에서 '거울 뉴런'을 검색해 보라. 예를 하나 들면, 2013년 어느 신문 기사는 거울 뉴런의 활성화 여부에 근거해 가장 대중적인 로맨스 영화를 뽑아 소개했다. 병문안하는 방문객이 입원한 환자에게 도움을 주는 것이 거울 뉴런 때문이라는 주장도 있다. 그러나 이렇게 극단적으로 환원주의적인 두 주장을 뒷받침할 만한 과학적 연구는 현재까지도 없는 형편이다.

트위터를 잠깐 조사해 보더라도, 거울 뉴런의 개념에 대해 공감을 표현하는 대중적 개념이 얼마나 광범위하게 퍼져 있는지 알 수 있다. 2013년에 @WoWFacts라는 계정은 "우리가 다른 사람이 심하게 다친 것을 보고 우는 것은 거울 뉴런 때문이다"라고 39만 8000명에 이르는 팔로어에게 자신 있게 오도했다. 같은 해에 자기계발서를 쓴 캐롤린 리프Caroline Leaf 박사는 "매우 강력한 거울 뉴런 덕분에 우리가 다른 사람을 따라하거나 서로의 의도를 이해할 수 있다"라고 주장했다.

만일 거울 뉴런이 정말로 우리에게 타인과 공감할 수 있는 능력을 부여한다면, 왜 자폐증 환자와 같은 특정한 사람들이 다른 이의 입장을 고려하는 데 어려움을 겪는지 원인을 알아보기 위해서 이 세포에 관심을 가질 필요가 있다. 2009년 신경 과학 분야의 저술가 리타 카터Rita Carter는 "자폐증 환자에서 공감 능력이 결여되는 경우가 많이 발견되었으며, 이는 거울 뉴런의 활동이 낮은 것과 연관성이 있다고 나타났다"라고 언급했다.[6] 이는 라마찬드란이 지지하는 가설이기도 하다. 라마찬드란은 인류 문화의 발전사에서 거울 뉴런의 비약적인 역할을 널리 알렸고, 2011년 출판한 그의 저서에서 "자폐증의 주요 병인은 교란된 거울 뉴런 시스템 때문이다"라고 주장했다. 춤 치료나 로봇 반려 동물과의 놀이 같은 인정받지 못하는 자폐증 치료 방법들은 이러한 주장에 근거해 생겼다.

흡연자의 충동적 행위를 연구하는 일부 과학자들도 거울 뉴런을 원인으로 든다. 타인의 흡연 행위가 사람들의 거울 뉴런을 활성화하는 것으로 보인다는 것이다. 특히 거울 뉴런은 동성애에 관한 신경 생물학적 이유 중 일부로 여겨지기도 한다. 동성애자의 거울 뉴런들은 동성의 생식기를 볼 때 더 활성화되는 것으로 나타난다는 것이다. 거울 뉴런은 그 밖에도 사람들의 여러 다양한 행동을 설명하는 데 사용된다. ≪뉴사이언티스트≫[7]에 의하면, 똑똑한 이 세포는 "포르노에 반응해 발기되는 과정을 조절하는 것으로 알려졌다!"

현실

거울 뉴런이 환상적인 성질과 기능을 가진 것은 사실이나, 이러한 주장의 많은 부분이 지나치게 과장되고 또한 추정으로 그친 것들이다. 이를 상세하게 논의하기 전에, 거울 뉴런이라는 용어의 사용 자체가 혼란스럽다는 것을 짚어봐야 한다. 우리가 아는 바와 같이, 이 단어는 원래 원숭이 뇌의 운동 부위에 있는 거울 같은 감각 양상을 나타내는 세포를 지칭하는 데 사용되었다. 그 이후에는 이러한 반응 양상을 가진 세포가 뇌 뒤편의 후두엽 피질에 있는 운동 부위에서도 발견되었다. 최근 들어 전문가들은 '거울 뉴런계'가 넓게 퍼져 있는 점에 관심을 쏟고 있다.

이는 다시 말해 '거울 뉴런'이란 용어 자체가 여러 세포의 종류가 복잡하게 섞여 있는 양상을 반영할 수도 있다는 것이다.[8] 일부 거울 뉴런은 원숭이(이 연구의 대부분은 원숭이를 대상으로 이루어졌다) 앞에서 시현되는 행동에만 거울 같은 반응을 나타낸 반면, 다른 세포들은 동영상으로 보여준 행동에만 반응했다. 일부 거울 뉴런은 더욱 복잡해서 특정한 종류의 행동에만 반응하는 반면, 다른 세포는 특이성이 떨어져서 관찰한 행동보다 더 넓은 범주에 반응한다. 특정한 움직임에서 나오는 소리에 반응해 활성화되는 거울 뉴런도 있다. 일부는 거울 억제 양상을 보이는데, 세포의 활성도가 특정한 행동 장면을 통해 억제된다. 또 다른 연구에서는 촉감에 예민한 뉴런에 관한 증거를 찾았는데, 누군가가 다른 동물의 같은 부위를 만지면 그 모습을 보고 있는 원숭이의 동일한 거울 뉴런에서 반응이 활성화되었다(라마찬드란은 이 세포가 사람들 사이의 장벽을 없앤다는 이유로 '간디 세포'라 칭했다).

몇몇 보고에 의하면, 뇌 전체의 시스템도 거울 같은 성질을 가지는 것으로 보인다. 예를 들어, 뇌에 있는 고통 형성층pain matrix은 자신의 고통을 처리하는 곳으로, 우리가 다른 이의 고통을 볼 때도 활성화된다. 이런 경우에 대해 전문가들은 거울 뉴런 자체보다 '거울 기전'에 관한 이야기를 하지만 그 차이점은 여전히 모호하다.

뇌의 운동 영역에는 거울 같은 성질의 정도와 방식에 차이가 있는 여러 다른 종류의 거울 뉴런이 있을 뿐 아니라, 뇌 전역에는 다양한 수준의 거울 같은 성질을 가진 비운동 뉴런 네트워크가 있다. 따라서 거울 뉴런으로 공감을 설명한다고 말하는 것은 여러 가지 면에서 모호하기 때문에, 뇌의 전체 수준에서 공감을 설명하는 것이 더욱 합당할 것이다.

거울 뉴런이 사람이 정서를 서로 느낄 수 있도록 '유도한다'라는 일반적인 생각에 집중해 논의해 보자. 거울 뉴런의 발견에 대한 원래 맥락이었던, 다른 이의 행동에 반응하는 원숭이의 전뇌에 있는 운동 세포에서 시작해 볼 수 있다. 여기에서 비토리오 갈레세Vittorio Gallesse 그리고 마르코 아코보니Marco Iacoboni와 같은 이 분야의 전문가들은 거울 뉴런의 일반적인 역할 때문에 사람들이 다른 이의 행동에 깔려 있는 의도를 이해할 수 있다고 제안했다. 뇌에 있는 동작 경로에 다른 사람들의 행동을 투사하면 추론이 시작되고, 거울 뉴런은 우리가 타인의 의도를 즉각적으로 모의 실행하기에 이른다는 것이다. 이것이 공감을 불러오는 효과 높은 기본 기전이다.

이는 간단하지만 매력적인 발상이다. 언론사 기자들을 비롯해 라마찬드란 같이 열광적인 신경 과학자들은 이 주제가 얼마나 논쟁거리인지 절대 말하지 않는다.[9] 인간이 타인의 행동을 이해하는 데 거울 뉴런이 중추적인 역할을 한다는 설을 지지하는 모든 이에게 가장 크고 명백한 문제는, 우리 자신이 행동으로 옮길 수 없는 움직임을 확실하게 이해할 수 있다는 점이다.

테니스 라켓을 잡아본 적이 없는 테니스 팬들도 로저 페더러가 승리를 향해 라켓을 휘두를 때 그저 멍하니 앉아만 있지는 않는다. 관객들은 자신의 라켓 휘두르기에 관여하는 운동 세포들로, 페더러의 움직임을 따라하지는 못해도 그의 의도가 무엇인지 충분히 이해한다. 비슷한 예로 우리는 새가 날개로 날아다니거나 뱀이 몸을 휘감는 동작들을 이해하지만, 우리가 이러한 동작에 필요한 세포를 가진 것은 아니다. 의학 보고서에 의하면 운동 네트워크에 손상을 입은 후에도 공감 이해력이 그대로 보존되어 있는 많은 경우가 보고되고 있다. 말할 수 없어도 말을 이해하고, 얼굴 표정을 지을 수 없어도 타인의 얼굴 표정을 읽을 수 있다. 가장 이해하기 어려운 점은 거울 뉴런 활성도는 우리가 문화적으로 익숙하지 않아 이해하기 어려운 몸동작을 접할 때 더욱 커진다는 것이다.

거울 뉴런 지지자들은 어떤 동작에 해당되는 거울 뉴런의 활성이 없어도 그 동작을 이해할 수 있다는 점을 일반적으로 인정하고 있으며, 거울 뉴런에 대한 심층적인 이해가 이러한 현상을 설명할 수 있을 것으로 생각한다. 2011년 심리 과학 잡지에 게재된 논쟁[10]에서 아코보니는 거울 뉴런이 행동을 이해하는 데 중요하다고 말하면서, 거울 뉴런으로 인해 우리가 "내재적인 의미를 이해"할 수 있을 것이라고 주장했다. 캘리포니아 대학교 어바인 캠퍼스의 그레고리 히콕Gregory Hickok 교수[11]는 거울 뉴런의 기능이 (거울 뉴런이 없이도 우리가 확실히 할 수 있는) 타인의 행동 자체를 이해하는 데 있지 않고, 우리의 행동을 선택하는 과정에서 타인의 행동을 사용하는 데 있을 것이라고 주장했다. 이렇게 보면 거울 뉴런의 기능은 행동을 이해함으로써 나온 결과일 수도 있을 것이다.

거울 뉴런이 우리가 타인과 공감하거나 인간의 사회적·문화적 진화를 촉진하는 데 중심 역할을 했다는 엄청난 발상을 살펴보자. 문제는 거울 뉴런이 경험을 통해서 그 성질을 획득한다는 사실에 있다. 세실리아 헤이스Cecelia Heyes 연구팀은 학습 경험이 운동 세포의 거울 뉴런 같은 성질들을 바꾸거나, 없애거나, 새로 만들 수 있다는 것을 보여주었다. 헤이스 연구팀은 실험 참가자들에게 다른 사람이 집게손가락을 움직일 때 그들의 새끼손가락을 움직이도록 했는데,[12] 이 훈련으로 이들의 일상적인 거울 뉴런 활성에 변화가 생겼다. 24시간 후, 실험 참가자가 다른 이의 검지가 움직이는 것을 볼 때 검지 근육보다는 새끼손가락 근육에 더 많은 흥분성 활성이 나타났다. 이는 사전 훈련 현상과 반대되는 것으로서, 경험이 얼마나 쉽게 뇌의 거울 같은mirror-like 활성을 형성할 수 있는지 보여준다.

이 실험 결과는 거울 뉴런에 관한 과감한 주장과 잘 들어맞지 않는다. 왜냐면 우리가 세상에 관한 정보를 처리하는 방식에 거울 뉴런들이 영향을 끼치는 만큼 경험도 거울 뉴런의 활성에 영향을 끼친다고 주장하기 때문이다. 즉, 만일 우리가 행동하기로 선택한 방식이 거울 뉴런의 작동 방식을 결정한다면, 거울 뉴런으로 인해서 우리가 다른 사람을 흉내를 내거나 공감할 수 있다는 주장은 맞지 않을 수 있기 때문이다. 문화적 진화 측면에서의 역할에 관해 헤이스는 거울 뉴런이 춤이나 음악과 같은 문화 학습에 영향을 주는 것만큼 문화 활동도 거울 뉴런에 영향을 준다고 말했다. 2011년 헤이스는[13] 라마찬드란을 포함한 이들의 의견과 상반되는 의견을 내놓았는데, "거울 뉴런의 역할은 생물학적 기능과 문화적 기능 어느 한편의 끝에 있는 것이 아니라, 문화적 형성 과정에 영향을 주는 만큼 문화에 의해서 영향을 받는다"라고 설명했다.

거울 뉴런이 항상 우연한 경로의 출발점에 있지 않다는 것을 뒷받침하는 연구가 보고되었다.[14] 즉, 거울 뉴런의 활성은 원숭이의 시선 각도, 관찰한 동작의 보상 가치, 그리고 먹잇감을 잡으려는 것인지 혹은 먹으려는 것인지와 같이 동작에 나타나는 목적에 의해서 조절되는 것으로 나타났다. 단순히 입수되는 감각 정보뿐만 아니라 관찰한 사물과 관련해 형성되고 뇌에 저장된 공식들도 거울 뉴런을 활성화한다는 점에서 이 발견의 의미는 크다. 물론 이러한 결과가 거울 뉴런에 대해 가진 우리의 환상을 지워버리는 것은 아니다. 그러나 이 세포가 뇌 기능의 복잡한 네트워크에서 어떻게 자리 잡고 있는지 보여준다. 거울 뉴런은 우리가 인지하고 이해하는 과정의 출발이기도 하지만 그 결과에 의해서도 영향을 받는 것이다.

끝으로, 거울 뉴런이 자폐증의 원인이 된다는 제안을 검토해 보자. 이 점에서 거울 뉴런에 대한 관심은 일리가 있는 것으로 보이다. 2011년 모턴 앤 전스배커Morton Ann Gernsbacher는 다음과 같이 언급했다.[15] "거울 뉴런이 적용된 가설 중에서는 거울 뉴런과 자폐증 발현의 관계에 대한 추정이 가장 잘 파악된 분야이다." 전스배커는 자폐증 환자의 대부분이 타인의 행동을 이해하는 데 문제가 없을 뿐만 아니라(이는 깨진 거울 가설과 배치된다) 정상적으로 따라하는 능력과 반사 기능을 갖고 있다는 연구 논문들을 검토해 발표했다. 노팅엄 대학교의 앤토니아 해밀턴Antonia Hamilton 교수가 2013년 발표한 리뷰[16]에서는 기능적 자기 공명 영상, 뇌전도, 시선 추적 같은 방법을 사용해 자폐증 환자에서 거울 뉴런의 기능을 연구한 25가지 연구 논문 내용을 종합 분석했다. 해밀턴 교수는 "자폐증에서 거울 뉴런 시스템의 전체적인 기능 장애에 관한 증거는 거의 없었다"면서 "이 학설에 관한 중재 연구는 더 이상 도움이 되지 않을 것이다"라고 결론지었다.

타인의 동작을 보고 반응하는 운동 세포가 매우 흥미롭다는 점에는 의심의 여지가 없다. 이 세포는 공감이나 타인의 의도 파악과 같은 중요한 사회적 인지 기능에 큰 역할을 할 것이기 때문이다. 이 세포로 인해서 우리가 공감할 수 있다는 주장이 뇌에 기반한 인간다움의 궁극적 근원이나 신경 과학의 성배가 될 수 있을지는 최대 관심사이다. 이미 언급한 바와 같이, 그 증거는 다분히 선택적이다. 필자는 이제까지 과장된 점을 파헤치고, 이 세포들의 정체와 기능을 둘러싼 논쟁 및 의문이 얼마나 진행되었는지 보여주었다. 이제 인간의 뇌에 있는 거울 뉴런의 존재 자체가 겨우 실험적으로 확인되었다는 점을 확인하면서, 이 글을 마치려 한다.

거울 뉴런에 관한 최초의 직접적인 증거는 뇌전증 환자의 뇌 세포 활성에 대한 기록 내용을 발표한 2010년 논문이다.[17] 로이 무카멜Roy Mukamel 연구팀은 여러 가지 얼굴 표정과 머리 동작에 반응해서 똑같은 행동을 수행하는 (단, 이러한 표정과 동작에 해당되는 단어에는 반응하지 않음) 세포가 전뇌의 일부에 있다는 것을 발견했다. 그러나 이에 앞서 fMRI를 사용해 인간을 대상으로 연구한 내용의 보고서에서는[18] 거울 뉴런으로 추정되는 부위가 적응의 징후를 나타낸다는 증거를 확보하지 못했다. 즉, 거울의 성질을 갖고 있을 경우 우리가 기대하는 현상인, 똑같은 손동작을 연습하고 본 후에 계속되는 자극에 대한 거울 뉴런의 활성 감소는 일어나지 않았다. 이 보고서의 주요 저자인 하버드 대학교의 알폰소 카라마사Alfonso Caramazza 교수는 그 당시 필자에게 "사람의 거울 뉴런 시스템에 대한 의미 있는 증거는 아직 없다"라고 잘라 말했다. 그의 발언은 거울 뉴런에 관한 연구의 현주소를 말해준다. 우리는 아직도 이 세포가 인간에게 존재하는지, 있다면 어디에 있는지, 또 무슨 일을 하는지 계속 확인하는 중이다. 거울 뉴런은 매우 흥미롭지만 적어도 현재로선 우리를 인간답게 만드는 것이 무엇이냐에 대한 답은 아닌 것으로 보인다.

신화 26

육체를 이탈한 뇌

"나는 뼛속까지 느낄 수 있다I can feel it in my bones" 혹은 "내 직감에 따를 것이다I'm going to go with my gut"와 같은 전통적인 표현에도 불구하고, 요즘 사람들은 일반적으로 정신적인 삶에 대해 육체 이탈적 견해를 갖고 있다. 사람들은 육체가 단순히 감각 정보의 출처이며, 피부, 눈, 귀 그리고 다른 채널로부터 들어오는 정보를 뇌에 보내서 처리하는 것으로 알고 있다. 그리고 뇌는 이에 반응해서 몸이 어떻게 움직여야 하는지 명령을 내보낸다. 이와 같은 신경 중심적 관점에서는 뇌와 몸의 연결은 감각과 운동의 관계에 지나지 않고, 도덕적 판단, 미학적 이해, 의사 결정, 그리고 다른 인간적 관심사들은 모두 다 뇌의 것이 된다.

뇌에 관한 편견에서 우리가 고쳐야 할 세 가지가 있다. 첫째, 뉴런은 뇌에도 있지만, 뇌의 바깥에도 있고 척수에도 있다는 것을 기억하자. 실제로 뉴런은 장기에도 넓게 퍼져 있어서 일부 전문가들은 내장 기관을 '제2의 뇌'라고 부른다(더 큰 논쟁거리이기도 하지만, 상당수의 뉴런 비슷한 세포들이 있다고 해서 어떤 이들은 '심장에 있는 작은 뇌'라 부른다). 둘째, 몸의 상태는 우리의 정서에 막대한 영향을 준다. 셋째, 우리 몸으로부터 오는 정보는 우리의 생각하는 방식에 영향을 주고, 결국 우리의 생각하는 방식도 우리의 몸에 영향을 준다. 넷째, 심리학적 건강 상태는 육체적 건강에 영향을 미치고, 그 반대도 마찬가지다. 이제 이것들에 대해 논의해 보자.

내장에 있는 뇌

사람의 내장 벽에 있는 뉴런의 수는 1억 개로 추산되는데, 이는 고양이의 뇌 전체에 있는 뉴런 수보다 많은 것이다. 공식 명칭은 '장 신경 시스템enteric nervous system'으로, 이로 인해서 우리는 음식을 소화하는 복잡한 과정을 머리에 있는 뇌의 지속적인 모니터링 없이도 전적으로 현장에서 조절할 수 있다. 이런 과정에는 서른 가지 이상의 신경 전달 물질이 개입한다. 『제2의 뇌The Second Brain』의 저자[1]인 신경 생물학자 마이클 거숀Michael Gershon이 몇몇 잡지사와 한 인터뷰에 의하면, 우리 몸에 있는 세로토닌의 95퍼센트는 장에서 발견된다.[2] 필자가 이 주장을 게재한 학술지를 찾지는 못했지만, 거숀의 주장대로라면 상당량의 세로토닌이 장에서 생성된다는 점을 인정할 수 있다. 여러분도 기억하겠지만, 세로토닌은 사람의 감정에 관여하는 신경 전달 물질이며, 많은 종류의 우울증 치료제가 목표하는 것은 세로토닌의 수준을 조절하는 것이다 (379쪽 참조).

장은 소위 미주 신경vagus nerve(뇌와 장 사이의 신호를 보내는 신경 다발)을 통해서 뇌와 소통하는데, 거숀은 이 신경 다발의 90퍼센트가 뇌에서 장의 방향보다는 장에서 뇌의 방향으로 정보를 보낸다고 주장한다. 이와 관련해 루뱅 대학교의 루카스 판아우덴호버Lukas Van Oudenhove 교수가 이끄는 연구팀은 실험 참가자의 위장에 직접 주사한 지방이 슬픈 음악이나 슬픈 표정에 의한 영향을 줄인다는 것을 발견했다.[3] 이는 음식의 문화적 혹은 개인적인 의미와 같은 심리학적인 효과와 상관없이, 장의 활동이 뇌에 직접적으로 영향을 끼친다는 발상과 일맥상통한다.

장에서 뇌로 가는 신호가 우리의 일상생활에 미치는 효과는 매우 크다. 2010년 발표된 연구에서는[4] 식사 후 한 시간이 지났을 때 사람들은 도박에서 더욱 보수적인 결정을 하는 것으로 나타났다. 이는 식욕 향상 호르몬인 아실그렐린acyl-ghrelin의 분비가 억제되었기 때문으로 생각된다. 이 호르몬의 수치가 올라가면 우리는 더 배고픔을 느껴서 원하는 것을 갖는 데 따르는 위험을 감수하려고 한다. 2011년 발표된 다른 논문에서는[5] 더욱 염려스러운 결과를 보여준다. 이스라엘의 재판관이 가석방 결정에서 식사 후에 내린 결정과 (아무것도 먹지 않고 몇 시간 동안 진행된) 재판의 끝 무렵에 내린 판결을 비교한 결과, 전자의 경우가 훨씬 더 너그러웠던 것이다.

장 내에 살고 있는 미생물이 우리의 기분과 정서에 영향을 준다는 증거도 있다.[6] 대부분의 증거는 동물 연구에서 나왔는데, 지난 몇 년에 걸쳐서 장 박테리아의 성장을 촉진하는 프로바이오틱 처방이 사람의 기분에 이로운 효과를 줄 수 있고, 스트레스에 대한 뇌의 반응을 감소시킨다는 실험 결과가 나오고 있다. 예를 들어, 이중 맹검을 통해 플라세보 대조군을 사용한 연구의 결과가 2011년 발표되었는데,[7] 프로바이오틱스를 30일간 복용한 건강한 실험 참가자는 대조군과 비교해서 심리적 스트레스를 적게 보였다. 생쥐 실험 결과를 보면, 이는 아마도 면역계에 끼치는 영향이나 미생물이 분비하는 짧은 지방산과 연관되는 것으로 추정된다.

정서에 끼치는 신체의 영향

19세기 말 미국의 저명한 심리학자 윌리엄 제임스는 몸의 변화에서 정서가 시작되며, 몸이 마음에 끼치는 영향으로 생긴 결과가 정서적 감정이라고 제안했다. 그는 숲에서 곰을 보고 도망친 사람의 예를 들었다. 그는 공포의 느낌을 가져온 것은 도망치는 사람의 달리는 행위라고 주장했다. 오늘날에는 감정 경험은 상황을 어떻게 보고, 몸으로 느끼는 것을 어떻게 해석하느냐에 달려 있다는 주장이 잘 알려져 있으나, 오래전에 이미 제임스는 신체의 피드백이 중요하다는 타당한 주장을 했다.

얼굴 표정과 정서적 감정의 상관관계를 알아보자. 우리는 어떤 정서를 느끼고 난 후에 거기에 적합한 표정을 짓는다고 종종 생각한다. 그러나 실제로는 인과 관계의 방향이 그 반대가 될 수도 있다는 증거도 있다. 억지로 웃는 표정도 일부 사람들을 기분 좋게 할 수 있으며, 기분 좋은 일을 기억해 내게 만드는 경향이 있는 것으로 나타났다.[8] 실험 참가자에게 이로 펜을 물게 해서 웃는 표정을 짓게 한 후 만화를 보게 한 연구[9]가 있었다. 실제로 웃는 표정을 지은 사람들은 펜을 입술에 물려서 웃을 수 없었던 다른 실험 참가자보다 그 만화가 더 재미있다고 평가했다. 심지어 미용을 위해 주사한 보톡스가 그 사람의 정서적인 경험을 방해할 수 있다는 증거도 있다.[10] 보톡스를 맞은 사람은 적합한 얼굴 표정에 필요한 안면 근육을 움직일 수 없어서, 그 결과 얼굴에서 뇌로 가는 반응이 없기 때문일 것이다.

휴고 크리클리Hugo Critchley 연구팀이 관련 연구를 수행했는데, 우리가 고통에 정서적으로 반응하는 방식이 심장 활동에 어떤 영향을 끼치는지 조사했다. 이들이 2010년 발표한 논문에서는[11] 실험 참가자들이 전기 충격에 집중할 때 전기 충격에 반응하는 뇌의 활성도가 더 큰 것으로 나타났다. 이러한 발견은 통증에 집중하면 그 고통이 커진다는 생각과 일치한다. 연구 결과는 심장의 활성도에 대한 충격의 시점時點으로 보정된 것인데, 이는 우리 이야기에도 들어맞는다.

특히 전기 충격을 심장 박동 사이에 줄 때보다 심장이 혈류를 내보낼 때 주면 뇌는 고통에 더욱 민감한 반응을 보였다. 이는 높아진 혈압 수치를 뇌간에 알려주는 수용체인 대동맥의 압각 수용기baroreceptor가 활성화되어 고통에 민감해지는 것으로 보인다. 뇌는 이렇게 접수된 정보를 사용해 혈관을 확장시켜 혈압을 낮춘다.

'뇌와 압각 수용기'의 소통 방식은 우리가 고통에 반응하는 방식과 상호작용을 잘 보여주는 것으로 여겨진다(관련 자료에 따르면[12] 압각 수용기의 활성이 높아질수록 정서와 관련된 얼굴 표정에 대한 반응도가 낮아졌다). 크리클리 연구팀은 2010년 발표한 리뷰에서[13] "돌발 환경 자극의 처리 과정은 심장박동 사이의 짧은 시간에도 변동될 수 있다"라고 언급했다. 이는 신체 활동이 정신적 생활에 주는 막대한 영향을 보여주는 좋은 예이다. 작은 규모로 이루어진 관련 연구가 2006년에 발표되었는데,[14] (가슴에 심박 조율 기기를 부착해) 미주 신경을 직접 자극하면 중증 우울증 환자의 기분도 좋게 할 수 있다고 보고했다.

어떻게 몸의 자세가 우리가 고통을 경험하는 방식에 영향을 끼칠 수 있는지 살펴보자. 2011년 바네사 본스Vanessa Bohns와 스콧 윌터루스Scott Wilteruth가 발표한 논문[15]에서 별 모양 자세(다리를 넓게 벌리고 팔짱을 끼고 서 있는 자세)와 같이 '결연한 자세'를 취할 때는 평범하거나 복종적인 자세를 취할 때보다 고통(팔에 지혈대를 조여서 감은 상태)을 더 잘 견딜 수 있다고 보고했다. 이러한 효과는 할 수 있다는 자신감을 주는 자세, 즉 몸을 넓게 편 자세에서 오는 것으로 연구자들은 여기고 있다.

동작이 위로 향하느냐 아니면 아래로 향하느냐에 따라 우리의 정서에 끼치는 영향이 다를 수 있다는 연구 결과도 있다. 독일 막스플랑크 연구소 심리언어학 분야의 다니엘 카사산토Daniel Casasanto는 실험 참가자들이 구슬을 아래에서 위로 던질 때 (위에서 아래로 던질 때와 비교해) 참가자의 생활에서 일어난 기분 좋은 이야기를 더 빠르게 한다는 것을 발견했다.[16] 이는 아마도 상향식 동작으로 인해서 '천국과 같이 최고의 자리에 있는 것'과 같이 좋은 것을 연상하는 반면, 하향식 동작은 '심연에 빠지는 것'과 같이 나쁜 것을 연상하는 방식과 연계되어 있기 때문인 것으로 보인다. 2011년 발표된 논문[17]에서는 만일 동작 방향이 단어의 정서적 의미와 합치되면(예를 들어 상향식 동작과 행복)사람들은 정서적인 단어에 더욱 빠르게 반응해 행동한다고 보고했다. 종합해 보면 심장의 연구, 몸의 동작 연구, 그리고 자세 연구를 통해서 우리들의 정서적인 생각과 지각 능력이 뇌만이 아니라 몸에 의해서도 영향을 받는다는 것을 알게 되었다.

생각과 도덕성에 대한 신체의 영향

구슬과 상향식 동작을 이용한 이 두 가지 연구는 몸의 감각과 우리가 생각하고 느끼는 방식 사이의 연관성을 파헤치는 분야로, '내재된 인지력' 또는 '접지 인지력grounded cognition'으로 알려진 심리학의 최신 분야이다. 이 분야의 연구에 종사하는 심리학자들은 우리가 다른 사람을 평가하는 데 신체의 감각이 영향을 끼치는 것으로 이해하고 있다. 로런스 윌리엄스Lawrence Williams와 존 바John Bargh는 따뜻한 커피 컵을 들고 있는 실험 참가자들은 처음 보는 사람을 더 '따뜻한 용어', 예를 들면 성품이 좋다 혹은 너그럽다고 묘사한 반면, 아이스커피를 들고 있는 실험 참가자들은 그를 낯선 사람으로 여긴다는 것을 보고했다.[18]

이러한 새로운 발견의 일부는 반복 검증하기 어려운 것들도 있지만, 대부분의 전문가들은 이와 관련되는 기전이 있다는 점에 동의한다. 사람들은 추상적인 개념을 표현할 때 언어에 사용되는 신체적인 비유를 사용하는데, 예를 들어 '마음 좋은'을 '따뜻한'으로 부른다. 이와 합치되는 다른 실험 결과가 있는데, 따뜻한 방에서 실험에 참가한 사람들이 추운 방의 참가자들보다 연구자들에게 더 사회적인 친밀감을 느낀다고 한스 에이제르만Hans Ijzerman과 군 세민Gun Semin 연구팀은 보고했다.[19] 방의 온도는 실험 참가자들이 화면에 비춰진 간단한 모양을 느끼는 방식에도 영향을 끼친다. 따뜻한 방에 있는 참가자들은 각각의 모양이 어떤 관계로 배열되어 있는지에 더 관심을 보이는 반면, 추운 방에 있는 이들은 모양의 형태에 더 집중했다.

눈의 움직임이 사람들의 수학적 사고에 미치는 영향을 조사한 연구도 있다. 2010년 멜버른 대학교의 토비어스 로셔Tobias Loetscher 교수팀은 실험 참가자들에게 일련의 무작위적인 숫자를 만들라고 주문했다.[20] 연구팀은 참가자들의 눈이 움직이는 방향을 파악해서, 참가자들이 만드는 다음 숫자의 상대적인 크기를 예견할 수 있다는 것을 발견했다. 눈의 움직임이 위로 혹은 오른쪽으로 가는 경우 숫자가 더 커지는 반면, 아래로 혹은 왼쪽으로 가는 경우 숫자가 작아지는 경향이 있었다. 이러한 현상은 우리가 마음으로 생각한 일련의 숫자를 생각하는 데도 나타났다. "눈을 가까이 관찰하면 그 사람의 마음을 알 수 있을 뿐만 아니라, 추상적인 생각이 기본적 감각 및 운동 과정에서 어떻게 처리되는지 보인다"라고 연구자들은 결론을 내렸다.

이와 같은 해석을 뒷받침하는 재미있는 연구 결과를 애니타 에이를란트 Anita Eerland 연구팀이 2011년 발표했다.[21] 이들은 '위Wii' 게임기의 균형 판에 올라선 실험 참가자들에게 마이클 잭슨의 히트곡이 몇 개인지 혹은 에펠탑의 높이는 얼마인지 맞춰보라는 주문을 했다. 연구자들이 (눈치채지 못하는 수준에서) 참가자들의 보드를 조절해 왼편으로 몸이 약간 기울게 한 결과, 참가자들은 더 작은 숫자를 예견하는 경향이 있었다. 한 가지 예를 들면, 왼편으로 몸이 기운 참가자들이 예견한 숫자는 오른편으로 기운 참가자들보다 12미터가 더 낮았다. 이는 몸동작이 우리가 일련의 숫자에 대해 생각하는 방식과 얽혀 있다는 증거이기도 하다. 이 연구자들은 2012년에 '사람들을 웃기게 하고 생각하게 만든' 연구에 주는 이그노벨상•을 받았다.

참고로 내재된 인지력은 생각에 영향을 끼치는 몸에 대해서만 적용되는 것이 아니다. 사람들의 생각은 감각 인지력에도 영향을 미친다. 어떤 연구에 의하면, 사람들은 어떤 책이 중요한 가치가 있다고 믿는 경우 그 책의 무게를 더 무겁게 판단하는 경향이 있다.[22] 친구나 친척에 관한 생각도 사람들이 언덕의 경사를 짐작하는 데 영향을 끼치는 것으로 나타났다.[23] 친구들에 관한 생각을 하면 사람들은 그 언덕을 더 쉽게 오를 것으로 여긴다. 반면 비밀에 대한 생각만으로도 사람들은 육체적으로 부담을 느낀다.[24] 그러나 이러한 효과를 실험적으로 반복할 수 없다고 반박하는 보고가 2013년에 발표되었다.[25] 즐거운 추억거리를 생각하고 있는 실험 참가자들이 차가운 물을 담은 양동이를 더 오랫동안 들고 있었다는 보고도 있다.[26]

끝으로, 우리 몸이 도덕적 판단에 영향을 끼치는 방식과, 역으로 우리의 도덕적 판단이 몸의 감각에 어떻게 영향을 끼치는지 알아보자. 필자가 개인적으로 좋아하는 2012년도에 발표된 논문인데,[27] 연구팀은 참가자들이 몸에

• [옮긴이] 노벨상의 패러디 격인 상으로, 하버드 대학교 계열의 과학 유머 잡지사 ≪황당무계 리서치 연보(Annals of Improbable Research)≫에서 과학에 대한 관심 제고를 위해 1991년 제정했다. 현실적 쓸모에 상관없이 발상의 전환을 돕는 이색 연구, 고정관념을 탈피한 획기적인 사건에 수여한다.

심박 측정 기구를 부착해 자신의 심장 박동 소리를 들을 수 있게 했다. 참가자들은 이 기기의 성능을 테스트하는 것으로 알았지만, 일부 참가자가 자신의 심장이 지나치게 빠르게 뛰고 있다고 생각하게 만드는 것이 이 실험의 아이디어였다.

심장이 몹시 빠르게 뛴다고 생각하는 참가자들은 다른 연구에 참여(이타적 행동의 하나로 간주됨)할 확률이 높았으며 돈이 개입된 게임에서도 좀 더 공정했다. 심장이 빠르게 뛰고 있다는 것을 느끼면 우리는 스트레스를 받고 있다고 생각해서 더 도덕적으로 행동함으로써 스트레스를 감소시키고자 한다고 구준Gu Jun 연구팀은 해석했다.

또 다른 예는 일명 '맥베스 효과Macbeth effect'인데, 사람들이 비도덕적인 행위 후에 자신이 깨끗하지 않다고 느낀다는 것이다. 종첸보Chen-Bo Zhong와 케이티 릴젠퀴스트Katie Liljenquist는 이러한 효과가 사람들의 행동에 끼치는 영향에 관한 예를 들었다.[28] 과거의 비도덕적 행동을 회상했던 실험 참가자들은 도덕적 행동을 회상했던 실험 참가자들보다 위생 수건을 선택하는 경향이 높았다. 2014년 초반에 출판된 논문 한 편은[29] 종과 릴젠퀴스트의 발견을 재현할 수 없었다고 보고하기도 했으나, 다른 연구팀들은 육체의 청결과 도덕성 사이에 연관이 있다는 이론을 지지했다. 육체의 청결을 떠올리는 사람들은 결과적으로 도덕적 판단에 더 엄격하다는 사실을 에릭 헬저Erik Helzer와 데이비드 피사로David Pizarro가 2011년에 보고했다.[30] 2012년 마리오 골비처Mario Gollwitzer와 안드레 멜처André Melzer는 비디오 게임 초보자들을 초대해서 폭력적인 게임을 시켰다.[31] 초보자들은 이 게임에 익숙한 경험자보다 도덕적으로 더 많이 괴로워했으며, 게임 프로들보다 달콤한 초콜릿이나 차 한 잔보다는 위생 용품을 고르는 경향이 높았다.

육체적 건강과 정신적 건강

우리는 이제까지 어떻게 우리 몸이 우리의 정서와 생각 그리고 도덕성에 영향을 끼치는지 알아보았다. 몸과 마음의 깊은 연결 고리에 관한 매우 극적인 증거는 육체적·정신적 건강 분야에서 나왔다. 그중 A급 증거물은 생리학적 효과가 없는 설탕 알약이나 치료로도 상당한 육체적 회복을 가져오는 효과인 플라세보 효과이다. 의사이며 작가인 벤 골드에이커Ben Goldacre는 이 효과를 "의학에서 가장 흥미롭고 희한한 일"로 꼽았다. 환자가 특정한 치료를 믿을 때 생기는 생각이 효과를 가져오는데, 이러한 생각이 실제로 육체적·신경 과학적 변화를 일으켜서 결과적으로 건강에 도움을 준다는 것이다. 더욱이 흥미로운 것은, 최근 보고에 의하면[32] 어떤 치료가 플라세보였다는 것을 환자가 알게 된 후에도 효과가 지속되었다는 점이다.

필자가 좋아하는 예는 몸이 떨리고 굳어지며 느리게 동작하는 신경 질환인 파킨슨병의 치료에 관한 것이다. 발생 배胚의 도파민 뉴런을 이식한 효과를 검증하는 실험적 치료에서,[33] 도파민을 생성하는 뉴런이 상실된 환자에게는 알리지 않은 채 대조군 환자에게만 새 것이 아닌 뉴런을 이식했다. 놀랍게도 치료를 받은 환자와 대조군 환자 모두 시간이 지남에 따라 증상이 호전되었는데, 이는 아마도 대조군 환자가 혁신적인 새로운 치료를 받은 것으로 믿었기 때문일 것이다.

플라세보 효과에도 노세보 효과nocebo effect라는 부정적인 면이 있다. 해롭지 않은 치료나 약들이 역효과를 불러올 수도 있다는 것인데, 이는 치료가 자신에게 해로울 수 있다고 환자가 생각하기 때문인 것으로 여겨진다. 여러분이 사람들에게 당신은 잠을 잘 못 잤다라고 속일 경우에 이러한 효과가 생기는 것을 볼 수 있다. 한 연구에서는[34] 수면 연구에 참여했던 사람들에게 그들의 수면 상태가 밤새 좋지 않았다고 이야기하자, 참가자들은 마치 잠을 자지 못한 것처럼 불면과 관련된 증상들을 보였다.

우리의 정신 상태가 몸에 영향을 줄 수 있다는 것을 표면적으로 보여주는 좋은 예는 피부 상처의 치료에서도 나타난다. 연구자들은 실험 참가자들의 피부 위에 작은 상처를 내고 이들의 스트레스 수준을 측정했다. 스트레스를 심하게 받은 참가자들은 상처 치료가 두 배나 느렸는데,[35] 이는 참가자들의 예견보다는 스트레스로 인해서 나타나는 면역 문제로 보인다. 반대로, 스트레스를 날려버리는 심리학적 치료는 상처 회복을 촉진하는 것으로 나타났다.

여러 가지 정신적 질병이 심각한 육체적 질병과 연관이 있다는 점도 주목할 만하다. 조현병으로 진단받은 사람의 3분의 1 정도는 비만 환자다(항정신성 약품이 체중 증가를 가져온 것이 부분적 원인이기도 하다). 조현병 환자와 우울증 환자들은 정상인과 비교해서 심장병과 당뇨병의 위험성이 더 높다. 2006년 발표된 자료에 의하면, 심각한 정신적 질병을 가진 사람들이 정신적으로 건강한 사람보다 평균 25년 먼저 사망하는 것으로 나타났다.[36] 다만 이는 흡연이나 의료 기관의 부재와 같은 간접 요소들도 주요한 요인이라는 점을 상기할 필요가 있다.

사람들의 정신 상태, 신념, 극기 방법 등이 몸에 중요한 영향을 끼치지만, 이들 간의 연관성을 지나치게 강조하지 않는 것도 중요하다. 가장 위험한 예를 들자면, 암 환자가 긍정적인 정신 자세를 갖는다면 나을 수 있다고 생각하는 경우다. 이는 오히려 환자에게 부적절하고 불합리한 압박을 주어 지나치게 낙관적으로 만들거나, 반대로 더 부정적으로 만들어 환자가 암 발병의 원인일 수도 있는 우울한 기분이나 부정적인 태도를 가질 수 있다. 심리학자 제임스 코인James Coyne 연구팀은 천 명이 넘는 암 환자를 9년간 추적해 조사한 결과를 2007년에 발표했는데,[37] 발병 초기에는 환자의 정서적 상태가 환자의 수명과 연관이 없는 것으로 나타났다. 정신적으로 가장 낙천적인 환자들과 가장 두려움이 많은 비관주의자를 집중적으로 조사했으나, 정신 자세와 생존율 사이에 연관성은 없는 것으로 나타났다.

이제까지 필자가 소개한 대부분의 예시들은 몸 상태에 영향을 미치는 정신 상태에 관한 것이다. 이 둘의 관계는 그 역으로도 작용한다. 예를 들어 심장마비를 겪은 후에 사람들은 우울증에 빠지는 경향이 있다. 여덟 명 중 한

명이 외상 후 스트레스성 장애post-traumatic stress disorder: PTSD에 시달리는 것으로 추산된다. 2012년 발표된 영국 논문에 의하면[38] 중병을 극복한 환자의 반 이상이 병을 극복한 후에 심리적인 문제를 갖게 되지만, 다행스럽게도 시간이 지나면 대부분이 회복한다. 영국의 정신 건강 재단Mental Health Foundation이 같은 해에 마련해 발표한 정책은 이렇게 떼려야 뗄 수 없는 마음과 몸의 관계를 간결하게 다음과 같이 정의했다. "정신 건강과 육체 건강은 매우 긴밀하게 연결되어 있으며, 상호의존적이고, 더구나 서로에게서 뗄 수 없다는 증거가 증가하고 있다."

신화: 참수된 머리에도 의식이 남아 있다

뇌에 관한 신화 중 가장 소름끼치는 것은 잘린 머리가 눈을 껌뻑이고 찡그리는 표정을 짓는다는 것인데, 이런 상태는 머리가 몸에서 잘린 후에도 약 30초간 지속된다고 한다. 이는 머리가 잘린 사람이 적어도 순간적으로 자신의 몸과 분리되어 있음을 인식할 수 있다는 무시무시한 가능성을 제시한다.

이 신화는 프랑스 단두대에서 시작된 이야기일 가능성이 높다. 의학 역사학자 린지 피츠해리스Lindsey Fitzharris에 따르면[39] 1793년 샤를로트 코르데Charlotte Corday를 처형한 자가 잘린 머리채를 잡고 그녀의 뺨을 때렸을 때, 참수된 얼굴은 수치심으로 붉어졌다고 한다.

1905년에는 참수에 관한 이야기가 출판되기도 했다.[40] 프랑스의 의사인 가브리엘 보리외Gabriel Beaurieux는 살인자 앙리 랑기유Henri Languille의 잘린 머리를 관찰해 기록했다. 그 눈꺼풀과 입술의 경련을 몇 초간 보고 나서 보리외가 랑기유의 이름을 외치자, "(랑기유의) 눈동자는 확실하게 나의 눈동자를 응시했으며, 동공 자체도 초점을 맞추고 있었다. …… 나는 여지없이 나를 쳐다보고 있는 살아 있는 눈동자를 보고 있어야 했다"라고 기록했다. 랑기유가 눈을 감은 후에 다시 이름을 부르자 "처음보다 더 뚫어지게 나를 바라보는 듯했으며, 그 눈은 여지없이 살아 있었다"라고 보리외는 말한다. 세 번째 불렀을 때는 더 이상 반응을 보이지 않았고, 의사들은 의식이 지속된 전체 시간은 '25초에서 30초' 사이로 추정했다.

1939년 ≪미국 의학 협회 저널Journal of the American Medical Association≫의 편집인이 보리외의 설명에 대한 몇 가지 사항을 조사했다.[41] 이 조사에 의하면, 다른 여러 의학적 증거로 추정된 의식의 시간은 10초가 채 되지 않는 것으로 판단되었으며, 머리를 자를 때의 타격, 혈액과 산소의 결핍을 고려하면 "희생자의 뇌에서 진행되는 의식 과정은 몸에서 머리가 분리되는 순간과 거의 동시에 멈춘다"고 보았다.

참수가 형벌로 거의 사용되지 않는 요즘, 현대 연구가 이와 같은 질문을 다루는 것은 여간 어렵지 않다. 이와 같은 연구가 무작위로 시행된다면 아마도 여러분은 대조군에 속하기를 원할 것이다. 이 신화에 관한 통찰은 가장 최근의 증거에서 비롯되었는데, 쥐의 참수에 관해 2011년 출판된 보고서가 그것이다.[42] 클레멘티나 판레인Clementina van Rijn 연구팀은 쥐의 머리가 상실되기 전후에 쥐의 뇌 표면 전기 활성도를 기록했다. 이들은 전기 활성도가 4초 후 "빠르게 전체적으로" 사라지는 것과, 뇌파의 강도는 초기의 절반 정도인 것을 관찰했다.

이를 기반으로 과학자들은 "의식은 단두 후 몇 초 내에 사라지는 것으로 보인다"라고 결론지었다. 이는 아마도 참수된 사람이 심연의 운명을 인식하기에 충분한 시간이어서, 이 신화의 일부는 맞을 수도 있다. 과학자들이 놀랐던 점은 뇌파 활성의 마지막 최고점이 단두 후에도 80초 동안 지속되었다는 사실인데, 이는 아마도 '궁극적인 생과 사의 경계'를 가르는 '뉴런의 막전위차가 동시에 대규모로 상실되기' 때문인 것으로 해석된다.

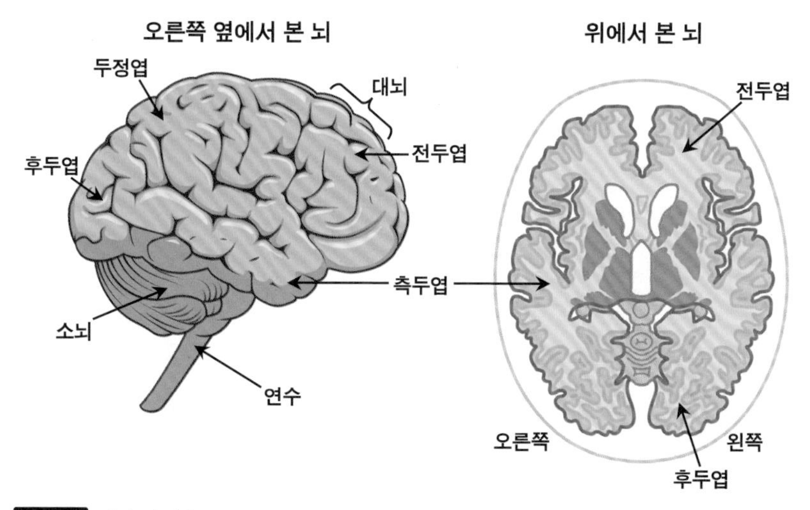

그림 1 **인간 뇌의 구조**

왼쪽 그림은 뇌를 측면에서 관찰한 것이다(눈이 이 뇌에 달려 있다면 오른쪽에 위치하게 된다). 오른쪽 그림은 두개골과 뇌의 윗부분이 절단된 뇌를 위에서 아래로 내려다 본 것이다.

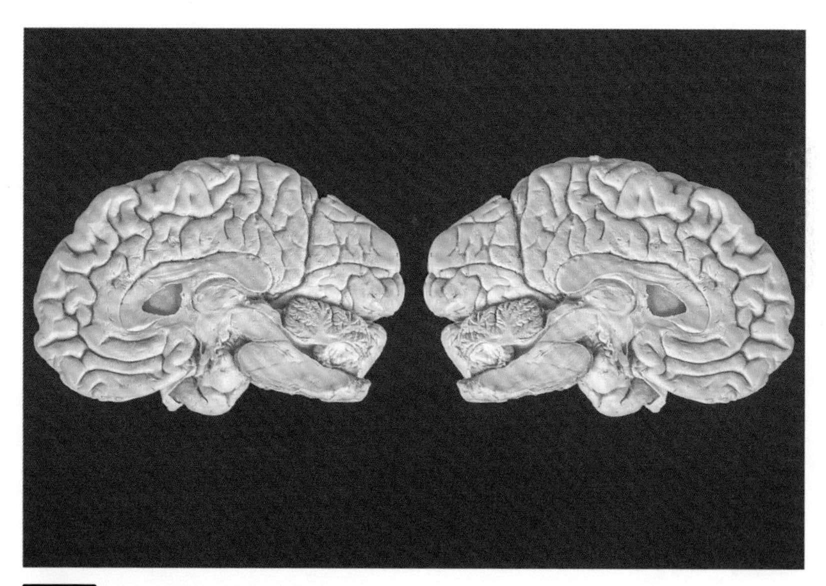

그림 2 **이등분된 정상 인간의 뇌 사진**

이 뇌는 시상단면을 따라 우뇌와 좌뇌로 절단되었다. 즉, 코부터 뒤통수 가운데로 이어진 가상의 선을 따라 잘랐다. 절단된 면에서 뇌량과 제3뇌실을 포함한 뇌 내의 해부 구조를 볼 수 있다.

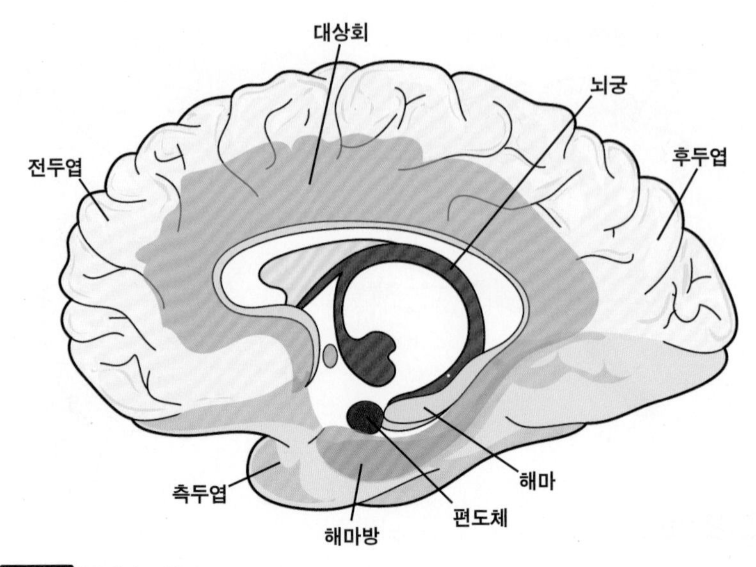

그림 3 **변연계 모식도**

변연계는 감정 처리 기능에 중요한 뇌 부위의 네트워크다.

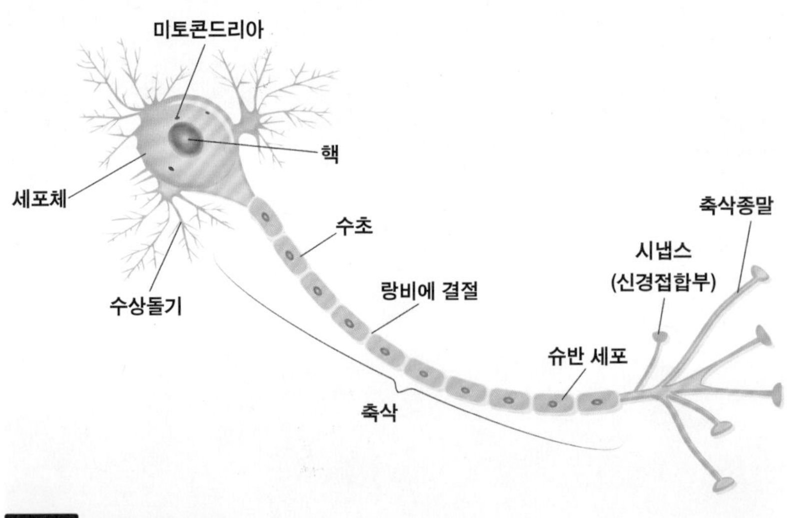

그림 4 **인간 뉴런 모식도**

전형적인 인간의 뉴런으로, 주요 구성 요소가 그려져 있다.

그림 5 **전자현미경으로 본 교세포**

사진 속의 확대되어 있는 뇌실막 세포(녹색)는 뇌실의 내면을 덮고 있는 교세포의 일종으로, 뇌척수액을 분비한다. 액체로 차 있는 뇌실은 뇌의 완충 장치 역할을 한다.

자료: C. A. S. Haemmerle, M. I. Nogueira, and I-s Watanabe, "The neural elements in the lining of the ventricular-subventricular zone: making an old story new by high-resolution scanning electron microscopy," *Frontiers in Neuroanatomy*, (2015.10.28).

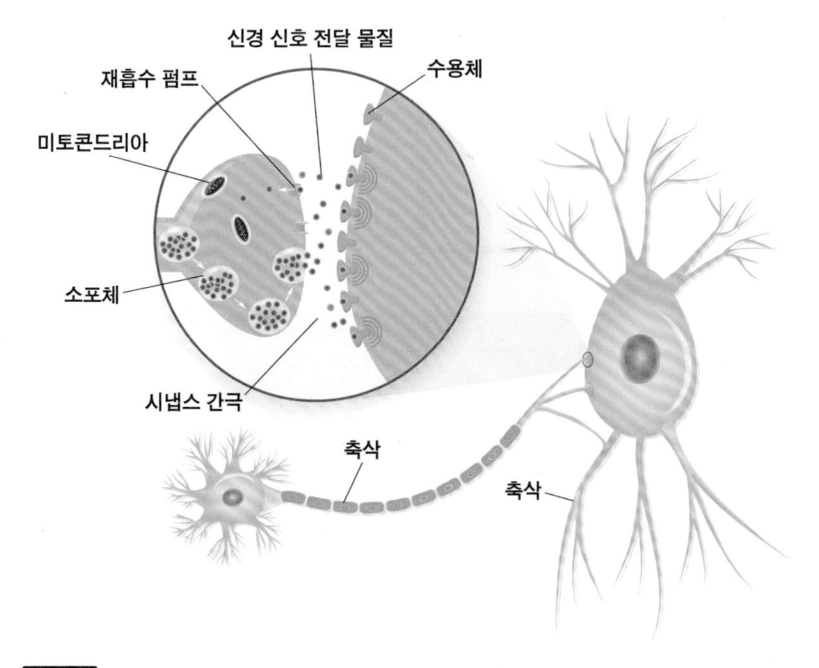

그림 6 **화학 시냅스 모식도**

전형적인 인간의 뇌 내 화학 시냅스이다. 시냅스는 뉴런 사이에 있는 좁은 간극이다. 뉴런은 대개 이 간극을 건너 퍼지는 화학 물질로 신호를 전달한다. 인간의 뇌에는 적은 숫자의 순수한 전기 시냅스가 존재한다.

그림 7 **뇌실을 묘사한 중세 그림**

뇌실은 액체로 차 있는 뇌 내 공간이다. 빅토리아 시대까지 널리 믿어왔던 (그러나 잘못된) 이 가설은 뇌의 빈 공간에 정신 기능이 위치한다는 내용이다. 미상의 화가가 그린 이 그림은 1280년에 사망한 독일의 성인이자 과학자인 알베르투스 마그누스의 『자연철학(Philosophia naturalis)』의 16세기 판본에 나온다.

자료: 1506년 작, 런던 웰컴라이브러리(London Wellcome Library) 소장.

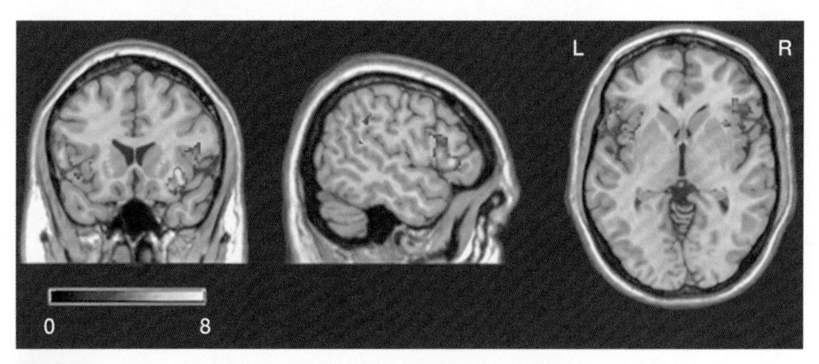

그림 8 **기능적 자기공명 영상(fMRI) 기법으로 생성된 뇌 영상**

주황색과 노란색으로 강조된 부분(좌우 하측 전두회와 우측 섬피질)은 실험 참여자가 본인의 진짜 신원을 감출 경우 활성화되는 곳이다. 2012년에 중국에서 발표된 연구의 일부이다.

자료: Xiao Pan Ding, Xiaoxia Du, Du Lei, Chao Super Hu, Genyue Fu, Guopeng Chen, "The Neural Correlates of Identity Faking and Concealment: An fMRI Study," *PLPS ONE*, 7(11)(2012.11.7), pp.e48639~e48639.

그림 9 **천두술이 이루어진 두개골**

1958년 1월 예리코의 어느 무덤에서 발굴된 이 두개골은 기원전 2200년에서 기원전 2000년 사이에 살았던 사람의 것으로 추정된다. 두개골에 보이는 여러 개의 구멍은 천두술이라는 외과 시술의 결과로 생긴 것이며, 아마도 악령을 내쫓기 위해 만들어졌을 것이다. 세 개의 구멍은 확실히 보이고, 네 번째(가장 오른쪽) 구멍은 상처가 많이 아물어 있다. 이는 수술이 죽음을 초래하지 않았다는 것을 말해준다.

자료: 런던 과학 박물관(London Science Museum) 소장.

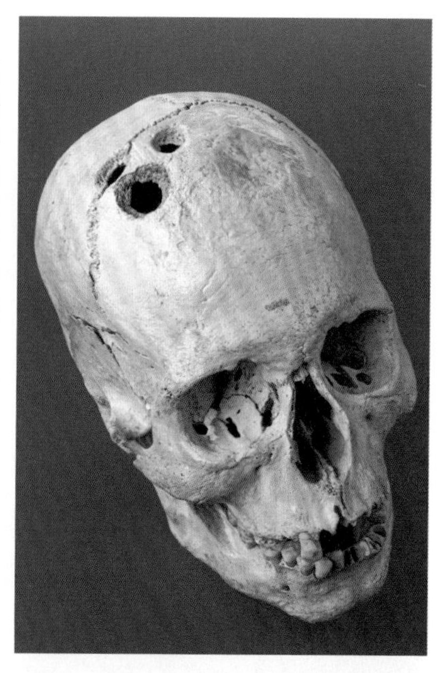

그림 10 **히에로니무스 보스가 그린 〈광기 치료〉 혹은 〈광기의 광석 제거〉(1475~1480)**

마드리드 프라도 미술관에 전시된 이 그림은 광기를 치료하기 위해 '돌'을 제거하는 천두술의 한 유형을 묘사한다. 역사학자들 사이에서는 이 치료법이 실제로 쓰였는지에 대해 의견이 분분하다.

자료: 스페인 프라도 미술관(Museo del Prado) 소장.

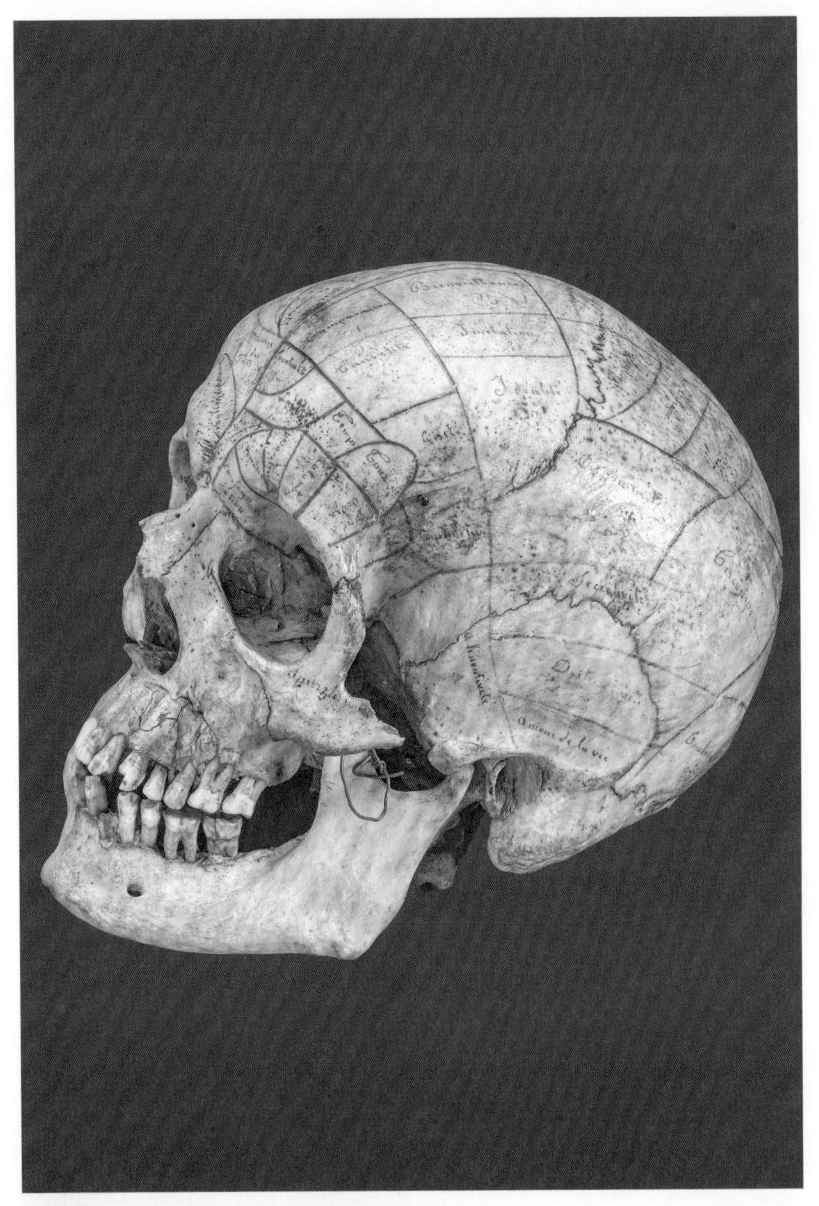

그림 11 **골상학 관련 표시가 있는 두개골**

프랑스에서 나온 것으로 추정되는 이 두개골에 새겨진 내용은 프란츠 요제프 갈의 골상학적 아이디어와 일치하는데, 그의 제자 요한 슈푸르츠하임이 개발한 체계가 반영된 표시가 보인다. 이 두개골은 골상학 설명을 위해서 글씨를 새긴 것이다.

자료: 연도 및 작자 미상, 런던 과학 박물관(London Science Museum) 소장.

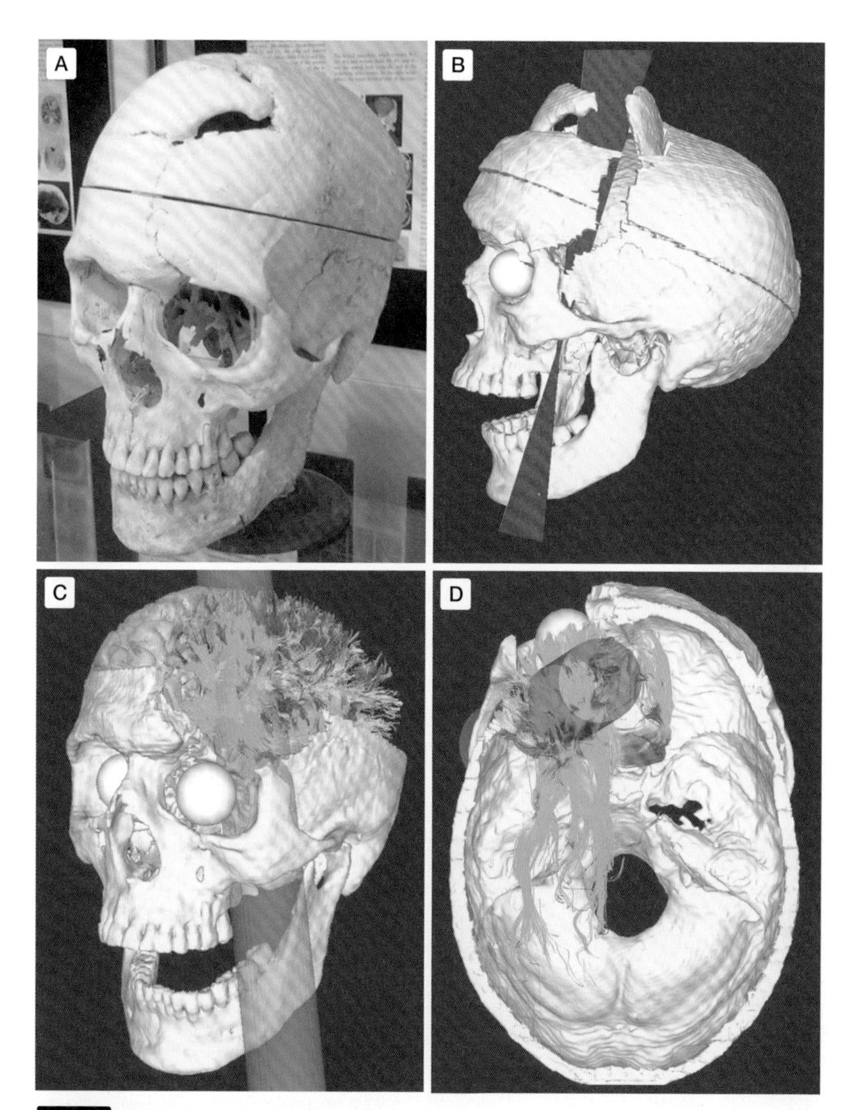

그림 12 재구성된 피니스 게이지의 뇌 부상

19세기 철도공 게이지는 작업용 쇠막대기가 뇌 앞부분을 뚫고 지나가는 사고를 겪고도 살아남은 후 신경 과학 역사상 가장 유명한 환자가 되었다. A는 하버드 의과 대학교 워런 해부학 박물관에 소장된 게이지의 두개골 사진이다. B에서 D는 쇠막대가 뇌를 뚫고 지나간 궤도와 뇌 내 결합 조직이 입은 손상을 (UCLA 연구자들이 발표한 분석에 기반해) 영상으로 재구성한 것이다. 대부분의 교과서는 게이지가 부상을 입은 후에 충동적인 성격의 건달이 되었다고 기술하나, 역사학자들은 다르게 해석하기 시작했다.

자료: J. D. Van Horn, A. Irimia, C. M. Torgerson, M. C. Chambers, R. Kikinis, A. W. Toga, "Mapping Connectivity Damage in the Case of Phineas Gage," *PLOS ONE*, 7(5)(2012.5.16), pp.e37454~e37454.

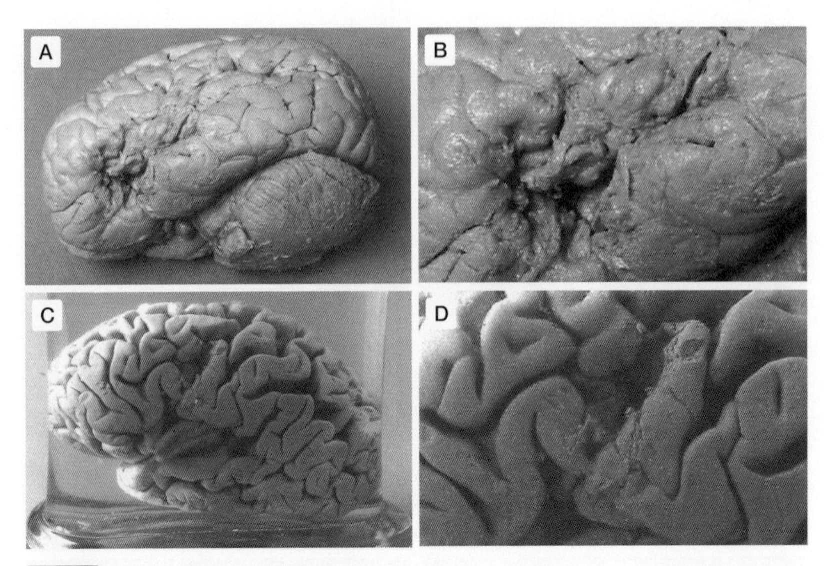

그림 13 **폴 브로카의 실어증 환자 르본과 르롱의 뇌**

A는 르본의 뇌이고, B는 그의 좌전두엽 손상을 근접 촬영한 것이다. C와 D는 각기 르롱의 뇌와 좌전두엽 손상을 촬영한 것이다. 르본을 치료한 지 수개월 후, 브로카는 84세의 르롱을 만났다. 이 실어증 환자들은 언어 기능이 뇌 전체에 퍼져 있다는 잘못된 인식을 타파하는 데 일조했다.

자료: N. F. Dronkers, O. Plaisant, M. T. Iba-Zizen, E. A. Cabanis, "Paul Broca's historic cases: high resolution MR imaging of the brains of Leborgne and Lelong," Brain: A journal of Neurology, 130(5)(2007.5), pp. 1432~1441

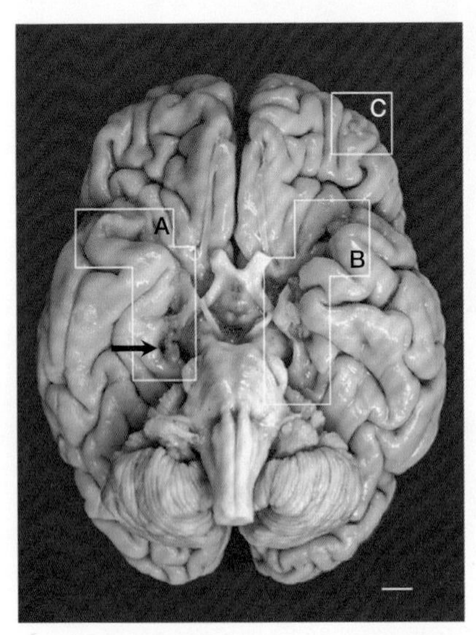

그림 14 **기억 상실 환자 헨리 몰레이슨의 뇌를 아래에서 본 모습**

1950년대에 극심한 뇌전증을 치료하기 위해 진행된 수술이 헨리의 측두엽에 남긴 손상을 A와 B 영역에서 볼 수 있다. 샌디에이고 뇌 관측 연구소 연구자들에 따르면, 검은 화살표가 가리키는 곳은 '집도의인 스코빌이 삽입한 외과용 클립이 산화되며 생긴 자국'이다. C 역시 손상된 부위다. 수술 후 헨리가 보인 극심한 기억 상실은 기억 기능이 뇌 전체에 골고루 퍼져 있다는 설을 타파하는 데 일조했다.

자료: J. Annese, N. M. Schenker-Ahmed, H. Bartsch, P. Maechler, C. Sheh, N. Thomas, J. Kayano, A. Ghatan, N. Bresler, M. P. Frosch, R. Klaming & S. Corkin, "Postmortem examination of patient H. M.'s brain based on histological sectioning and digital 3D reconstruction," *Nature Communications*, 5(2014. 1.28)

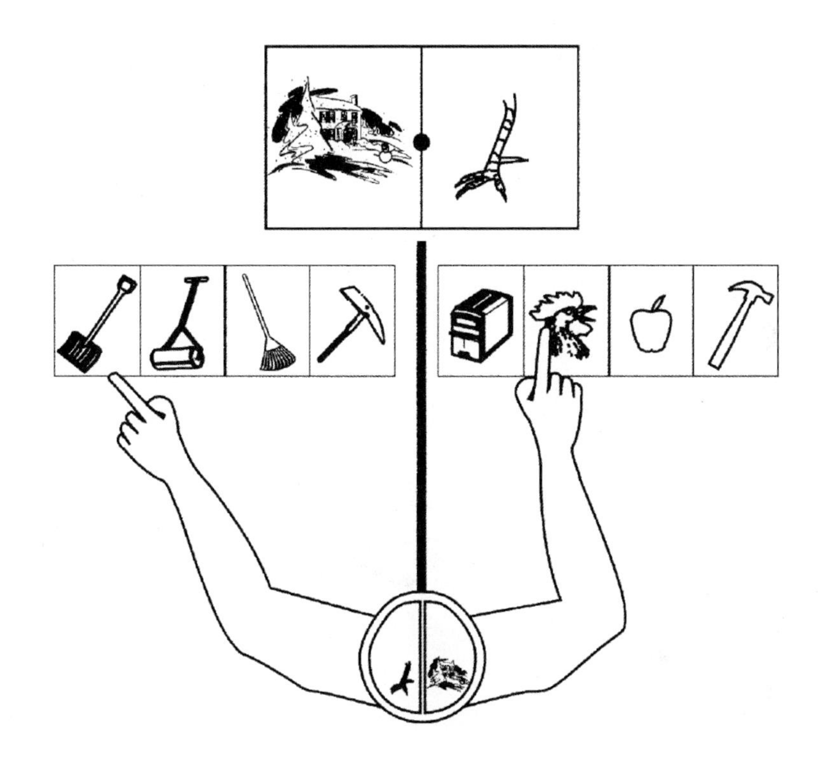

그림 15 **해석자 현상**

좌우 뇌 절개 환자가 눈앞에 보이는 그림의 테마와 맞는 그림 카드를 고르고 있다. 뇌의 양 쪽 반구를 잇는 결합 조직이 절개되었기 때문에 우뇌만이 왼쪽 그림을 보고, 좌뇌만이 오른쪽 그림을 보게 된다. 좌뇌는 우뇌가 특정 그림을 고른 이유를 지어내는 창조력을 보인다. 이는 '우뇌는 창조력, 좌뇌는 분석력'이라는 일반적인 가설에 반하는 것이다. 자세한 내용은 본문을 참조하라.

자료: Michael S. Gazzaniga, "Cerebral specialization and interhemispheric communication: Does the corpus callosum enable the human condition?" *Brain*, 123(7)(2000.7), pp.1293~1326.

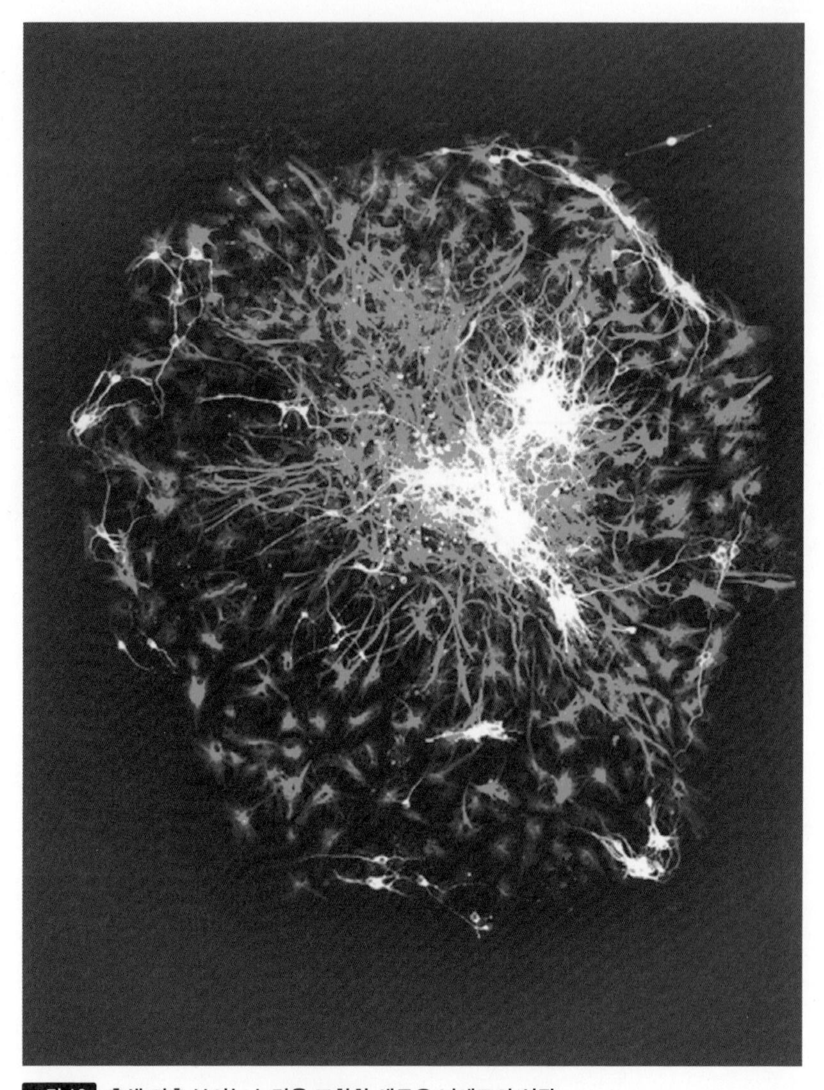

그림 16 **출생 이후 보이는 뉴런을 포함한 새로운 뇌세포의 성장**

공초점 현미경을 통해 보고 있는 이 세포들은 원래 줄기세포 혹은 '전구체 세포'였고, 다양한 유형의 특이적 세포가 될 수 있는 잠재력을 갖고 있었다. 갓 태어 난 생쥐의 뇌실에서 추출한 이 세포들은 배양 접시 위에서 다양한 유형의 세포로 분화된 것이다. 백색으로 염색된 세포는 뉴런이고, 초록색 세포는 성상세포이며, 적색 세포는 희돌기 교세포이다. 오랫동안 신경 과학계의 주류 학자들은 성체 포유류의 뇌에서는 새 뉴런이 생성되지 않는다고 믿었다. 그러나 인간 및 포유류의 줄기세포는 전 생애를 통해 새로운 뉴런으로 발생한다.

자료: 〈Postnatal neurogenesis〉, **옥스퍼드 대학교 프랜시스 젤레**(Francis Szele) **연구실 소속 장은혁**(Eunhyuk Chang) **작품.**

그림 17 **뇌의 실제 크기 모형**

왼쪽부터 오랑우탄, 사람, 아시아 코끼리, 참고래의 뇌 모형이다. 뇌의 크기가 뇌의 기능과 항상 비례하지는 않는다. 만일 크기가 뇌의 기능을 결정한다면, 고래와 코끼리가 지구에서 가장 천재적인 종이 될 것이다. 고래와 코끼리의 뇌의 무게는 각각 9킬로그램 및 4.7킬로그램인 반면, 사람의 뇌는 1.3킬로그램에 지나지 않는다.

자료: 워싱턴 D.C. 스미소니언 국립 동물원, 저자가 촬영함.

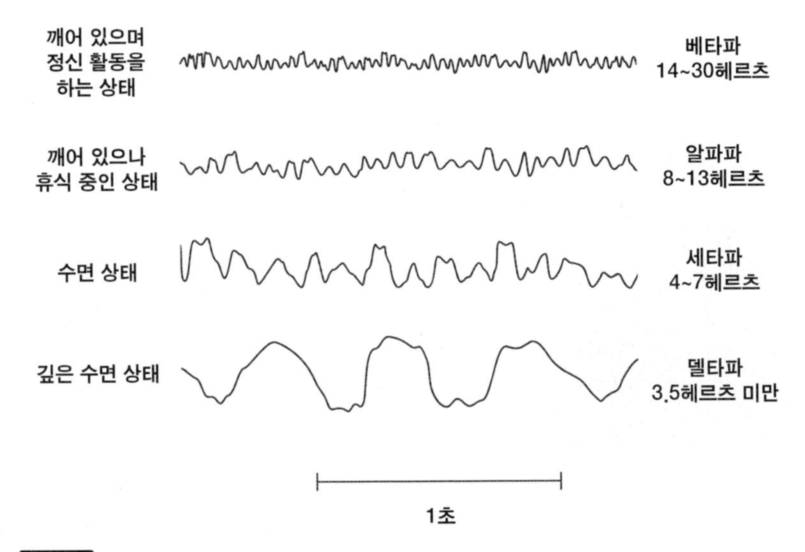

그림 18 **뇌전도(EEG)로 기록한 성인의 뇌파**

뇌전도는 두피에서 탐지되는 전기 활성도를 기록한다. 그림에 나타난 바와 같이, 사람의 활동에 따라 전기 활성도의 주파수는 달라진다. 뇌전도는 최근에 개발된 기기인 기능적 자기 공명 영상과 비교해 월등한 순간적 해상력을 자랑하는 반면(예를 들어 1000분의 1초 단위 수준으로 뇌 활성의 변화를 기록할 수 있다), 공간 해상력은 거의 없다.

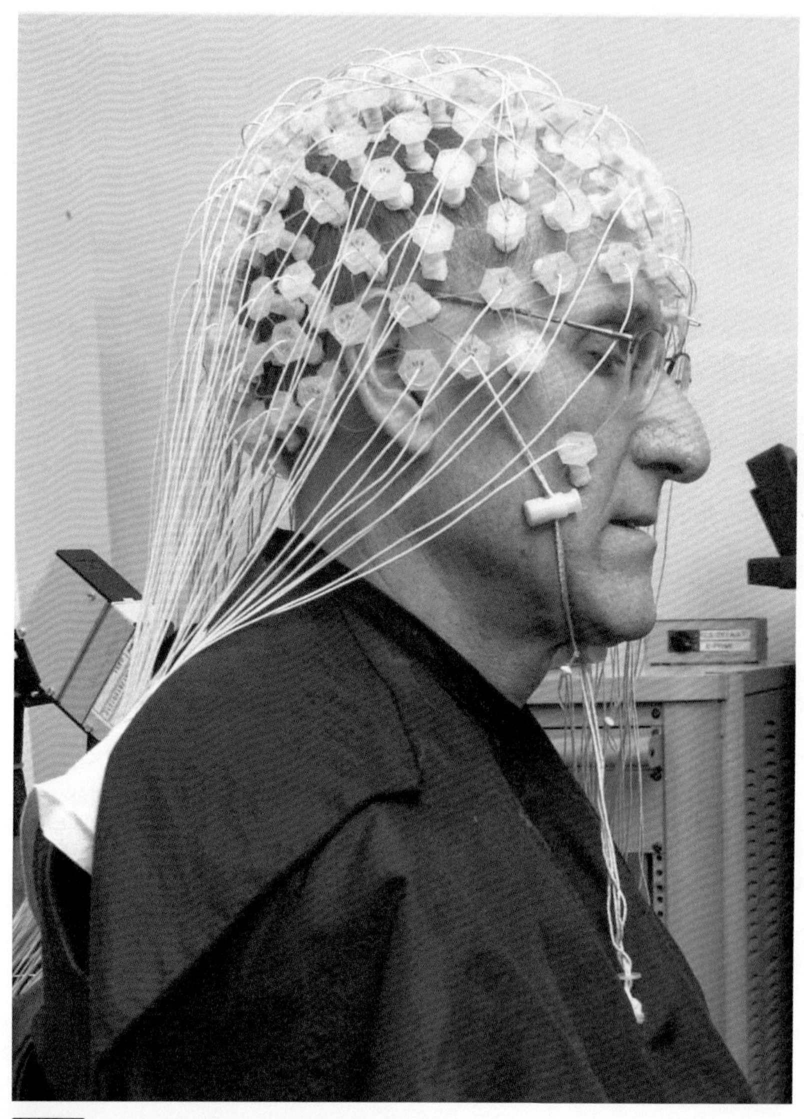

그림 19 **뇌전도로 기록한 명상하는 스님의 뇌파**

경험이 풍부한 명상가에게서 '알파 영역'(8~12헤르츠)의 뇌 활동이 증가한다는 것을 1960년대 연구자들이 발견했다. 이후 사람들은 알파 뇌 활동을 증진시키는 방법을 배우면 희열과 깨달음을 경험할 수 있다고 생각했고, 그렇게 뉴로 피드백 열풍이 불었다. 그러나 과학자들은 단순히 눈만 감아도 알파파가 증가한다는 사실을 지적했다.

자료: Antoine Lutz, "Barry Kerzin meditating with EEG for neuroscience research," https://en.wikipedia.org/w/index.php?title=File:Barry_Kerzin_meditating_with_EEG_for_neuroscience_research.gif(검색일: 2020.3.10).

그림 20 내이에 있는 섬모 또는 '유모'세포

사람이 시각, 청각, 미각, 촉각, 후각이라는 오감을 가지고 있는 것은 '사실'이라고 인정되고 있다. 그러나 신체의 균형을 잡는 전정 감각을 포함해 오감보다 많은 감각을 가지고 있는 것이 현실이다. 이 전자 현미경 사진에서 보이는 섬모 세포는 전정계의 일부로, 머리를 기울이는 것과 같은 방향 변화의 감지를 돕는다.

자료: A. Forge, R. R. Taylor, S. J. Dawson, M. Lovett and D. J. Jagger, "Disruption of SorCS2 reveals differences in the regulation of stereociliary bundle formation between hair cell types in the inner ear," *PLOS GENETICS*, 13(3)(2017.3.27), e1006692.

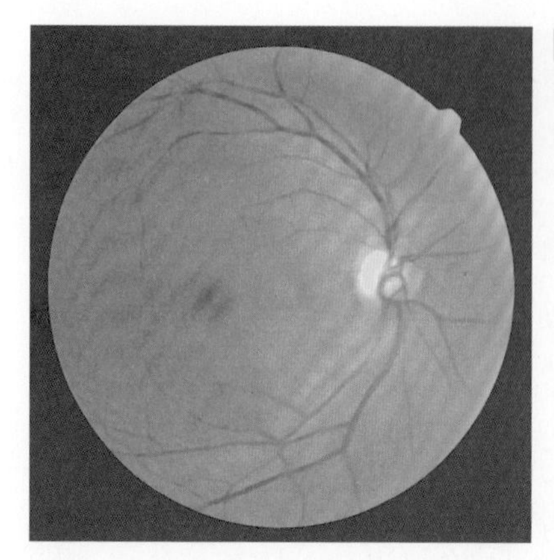

그림 21 **망막의 맹점**

혈관이 시신경 유두에서 뻗어 나와 있다. 망막에 있는 시신경 유두가 바로 '맹점'으로, 이곳은 시신경과 혈관이 눈으로 들어가는 곳이다. 맹점에는 빛을 감지하는 세포가 없어서, 이곳에 도달하는 빛을 감지할 수 없다.

그림 22 **격자판 음영 착시**

믿기 어렵지만 A와 B로 표시한 정사각형은 같은 회색이다. 이러한 착시는 우리의 감각이 현실과 얼마나 다르게 느끼는지 보여준다. 자세한 설명은 본문 313쪽에 나와 있다. 그림은 MIT의 에드워드 애덜슨이 만들었다.

자료: E. H. Adelson, "Checker shadow illusion," Perceptual Science Group @ MIT, http://persci.mit.edu/gallery/checkershadow(검색일: 2020.3.10).

그림 23 **뇌 동맥류**

머리의 동맥 사진으로, 경동맥의 동맥류를 나타내고 있다. 파열된 동맥류는 뇌졸중의 원인 중 하나다.

자료: Choulakian, A., D. Drazin, M. J. Alexander, "Endosaccular treatment of 113 cavernous carotid artery aneurysms," *Journal of Neurointerventional Surgery*, 2(2010.11.21), pp.359~362

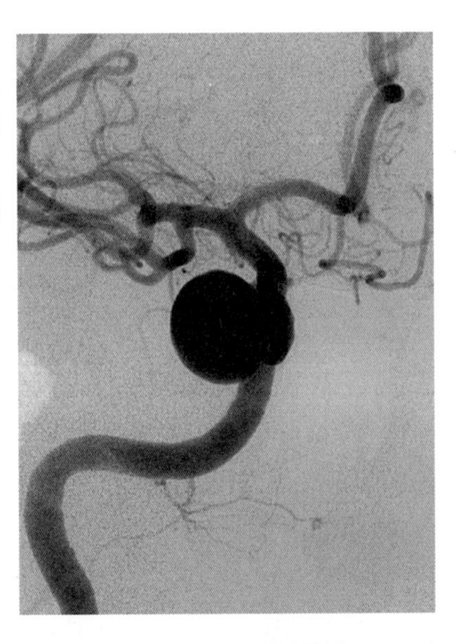

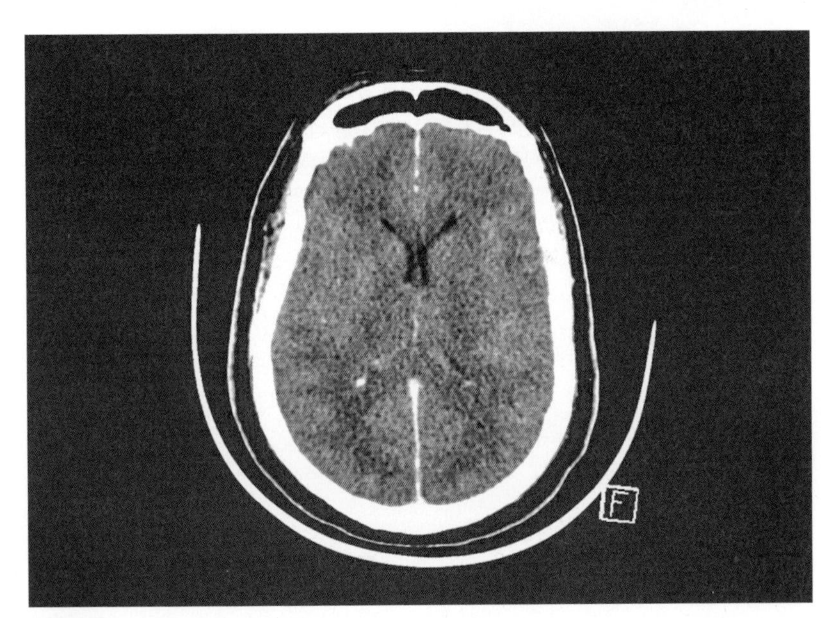

그림 24 **뇌사 상태 남성의 CT 사진**

대뇌 부위와 전두엽의 백질, 회백질이 비가역적으로 손상되어 있다. 환자가 뇌사 상태로 판명되면 환자나 가족의 동의하에 장기 기증을 위해 장기를 적출할 수 있다.

자료: Frampas, E., M. Videcoq, E. de Kerviler, F. Ricolfi, V. Kuoch, F. Mourey, A. Tenaillon and B. Dupas, "CT Angiography for Brain Death Diagnosis," *American Journal of Neuroradiology*, 30(8), pp.1566-1570.

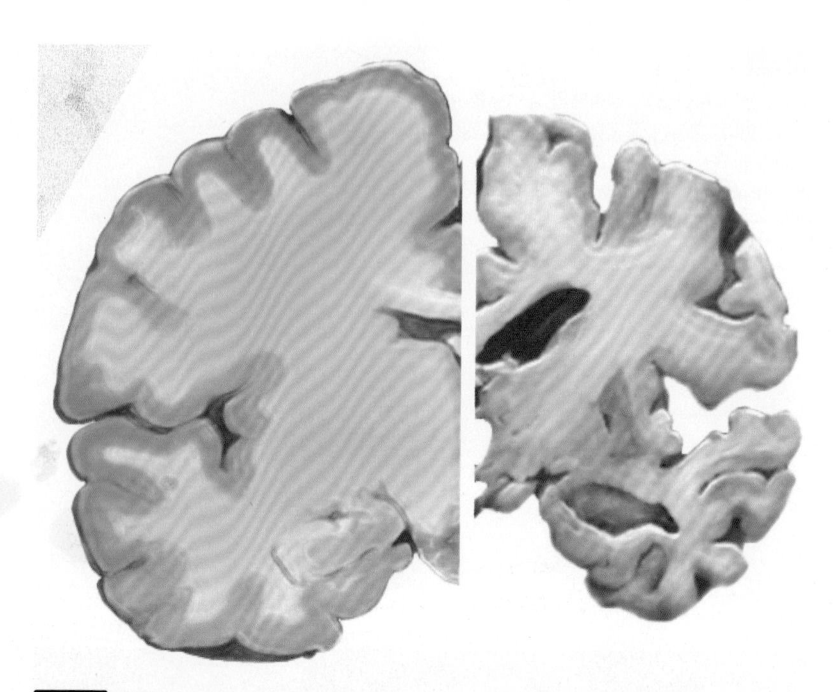

그림 25 **건강한 사람과 알츠하이머병 환자의 뇌를 비교한 사진**

이 사진은 옆에서 바라본 뇌의 단면도이다. 왼쪽은 건강한 뇌고, 오른쪽은 알츠하이머병 환자의 뇌다. 알츠하이머 환자의 뇌는 전체적으로 줄어들어 있고, 특히 측두엽이 심하게 손상되어 있다.

자료: National Institute on Aging, National Institutes of Health Image Gallery, "Healthy Brain and Severe AD Brain."

6장
기술과 음식에 관련된 신화
Technology and Food Myths

신경 과학 분야 출판물의 대부분이 뇌 스캔 연구에서 나온 결과에 지나치게 초점을 맞추고 있고, 신경 영상 기술이 거짓말 탐지부터 마케팅에 이르기까지 모든 것을 바꿀 수 있다는 주장도 자주 나온다. 현대 기술의 잠재적 폐해, 예를 들어 인터넷이 뇌에 미치는 영향에 관한 신화도 생겼다. 또한 컴퓨터 기반 뇌 훈련이나 신경 제어를 이용해 전통적 형태의 운동과 연습을 하지 않고도 우리의 뇌를 완전하게 조종할 수도 있을 것이라는 역설적인 이야기도 있다. 이 장에서는 이러한 기술을 향한 팽배한 기대와 두려움을 객관적으로 검토하고자 한다. 아이큐를 높이고 치매를 치료할 수 있다고 알려진 '뇌 식품'에 관한 신화도 그 결론을 도출하고자 한다.

신화 27

뇌 스캔으로 당신의 마음을 읽는다

마음은 블랙박스에 봉인되어 있어서 이제까지 외부 세계에 노출된 적이 없는 상태와 같다. 그러나 내성법introspection, 內省法과 뇌 상해 환자와 인지 및 기억의 한계를 검증해 마음에 있을 법한 내부의 작동 원리를 찾아내는 기발한 심리학 실험에서 그 관찰의 실마리가 생겼다. 1990년대 들어 기능적 자기 공명 영상이 나오면서 블랙박스의 뚜껑이 활짝 열렸다(220쪽 〈그림 8〉 참조).

1960년대 말부터 뇌 스캔 기술의 하나인 양전자 방사 단층 촬영이 있었으나, 이는 방사성 동위 원소의 주사를 수반하는 불편함이 있었다. 외부에서의 물질 주입이 필요 없는 기능적 자기 공명 영상의 출현으로 심리학자들은 실험 참가자를 모집하기가 쉬워졌다. 심리학자들은 참가자가 정신적인 일을 하는 동안 뇌의 활동을 스캔해 뇌의 특정 부위의 활성도를 관찰했다. 지금까지 기능적 자기 공명 영상을 기반으로 연구해 출판된 논문과 보고서는 13만 편에 달한다.[1]

이러한 기술로 인해 연구비와 대중 매체의 관심은 지속적으로 증가하고 있다. 인상적이고 새로운 뇌 영상 기계로 연구를 수행한 심리학자들은 오랫동안 갈구해 왔던 과학적 신빙성을 쌓아왔다. 천문우주학자가 우주 공간을 볼 수 있는 위력적인 망원경을 사용하는 것처럼, 이제 과학자들은 마음을 들여다볼 수 있는 기구를 갖게 되었다. 적어도 심리학적 연구를 통해서 작동 중인 뇌를 보여주는 이미지를 만들 수 있다(혈류의 변화를 통해 뇌의 활동을 간접적으로 측정한다는 한계가 있지만 말이다). 개인적이고 주관적인 세계가 공공의 객관적인 세계가 되었다. "이전에는 볼 수 없었던 것을 볼 수 있는 새로운 방법이 출현한 것처럼 과학자에게 환상적인 일은 없다"라고 매라 매더Mara Mather 연구팀이 심리학 분야의 학술지 특별호에서 언급했다.[2]

이는 신문이나 잡지 편집인에게도 마찬가지로 꿈과 같았다. 새롭게 보고되는 뇌 영상 연구는 눈에 확 들어오는 컬러의 해부학 이미지를 보여준다. 이미지는 똑똑하고 '과학적'으로 보이며, 게다가 색깔로 표시된 영역은 직관적이기까지 하다. 이 그림은 마치 "여기 봐! 여기가 열심히 일하고 있는 뇌의 부분이야!"라고 소리치는 듯하다.

대중 매체의 머리기사는 뇌로 들어오는 힘찬 혈류로 가득했다. 2007년 ≪파이낸셜타임스Financial Times≫는 "인류 역사 이래 처음으로 인간의 직관이나 미신적인 방법이 아닌 과학적 방법으로 사람의 마음을 읽을 수 있게 되었다"라고 대서특필했다.[3] 다른 대중 매체도 망상에 가까운 어조로 이에 관한 보도를 했다. 2009년 ≪선데이타임스≫는 "과학자들은 당신이 무엇을 생각하는지 알고 있다: 뇌 스캔 기술이 진보했다"라고 보도했다.[4] 기자들은 뇌 영상 기계를 마음을 보고 읽음으로써 우리의 깊은 생각과 욕망까지도 끄집어낼 수 있는 기술로 표현했다. 이와 같은 망상이 전혀 근거가 없는 것은 아니다. 오늘날 기기 개발 회사들은 이와 같은 기술이 거짓말 탐지기에도 사용될 수 있으며, 더 나아가서 구매자의 선택을 예측하는 데 사용될 수 있다고 이야기한다.

마음 읽기 열풍

뇌 스캔에 관한 대중 매체의 기사가 기술의 힘을 과장하는 결과를 빚기도 한다. 2005년 에릭 래신Eric Racine 연구팀이 조사한 바에 의하면, 기사의 67퍼센트가 이 기술의 한계에 대한 설명을 담고 있지 않았으며, 단지 5퍼센트 정도만 비평을 싣고 있었다.[5] ≪뉴욕타임스≫는 적어도 2회에 걸쳐 뇌 스캔이 가져올 결과에 대해 엄청난 주장을 담은 기사를 게재했다. 이 두 담론은 신경과학자와 심리학자에게 오명을 가져왔다. 2006년, "정치를 보는 당신의 뇌는 이와 같다"라는 제목의 기사에서 마르코 아코보니 연구팀은 정치 후보자의 사진과 비디오를 부동층 투표권자 보여주는 동안 이들의 뇌를 기능적 자기 공명 영상으로 스캔한 결과를 보고했다.[6]

뇌의 전반적인 활동과 뇌의 특정한 부위에 나타난 활성 수위에 근거해서, 이들은 놀랍게도 여러 가지 특정한 주장을 내놓았다. 공화당 대통령 후보 밋 롬니를 본 사람의 편도체(감성에 관여하는 부위)에서 초기에 높은 활성이 나타났는데, 과학자들은 이를 투표자의 열망으로 해석했다. 투표권자가 좋아하지 않았던 존 에드워즈John Edwards는 이들의 뇌도insula 부위의 활성을 크게 자극했는데, 이는 투표권자들의 감정이 '상당히 커질 수 있는' 것으로 파악했다. 오바마의 경우는 다른 문제가 있었는데, 그를 본 사람들의 뇌에서 전반적으로 활성이 거의 촉진되지 않았다. 아코보니 연구팀은 "이러한 결과는 오바마가 강한 인상을 만들어야 한다는 것을 말해준다"라고 발표했다.

이 기사가 신문에 실리자, 곧 런던 대학교의 크리스 프리트Chris Frith와 뉴욕 대학교의 리즈 펠프스Liz Phelps와 같은 미국의 저명한 신경 영상 전문가들은 ≪뉴욕타임스≫ 기사들 중 "투표권자가 대통령 후보자의 사진을 보는 동안 이들의 뇌를 들여다보면, 이들의 마음을 직접 읽는 것이 가능하다" 같이 허무맹랑한 인상을 줄 수 있는 부분을 수정할 것을 요청했다.[7]

이 분야의 전문가들은 뇌의 특정 부위의 활성으로 특정한 정신 상태를 추정할 수 없다고 지적했다. 편도체는 열망(이 점에 대해서 나중에 더 논의할 예정임)뿐만 아니라 '각성이나 긍정적 정서'에도 가담한다. 물론 이제 우리도 잘 알다시피, 이 얄팍한 특집 기사의 예고와 반대로, 일 년도 채 되지 않아 오바마는 미국 최초의 흑인 대통령으로 당선되었다.

비슷한 오류가 2011년 뇌 영상에 관한 특집 기사에도 있었는데, 아이폰과 관련된 것이었다.[8] 소비자 행동 분야의 대가를 자칭하는 마르틴 린드스트룀Martin Lindstrom이 소비자의 뇌 영상을 연구한 결과, 사람들이 사용하는 아이폰의 모양과 소리가 소비자의 뇌도 피질의 활성을 유도하는데, 이는 사람들이 그들의 폰을 정말 좋아하는 징조라고 주장했다. "실험 참가자가 자신의 이성 친구나 가족이 가까이 있을 때 반응하는 것처럼, 이들의 뇌가 아이폰의 소리에 반응했다"라고 린드스트룀은 발표했다.

그러나 주류의 신경 영상학계 학자들은 조잡한 뇌 스캔 연구를 마음을 읽는 수단으로 호도한다며 격분했다. 텍사스 대학교 오스틴 캠퍼스의 러셀 폴드랙Russell Poldrack을 비롯한 40여 명의 국제적인 신경 영상 전문가들은 해당 논문에 대한 우려를 신문에 기고했다. "그가 '사랑과 연민의 감정과 연관된' 곳으로 짚은 뇌도 피질은 뇌 영상 연구의 3분의 1 이상에서 그 활성도가 높게 나타났다."[9]

물론 이렇게 그럴싸하게 마음 읽기를 주장하는 매체가 ≪뉴욕타임스≫만 있는 것은 아니다. 뇌 스캔 실험의 결과를 지나치게 추정해 선견지명의 마음 읽기 기기로 소개하는 일련의 기사들이 계속 나오고 있다. ≪라이브사이언스Live Science≫ 웹사이트가 2012년 밸런타이데이에 맞추어, 기능적 자기 공명 영상에 대한 설명도 없이 "여러분의 인간관계의 지속 여부를 뇌 스캔으로 알 수 있다"든지, "당신이 애인 사진을 보는 동안 과학자들은 당신 뇌에서 기쁨으로 빛나는 부위를 찾아낼 수 있다"라는 기사를 올렸다.[10] 2007년에 ≪포브스Forbes≫는 "당신이 쇼핑할 때의 뇌"라는 제목의 기사에서 "사람들이 어떤 물건을 올바르게 구매할 것인지 예견하는 방법을 개발하고 있다"라고 설명했다.[11]

대중 매체가 뇌 영상 결과를 오도하는 여러 방식이 있다. 래신 연구팀이 명명한 '신경-현실주의neuro-realism'는 뇌 활동을 계측해 침술로 인한 진통 효과가 상상에 의한 것이 아니고 '진짜'임을 밝히는 실험 같은 것을 말하고, '신경-본질주의neuro-essentialism'는 영상 결과를 사용해 '너의 뇌는 무엇을 할 수 있다'거나 '뇌가 언어를 저장하는 방법'과 같이 뇌에 개성을 입히고 강화시키는 것이다. 부분론은 부분과 전체의 관계를 추상적으로 연구하는 학문인데, '부분론적 착각' 같은 개념은 이를 토론하는 것 자체가 오류를 가져올 수 있다. 이는 뇌가 혼자 할 수 있는 것이 없기 때문이다. '컨셔스 엔티티스Conscious Entities'라는 블로그의 운영자 피터 핸킨스Peter Hankins[12]는 "사람은 하나의 완전한 개체로서만 생각하거나 신념을 가질 수 있다"라고 말한다.

이러한 여러 열풍에도 불구하고, 2011년 발표된 조사에 의하면[13] 적어도 영국의 경우 대부분의 일반 대중들은 이런 주장을 무조건 믿지는 않는 것으로 나타났다. 조애나 와들로Joanna Wardlaw 연구팀은 영국 시민 660명의 답변을 분석한 결과, 우리가 무엇을 생각하고 있는지 알아내는 방법으로 기능적 자기 공명 영상을 부분적으로 사용할 수 있다고 답을 한 사람은 34퍼센트에 지나지 않았다('전혀 그렇지 않다'는 61퍼센트였다).

어지러운 현실

대중 매체의 이야기에는 나타나 있지 않지만 신경 과학자(그리고 이런 기삿거리에 열광하는 기자들)에게 현실적인 문제는 기능적 자기 공명 영상에 나타나는 복잡한 뇌 활동을 어떻게 정확하게 해석할 수 있느냐에 있다. 뇌는 실험적 임무에 몰두하든 하지 않든 언제나 바쁘고, 뇌 전반에서는 끊임없이 변동이 일어난다. 증가한 활성도 모호하기는 마찬가지다. 이는 단순한 흥분의 결과도 아니고, 모종의 억제가 증가되어 나타난 것일 수도 있다. 사람들의 뇌는 그 행동 패턴이 매일, 매분, 매초에 따라 다르다. 어떤 상황에서 형성된 인지와 뇌의 연관이 다른 상황에서도 반드시 존재하는 것은 아니다. 또한 각 개인의 뇌는 독특해서, 나의 뇌와 당신의 뇌는 같은 방식으로 작동하지 않는다. 그렇기 때문에 주의 깊게 조절된 연구를 고안하고, 그 결과를 해석하는 방법을 터득하는 일이 가장 중요하다.

이 분야의 연구에서 어려운 점이 계속해서 보이는데, 이는 당연한 것일지 모른다. 2009년 MIT의 에드 불Ed Vul 연구팀이 저명한 사회 신경 과학 학술지에 게재된 신경 영상 관련 논문들을 분석한 결과, 많은 수의 논문들에서 잘못된 결과를 도출할 수도 있는 심각한 통계학적 오류가 발견되었다고 보고했다. 「사회 신경 과학의 주술적 연관성Voodoo Correlations in Social Neuroscience」이라는 제목의 논문이 온라인에 처음 발표되었는데, 이 논문이 공식적으로 출판되기도 전에 격렬한 논쟁이 끓기 시작하자 이를 진정시키기 위해서 그 제목을 교묘한 단어로 재빠르게 바꾸었다.[14]

에드 불 연구팀은 방법론적 문제를 제기했는데, 이들이 조사한 대부분의 뇌 영상 연구들에 대해 일종의 '이중 적용double dipping' 문제를 지적했다. 이중 적용은 연구자들이 특정한 뇌 영역에서 수집한 데이터에 대한 가설을 검증하기도 전에 관심 있는 조건(예를 들어 사회적으로 고립된 감정)에 반응하는 뇌 영역을 찾기 위해서 전반적인 분석에 일차적으로 적용하는 시도이다. 여기서 일어나는 근본적 오류는 동일한 데이터가 두 단계에 걸쳐서 사용되는 것이다. 에드 불 연구팀은 이와 같은 실험 과정을 사용하는 연구들이 뇌와 행동 사이의 의미 깊은 연관을 찾을 확률은 매우 높다고 설명했다. 비난에 대해서 논문의 일부 저자들이 강도 높게 반박했으나, 이 분야의 위상은 이미 손상되었다.

수준이 낮은 뇌 영상 연구에서 사용되었던 결함 많은 통계를 적용한 도발적인 논문 한편이 2009년 발표되었다(이 논문은 2012년에 이그노벨상을 수상했다).[15] 이 논문은 대서양에서 잡은 죽은 연어에서 의미성 높은 뇌 활동이 관찰되었다는 증거를 제시했다! 2013년 명망 높은 학술지 ≪네이처 리뷰 뉴로사이언스Nature Reviews Neuroscience≫에 발표된 한 리뷰는[16] 신경 과학 분야의 대부분 연구가 사용한 뇌 구조 영상(뇌 기능 영상도 마찬가지임)의 질이 형편없이 낮아서 실제 효과를 탐지할 만한 결과를 거의 제시하지 못하며, 따라서 이들 논문은 조작된 발견일 가능성이 높다고 지적했다.

신문에 보도된 마음 읽기와 관련된 (예를 들어 배우자에 대한 사랑, 구입하고 싶은 최신 기기에 대한 관심을 다루는) 기사들에 대해 두 가지 특별한 관점을 상세하게 정리할 필요가 있다.

첫 번째 관점은 ≪뉴욕타임스≫에 기고된 전문가의 의견에 나타나 있다. 첫 번째 문제는 '역추론'이다. 기자들(그리고 대다수 과학자들)은 특정한 뇌 영역의 기능에 관한 과거의 증거를 토대로 영상 결과에 대해 조급한 결론을 내린다. 예를 들어, 사람들이 불안할 때 편도체가 활성화된다는 것이 여러 번 확인되었다는 이유로 새로운 실험에서 발견된 편도체의 활성을, 그 맥락이 완전히 다른데도 불구하고 불안으로 해석하는 오류에 빠지기 쉽다는 점이다.

폴드랙 연구팀은 ≪뉴욕타임스≫ 기고에서 이는 애매모호한 논리라고 설명했다. 편도체의 활성은 불안 외에 다른 여러 정서 및 정신적인 경험과 연관된다. 고도의 불안감은 편도체뿐만 아니라 뇌의 다른 많은 영역의 활성을 증가시키는데, 종종 편도체의 활성으로 나타나지 않을 때도 있다. 이러한 논리는 마음 읽기와 관련한 언론 보도에서 자주 인용되는 뇌도, 전측뇌상회, 전두엽의 소구역과 같이 뇌의 다른 영역에도 적용할 수 있다.

신문에 게재된 마음 읽기와 관련된 기사를 읽을 때 기억해야 할 두 번째 중요한 사항은, 여러 명의 실험 참가자의 뇌에 나타난 '평균적인 활성'에 근거해 작성된 뇌 스캔 결과라는 점이다. 평균적으로, 사람들이 정말 사랑하는 사람의 사진을 볼 때 뇌의 특정한 부위에서 활성이 커지는 반면 좋아하지 않을 때는 커지지 않을 수 있다. 뇌 활성 증가가 어떤 이의 뇌에서는 일어나지 않을 수도 있다는 점이다. 기분, 피로, 개성, 배고픔, 하루의 시간대, 업무 지시, 경험, 그리고 셀 수 없는 여러 가지 요인들이 한 사람의 임의의 시간에 관찰되는 특정한 활성 양상에 간섭할 수 있다. 실험 참가자들의 평균치는 개인의 차이를 상쇄한다. 결정적으로 뉴스에 자주 등장하는, 평균 처리를 거친 이러한 발견들은 과학자들이 마치 '당신'의 뇌를 통해 '당신이 무엇을 생각하는지' 볼 수 있다는 듯한 말도 안 되는 논리를 만든다.

신경 영상이라는 이름의 아기 보호하기

우리는 이제까지 어떻게 대중 매체가 뇌 영상 과학에 대해 열광하면서 지나치게 단순화해 왔는지 살펴보았다. 중요한 사실은 우리가 아기를 목욕탕에 혼자 두지 말아야 하는 것처럼, 기대가 큰 분야의 기여를 과소평가하지 말아야 한다는 것이다. 또 분명한 것은 실제로 모든 전문가가 기능적 자기 공명 영상 기기가 마음의 움직임을 볼 수 있는 창을 제공할 수 있는 중요한 기기라는 점에 동의한다는 것이다. 뇌의 특정한 부분이 작동할 때는 더 많은 혈류가 그 부분으로 유입되어 산소가 가득한 혈액을 공급한다. 스캔 기기가 이러한 변화를 탐지하는 것을 이용함으로써 우리는 생각할 때 뇌에 무슨 일이 일어나는지 알 수 있게 된다. 30년 전만 하더라도 이는 기적에 가까운 것으로 보였을 것이다. 이 기술은 정신적 과정의 심리학적 모델을 검증하고, 보완하며, 개선하는 데 사용될 수 있다. 또한 뇌 스캔은 기능적인 뇌 구조와 뇌 네트워크의 역동적인 상호 작용을 이해하는 데 크게 기여했다.

2013년 ≪퍼스펙티브스 온 사이콜로지컬 사이언스Perspectives on Psychological Science≫ 특별호는 기능적 자기 공명 영상이 심리학 이론에 기여한 내용을 집중적으로 다루었다.[17] 여기서 데니즈 박Denise Park과 이언 맥도너Ian McDonough[18]는 이 기기가 노화를 단순하고 피동적인 쇠퇴 과정(실제로도 뇌는 상실된 기능에 반응하고 적응한다)으로 보는 전통적 관점을 재평가하는 기회를 마련했다고 주장했다. 마이클 러그Michael Rugg와 샤론 톰슨실Sharon Thompson-Schill[19]은 뇌 영상에서 나타나는 색깔은 각기 다른 영역에도 나타나지만 겹치는 양상으로 나타난다는 것을 파악하는 데 뇌 영상이 크게 공헌했다고 설명했다. 마찬가지로, 우리가 암기할 때 뇌 영상으로 분석한 색깔의 분포를 통해서 우리는 인식과 기억을 더 일반적으로 이해하게 되었다.

뇌 영상 데이터를 해독해서 사람들의 생각과 느낌의 종류를 추측할 수 있는 방식을 개발하는 흥미로운 연구팀도 있다. 예를 들어, 2011년 버클리 소재 캘리포니아 대학교의 연구팀은 영화의 한 장면을 시청하는 사람의 뇌를 기능적 자기 공명 영상으로 기록해 시각 피질의 활동을 정리함으로써, 뇌 활동을 조사할 때 상영된 영화를 추측할 수 있다고 발표했다.[20] 카네기멜런 대학교의 연구팀은 2013년에 발표한 논문에서[21] 사람들이 이전에 경험했던 감정으로 나타난 뇌 활동의 양상을 바탕으로 그 사람이 경험했던 감정을 알아낼 수 있다고 보고했다.

이러한 결과가 놀랍다는 점에는 의심의 여지가 없다. 그러나 이것이 신경 과학자들이 당신의 뇌를 스캔해 당신의 생각을 읽어낼 수 있다는 뜻은 아니다. 〈PBS 뉴스아워PBS NewsHour〉에 출연한 캘리포니아 영화 연구 분야의 선도적 연구자는 "우리는 마음을 읽지 않는다. 여러분의 뇌를 들여다보고 여러분의 머리에 있는 그림을 재구성하는 것은 더욱 아니다. 우리는 여러분의 뇌 활동을 읽고, 그 뇌 활동을 사용해 여러분이 보았던 것을 재구성할 뿐이다. 두 가지는 매우 다른 것이다"라고 설명했다. 반복해서 이야기하자면, 연구자는 영화를 본 사람이 어떤 마음을 갖고 있었는지 간파할 수 없다. 다만 과학자들은 뇌 활동의 일부를 기반으로 당시에 시청자에게 보여준 내용이 무엇인지를 알아낼 수 있을 뿐이다.

카네기멜런 대학교에서 수행한 감정 연구는 감정을 연기하는 배우를 대상으로 진행되었는데, 이를 통해 뇌 활동을 기반으로 감정을 해석할 수 있도록 해석 프로그램의 데이터를 구성했다. 이는 기념할 만한 데다가 다른 사람들이 따라 할 만큼 탁월한 과학적 업적임에 틀림없으나 실제 감정을 읽을 수 있는 것은 아니다. 우리는 이 분야에서 벌어지고 있는 발전과 그 가치를 발견하는 한편, 이제까지 이루어진 업적을 과대평가하지 않는 균형이 필요하다. 뉴로스켑틱 블로거는 트위터에 "신경 열풍neurohype과 신경 속임수neurohumbug 사이에 있는 신경 과학의 길은 매우 협소해서, 이에 대한 답을 찾기는 여간 어려운 것이 아니다"라고 쓰기도 했다.

'마음 읽기' 활용

뇌 신화가 사실을 종종 왜곡하는 원인은 흥미로운 과학적 발견을 현실에 바로 적용하는 것으로 성급하게 추론하는 데 있다. 뇌 영상에 관한 실질적인 경고에도 불구하고, 기능적 자기 공명 영상 뇌 스캐너를 마음 읽기 기구로 사용하는 방도를 찾고 있는 사업가와 (여러분의 시각에 따라) 기회주의자 혹은 예견가의 수가 증가하고 있다. 이러한 현상의 세 가지 관점을 살펴보고, 그 실제와 허구를 가려보자.

거짓말 탐지기

기능적 자기 공명 영상 스캐너를 거짓말 탐지기로 사용하고자 하는 발상은 법의 관점에서 볼 때 가장 큰 논쟁거리이다. 주요 대중 매체가 대중보다 더 잘 속는 것 같다. 앞서 언급한 영국 대중의 의견 조사에서 답변자의 62퍼센트가 기능적 자기 공명 영상이 "일정 수준에서" 거짓말을 탐지할 것이라는 공정한 평가를 했다(반면에 5.6퍼센트는 "매우 우수하게"라고 응답해, 지나치게 과신하는 것으로 보였다).

이 영역에 뛰어든 최초의 기업은 캘리포니아주에 위치한 노라이MRINo Lie MRI인데, 그들은 2006년에 상업적 서비스를 최초로 시작했다. 이 회사의 웹사이트(www.noliemri.com)는 "당사의 기술은 인류 역사상 최초로 진실 증명과 거짓말 탐지를 직접 합니다!"라고 과시한다.

2007년도 ≪뉴요커≫[22]에 게재된 기사에 의하면, 많은 사람이 이미 현혹되어 개인적 분쟁을 해결하기 위해 한 번 사용에 1만 달러(약 1200만 원)를 지불하고 이 회사의 서비스를 사용하고자 했다. 이는 그다지 놀랍지 않을 수도 있다. 첫 고객은 사우스캐롤라이나주의 델리 운영자였는데, 그는 본인 소유의 가게에 불을 지르지 않았다는 것을 증명하기를 원했다. 배우자를 의심하는 사람과 피해망상적인 정부도 아마 이 기술에 큰 관심을 보였을 것이다.

이 기사가 나왔을 때 기능적 자기 공명 영상을 이용한 거짓말 탐지는 형사 법정에서 허락되지 않았다. 2012년 여름에 중요한 검증 사례가 메릴랜드주 몽고메리 카운티에서 발생했다. 2006년에 룸메이트를 총으로 쏴 살해했다는 혐의로 고발된 게리 스미스Gary Smith에 대한 재판이 있었다. 스미스는 자신의 친구가 자살한 것이라고 주장하며 노라이MRI 회사에 사건을 증명해 달라는 도움을 청했다. 이 회사가 검사한 피의자의 스캔 결과는 그가 진실을 말하는 것으로 나타났다. 에릭 M. 존슨Eric M. Johnson 재판관은 원고와 피고가 이 증거를 재판에 허용할 것인지 논의하도록 했다. 흥미롭게도 양측은 동일한 논문[23]을 인용해 자신을 변론했다. 정신과 의사 프랭크 헤이스트Frank Haist가 노라이MRI를 대표해 법정에 섰으며, 원고 측은 뉴욕 대학교의 심리학자 리즈 펠프스를 내세웠다.

재판의 결론은 이 증거를 채택하지 않는 것으로 났다.[24] 피고 측은 기능적 자기 공명 영상 거짓말 탐지기에 대해 출판된 25개의 논문 중에 어떠한 논문도 이 기술이 작동하지 않는다고 주장한 논문은 없다고 주장했다. 그러나 재판부는 "25편의 논문에서 소수의 학자가 밝힌 미온적인 증거를 본 법정은 받아들일 수 없다"라고 명시했다. 한편 원고 측은 기능적 자기 공명 영상 거짓말 탐지기의 타당성은 대부분의 신경 영상 분야에서도 받아들여지지 않고 있으며, 더구나 피고 측이 인용한 연구의 9퍼센트만이 실제로 기능적 자기 공명 영상 기기를 사용했다고 논박했다. 종합하자면, 재판부는 "대립하는 양상과 전문가 증언 그리고 제출된 논문을 종합한 결과, 이 논쟁은 과학 사회에서도 정리되지 않은 것으로 사료되며, 본 과학적 방법은 최근의 개발품으로서 충분하게 검증되지 않았다"라고 판시했다.

양측이 자신을 변론하기 위해 인용한 조르조 개니스Giorgio Ganis의 논문은 26명의 실험 참가자들에게 스크린에 6개의 날짜를 보여주는 동안 이들의 뇌를 스캔한 결과에 관한 것이었다. 참가자의 임무는 보여준 날짜가 자신의 생일일 경우 버튼을 누르는 것이었다. 진실을 말하는 상황에 있는 참가자들은 보여준 날짜 모두가 이들의 생일이 아닐 경우, 이들은 간단하게 매번 '아니오'로 표시했다. 거짓말을 하는 참가자들의 임무는 보여준 날짜 중에 하나가 이들의 생일이더라도, 그 날이 자신의 생일이 아닌 것처럼 '아니오'라고 계속해서 대답하는 것이었다. 이와 같은 과정이 몇 번 반복되었다. 이러한 실험 구성은 실생활 속 상황, 예를 들어 용의자가 여러 개의 칼을 보고 어느 것이 그의 칼인지 가리키는 상황과 유사하게 만든 것이다.

노라이MRI와 피고 측이 기뻐했던 결과는 거짓말 그룹의 실험 참가자가 거짓말을 할 때 이들의 전두엽 활동이 고조되는 것으로 나타났다는 것이었다. 간단한 컴퓨터 알고리즘은 거짓말을 하는 참가자들의 고조된 뇌 활동에 근거해 뇌 스캔 정보를 처리할 수 있었고, 100퍼센트의 정확도를 보여주었다.

그러나 몽고메리 재판에서 기능적 자기 공명 영상의 증거를 기각해야 했던 근거에는, 이 연구를 마찬가지로 인용했던 원고 측이 발견한 만족스런 반전이 하나가 있었다. 그다음 수행한 연구에서 개니스 연구팀은 거짓말하는 실험 참가자에게 간단한 속임수, 즉 화면에 맞지 않는 날짜 세 개가 나타날 때마다 그들의 손가락이나 발가락을 눈치채지 못하는 수준에서 꼼지락거리라고 요청했다. 이렇게 함으로써 결과가 엉망이 되어 거짓말하는 사람과 하지 않는 사람을 구분할 수 없게 되었다.

속임수 작전이 먹혔던 이유는 특정한 날짜를 볼 때 발가락을 꼼지락거림으로써 그 날짜들이 진짜 생일인 것처럼 돋보이게 했기 때문이었다. 게다가 틀린 날짜가 나타날 때 발가락이나 손가락을 움직일 필요 없이, 마음에 특별한 생각이나 기억을 떠올리는 것도 동일한 속임수로 먹혀들어 갈 것이라고 전문가들은 내다보았다. 개니스 연구팀은 뇌 영상이 타당성 있는 거짓말 탐지기로 사용되려면 이와 같은 '역탐counter-measure'에 대한 연구가 더 수행될 필요가 있다는 결론지었다. 그런데 똑같은 문제가 거짓말 탐지기 조사의 걸림돌이 되었다.

2013년에 발표된 연구에 의하면[25] 거짓 범죄에 가담한 실험 참가자들은 범죄에 관한 기억을 억제해 뇌파(두피에 나타나는 뇌전도의 기록)로 작동되는 거짓말 탐지기를 교란시킬 수 있었다. "이러한 발견으로 인해 법률적으로 사용되는 대부분의 뇌 활동 거짓말 탐지 검사가 제한적으로밖에 인정될 수밖에 없다"라고 공동 저자인 케임브리지 대학교의 존 시몬Jon Simons이 말했다. 그는 이어서 "모든 검사에 결함이 있다고 말하는 것은 아니고, 일부가 주장하는 만큼 이 검사가 그렇게 믿을 만하지는 않다"라고 말했다.

신경 과학계가 뇌 영상 기술의 법적 신빙성에 관한 사실을 파악하는 것은 중요하다. 특히 판사와 배심원이 뇌를 기반으로 한 증거물에 비정상적으로 설득되었다는 잠정적 증거가 있기 때문이다. 예를 들어, 2011년 데이비드 매케이브David McCabe 연구팀이 발표한 논문에서[26] 살인 용의자가 거짓말을 한 것으로 해석되는 뇌 영상 증거 자료가 전통적인 거짓말 탐지기나 얼굴의 열 패턴을 측정하는 기술로 만들어진 증거 자료보다 모의 배심원에게 더 설득력이 있는 것으로 나타났다. 뇌 영상의 한계가 알려지면서 이 기술에 대한 매력이 매우 반감되었다는 것은 반가운 소식이다.

우리가 알아야할 점은 뇌 영상 거짓말 탐지기가 재판에 허용되지 않는 것과 무관하게 신경 과학적 증거가 이미 일반화되고 있다는 것이다. 2011년 영국의 로열 소사이어티Royal Society(왕립학회)가 발표한 분석에 의하면 피의자 측이 미국 법정 소송에서 제출한 신경 과학 혹은 행동 유전학 관련 증거 문서는 2008년과 2009년에 각각 199건과 205건이었는데, 이는 2005년에 101건, 2006년에 105건이었던 것과 비교하면 증가 추세임이 분명하다.[27]

2011년 이탈리아에서 벌어진 역사적인 법정 소송에서 앞으로 전개될 일에 대한 통찰력을 얻을 수 있다. 이 사례에서 재판부는 뇌 영상 및 유전학적 증거의 제출을 허락했다. 피고 측은 살인 혐의로 유죄 선고를 받은 이 여성이 억제를 조절하는 전두엽과 뇌도의 회색질이 감소되어 있는 비정상적인 뇌를 갖고 있다는 증거를 제출하고, 이 증거는 그녀의 공격성과 연관된다고 변호했다(여러분은 이 부위가 마르틴 린드스트룀이 ≪뉴욕타임스≫에서 사랑과 결부시켰던 바로 그 뇌 부위라는 것을 알 것이다). 어떤 생물학자는 이 여인이 소위 MAOA monoamine oxidase A라는 '무사 유전자warrior gene'를 갖고 있다고 주장했다. 이것이 사실이라면, 이는 신경 전달 물질의 수위를 조절하는 데 관여하는 어떤 효소가 이 여자에게서 적게 분비되어 공격적 성향으로 만들었을 가능성을 의미한다. 그러나 최근의 연구는 무사 유전자에 대한 이런 생각과 배치되는 점을 발견했다. MAOA의 변이가 폭력과 무관한 여러 가지 행동학적 및 심리학적 결과와 연관되었다. 그럼에도 불구하고, 앞서 언급한 전문가의 신경 생물학적 증언을 토대로 재판부는 이 여자에게 30년에서 10년이 감형된 20년 형을 선고했다.

2013년 말, 미국 연방 배심원단은 살인범 존 매클루스키John McCluskey에 대한 사형 선고에서 만장일치 결정을 내리지 못했다. 피고 측은 매클루스키가 '의지'의 수준을 방해할 정도로 작은 전두엽 및 여러 신경 생물학적 이상을 가지고 있다는 뇌 영상 자료와 다른 증거물을 제시했기 때문인 것으로 보았다. 이 재판 결과에 대해 ≪와이어드≫[28]는 "뇌 스캔이 유죄 선고 살인범을 사형 선고에서 구했는가?"라고 물었다.

2013년에 발표된 새로운 연구에서[29] 어떤 사람이 장래에 범죄를 저지를 가능성을 예견하는 데 뇌 영상이 사용되는 것에 따른 불안한 우려를 제기했다. 뉴멕시코 심리 연구 네트워크의 켄트 키엘Kent Kiehl 연구팀은 96명의 남성 수감자의 뇌를 석방되기 바로 전에 스캔했다. 이 스캔 작업에서 수감자들은 억제 조절과 충동성에 대한 조사를 받았다. 4년 후 키엘 연구팀은 누가 다시 수감되었는지 알아보았다. 이들의 주요 발견 사항은 전방의 대상 피질anterior cingulate cortex: ACC에서 낮은 활동을 보인 수감자가 이 기간 중에 재범을 저지른 확률이 두 배라는 것이었다.

이러한 결과가 "미래의 우리 사회가 형사법과 범죄자를 다루는 방식에 상당한 영향력"을 가져올 것이라고 키엘은 내다보았다. 그러나 뉴로크리티 블로그[30]는 수감자들을 뇌 스캔으로 다룬다면, 대상 피질의 활동이 낮은 것으로 판단되는 수감자의 40퍼센트를 재범 가능자로 분류하는 오류를 범할 수 있는 반면, 실제 재범자의 46퍼센트는 석방될 수도 있다는 점을 지적했다. "이는 의사 결정을 위한 증거로서 채택하기에는 전혀 인상적이지 못하다"라고 뉴로크리티은 언급했다.

뉴로 마케팅

기능적 자기 공명 영상 독심술의 사용 가능성이 기대감을 불러일으킨 분야는 예상과는 전혀 달리 마케팅과 소비자 행동이다. 2013년 ≪데일리 텔레그래프≫에 게재된 기사에 의하면[31] "뉴로 마케팅이 알려진 바와 같이 광고와 마케팅 분야에서 전적으로 변혁을 일으켜 왔다." 그러나 이러한 과열과는 대조적으로, 2013년 권위 있는 학술지 ≪네이처 리뷰 뉴로사이언스≫에 게재된 뉴로 마케팅을 다룬 논문[32]을 쓴 댄 애리얼리Dan Ariely와 그레고리 번스Gregory

Berns는 "신경 영상이 다른 종류의 마케팅 방법보다 더 나은 데이터를 제공할 수 있는지는 아직 미지수이다"라고 언급했다.

뉴로 마케팅 지지자들은 뇌 스캔을 사용해서 기존의 마케팅 조사(표적 집단, 고객 조사, 맛보기 혹은 제품 시험)가 이제까지 할 수 없었던 일들, 예를 들어 소비자 취향과 미래 행동을 파악할 수 있을 것이라고 주장한다. 뉴로 마케팅 회사 샌즈리서치Sands Research의 회장인 스티브 샌즈Steve Sands의 업무에 의거해, 앞서 언급한 ≪데일리 텔레그래프≫ 기고는 이렇게 이야기한다. "뇌전도 모자를 조사 대상자의 머리에 씌우면 …… 샌즈 회장은 대상자가 보고 있는 것을 좋아하는지 여부를 알 수 있다."

샌즈는 대상자를 직접 조사할 수 없었던 것일까, 혹은 조사 대상자의 행동을 추적해서 예측했던 물건을 소비하고 있는지는 확인했을까? 이 점이 뉴로 마케팅이 당면한 문제인데, 기존의 저렴한 방법으로 얻을 수 없는 정보를 뇌 영상이 제공할 수 있는지는 아직도 불분명하다. ≪텔레그래프≫가 인용한 예를 살펴보자. 샌즈는 연구에서 다스베이더 차림의 소년이 타고 있는 폭스바겐 파사트VW Passat 최신 광고를 시청하는 사람의 뇌를 스캔한 결과, '신경 몰입도'가 도표에서 크게 벗어났다고 발표했다. 이 광고는 슈퍼볼 기간에 방영된 후 크게 인기를 누린 것으로 나타났으며, 뉴로 마케팅 회사는 이 기술을 주요 성공으로 기록했다. 그러나 광고를 사전 조사 대상자에게 보여주는 기존의 고객 조사가 이와 같은 결론에 도달할 수 있었는지에 대한 이야기는 아직 없다. 애리얼리와 번스는 이 리뷰에 대해서 더 보수적이었다. "신경 영상이 광고 효과를 드러낼 수 있을지에 대해 아직 알려진 것은 없다."

이 분야의 더 큰 문제는 대다수의 주장들이 전문가 평가를 거친 과학학술지보다는 신문 기사나 잡지에서 다루어진다는 점이다. 언론의 관심을 집중시켰던 것으로 알려진 좋은 예는 이너스코프 리서치Innerscope Research사의 연구였는데, 이 연구는 영화 예고편에 대한 시청자의 생리학적 반응을 이용해 어느 영화가 박스오피스에서 더 흥행을 올릴 수 있을지를 예견하는 것이었다. 이러한 발견은 ≪패스트 컴퍼니Fast Company≫라는 비즈니스 잡지의 웹사이트에 "어떻게 당신의 뇌는 흥행 영화를 예견할 수 있을까?"라는 제목으로 실렸다.[33] 이 연구가 회의적인 이유는 무엇인가? 첫 번째 문제, 이 연구에는 뇌 활동에 관한 측정이 전혀 없다는 점이다. 이 연구는 땀, 호흡, 심장 박동을 측정하는 생체 인식 벨트를 사용했다. 두 번째 문제는 과학적 관점인데, 이 연구는 저명한 학술지의 엄격한 검증을 거치지 않았다는 점이다. 그리고 의심의 여지는 아직도 남아 있다. 즉, 사람들에게 다른 영화의 예고편을 어떻게 보았느냐고 물었을 때 동일한 결과가 나오지 않았을 수도 있다. 샐리 세이틀Sally Satel과 스콧 릴리언펠드가 2013년 출간한 『세뇌brainwashed』라는 책에서 이러한 현상을 '신경 중복neuroredundancy'의 문제라고 해석했다.

필자는 이 점에 대해 상당한 회의론적 입장을 표명해 왔지만, 뉴로 마케팅의 전망이 어둡다고 말하는 것은 또한 편파적인 면도 있다. 초창기에는 비정상적인 과장이 있었지만, 뇌 스캐닝 기술이 전통적인 마케팅 장치를 보강하는 방법이 될 수도 있다.

예를 들어 새로 출시된 식료품이 기존의 입맛 조사에 참여했던 소비자들 사이에 히트를 쳤다고 해보자. 식품 제조사와 연구팀들에게 풀리지 않은 문제는 신제품이 인기몰이를 한 이유를 모른다는 것이다. 이때 뇌 스캐닝과 다른 생리학적 측정으로 이 신제품이 인기를 끌게 된 원인을 알아낼 수도 있을 것이다. 예를 들어 지방 함유량이 많을수록 뇌의 특정 부위(뇌도 피질)의 활동이 증가하는 반면, 조화된 맛이 좋을수록 안와 전두 피질의 활동이 증가한다. 앞에서 논의했던 역추론의 위험성을 고려할 필요가 있지만, 뇌 활동의 패턴을 각각 다룬다면 신제품 인기몰이의 원인에 대한 답을 얻을 수도 있다. 애리얼리와 번스가 언급한 바와 같이, 뉴로 이미징을 이러한 방식으로 사용하면 "다른 방법으로는 찾아낼 수 없는 제품에 숨겨진 정보를 얻을 수도 있을 것이다."

식물인간과 소통하기

상업적인 이야기를 떠나서, 기능적 자기 공명 영상을 독심 기기로 사용해 완전히 다른 목적을 구현할 수도 있을 것이다. 예를 들어, 의식이 외부에 나타나지 않는 지속적 식물인간 상태persistent vegetative state: PVS 또는 의식 상태를 잠깐 보이지만 소통하지 못하는 최소 의식 상태(344쪽 참조)에 있는 뇌 상해 환자와 소통하는 방법으로 사용하는 것이다. 대중 매체가 이러한 이야기를 과장해 온 것도 사실이다. 예를 들어 2010년도 ≪인디펜던트≫에 실린 기사의 제목[34]은 "과학자가 식물인간의 마음을 알아낸다"였다. 그러나 이러한 기대치에는 타당한 근거가 있는 것으로 보인다.

이를 주제로 삼아 기능적 자기 공명 영상을 사용한 연구의 대부분은 웨스턴온타리오 대학교 브레인 앤드 마인드 연구소Brain and Mind Institute의 에이드리언 오언Adrian Owen의 연구실에서 이루어졌다. 연구팀이 사용해 온 일반적인 접근 방법의 첫 번째는 건강한 사람들이 두 가지 전혀 다른 정신적 활동, 예를 들면 집 주변 산책과 테니스 치기를 상상하는 것에 몰입할 때의 뇌 활동 양상을 대조하는 것이었다. 그다음 같은 지시를 PVS 환자들에게 알려주고 기록한 결과, 마치 그 설명을 따라서 상상한 것처럼 몇 명의 환자들에게서 건강한 대조군의 뇌 활동 양상과 동일하게 나타났다.

이와 같이 상상 과제를 소통 기구의 형태로 사용하는 것이 현재까지 가장 기대되는 증거로 여겨진다. 2010년 오언 연구팀이 발표한 논문에서[35] 연구팀은 PVS(나중에 최소 의식 환자로 진단받음) 남성 환자 한 명과 대화를 한 것으로 보고했는데, 연구팀은 그에게 테니스 치기를 상상할 때 '아니오'라고 답하고 그의 집을 찾는 것을 상상할 때 '예'라고 답하게 했다. 이 환자는 외부와 소통하는 능력이 없었지만, "당신의 아버지의 이름이 알렉산더입니까?"와 같은 질문 여섯 개 중에 다섯 개에 답을 할 수 있을 만큼 뇌 활동을 조절하는 것으로 보였다.

얼마나 많은 PVS 환자가 이와 같은 방법으로 소통할 수 있을지는 모르는 일이다. 환자의 의식적 경험 정도의 본질은 아직도 풀리지 않은 수수께끼로 남아 있지만 이것이 의미하는 바는 상당하다. 이러한 기술은 의식을 완전히 상실한 것으로 가정했던 환자들과 소통하는 방법이 될 수 있을 것이다. 다음 문제는 식물인간 환자에게 생명 보조 장치에 의지해 계속 살아가기를 원하는지 묻는 것이지만, 이는 윤리적 영역이다. 2010년 당시 오언 연구팀은 이러한 일은 "적합한 윤리적 장치가 설치되어야 하는" 분야로 다룰 계획이라고 필자에게 말한 바 있다. 그리고 "환자들의 의식에 관해 알 수 있는 방법은 미래의 연구뿐이다"라고 내다보았다.

이러한 계통의 연구는 비판 여론에 민감하다는 것을 알아둘 필요가 있다. 예를 들어 2012년 에이드리언 오언의 연구 발표가 BBC 〈파노라마Panorama〉 다큐멘터리 프로그램에 "독심기: 나의 목소리를 풀다The Mind Reader"라는 제목으로 소개되고 2주가 지난 후, 영국 킹스칼리지 런던 의과 대학교의 린 터너스토크스Lynne Turner-Stokes는 ≪BMJ≫에 비평문을 냈다.[36] 그는 PVS 환자의 뇌 스캔을 분석한 결과 약 20퍼센트 정도가 정신 활동의 징후를 보이는 것으로 〈파노라마〉에서 소개한 주장을 반박했다. 이 다큐멘터리에 소개된 PVS 환자의 절반은 실제로 최소 의식 환자일 수 있다고 이들은 제기했다. PVS 환자와 최소 의식 환자의 차이는 매우 중요한데, 최소 의식 환자에서는 의식의 징후가 발견될 것으로 예상할 수 있지만 PVS 환자에서 발견되는 의식의 징후는 입원실에서 이루어지는 검사로 인해 잘못 판정되었을 수도 있기 때문이다.

그러나 오언 연구팀과 TV 프로듀서는 예민한 반응을 보이면서, 스콧이라는 이름의 문제 PVS 환자는 10년이 넘도록 PVS 환자로 판명되었다는 점을 강조했다. "(터너스토크스가 이끈) 이 저자들이 해당 프로그램에서 나타난 스콧의 빠른 움직임을 목적이 있는 ('최소 의식적인') 반응을 나타내는 것으로 여겼다는 사실은 왜 경험이 풍부한 신경 과학자가 내부적으로 합의된 기준으로 환자를 진단하는 것이 중요한지를 보여준다."

우리는 기능적 뇌 영상이 심리학과 인지 신경 과학을 혁신하고 있는, 환상적으로 기대되는 기술이라는 것을 보아왔다. 그러나 이는 과학에서 도전이 필요한 분야로서, 새로운 발견은 조심스럽게 다루어져야 한다. 대중 매체는 뇌 영상 결과를 과장하고, 새로운 발견의 의미를 지나치게 단순하게 다루는 경향이 있다. 사업가와 개발자 그리고 기회주의자들은 이 기술을 뉴로 마케팅부터 거짓말 탐지기에 이르기까지 실제 생활에 활용할 수 있는 방법을 찾고 있다. 이 분야는 믿을 수 없을 정도로 빠르게 움직이고 있어서 오늘의 열망이 내일의 현실이 될 수도 있을 것이다.

신화: 뇌 스캔으로 정신 질환을 진단할 수 있다

뇌 스캔의 가능성이 지나치게 도를 넘은 분야는 정신 의학 진단이다. 미국 정신 의학 협회를 비롯한 다른 의학 단체도 뇌 스캔과 같은 종류의 진료를 아직도 승인하지 않고 있으며, 대부분의 정신 의학적 장애들을 행동학적 증상과 사람들의 주관적인 기분과 생각을 바탕으로 진단한다. 정신 질환과 신경 과학의 연관성은 증상별로 뚜렷하게 차이를 보이지 않아, 질환의 상태를 구분하거나 문제가 있는 뇌와 정상 뇌를 구분하기가 쉽지 않다. 더구나 현재 사용하고 있는 쓸 만한 차이점들은 집단 차원에서는 신뢰할 만하나, 개인 차원에서는 그렇지 못하다.

이러한 현실에도 불구하고 뇌 스캐닝 사업은 시장에 진출하고 있다. 에이먼클리닉은 90개 국가에서 8만 명의 뇌 스캔을 시행해 온 점을 자랑하는 기관으로서, "뇌 영상물에서 얻은 놀라울 정도로 귀중한 통찰력으로 인해 좀 더 선별된 치료와 좀 더 나은 치료 성공률을 이루고 있다"라고 주장한다.[37] 유사한 클리닉에는 닥터스펙트스캔Dr Spect Scan과 세레스캔CereScan 등이 있다.

수익성이 높은 에이먼클리닉은 정신과 의사이며 TV 프로그램의 고정 진행자인 대니얼 에이먼Daniel Amen이 운영하고 있으며, 단일 광자 방출 컴퓨터 단층 촬영법single photon emission computed tomography: SPECT이라는 뇌 스캐닝 방법을 사용한다. 런던 대학교 로열 홀러웨이의 신경 과학자이며 뇌 영상 전문가인 맷 월Matt Wall에 의하면[38] SPECT의 선택은 적절하다. "기능적인 활성을 볼 수 있는 3D 영상 테크닉 중에 가장 저렴하다." 그러나 "이미지의 공간 해상도가 형편없어서 임상이나 연구 목적으로 사용하지 않는다"라고 덧붙였다.

주류의 신경 과학계와 정신 의학계는 뇌 영상을 기반으로 한 정신 의학적 진단에 대해 분명하게 입장을 표명하고 있다. 미국 정신 의학 협회는 2012년에 출간한 백서에서[39] "정신 의학계에서 진단 분류라는 의료 목적으로 유용하게 사용될 수 있는 뇌 영상 바이오마커가 현재로서는 없는 실정"이라고 발표했다. 2012년 ≪워싱턴포스트≫와의 인터뷰에서 제프리 리버먼Jeffrey Lieberman(2013년도 미국 정신 의학 협회 회장)은 "에이먼이 하는 일은 현대의 골상학에 가깝다고 본다"라는 의견을 내놓았다. "에이먼의 주장은 공신력 있는 과학계에서 인정받지도 않았기 때문에, 사람들은 그의 동기에 대해서 회의적이다"라고 설명했다.

신화 28

뉴로 피드백이 축복을 가져온다

신경 생물학적으로 탁월한 최신 기술을 사용해 당신의 뇌를 조절하는 방법을 배울 수 있다고 가정해 보자. 열댓 번의 간단한 실습 수업을 통해서 당신이 향상된 인지 능력을 누림으로써 우울한 감정, 스트레스 그리고 산만함 등을 극복하고 당신의 정신세계를 다스릴 수 있다고 가정해 보자. 이는 정확히 말해서, 스트레스로 지친 사람을 상대로 전 세계에 퍼져 있는 대다수 뉴로 피드백 클리닉 회사가 신속한 해결책으로 내놓은 약속이다.

대부분의 뉴로 피드백 치료의 기반은 뇌파 전위 기록술EEG(또는 뇌전도. 1920년대 한스 베르거Hans Berger가 개발함)이며, 이는 당신의 뇌에서 나오는 전기파 활성을 기록한다(227쪽 〈그림 18〉 참조). 기본적인 생각은 이렇다. 당신에게서 높은 빈도로 나타나는 전기파를 소리나 영상으로 보여줌으로써, 이런 것들을 조절하는 능력을 배울 수 있다.

2013년 ≪선데이타임스≫는 1320파운드(약 200만 원)에 12회 수업을 제공하는 런던의 뉴로 피드백 클리닉 브레인워크스Brainworks에 관해 선정적인 기사를 게재했다.[1] "이 수업을 받은 사람은 내적인 변화를 경험했으며 …… 수년간의 실습을 통해서 불안감의 현격한 감소, 명료한 생각, 의지 강화, 집중력, 평정심 등을 누릴 수 있다"라고 지니 레디Jini Reddy 기자는 보도했다.

이것이 생활 방식으로 선택할 수 있는 뉴로 피드백 요법이다. 오늘날 뉴로 피드백 요법이 주의력 결핍 및 과잉 행동에 대해 의미심장한 정신 의학적 진단을 위한 의학적 분석 기기로 사용되고 있는 점에 주의를 기울일 필요가 있다(초보적이지만 점점 더 많은 증거가 축적되고 있다). 나중에 이와 같은 종류의 뉴로 피드백 서비스를 다시 논의할 예정이다(260쪽 참조).

점점 더 불투명해지는 생활 방식 및 영적 선택들과 함께, 대다수 클리닉

이 의미심장한 의학적 서비스들을 제공하기 때문에 혼란스런 상황이기도 하다. 웹사이트를 통해서 브레인워크스 클리닉은 ADHD 치료 방법을 팔고, 뉴로 피드백을 통한 영적 묵상을 내세우며, 영구적인 뇌 변화를 보장하고, 나사NASA에서 디자인한 의자라고 자랑도 하며, 좌뇌와 우뇌 신화(82쪽 참조)도 들먹인다. "좌뇌와 우뇌의 원만한 내적 소통이 창의적 잠재력을 극대화하는 데 핵심이다"라는 주장도 한다.

과학과 과대광고와 뉴에이지 신비주의를 혼돈스럽게 섞어놓은 치료를 제공하는 곳은 런던 클리닉만이 아니다. 온라인상에서 "과학적 방법을 통한 영적 개발"을 내세우는 산타크루즈 뉴로피드백 센터Santa Cruz Neurofeedback Center, 여러분의 영적 인식을 확장시킬 수 있다고 주장하는 바이오 사이버노트 인스티튜트BioCybernaut Institute(www.biocybernaut.com), 여러분의 영적 인식 향상을 보장하는 LA의 브레인 피트니스 센터Brain Fitness Center(www.brainfitnesscenter.com)도 있다.

신화의 기원

이와 같은 혼란스런 상황을 이해하기 위해 뉴로 피드백 치료의 기원을 살펴보자. 뇌파의 진동수는 우리가 무엇을 하느냐에 따라 다르게 나타나는데, 1960년대에는 숙련된 명상가가 명상할 때 '알파 영역'의 뇌파(8~12헤르츠, 헤르츠는 초당 주기를 뜻한다. 228쪽 〈그림 19〉 참조)가 더 많이 나타나는 것으로 발견되었다. 이와 비슷한 시기인 1968년 심리학자 조 카미야Joe Kamiya는 ≪사이콜로지투데이≫에 게재된 기고에서 뇌파를 의지로 조절하는 게 가능하다고 주장했다. 이 같은 두 가지 발전으로 인해서 뉴에이지 대가들은 뇌파, 특히 알파 영역을 조절해서 참선의 고요함을 누릴 수 있다고 주장하기에 이르렀다.

예상대로 프린지웨어FringeWare, 자이곤코퍼레이션Zygon Corporation 같은 회사가 설립되어, 가정용 EEG 키트를 제공하며 깨우침에 이르는 길을 제시했다. 기본 발상은 이 발명품들이 당신의 뇌파에 관한 피드백을 보내고, 당신은 기쁨을 주는 그림이나 소리의 도움을 받아 알파 영역의 주파수를 더 많이 갖는 법을 점차적으로 배움으로써, 요가 명상 기술을 터득하는 데 수년을 소비할 필요 없이 '알파 의식' 혹은 '알파 사고'의 상태에 도달한다는 것이다. 심령 현상 마니아들은 여기에 합세해 알파 상태가 영성에 도달하거나 초감각 인식을 촉진하는 방법이라고 주장했다.

가정용 EEG 기기의 대부분은 불행하게도 형편없이 수준이 낮아서 간섭 현상이 많다. 이 분야의 회의론자인 배리 베이어스타인은 1980년과 1990년대에 걸쳐 기사와 저술을 통해서 이 사업의 잘못을 지적했다. 여기에는 전형적인 가정용 EEG 피드백 제품에 대해 납득할 만한 실험실 테스트도 있었다. 그는 1985년 ≪스켑티컬인콰이어러Skeptical Inquirer≫에서 "대부분의 가정용 알파파 컨디셔너와 알파파 진단기 구매 고객들은 안구 운동과 60회 주기 파장의 교향곡을 통해 황홀감을 느꼈을지도 모른다"라고 언급하며 이렇게 썼다.[2] "알파파 촉진이 여러분의 영성을 반드시 밝혀준다고는 할 수 없으나 가벼워지는 재정 형편은 손쉽게 밝혀줄 수 있다. 구매자 위험 부담 원칙!" 뇌파가 실제로 어떻게 나오더라도 대체로 긍정적인 효과를 나타내는 사람들은 EEG 피드백의 능력을 믿는 사람들이라고 베이어스타인은 언급했다.

알파 피드백 훈련을 통해서 참선과 같은 고요 상태에 도달할 수 있다는 것에 회의적인 데는 여러 다른 이유가 있다. 알파파를 증진할 수 있는 가장 분명한 방법 중 하나는 간단하게 눈을 감는 것인데, 전문가에 의하면 알파파는 기분이나 긴장 완화 자체보다는 시각 처리 과정에 더 많이 관련하는 것으로 보고 있다(이러한 주장과 일치하는 점은 알파 영역의 파장이 뇌의 뒤편에 있는 시각 피질에서 더 많이 나타난다는 사실이다).

더구나 경험이 풍부한 명상가에게서 높은 수준의 알파파가 나타난다고 해서 이 파장이 긴장 완화의 원인이라고 볼 수는 없다. 그렇기 때문에 알파파를 증가시키는 일이 반드시 긴장 완화 상태를 가져오지는 않는다. 높은 수준의 알파파는 긴장 완화 상태 외에 임사 상태나 졸린 상태와 같은 여러 다른 정신 상태와 관련이 있다. 1970년대에 발표된 연구 보고에 의하면, 연구자들이 주는 적당한 전기 충격으로 인한 스트레스와 불안한 상태에서도 실험 참가자들은 상당량의 알파파를 완벽하게 내보낼 수 있었다.[3] 끝으로, 다양한 동물들도 알파 영역에서 파장을 나타내지만, 우리가 이 동물들이 (긴장 완화 상태에 있어도) 축복받은 정신적 환희 상태에 있다고 여기지 않는다는 점은 주목할 만하다.

EEG 피드백 분야가 다소 지나치다고 생각하는 사람이 회의주의자만 있는 것은 아니다. 알파 피드백 훈련에 관한 리뷰를 이 기술을 지지하는 편에 속하는 연구팀이 2009년에 발표했다.[4] 영국 캔터베리 크라이스트처치 대학교의 데이비드 버논David Vernon 연구팀은 "알파 뉴로 피드백이 건강한 사람의 기분을 향상시킬 수 있다는 발상은 아직 확실히 검증되지 않았다"라는 점을 분명하게 밝혔다.

오늘날의 뉴로 피드백 신화

2010년대 들어 이제까지 알파 의식에 대한 유행은 진정세에 접어들었지만, 아주 가버린 것은 아니다. 가정용 EEG 피드백 키트는 아직도 시판되고 있으며, 전보다 더 세련되어졌다. 신경 과학 용어와 뉴에이지 신비주의를 혼란스럽게 버무린 책과 전문가 및 회사들이 허다하다. 일부는 다른 편보다 초자연주의적인 주장을 내세운다. 자신을 "직관 전문가, 직관 개발사 및 치료사"라고 부르는 애나 세이스Anna Sayce의 경우를 생각해 보자. 그녀의 화려한 웹사이트(www.psychicbutsane.com)(2013년 방문함)를 보면 뇌파의 다른 진동수 대역에 대해 설명하고, 특히 "당신이 초자연적인 정보를 얻기 위해서는 …… 어떻게 알파 상태에 있어야 하는지"를 언급한다. 더 나아가서 세이스는 영성이 인도하는 대로 동일한 주파수에 맞춰야 한다고 설명한다. 베타 상태에 있는 것은 "다른 라디오 방송국에 다이얼을 맞춰놓은 것과 같다"라고 설명한다.

이러한 세속적인 주장과 거리가 있지만, 요즘 EEG 피드백은 당신의 정신력을 향상시킬 수 있는 뇌 조율 기구의 하나로 각광받고 있다. 뉴로퀘스트 NeuroQuest 같은 회사는 '특정한 인지력을 향상시키도록' 제작된 피드백 기반 '전산화된 뇌 훈련 프로그램' 제품을 내놓았다. 이러한 발상을 뒷받침하는 몇 가지 증거가 있다. 2011년 베네딕트 조펠Benedikt Zoefel이 이끈 연구에 의하면[5] 7일 동안 EEG 알파 피드백 훈련에 참여한 14명 중 11명이 훈련에 참여하지 않은 대조군과 비교해 심적 회전 검사에서 향상된 결과를 나타냈다.

그러나 이 분야의 여러 연구는 소수의 참가자로 이루어진다. 이 분야 과학자들은 대부분의 경우 부적합한 대조군을 설정하고 있어서(EEG 피드백의 플라세보 효과나 '평균치의 감소', 즉 어떤 이는 자연적으로 회복할 가능성을 배제할 수 없다는 의미이다), 연구팀은 이러한 평균치를 통해 피드백 훈련이 기대하던 이로운 효과를 유발한 것이라고 설명할 수 없다. 2005년 데이비드 버논 연구팀이 발표한 논문은[6] "수행 능력을 향상시키는 뉴로 피드백 훈련의 용도에 관한 주장은 넘치지만 훈련의 확실한 효과를 확인한 연구는 거의 없는 실정"이라 꼬집었다.

인지 향상 클리닉은 신비주의자가 좋아하는 판에 박힌 표현을 쓴다. 이들은 여러분이 마음의 균형 상태를 갖도록 돕는 뇌 반구 간의 균형에 관해서 말한다. 브레인워크스클리닉은 "우리는 여러 가지의 뇌 기반 조건에 자연스러운 균형을 회복시켜 줍니다"라고 주장했다. 그러나 어떻게 이들이 바른 '뇌 균형'을 판단하는지는 분명하지 않다. 확실한 것은 이러한 형태의 언어가 뇌의 물리적 상태와 우리가 정서적 감정을 묘사하는 데 사용하는 비유 사이에 혼동을 계속 유발한다는 것이다.

이런 종류의 피드백 기반 뇌 향상 기법을 판매하는 회사가 쏟아내는 판매용 미사여구 때문에 사람들은 과학적으로 인정되어 사용할 수 있는 최선의 방법이 있다고 생각한다. 그러나 2009년 발표한 논문에서 버논 연구팀은 뇌파 피드백이 형성되어 관찰할 만한 효과를 나타내는 데 필요한 시간이나 강도에 대해 합의된 사항이 없는 점에 대해서 논의했다.

뇌파에 담긴 정보가 어떻게(예를 들어 영상 또는 소리를 사용해) 훈련생에게 되먹여지는지에 관한 결정적 증거는 충분하지 않은 것으로 나타났다(2009년도에는 전혀 없었다). 훈련을 통해 알파파를 증가시키거나 감소시키는 것이 유익한 것인지, 혹은 바람직한 표적 주파수는 얼마가 되어야 하는지에 대한 증거가 부족했다. 아마도 이 분야에 종사하지 않는 사람들에게 가장 놀라운 사실은 알파 피드백 훈련이 눈을 감고 혹은 뜬 상태에서 이루어져야 하는지에 대해서도 합의되지 않은 상태라고 연구자들마저 인정한 점일 것이다!

버논 연구팀은 "불행히도 현재까지 (유익한) 변화를 가져올 수 있는 가장 효율적인 방법이 무엇인지도 불분명하다"라고 토로했다. 새로운 방법이 정착되기도 전에 EEG 뉴로 피드백 기술은 계속 개발된다는 측면을 살펴보자. 로레타LORETA로 알려진 중요한 혁신 기술은 뇌 심층부의 뇌파를 기록하는 방법을 포함하고 있다. 이는 가능성 측면에서 좋은 일이지만, 이 기술은 아직도 여러 적용을 위한 실험 개발 단계에 있는 것으로 파악된다. 이러한 경우에 해당되는 것이 fMRI라는 기능적 뇌 영상의 피드백을 기반으로 하는 치료법이다. 특히 통증 관리 분야[7]에서 그 가능성에 대한 기대가 크지만, 아직도 실험 단계에 있는 것이 현실이다.

요즘 여러분이 접할 수 있는 뉴로 피드백과 유사한 뇌 기반 자기계발 개념은 바로 '뇌 구동brain driving'이다. 깜빡이는 빛과 박동 소리를 사용해 알파 의식과 희열로 결부되는 주파수에 뇌를 맞추는 일이 그것이다. 주기적인 자극이 이를 받는 사람의 뇌파에서 주파수 변화를 유발하고, 관련되는 감정에 혼란을 유발하는 것은 사실이다. 그러나 결정적인 것은 이런 변화들이 해석되는 방식이 전적으로 개인의 믿음이나 성향에 달려 있다는 점이다.

먼로연구소Monroe Institute는 이 사업 분야 시장의 선두 주자로서, 양 쪽 귀에 약간 다른 소리를 보내는 '헤미-싱크Hemi-sync'라는 긴장 완화 및 명상용 음원을 판매하고 있다. 주파수 맞추기 기술의 이러한 차이가 좌우 반구에 균형을 가져온다고 회사 측은 주장하지만, 이 현상이 특히 유익하다는 증거는 없다(실제로는 반구 간 기능적인 균형은 수면 상태나 코마 상태의 대표적인 특징이다). 이 분야의 또 다른 회사인 브레인싱크Brain Sync는 자사의 오디오 제품이 "사용되지 않은 뇌 영역을 활성화하고 정신 근력mental muscles를 조율하며, 모든 능력을 깨우는 것"을 돕는다고 확언한다.

이러한 CD와 음원의 주관적인 효과의 대부분은 사용자의 기대치에 달려 있다고 해도 과언이 아니다. 뇌파에 대해 목적한 효과를 내는 데 사용되는 방법들의 신뢰성을 검증한 연구는 거의 없는 형편이다. 하나의 예외적인 경우가 있는데, 영국의 데이비드 버논 연구팀이 2012년 발표한 논문이다.[8] 이들은 양쪽 귀에 다른 주파수(하나는 알파 영역 다른 하나는 베타 영역)를 사용해 참가자 22명의 뇌파를 바꾸려고 시도했다. 그 결과는? 주파수에 반응한 참가자의 뇌파에는 어느 정도의 차이가 있었으나, 알파 뇌파 혹은 베타 뇌파의 양에서 목적했던 효과를 뒷받침할 만한 증거는 없었다.

"결론적으로 알파 및 베타 주파수를 양쪽 귀에 1분 동안 들려주었을 때, EEG에 어떠한 변화를 야기하지 못했다"라고 연구팀은 보고했다. "양쪽 귀에 들리는 주파수가 피질의 활성을 유도해서 행동학적 변화를 중재한다는 것이 핵심 가정이라면, 이러한 결과는 양쪽 귀에 들리는 주파수의 실제 효용의 한계를 보여주는 것이다." 다시 말해서, 상업적 음원은 사업자들이 주장하는 것처럼 뇌에 영향을 끼치지 못해서, 이제까지 보고된 유익한 효과들은 아마도 플라세보 효과나 다른 인위적인 효과일 가능성이 높다.

임상적 뉴로 테라피

긴장 완화와 인지 기능 향상의 방법으로 사용되는 EEG 피드백에 관해 앞서 언급한 문제와 의문점에도 불구하고, 이 방법은 신경 과학적·심리학적·발생학적 상황, 특히 뇌전증과 주의력 결핍 및 과잉 행동 장애ADHD의 치료 방법에서 점차 주류가 되고 있다. 뉴로 피드백 치료를 통해서 뇌전증 환자가 발작 장애의 발생을 피할 수 있다는 충분한 증거도 제시되고 있다.[9] 이러한 방법은 ADHD 환자를 위해서 집중력의 증가와 연관이 있는 베타 영역(12~30헤르츠)의 뇌파를 증가시키고, 산만함과 연관되는 세타 영역(4~7헤르츠)의 뇌파를 감소시키는 데 사용된다.

이러한 열광에 힘입어 다양한 정신 의학적 및 발생학적 상태에 관한 EEG 피드백 기반 치료를 제공하는 뉴로 피드백 클리닉의 수가 눈에 띄게 증가하고 있다. 필자가 언급한 바와 같이, 이는 건강한 사람에게 인지 촉진과 긴장 완화를 제공하는 것과 다를 바가 없는 것이다. 과학 용어와 뉴에이지 신비주의를 섞어서 대중을 현혹하는 것도 마찬가지다. 런던의 브레인워크스 클리닉은 '동양 의학의 전통과 서구의 최고 기술을 융합한' 치료와 함께 ADHD 어린이의 치료도 하고 있다.

임상 뉴로 피드백에 관한 증거 자료는 계속 진화한다. 10년 전만 하더라도 이 기술의 사용에 대한 타당성을 입증하기 어려웠다. 아칸소 대학교의 제프리 로 연구팀이 2001년 발표한 논문은[10] ADHD, 약물 남용, 불안 장애, 우울증에 관한 증거를 리뷰하는 한편, 다른 참여 저자들은 적합한 대조군 연구의 부재, 부적합한 통계학적 분석, 충분치 못한 조사 대상자의 수, 그리고 플라세보 효과를 긍정적인 효과로 해석했을 위험성 등을 집중적으로 조명했다.

예를 들어 불안감을 감소시키는 효과에 대해 믿을 만한 증거에는 기대했던 바와 반대의 뇌파 변화가 있었다. 로 연구팀의 논문 제목이 모든 걸 말해준다. 「뉴로 테라피는 심리학적 장애를 위해 실험으로 검증된 행동학적 치료가 될 수 없다Neurotherapy does not qualify as an empirically supported behavioral treatment for psychological disorders」. 이어서 저자는 증거 자료가 개선되기 전에 "행동 치료사들은 뉴로 테라피의 효과에 대해 유의해야 하며, 행동 치료 발전 연합Association for the Advancement of Behavioral Therapy도 뉴로 테라피 홍보에 동참하는 일에 신중해야 한다"라고 지적했다.

그동안 폭발적인 연구가 진행되었으며 대부분은 이전보다 한결 높은 수준으로, EEG 피드백을 치료 도구로 사용하는 것이 타당하다는 증거를 제시했다. 모든 종류의 정신 의학적 혹은 신경 과학적 질환에 관한 증거를 일일이 검토하는 작업은 이 책의 범위를 벗어나기 때문에, 이제까지 임상 뉴로 피드백 치료에 대해서 가장 많은 연구가 이루어진 정신 의학적 질환인 ADHD를 집중적으로 살펴보고자 한다.

2012년 니컬러스 로프트하우스Nicholas Lofthouse가 어린이 ADHD의 뉴로 피드백 치료에 관한 연구 내용을 종합적으로 검토한 리뷰를 출판했다.[11] 이들이 검토한 14개의 연구를 토대로 로프트하우스와 공저자들은 "이 기술이 효과적일 수 있다"라는 결론을 내렸다. 이들은 치료에 참여하는 사람, EEG 치료사, 증상의 변화를 측정하는 사람들이 어느 환자가 '진짜' 치료를 받고 어느 환자가 '가짜' 치료(예를 들어 가짜 대조군 환자들은 이들의 뇌 활동과 실제로 연관되지 않는 가짜 뇌파를 받는다)를 받는지 모르는 완전한 암맹 연구가 아직도 이루어지지 않은 점을 지적했다. 이렇게 확실한 대조군을 도입한 연구는 흔치 않으나, 최근의 연구들은 이런 형태의 실험 설계가 가능하다는 것을 보여주었으며, 이는 플라세보 효과를 배제할 뿐만 아니라 EEG 피드백 치료가 밝혀진 어떤 효과의 주요한 요인이라는 것을 증명하는 데 중요하다. 이와 같이 엄격한 연구가 부족하기 때문에 로프트하우스 연구팀은 "증거가 희망적이기는 하지만 결론지을 수는 없다"라고 말했다.

ADHD의 EEG 뉴로 피드백 치료와 관련된 최근 쟁점이 『현대 임상 심리학에서 과학과 사이비 과학Science and Pseudoscience in Contemporary Clinical Psychology』이라는 책에서 다루어졌다. ADHD에 대한 뉴로 피드백 치료를 다룬 장에서, 플로리다 국제 대학교의 대니얼 워시부시Daniel Waschbusch와 제임스 왁스몬스키James Waxmonsky는 환자들에게 진짜 EEG 피드백을 받는지 아닌지에 대한 정보를 제공하지 않은 조사에서, 개선 효과가 미미했거나 전혀 없었다는 결과를 발표했다. 더구나 워시부시와 왁스몬스키는 대부분의 ADHD 어린이는 EEG 피드백으로 치료하고자 하는 과다한 양의 세타파를 갖고 있지 않았는데, 이는 이 치료법이 기껏해야 일부 어린이의 진단에 도움을 줄 수 있을 것이라고 지적했다. 이어서 이들은 "얼핏 보기엔 효과가 있어 보이지만 주의해야 할 이유가 있다"라고 경고했다.

워시부시와 왁스몬스키의 경고와 일치하는 종합적인 메타분석 결과가 2013년 출판되었는데,[12] 이 연구는 1200명이 넘는 어린이를 대상으로 이루어진 아홉 개의 연구를 기반으로 이루어졌다. 연구는 세타파와 베타파의 비율 분석은 의미가 없으며 ADHD를 측정하는 데 신뢰할 수 없는 진단 방법이지만, ADHD 어린이의 분류에 도움을 줄 수 있을 것이라는 결론을 내렸다. 이는 뉴로 피드백 치료가 주장하는 것과 동일한 뇌파임을 기억할 필요가 있다.

핵심 내용은 뉴로 피드백 치료가 일부 ADHD 어린이에게 도움을 줄 수는 있는지, 어린이의 뇌파를 변화시킴으로써 발생되는 효과가 있는지 혹은 그저 플라세보 효과인지 아직 밝혀진 바가 없다는 것이다. 이는 뉴로 피드백 치료의 적용에 관한 대부분의 연구에서 나온 최근의 증거이기도 하며, 해당 분야에 과도하게 열광하는 치료사들이 전파하는 홍보 내용과 대조를 이룬다. 필자가 이 장을 마감할 즈음에, ADHD 어린이의 뉴로 피드백 치료에 대해 플라세보 대조군을 사용한 이중 맹검 연구가 발표되었다.[13] 이 연구는 어린이의 집중력이나 기억력과 같은 인지 기능에 이 치료가 효과적이라는 점을 밝히지 못했다. 또한 이 논문은 이제까지 보고된 대조군을 사용한 연구들을 체계적으로 검토해 보고하면서, "전반적으로 이제까지 보고된 논문과 연구를 통틀어서, 뉴로 피드백 치료가 ADHD 환자의 신경 인지 기능이 증진된다는 증거를 찾을 수 없었다"라고 결론 내렸다.

당신의 뇌를 재빠르게 만들기 전에 이 글을 꼭 읽으시오

뉴로 피드백 치료는 사람들의 뇌파를 자기 의지대로 바꾸는 것을 배우는 것이다. 오늘날 대중의 관심을 증폭시키는 전혀 다른 차원의 뇌 기능 향상 기술이 있는데, 이는 머리에 쓰는 전극을 통해서 만든 약한 전류로 뇌를 재빠르게 만드는 것이다. 〈스타트렉Star Trek〉에 나온 것과 비슷하게 생긴 소비자용 상품이 2013년 여름에 FCC의 승인을 받으면서 경두개 직류 자극 장치transcranial direct current stimulation: tDCS에 대한 관심이 커졌으며, 이 기기는 249달러(약 30만 원)면 살 수 있다.

포커스랩스/유러피언엔지니어스Foc.us Labs/European Engineers와 같은 회사는 자사 제품이 의학적 효과를 유발하지 않으나 "사용자의 뇌 가소성을 증진시키고", "시냅스 신호를 빠르게 만든다"라고 설명했다. 그러나 발표된 연구 논문은 이렇게 모호하면서도 선정적인 주장을 전혀 뒷받침하지 못한다. 최근 몇 년 사이에 발표된 일련의 연구들은 뇌의 다른 부위에 적용한 tDCS의 분명한 효과에 대해 보고하고 있다. 예를 들어 운동 피질에 건 양전류는 운동 학습 수행 기능을 향상시키고,[14] 두정엽의 자극은 수치 계산 기능을 향상시킨다는 것이다.[15] 2012년 발표된 한 연구논문에 의하면 측두엽과 두정엽 연결 부위의 자극은 조망 수용 perspective taking과 같은 사회적 기능을 촉진했다.[16]

그러나 문제는 포커스가 제작한 상업용 tDCS 장치가 뇌를 자극하지 않는다는 점이다. 이 제품은 뇌의 앞부분에 전극을 고정시킨다. 더구나, 2013년 옥스퍼드 대학교의 테레사 이우쿨라노Teresa Iuculano와 로이 코언 캐도시Roi Cohen Kadosh가 발표한 논문에 의하면[17] 뇌의 한 영역에서 tDCS에 의해 향상된 기능은 다른 영역의 기능을 방해한다. 예를 들어, 두정엽 피질의 자극이 학습 기능을 향상시키지만, 동시에 새로운 지식을 암묵적 지식으로 전환하는 과정을 방해한다.

필자가 ≪사이콜로지≫에 기고한 기사에 관해 코언 캐도시가 언급하면서, tDCS 자체는 거의 소용이 없으며 이 장치는 인지 훈련과 함께 사용되어야 한다고 설명했다. 더구나 "뇌의 어느 영역에 적용할지 파악할 필요가 있는데, 이는 훈련의 형태, 피험자의 나이와 인지 능력 등과 같은 여러 요소들을 고려해 정해야 한다"라고 경고했다.

적합한 사용량은 핵심 사안이자 가장 위험할 수도 있는 요소이다. 염두에 두어야 할 사항은 tDCS의 효과는 개인에 따라서 다를 뿐만 아니라 동일한 피험자에서도 첫 번째 자극과 두 번째 자극의 효과가 매우 다를 수 있다는 것인데, 이는 피로감이나 호르몬 수준과 같은 요인에 의한 것으로 보인다. 모발이나 땀의 양도 자극의 효과에 영향을 끼칠 수 있다. tDCS의 양은 축적될 수 있어서 장기적 효과를 나타낼 수도 있으나, 그 기전에 대해서 우리는 아직 충분히 이해하지 못하고 있다.

실험실 연구에서 적절하게 조절해서 사용한 tDCS의 심각한 부작용에 대해 보고된 바가 아직 없으나, 잘못 사용할 경우 발작이나 두피 화상의 위험성이 있다. 가려움증, 피로감, 메스꺼움도 나타날 수 있다. 포커스 헤드세트 제품의 판매 촉진용 문구에는 "여러분의 뇌를 세심하게 기록하시오"라고 적혀 있다. 이러한 문구는 무책임한 것으로 보인다. 코언 캐도시는 필자에게 과도한 자극은 촉진 효과보다 상해를 유발할 수 있다고 경고했다. 비슷한 맥락에서 마롬 빅슨Marom Bikson 연구팀은 ≪네이처≫[18] 지의 기고를 통해 "tDCS 용량으로 인한 간섭 현상은 약물의 화학적 성분에 의한 간섭만큼 위험할 수 있다"라고 지적했다. 이 기고의 제목은 다음과 같다. "경두개 장치는 장난감이 아니다." 인지 신경 과학자 닉 데이비스Nick Davis 연구팀도 이에 동의한다. 이들은 뇌 빨리 돌리기를 비침습성으로 생각하면 큰 오산이라고 경고했다.[19] 이어서 이들은 "위력적이며 빠르게 장기간 지속되는 효과를 뇌 조직에 직접적으로 일으키는 기술은 외과 수술과 같은 것으로 여겨야 한다"라고 지적했다.

신화 29

뇌 훈련이 당신을 똑똑하게 만든다

대다수의 심리학자는 순간적으로 결정할 수 있는 능력, 즉 '유동적 지능fluid intelligence'이라 불리는 능력이 상대적으로 고정되어 있다고 여긴다. 우리는 사람들이 많은 사실을 배울 수 있다(즉, '확고해진 지능'이 증가된다)고 말하지만, 특정한 수준의 정신적 명민함은 우리가 어떻게 할 수 없는 것이다. 그러나 지난 20년간 수없이 많은 '뇌 훈련' 회사가 출현했으며, 모두들 이러한 통념적인 견해에 도전해 왔다. 이들이 만든 컴퓨터 기반 지적 훈련을 규칙적으로 수행하면, 지적 능력을 연마함으로써 실생활에서 광범위한 효과를 누릴 수 있다고 주장한다.

대규모의 뇌 훈련 회사 중 하나인 루모시티Lumosity는 웹사이트를 통해서[1] 자사의 온라인 훈련을 완전하게 이수하면 "당신은 …… 신경 가소성의 능력을 갖게 되어서 더 많이 기억할 수 있고, 빠르게 생각할 수 있으며, 생활의 모든 면에서 가능성을 최대한 성취할 수 있다. 그 효과는 무궁무진하다"라고 홍보한다.

뇌 훈련 운동과 게임의 종류는 다양하지만 주로 컴퓨터에 나타나는 모양과 소리에 집중하는 내용, 특히 방금 나타났던 것들을 기억하는 게임들이다. 이런 운동은 심리학 실험실에서 사용되었던 전통적인 인지 검사를 각색하고, 모양과 색깔을 꾸며서 더 재미있고 끌리게 만든 것이다. 대부분은 불필요한 정보를 무시하는 동시에 적합한 정보를 생각해 두었다가 사용하는 능력인 '작동 기억'을 위해서 제작되었다.

가장 유명한 작동 기억 훈련은 엔백n-back 과제인데, 이는 일련의 글자나 숫자 혹은 부호 중 현재 나타난 항목을 먼저 보여준 항목(난이도에 따라서 첫 번째, 두 번째, 세 번째, 혹은 더 이전 순번에 나타난 항목)에서 찾는 것이다. 이 훈련의 최상급 난도는 일련의 항목 두 가지를 동시에 제시하는 것인데, 하나는 시각적이며 다른 하나는 청각적이다.

대다수의 이러한 훈련 게임의 핵심 구성 요소는 여러분의 능력이 향상됨에 따라 난도를 높여가는 것인데, 일례로 바퀴 돌리는 속도를 빠르게 하는 것이 있다. 실제로 2012년 《사이언티픽 아메리칸 마인드》에서 뇌 훈련을 지지하는 존 조니데스John Jonides 연구팀은 엔백 과제를 '유산소 운동'에 비유했다. 즉, 이 게임이 여러분의 전체적인 정신적 건강을 개선한다고 하지만, 그게 아니라 '활쏘기를 배우는 것'이 육체적 건강에 미미한 영향을 미치는 것과 같다는 것이다.

자녀들의 인생에서 성공의 기회를 늘려주고 싶어 안달하는 부모나 치매의 위험에서 벗어나고자 하는 노인들이 있어서, 온라인 뇌 훈련은 점점 더 커다란 사업이 되고 있다. 2013년 1월 루모시티는 세계적으로 3500만 회원이 있으며, 해마다 판매액이 100퍼센트씩 증가해 2012년에는 2400만 달러였다고 발표했다. 2015년에는 뇌 건강 산업 전체의 매출액은 10억 달러가 넘을 것으로 예상된다.

뇌 훈련 옹호론

인간은 일반적으로 연습을 통해서 무엇이든 더 잘할 수 있다. 뇌 훈련 회사의 도전은 사람들이 단순히 특정한 게임이나 훈련과 관련된 운동만 잘하게 되는 것이 아니라, 제품 사용자가 새로 얻은 정신적 단련을 통해서 전혀 다른 과제나 실생활 환경에서의 수행 능력을 향상시킬 수 있음을 보여주는 것이다. 심리학자는 이를 '원전이far transfer'라 부른다(반대어인 근전이near transfer는 향상 효과가 뇌 훈련과 비슷한 과제에서 나타나는 것을 뜻한다).

이것이 가능할 것이라는 희망이 2002년 들어 더 커졌는데,[2] 스웨덴의 토르켈 클링베리Torkel Klingberg 연구팀은 일곱 명의 ADHD 어린이에게 코그메드

Cogmed사의 프로그램을 사용해 작동 기억 운동을 4주간 수행한 결과, 이들의 추상적 사고가 향상되었다고 발표했다. 중요한 점은 작동 기억의 훈련이 작동 기억 과제 자체뿐만 아니라 (레이븐 지능 검사Raven's Progressive Matrices로도 잘 알려진) 추상적 사고나 유동적 지능을 반영하는 다른 과제의 처리 능력도 개선할 수 있다는 점이다.

미시간 대학교와 베른 대학교의 수잰 재기Susanne Jaeggi 연구팀이 2008년 영향력 있는 논문 한 편을 발표했다. 그들은 젊고 건강한 성인 수십 명을 대상으로 작동 기억 훈련을 수행한 결과, 이들의 유동적 지능이 향상되었다고 보고했다.[3] 또한 유사한 결과가 다른 실험실에서도 나온다는 보고가 계속 출판되고 있다. 예를 들어 2010년 출판된 한 논문에서[4] 필라델피아 템플 대학교 연구팀은 작동 기억 훈련이 집중력 조절과 독해력 검사에 좋은 영향을 끼친다고 보고했다.

이러한 결과뿐만 아니라 뇌 영상 연구에 의하면 작동 기억 훈련이 정신적 일에 대한 뇌의 반응 방식에도 변화를 가져올 수 있는 것으로 나타났다.[5] 그 결과는 극히 엇갈리지만, 이러한 운동이 일차적으로 전두엽과 두정엽 영역의 활성을 증가시킨다는 일부 증거가 있다. 이런 운동은 뇌 영역에 부가되는 것이기 때문에 여러분도 그 결과를 예상할 수 있을 것이다. 그러나 시간이 지남에 따라 동일한 운동은 뇌 활동의 활성을 더 이상 가져오지 않는다는 결과가 있는데, 일부 과학자들은 이를 뇌가 해당 과제를 더 잘 할 수 있는 징후로 해석한다.

필자가 이제까지 요약한 긍정적인 결과를 토대로, 인터넷 기반 뇌 훈련 회사 코그메드는 뇌 운동이 가져오는 혜택은 매우 광범위해서 당신이 "집중하고, 산만하지 않게 하며, 계획하고, 과제를 완성하며, 어려운 토론을 이해하고 참여할 수 있도록" 돕는다고 홍보하고 있다. 정글메모리Jungle Memory, 마인드스파크Mindsparke 같은 회사들은 사용자의 아이큐 증가와 학교 성적의 향상을 보장한다는 대담한 주장도 하고 있다. 닌텐도 뇌 훈련 게임은 예외다. 신경 과학자 가와시마 류타川島隆太가 개발에 참여해 상당히 알려졌지만, 이들은 자사 제품을 오락을 위한 제품으로 판매하고 있다.

뇌 훈련 반대론

뇌 훈련 사업이 붐을 이루고 있지만 이 과정의 모든 행보는 대다수 학술계의 회의론과 부딪쳐 왔다. 첫 번째 타격은 2009년 영국의 소비자 보호지 ≪위치?Which?≫가 게재한 심층 분석에서 시작되었다.[6] 런던 대학교의 크리스 베어드Chris Baird를 포함해서, 치우침이 없고 명성이 높은 세 명의 심리학자들이 당시에 있었던 증거를 모두 평가했다. 이들은 뇌 훈련은 사람들이 그 운동 자체를 잘 할 수 있는 것 외에 다른 유익한 효과를 내지 못한다는 결론을 지었다. 특히 이 게임들은 실생활에서의 수행 능력에 아무런 차이도 만들지 못하며, 사람들이 정신을 훈련할 수 있는 방법은 사람들과 어울리고, 웹사이트를 방문하고, 육체적인 활동을 활발하게 하는 것이라는 결론을 내렸다.

다음 해, 에이드리언 오언(당시 케임브리지의 MRC 인지 뇌 과학 연구소에서 근무함)이 이끄는 연구팀은 BBC의 과학 프로그램과 공동 작업으로 1만 1000명의 참가자를 동원하는 대규모 연구를 수행했다.[7] 자원 참가자들은 지적 능력에 대한 포괄적이며 기본적인 검사를 마치고 6주 동안 하루에 적어도 10분씩 일주일에 세 번을 추론과 계획과 문제 해결에 관해 전산화된 훈련 과제를 수행했다. 훈련이 끝난 직후 이들은 다시 검사를 받았는데, 훈련과 관련된 특정한 운동에서 능력이 향상되었으나, 초기에 치렀던 포괄적이며 기본적인 검사에서는 전혀 개선되지 않았다.

뇌 훈련으로 나타나는 효과는 약하고 짧게 유지되는 것으로 관찰되는데, 이는 대조군에게 모호한 일반적 지식과 관련된 질문에 대한 답을 구글에서 찾도록 한 후 측정한 수치와 별로 다르지 않았다. 저명 학술지 ≪네이처≫에 게재된 이 연구에 대해서, 그 훈련 방식이 충분히 강력하지 않았다는 비판의 소리도 있었다. 이에 대해 오언 연구팀은 훈련 과정을 더 많이 마친 참가자가 더 높은 효과를 보았다는 증거가 없다고 반박했다.

2013년 오슬로 대학교의 모니카 멜비레르보그Monica Melby-Lervåg와 런던 대학교의 찰스 흄Charles Hume은 대조군을 포함시켜 작동 기억 훈련에 관한 23개의 연구 내용을 종합해 메타분석(기존 자료에 대한 수학적 종합 분석)을 수행했다.[8] 성인과 어린이를 대상으로 한 연구의 결과는 확실했다. 작동 기억 훈련은 훈련에서 사용되었던 것과 동일하거나 비슷한 검사에서 작동 기억력을 단기간 향상시켰다(근전이). 멜비레르보그와 흄은 "그러나 훈련이 끝난 직후에 평가했음에도 불구하고, 작동 기억 훈련은 이제까지 조사해 온 여러 가지 능력(어휘력, 단어 해독, 수학)에서 일반화할 수 있는 효과를 나타낸다는 증거가 없다"라고 보고했다.

멜비레르보그와 흄에 의하면, 이 분야의 문제는 뇌 훈련에 관한 많은 연구들은 잘 짜인 디자인이 없다는 점이다. 특히 연구자들은 대조군을 아무 데나 자주 집어넣으면서도 이것이 구체적으로 어떤 결과를 가져올지는 전혀 관심을 두지 않았는데, 이는 작동 기억 훈련에서 실측된 효과가 훈련 프로그램에 참여하는 재미와 기대감으로 인한 것일 수 있다는 의미이다. 작동 기억 훈련의 지대한 효과를 겨우 찾아내는 데 성공한 일부 연구도 실제로는 '근전이' 효과를 발견하지 못했다. 즉, 이 훈련에 동원되지 않은 작동 기억은 향상되지 않은 것으로 나타났다. 이와 같이 헷갈리는 발견으로 인해서, 실측되어 온 광범위한 효과가 작동 기억의 향상 때문이라는 발상은 흔들리고 있다.

멜비레르보그와 흄의 최종 결론은 냉혹하다. "이러한 프로그램들이 인지 발달 장애를 가진 어린이의 치료나 성인 및 어린이의 인지 기능과 학업 성취도를 향상시키는 방도로 적합하다는 증거는 없다."

2012년에 발표된 논문 한 편은[9] 특히 코그메드 프로그램과 관련되는 증거 자료를 모두 상세하게 검토했는데, 결론은 뇌 훈련을 다시 한번 힐난하는 것이었다. 조지아 공과 대학교의 잭 십스테드Zach Shipstead 연구팀은 다음과 같이 결론을 내렸다. "분명하게 발표할 수 있는 것은 코그메드는 코그메드 훈련과 유사한 과제를 수행하는 능력을 향상시킨다는 사실이다."

2013년 월터 부트Walter Boot 연구팀은 뇌 훈련 문헌에 관한 의문을 제기했다.[10] 멜비레르보그와 흄이 지적한 대로, 이들도 뇌 훈련 효과를 연구한 대부분의 논문들이 적합한 대조 조건을 설정하지 않았을 뿐더러 그것이 초래하는 결과가 무엇인지 생각조차 하지 못했다고 지적했다. 신뢰도와 예상치가 대조 및 실험 조건에서 동일하지 않다면, 뇌 훈련에서 관측된 어떠한 효과가 훈련 자체에 기인하는 것인지, 아니면 플라세보 효과 때문인지 알 수가 없다.

노년층을 위한 뇌 훈련

많은 사람이 뇌 훈련 효과에 대한 선전에 끌리는 이유는 최첨단의 혜택을 누리고 싶어 하거나, 뇌 훈련이 시간을 보내는 건강한 방법이라고 생각하기 때문이다. 분명한 것은 이 프로그램을 가장 요긴하게 적용할 수 있는 대상은 노년층인데, 치매나 지능 저하의 위험을 방지할 수 있는 방안으로 생각하기 때문이다. 이와 관련한 문헌을 조사해 보자.

불행히도 일반 대중을 대상으로 조사한 결과, 뇌 훈련은 노인층을 위한 방안으로 바람직하지 않은 것으로 나타났다. 1996년부터 2008년까지 출판된 논문 중 기억 훈련, 읽기, 처리 속도 훈련에 대한 검사를 포함해 치밀하게 진행된 연구 논문 10편을 체계적으로 분석한 리뷰가 2009년 발표되었다.[11] 코네티컷 대학교의 캐스린 패프Kathryn Papp 연구팀은 "구조적 인지 조정 프로그램이 건강한 노년층에서 알츠하이머병 발병 시점이나 진행을 늦춘다는 증거를 찾지 못했다"라고 보고했다. 또한 통상적인 양상이 발견되었는데, 훈련받은 특정 과제에 대한 능력은 향상되었으나 다른 능력에는 적용되지 않았다. 연구팀은 "뇌의 노화를 늦추도록 제작된 제품의 인기가 이러한 조정의 효과를 뒷받침해 주는 믿을 만한 과학적 데이터를 앞선다"라고 결론지었다.

2013년 발표된 리뷰는[12] 좀 더 긍정적이다. 마스트리흐트 대학교의 제니퍼 레인더스Jennifer Reijnders 연구팀은 2007년부터 2012년 사이에 발표된 35

편의 적정하게 수행된 연구를 종합해 분석했다. 이들은 노인을 위한 뇌 훈련은 기억력, 집중력, 그리고 처리 속도 면에서 훈련된 여러 정신 능력의 기능을 향상시킬 수 있다고 결론 내렸다. 그러나 이들도 대부분 연구의 형편없는 수준을 지적하면서 연구에서 발견된 효과가 일상생활에 적용될 수 있을지 검증이 필요하다고 경고하며, "전반적인 인지 기능과 일상적 생활 환경에 대한 일반화된 효과를 입증할 만한 증거가 거의 없다"라고 결론지었다.

2012년 발표된 리뷰는[13] 이 분야가 발전할 수 있는 건설적인 방도를 제안했다. 암스테르담 대학교의 예시카 바위텐버흐Jessika Buitenweg 연구팀은 (정신적 유연성을 증가시키는) 여러 가지 과제 훈련, 의사 결정 훈련, 새로운 과제(새로운 기술 읽히기), 의사 결정을 향상시키는 데 치중하는 훈련 등이 노인층에게 가장 유용할 것으로 파악된다고 반박했다. 이들은 다면적 접근(정신 기능의 여러 가지 측면을 훈련시키는 것)을 시도하는 프로그램을 강조했다.

바위텐버흐 연구팀은 과학자들이 뇌 훈련으로 효과를 누릴 수 있는 사람과 그렇지 못한 사람을 구분하는 데도 관심을 기울여야 한다고 지적했다. "최근에 발표된 문헌도 분명한 개인 차이에 주목하지 않은 채 노인층을 한 집단으로 묶어서 조사하고 있다"라고 비평했다. "노인 간의 개인차는 젊은 층에서보다 훨씬 클 수 있다. 유전적·환경적·정신 외상적, 혹은 유리한 환경적 영향이 개인의 뇌와 행동에 일생 동안 영향을 끼친다. …… 따라서 나이가 들어감에 따라 개인 간의 변동성이 커진다."

과학자들이 뇌 훈련에 대한 모든 발견을 체계적으로 분석한 결과, 심리학자 톰 스태퍼드(『뇌 훈련 개론Rough Guide to Brain Training』의 저자)가 일컬은 성배 효과("당신이 무언가 한 가지를 연습하면 전혀 다른 여러 가지 것도 잘하게 된다")는 더 많은 연구로 검증되어야 한다고 결론지었다. 그럼에도 불구하고 뇌 훈련 회사는 점점 더 많은 인기를 끌고 있는 프로그램의 효과에 대해서 계속적으로 과감한 주장을 서슴지 않는다. 뇌 훈련 자체가 해롭다는 증거는 물론 없지만, 체력 단련이나 새로운 기술 익히기 그리고 사회 활동 등이 우리의 뇌를 단련하는 데 여전히 가장 효과적인 방도임에는 변함이 없다는 사실을 심리학자 스태퍼드는 상기시킨다.

한편, 이 분야의 과학자들은 훈련 효과를 실생활에 적극적으로 적용할 수 있는 방법에 관심을 돌리기 시작했다. 2013년 영국 심리학회 학술대회 강연에서, 어린이를 위한 작동 기억 훈련 분야의 선두 주자인 수전 개서콜Susan Gathercole은 "우리는 이제까지 반 정도 온 것"이 사실일 것이라고 평가했다. 또한 그녀의 실험실은 어린이들이 단련한 작동 기억을 가상현실 수업 등을 통해 적용할 수 있는 방법을 우선적으로 찾는 것이 미래의 연구 방향이라고 설명했다.

신화: 뇌 훈련이 어린이를 똑똑하게 만든다

브레인짐 인터내셔널Brain Gym International은 40개국 언어로 번역되어 87개국에서 사용된다는 '교육용 신체운동학' 프로그램이다.[14] 이는 선생님들이 학생들에게 공치기, 평균대 걷기, 엎드려 기어가기 같은 신체 운동을 시켜서 학생들의 학습 기능을 증진시킬 수 있도록 돕는 프로그램이다. 브레인짐은 학습 장애 아동에게도 효과적이라고 주장한다.

이 기관의 이름 자체 그리고 판매 촉진용 문구는 신체 훈련 프로그램과 그 효과가 뇌의 기능에 관한 과학적 사실에 근거하고 있다고 강력하게 피력하고 있어서 오해를 불러올 수도 있다. 실제로는 브레인짐 프로그램에 관한 학설은 과학적 근거를 거의 갖고 있지 않다. 이러한 학설의 하나는 소위 도만-델라카토Doman-Delacato 학설인데, 어린이들이 지능 개발을 최대한 이루기 위해서 운동 능력 개발의 각 단계를 완전하게 마무리 지어야 한다는 것이 주요 내용이다. 예를 들어 어린이가 기는 단계 없이 걷기를 한다면, 이 어린이는 이전 단계로 되돌아가서 기는 법을 배워야 '신경 과학적 재구성'을 이룰 수 있다는 것이다.

브레인짐이 사용하는 학설로 오해의 여지가 있는 것은 새뮤얼 오턴Samuel Orton이 1937년에 제안한 것이다. 그것은 난독이 주로 뇌의 우반구에서 비롯된다는 것이다. 언어 능력과 관련 있는 좌반구의 발달이 난독 환자에서 늦어진다는 보고가 있지만, 난독에서 어떠한 역할을 하는지는 모르고 있다. 또한 신체 운동이 늦어진 좌반구의 발달 양상에 가져오는 변화에 대해서 아무것도 알려진 바가 없다.

끝으로, 브레인짐은 인지 운동 훈련 학설에 기반을 두는데, 학습 장애는 감각과 신체 간의 불완전한 소통으로 발생한다는 것이다. 그러나 이제까지 보고된 연구에서 이러한 소통을 증진하기 위한 신체 운동이 학습 효과를 증진시킨 경우는 없었다.

브레인짐 웹사이트에는 프로그램의 효과에 관한 사례들이 소개되어 있다. 그러나 웨스트워싱턴 대학교 특수교육 전문가 키스 하이엇Keith Hyatt 교수는 브레인짐이 2007년 소개한 과학적 문헌을 모두 조사한 결과,[15] 4편이 그 효과를 보고하고 있었으나 그나마도 연구 방법이 매우 조잡하다고 발표했다. 2010년 리버티 대학교 루신다 스폴딩Lusinda Spaulding 교수 연구팀이 후속 리뷰 한편을 발표했다.[16] 이들도 하이엇 교수의 발표 내용과 다른 점을 발견하지 못했으며, "교사가 실험적 연구로 검증되지 않은 (브레인짐 프로그램과 같은) 훈련을 수업에서 사용한다면, 이는 실험적으로 검증된 훈련을 사용해야 할 소중한 시간을 낭비하는 것이다"라고 경고했다.

영국 브리스틀 교육대학원 교수 폴 하워드존스Paul Howard-Jones는 브레인짐과 같이 과학적 근거가 없는 프로그램의 계속되는 인기몰이에 대한 비판과 반대 의견을 학술지에 발표하는 것만으로 충분하지 않다고 개탄했다.[17] 하워드존스 교수는 "회의론으로는 부족하다"라는 제목을 통해 신경 과학과 교육 단체 간에 대화가 절실하다고 피력했다.

하워드존스 교수의 주장은 어느 때보다도 절실했다. 영국과 네덜란드의 교사들의 의견을 조사한 결과가 2012년 발표되었는데,[18] 교사들이 뇌에 관해 알수록 브레인짐 프로그램과 같은 교육용 신경 프로그램을 지지하는 경향이 높아졌다. 이는 아마도 뇌에 대한 관심을 갖게 되면서 상식 밖의 신경 과학에 기반을 두는 마케팅을 접하기 때문인 것으로 보인다(12쪽 참조). 2013년 영국 웰컴트러스트Wellcome Trust가 1000여 명의 교사를 대상으로 조사한 결과, 조사 대상자의 29퍼센트가 브레인짐을 사용했으며, 76퍼센트가 '학습 성향(사람에 따라 선호하는 학습 방법이 다르다. 즉, 시각적 혹은 청각적 방법을 더 선호한다)'과 같이 과학적으로 입증되지 않은 개념을 지지했다. 낙관할 만한 점이라면, '교육 신경 과학 및 기타 학습 관련 과학 분야의 학술적 연구와 교사 사이의 통로 역할을 수행하는 정책 개발 은행' 런어스Learnus 가 2012년에 발족되었다는 것이다.[19] 2014년 웰컴트러스트는 신경 과학이 교육을 돕는 데 사용할 수 있는 연구 지원 기금 600만 파운드를 마련했다. 이러한 시도가 성공하는 날을 기원해 본다.

신화 30

뇌에 좋은 음식을 먹으면 머리가 좋아진다

건강에 좋고 균형 잡힌 식사가 몸에 좋은 만큼 두뇌에도 좋다는 것은 의심할 여지가 없다. 그러나 구체적으로 들어가면 이 말도 틀릴 수가 있고, 특정한 음식이나 물질이 특정한 영향을 미치는지 물으면 일이 더 복잡해진다.

중요한 역할을 하는 요인에는 음식물 이외에도 많은 것이 존재하므로 해석하기 어렵다. 2012년에 블루베리와 딸기를 많이 먹으면 나이가 들어도 인지 능력이 떨어지는 것을 방지할 수 있다고 발표한 논문을 보자.[1] 이는 베리에는 심혈관에 좋고 뇌세포의 연결을 촉진하는 플라보노이드가 많기 때문이다. 반면에 베리를 먹는 사람은 부유하고 운동을 더 많이 하며 안락한 생활 때문에 정신적 쇠퇴가 지연되는 것일 수도 있다. 공중 보건 의학 교수인 캐럴 브레인Carol Brayne은 "이것도 하나의 관찰 결과이므로 확실한 증거를 갖기 위해 다른 연구 결과를 기다려야 한다"라고 말했다. 신문에는 뇌에 좋은 음식물에 대한 과장된 기사가 수없이 많으므로 확실한 증거가 더 나올 때까지 기다려야 한다는 것은 옳은 이야기이다.

음식물과 뇌의 능력에 관한 연결 고리가 사실이라면, 이는 섭취하는 음식물을 간단히 바꾸거나 몇 가지 음식을 첨가함으로써 인지 능력을 손쉽게 키우거나 감퇴 억제를 할 수 있다는 것을 뜻한다. 그래서 음식물과 뇌의 능력에 대한 주장은 과장되기 쉽다. 음식물이나 첨가물이 의학적으로 효용이 있다고 하더라도, 정상적인 몸은 이들을 의약품으로 받아들이지 않는다. 그럼에도 불구하고 이런 상황이 벌어진다. 지난 수십 년 동안 가장 논란이 된 것은 생선유, 비타민정, 포도당, 심지어 치즈 샌드위치가 의지력과 관련되는 것이었다.

생선에 얽힌 이야기

가장 과장되고 이론이 분분한 것은 생선유에 관한 속설이다. 논쟁의 초점은 연어, 고등어, 정어리 같이 지방 성분이 많은 생선에 있는 불포화지방산인 오메가3이다. 이 지방산은 뇌 발달에 중요하다고 알려져 있고, 뇌세포 주변의 세포막 형성을 돕는다. 이 지방산은 항산화 기능을 가지고 있고, 유전자 발현에도 유익한 효과를 가지고 있다. 사람은 이 지방산을 직접 만들 수 없어 균형 잡힌 식사를 통해 섭취해야 한다.

왜 생선유에 지대한 관심을 가지는지 이해는 되지만 생선유가 이롭다고 흥분하는 것은 과학적이지 않을 수 있다. 2006년에 이러한 상황이 절정에 달해, 영국의 더럼 카운티 의회는 제약 회사 이쿠아젠Equazen이 제공한 지방산 첨가제를 어린이 2000명에게 먹이는 '실험'을 하겠다고 발표했다. 당시 영국의 교육부 장관은 자신의 관심을 공적인 것으로 만들었다.

문제는 이러한 시도가 과학적이지 않다는 것이다. 실험에 대조군이 없었고 블라인드 테스트도 하지 않았다(어린이들은 지방산 알약을 섭취한다는 것을 알고 있어 강력한 기대 효과를 야기해 실험 결과에 편견을 주게 된다). 몹시 화가 난 벤 골드에이커는 2006년 ≪가디언≫의 "나쁜 과학"이라는 기고문에서 "이것은 확실히 쓰레기 같은 연구이고, 유용한 결과를 제공할 수 없는 방법으로 설계되어 있는 시간, 자원, 돈, 부모의 선의의 낭비이다"라고 말했다.

불임 치료 전문가이자 과학 분야 기고가인 로버트 윈스턴Robert Winston 경은 그 당시 근거 없는 과장과 논란에 한몫했다고 평가받는 유명인사 중 한 사람이다. 그는 오메가3 지방산을 함유해 '총명해지는 우유'라고 주장하는 데어리크레스트Dairy Crest사의 유제품 '세인트 이벨 어드밴스St Ivel Advance'의 광고에 나섰다. 윈스턴 경은 우유 광고에서 "최근의 과학적 연구 결과에 따르면 오메가3는 어린이의 학습과 집중력을 높이는 데 중요한 역할을 할 수 있다"라고 말했다. 그러나 영국의 광고 심의 위원회Advertising Standards Agency는 해당 유제품의 오메가3의 함량이 극히 적고, 이러한 주장이 과학적 증거에 근거하지 않았다는 이유로 데어리크레스트사의 광고를 중지시켰다.

지방산 첨가물을 첨가하면 도움이 된다는 증거는 무엇일까? 먼저, 지방산 첨가물은 임산부에게 도움이 된다. 2008년에 발표한 연구 총설에 따르면 세계보건기구는 오메가3가 태아의 뇌 발달에 도움이 되기 때문에 하루에 최소한 300밀리그램의 섭취를 권장한다.[2] 이 권장량은 2013년에 존 프로츠코 John Protzko 연구팀이 800명이 넘는 참가자를 대상으로 조사한 10여 번의 실험 결과를 ≪퍼스펙티브스 온 사이콜로지컬 사이언스≫라는 학술지에 발표한 내용에 따른 것이다.[3] 프로츠코 연구팀은 임산부와 신생아가 오메가3를 보충하면 어린 시절에 아이의 아이큐가 증가한다는 사실을 발견했다.

하지만 어린 아이에게 생선유를 먹이는 실험은 결과가 확실하지 않다. 2012년에 옥스퍼드 대학교 연구팀이 실험을 수행했다.[4] 연구팀은 16주 동안 7세부터 9세 사이의 어린이 수백 명에게 맛과 색깔이 동일한 위약과 생선유 첨가제를 매일 투약했다.

전체적으로 지방산 첨가제는 어린이의 독서력, 행동, 기억력에 별 도움이 되지 않았다. 하지만 ≪데일리익스프레스≫는 기사 표제에 "생선유를 먹이면 아이들이 똑똑해진다"라고 썼다. 공정하게 말하자면 연구 결과에 일부 긍정적인 결과도 있다. 지방산 첨가제는 독서 능력이 떨어지는 일부 그룹에 약간 도움이 되었다. 그렇지만 연구팀의 결론은 아직 연구가 더 필요하다는 것이었다. 공신력 있는 웹사이트인 NHS초이스NHS Choices는 다음과 같이 충고했다. "자녀의 독서 능력을 향상시키고 올바른 행동을 하게 하려면 자녀와 함께 집에서 많은 독서를 하고 규칙적인 운동을 하는 것이 좋다."[5]

노인이 뇌의 능력을 증진시키기 위해 지방산 첨가제를 먹는 것은 어떨까? 2012년에 믿을 만한 비영리 조직 코크런 컬래버레이션Cochrane Collaboration에서 발표한 체계적인 총설[6]에 따르면, 60세 이상의 건강한 참가자 3000명에게 위약과 지방산 첨가제를 6개월 이상 투여했으나, 지방산 첨가제를 먹은 그룹에서 40개월이 지나도 인지 능력에 별 도움이 되지 않았다. 런던 위생 및 열대 의학 대학교의 연구팀과 싱가포르의 탄톡셍 병원 연구팀도 같은 결론을 내렸다. "건강한 노인은 오메가3 고도 불포화 지방산PUFA을 추가로 먹어도 인지 능력이 개선되지 않았다."

비타민정과 파워드링크

2006년 통계에 따르면 미국 성인의 39퍼센트가 비타민제를 먹는다. 이것은 수십 억 달러 규모의 산업이고, 비타민 보조제를 먹는 것이 건강에 도움을 주는지 해로운지는 방대하면서도 논란의 여지가 많은 주제이다. 여러 주장들 중 하나는, 뇌에만 국한한다면 비타민정이 어린이의 아이큐를 증진시킬 수 있다는 것이다. 2008년 기준 영국에서는 어린이의 4분의 1 정도가 비타민 보조제를 먹었다.[7] 아이큐에 관한 웨일스에 있는 데이비드 벤턴David Benton과 그윌림 로버츠Gwilym Roberts가 2000년에 8개월 동안 수행한 실험 결과에서[8] 종합 비타민을 섭취한 12세에서 13세 사이의 어린이는 비언어 부문의 아이큐가 높아졌지만, 대조군은 높아지지 않았다.

이러한 사실은 그럴듯하게 들리지만, 후속 연구에 따르면 비타민정은 어린이의 지능을 개선하지 못하고, 영양분이 결핍된 식사는 지능에 손상을 가져온다. 비타민을 아이큐 증진제로 판매하려는 회사는 법적인 제재를 받게 되었다. 1988년 연구에서 비타민을 제공한 라크홀내추럴헬스Larkhall Natural Health사는 자사의 종합 비타민을 탠덤아이큐Tandem IQ라는 상표로 판매해 1000파운드의 벌금을 내게 되었다. 이 종합 비타민의 포장에는 1988년에 행한 벤턴과 로버츠의 연구가 어린이의 아이큐를 증진시킨다는 것을 증명하고 있다고 기술했다. 그러나 지방 법원 판사는 최근의 연구 결과에서는 영양이 결핍된 어린이에게만 도움이 된다고 밝혀져, 이런 주장이 오해를 불러일으킬 수 있다는 판결을 내렸다.

1988년 연구의 공동저자인 데이비드 벤턴은 2008년에 ≪사이콜로지스트≫에 발표한 논문에서 이러한 해석에 동의했다.[9] 여러 증거를 검토한 후

벤턴은 "비타민 보조제로 도움을 받을 수 있는 사람은 비타민 보조제를 먹을 수 없는 가난한 어린이들이다. 비타민 보조제를 먹는 사람 대부분에겐 별 도움이 되지 않는다"라고 말했다. 종합 비타민 연구에 관한 또 다른 쟁점은 긍정적인 혜택이 있다 하더라도 여러 비타민 중 어느 성분이 효과가 있는가 하는 점이다. 이 부분에 대한 해답은 연구 결과를 기다려야 할 것이다. 2013년에 ≪퍼스펙티브스 온 사이콜로지컬 사이언스≫에 발표한 총설에서 존 프로츠코 연구팀은 종합 비타민이 어린이의 아이큐에 도움이 되는지 확실한 증거가 부족하다고 결론지었다.[10]

이제 비타민정은 다소 구식이다. 두뇌 기능을 증진시키는 최근의 방법은 지난 몇 년 사이에 상업용으로 팔리고 있는 뉴로소닉Neuro Sonic이나 브레인토닉Brain Toniq과 같은 향정신성 음료수를 마시는 것이다. 이러한 상품은 L-테아닌L-theanine•부터 가바GABA나 멜라토닌 같이 뇌 기능에 영향을 준다고 알려진 화합물을 함유하고 있다(283쪽의 "총명약이란 무엇인가" 참조). 이러한 화합물의 효과에 대한 많은 연구가 있지만, 화합물을 포함한 음료수의 효과에 대해서는 연구 결과가 전혀 없다. 음료수에 있는 물질의 양과 유효 성분이 확실하지 않은 점을 감안하면 이러한 음료수가 우리에게 어떤 효과를 일으킬지는 알 수 없다.

우리가 가지고 있는 증거는 과학 분야 저술가인 칼 지머가 스스로 실험하고 ≪디스커버≫에 기고한 것이 유일하다.[11] 2012년 지머는 다음과 같이 기술했다. "여러 종류의 뇌 음료수를 마시고 내가 천재가 되기를 기다렸다. 그러나 갑자기 총명해지는 느낌은 전혀 없었다."

• [옮긴이] 글루탐산이나 글루타민과 유사한 구조를 가진 아미노산으로, 식물이나 곰팡이에서 발견된다.

포도당은 의지력의 원천일까?

로이 바우마이스터Roy Baumeister와 존 티어니John Tierney는 "포도당이 없으면 정신력도 없다"라고 자신들의 베스트셀러 심리학 저서인 『의지력의 재발견Willpower』에 기술했다.[12] 이들의 주장은 의지력은 포도당 음료로 회복될 수 있는 유한한 자원이라는 바우마이스터의 연구 결과와 관련이 있다.

한 연구에서 참가자는 어떤 여성의 비디오를 보는 동안 화면에 나오는 단어를 무시하는 두 가지 임무를 동시에 수행하면서 정신력을 고갈시켰다.[13] 이 참가자들은 이후 설탕을 첨가한 레모네이드(포도당 음료)나 인공감미료를 넣은 레모네이드(포도당이 없는 음료)를 마셨다. 그리고 자제력을 시험하는 실험실 표준 측정 방법인 스트룹 테스트Stroop test를 치렀다. 이 방법은 단어를 쓴 잉크의 색깔을 가능한 한 빨리 말하는 것이다(예를 들어, 붉은 잉크로 쓴 '파랑색'의 경우 붉은색이라고 말해야 한다). 일반적으로 단어가 가진 색깔의 의미를 무시하는 것은 쉽지 않다. 보통은 특별한 개입을 하지 않으면 처음에 비디오를 보면서 정신력이 고갈되므로 스트룹 테스트를 수행하는 데 어려움을 겪는다. 여기서 가장 중요한 발견은 설탕을 넣은 레모네이드를 마신 참가자는 스트룹 테스트를 잘 수행했다는 것이다. 이것은 마치 설탕을 넣은 음료수가 고갈된 자제력을 높여준 것처럼 보인다. 반면에 인공감미료를 넣은 레모네이드를 마신 참가자는 스트룹 테스트에서 능률이 떨어졌다. 이러한 결과는 자제력 수준을 회복하는 것은 포도당이라는 것을 암시한다.

이러한 연구 결과에 기초해 에브리데이헬스닷컴EverydayHealth.com 웹사이트에는 "정신력을 증진시키고 싶습니까? 레모네이드를 마십시다"라는 과장된 표제가 쓰여 있다.[14] 이런 생각을 옹호하는 것은 건강 관련 웹사이트나 타블로이드신문•만이 아니다. 미국 심리학 협회는 2012년에 의지력에 관한 특집을 발표했다.[15] 이 보고서는 "일정하게 건강한 음식이나 간식을 섭취해

• [옮긴이] 흥미 위주의 짤막한 기사에 유명인의 사진을 크게 싣는 것이 특징이다.

안정적인 혈당량을 유지하면 의지력이 고갈되는 것을 방지할 수 있다"라고 주장한다.

위와 같은 주장은 논리정연해 보이지만, 새로운 연구 결과에 따르면 지나치게 단순화된 것이다. 매슈 샌더스Matthew Sanders 연구팀이 주장한 '가글 효과gargle effect'를 고려해 보자.[16] 샌더스는 참가 학생들에게 아주 지루하고 피곤한 일(통계학 책을 읽으며 본문에 있는 E 문자를 지우게 했다)을 하게 해 자제력을 고갈시켰다. 그다음 학생들에게 스트룹 테스트를 했다. 절반의 학생은 설탕이 들어 있는 레모네이드로 입안을 가시게 하고, 다른 절반은 인공감미료가 첨가된 레모네이드로 입안을 가시게 했다. 여기에서 중요한 발견은 무엇일까? 참가자는 입안을 가시기만 하고 음료를 마시지는 않았지만 설탕을 넣은 레모네이드로 입안을 가신 참가자가 훨씬 자제력이 높았다.

이 결과는 설탕을 넣은 레모네이드로 입안을 가신 참가자는 음료를 삼키지 않았고, 삼켰다고 하더라도 포도당을 대사시킬 시간이 없었으므로 포도당이 자제력을 회복한다는 개념을 약화시킨다. 따라서 이러한 효과는 낮은 포도당 수준을 회복시키는 것과 관련이 없다. 샌더스가 제안한 한 가지 이론은 포도당이 입에 있는 포도당 수용체와 결합해 뇌의 보상과 자제력에 관여하는 부위를 활성화했다는 것이다. 다른 가능성은 입에 있는 포도당이 뇌에 있는 보상 관련 활동을 활성화한다는 것이다. 그래서 참가자는 지금 하는 일을 좀 더 보상이 큰 일로 해석하고, 더 큰 동기가 부여된다는 것이다.

중요한 점은 새로운 연구 결과가 동기 부여와 포도당의 역할에 관한 것이지, 단지 포도당의 결핍에 관한 것은 아니라는 것이다. 이러한 발견은 포도당을 소비해도 의지력을 회복하는 데 도움이 안 된다는 뜻이 아니다. 단지 이것이 주 원리가 아니라는 것이다. 포도당을 마시지 않고 단지 포도당으로 입만 가셔도 달리기와 자전거 타기 능력을 향상시킨다는 스포츠 과학 보고서도 이러한 결과를 지지하고 있다.[17] 자제력은 우리의 에너지 자원을 보충하기보다는 분배하고 해석하는 데 관여하는 것 같다. 유혹에 저항하는 능력은 우리의 의지에 달린 것이지 레모네이드 병 바닥에 있는 것이 아니다.

신화: 슈거 러시는 아이를 과잉 활동하게 만든다

많은 부모들이 아이가 달콤한 음료수를 마구 마시거나 아이스크림을 많이 먹으면 과잉 행동을 하거나 버릇없이 군다고 말한다. 연구 결과에 따르면 설탕을 급히 많이 섭취하는 슈거 러시sugar rush는 단기적으로 어린이가 과잉 행동하도록 만들지 않는다. 건강한 어린이나 어른의 뇌에서 일어나는 자연적인 조절 기작에 의해 포도당이 안정적인 수준으로 유지된다는 것을 감안하면 위와 같은 주장은 타당하다.

1995년 설탕이 어린이의 행동에 미치는 즉각적인 효과를 다룬 23개의 연구 결과를 종합한 권위 있는 메타분석의 결과를 고려해 보자.[18] 모든 연구에서 어린이에게 위약이나 설탕을 주었고, 연구자나 부모는 누가 어떤 것을 받았는지 알지 못했다. 이런 조건에서 설탕을 섭취해도 어린이의 행동에 영향을 준다는 증거는 없었다. 2006년에는 미취학 어린이에게서 초콜릿과 과일의 효과를 조사했다.[19] 음식물을 섭취하기 전후를 비디오로 녹화했고, 아이의 장난은 언제 어떤 음식을 먹었는지 알지 못하는 평가자에 의해 기록되었다. 초콜릿이나 과일을 먹으면 어린이의 행동이 변한다는 증거는 없었다. 아마도 파티에서 어린이가 이미 흥분한 상태인 때 설탕이 들어 있는 음식을 많이 먹기 때문에 슈거 러시 신화가 아직도 남아 있는 것 같다.

경고 한마디. 짧은 기간 동안 수행한 슈거 러시에 관한 연구가 장기간 정크푸드를 섭취했을 경우 행동 발달에 부정적인 영향을 미치지 않는 것을 입증한다고 해석하지 말아야 한다. 실제로 수천 명의 어린이를 대상으로 2007년에 발표한 연구에 따르면, 4세 때 지방과 설탕이 많은 음식물을 많이 먹을수록 7세 때 과잉 행동을 보이는 경향이 있다.[20] 물론 이 결과가 정크푸드만이 원인이라는 것을 증명하지는 못한다. 부모의 교육 방식이나 다른 요인이 정크푸드 및 과잉 행동과 관계가 있을 수 있다. 지금도 과학자들은 이러한 쟁점을 해결하기 위해 연구하고 있다.

공식 발표입니다! 초콜릿 관련 기사는 항상 과장되어 있습니다

2008년 런던 대학교 몰리 크로킷Molly Crockett 연구팀이 발표한 연구 결과를 가지고 ≪힌두스탄타임스≫가 1면에 "강력한 의사 결정을 내릴 때는 치즈 샌드위치만 있으면 된다"라는 표제로 발표한 것 때문에 전 세계 언론의 주목을 끌었다.[21] ≪웨스트오스트레일리언West Australian≫은 "공식 발표입니다! 초콜릿은 기분이 나빠지는 것을 막아줍니다"라고 주장했다. 이는 언론이 음식과 음료수가 뇌와 행동에 영향을 줄 수 있다는 새로운 발견을 과장해 표현하는 또 다른 예다.

기자들은 초콜릿과 같이 무익하지만 맛있는 음식이 뇌에 도움을 준다는 기삿거리가 있으면 특히 흥분한다. 문제는 이런 경우 실제 연구에서는 초콜릿을 다루지도 않았다는 것이다. 치즈도 마찬가지다. 크로킷 연구팀은 참가자에게 일시적으로 트립토판tryptophan을 고갈시키는 효과를 가진 역겨운 맛이 나는 음료수를 주었다. 고단백질 식품에서 발견되는 아미노산 중 하나인 트립토판은 신경 전달 물질인 세로토닌의 전구체이므로 이 음료수는 뇌에 있는 화합물의 기능을 방해할 것이다.

과학자들은 음료수를 마신 참가자가 게임 중 불공평한 제안에 더 민감하게 반응한다는 것을 발견했다. 크로킷은 세로토닌의 기능을 변화시키면 사람들의 불공평한 것에 대한 반응에 특별한 효과를 준다고 결론지었다. 과학자들은 《웨스트오스트레일리언》에 실린 표제와 달리 "기분의 변화가 없는" 것이라고 덧붙였다.

이 연구에서 강조했듯이 트립토판의 수준이 인지와 행동에 관련이 있다는 것에 대해서는 의문의 여지가 없다. 그러나 이러한 효과는 매우 복잡하고 논쟁의 여지가 있다. 그 말은 연구 결과를 굵은 글씨의 신문 머리기사로 삼는 것이 때때로 오해를 불러일으킬 수 있다는 뜻이다. 예를 들어 트립토판을 강화한 시리얼이 노인에게 수면의 질과 기분을 좋게 하고,[22] 음식이나 첨가물을 통해 트립토판을 높이면 기억력을 향상시킨다는 연구 결과가 있다.[23] 그러나 트립토판을 고갈시키면 의사 결정 능력이 향상된다는 연구 결과도 있다.[24]

이렇게 복잡한 연구 결과가 나타나는 이유는 트립토판의 효과가 생선유나 비타민과 마찬가지로 참가자의 식생활이나 정신 상태에 따라 달라지기 때문이다. 트립토판의 긍정적인 효능은 주로 영양분이 결핍된 식사를 하거나 수면 장애를 가진 사람에게 나타난다.

트립토판에 대해 마지막으로 부언하자면, 칠면조는 고단백질 식품으로, 아미노산이 풍부하기 때문에 칠면조를 먹으면 잠이 온다라는 근거 없는 말이 있다. 체내의 트립토판 농도를 높이는 것은 그렇게 단순하지 않다. 칠면조 같은 식품은 트립토판 이외에 다른 아미노산도 풍부해, 뇌로 가기 위해 물질들이 서로 경쟁하므로 트립토판 농도는 더 낮아진다. 칠면조를 먹을 때는 다른 음식도 같이 많이 먹게 되어 (또한 명절에 서로 모여 칠면조를 먹으면서 술도 많이 마시므로!) 졸음이 오는 효과를 갖게 된다. 트립토판 농도를 높이는 효과적인 방법은 탄수화물을 섭취하는 것이다. 탄수화물은 인슐린의 농도를 높이고, 근육 속으로 다른 아미노산이 흡수되는 것을 도와 트립토판이 뇌에 다다르기 용이하게 한다.

영양분이 풍부하고 균형 잡힌 식사를 하면 아무런 문제가 없다. 대대적인 광고와 기사에도 불구하고, 여러 증거는 특별한 식품 첨가물은 영양분이 결핍된 식사를 하거나 물질 대사에 영향을 주는 질병을 가지고 있는 경우에만 뇌에 도움이 된다는 것을 의미한다.

총명약이란 무엇인가

지난 수년간 먹으면 머리가 좋아지는, 소위 '인지 강화 기능'을 가진 약품에 대한 광고와 관심을 인터넷에서 흔히 보게 되었다. 그중 실험실 수준의 연구에서 각성도와 기억력을 증가시켰다는 흥분제인 모다피닐modafinil이 있다.

처음에 이 약품은 수면 장애 치료, 조현병이나 주의력 결핍을 가진 환자의 치료에 주로 사용했다. 연구에 따르면 모다피닐은 건강하고 수면 장애가 없는 사람에게도 도움이 된다. 2013년 연구에서 64명의 건강한 참가자 중 절반에게 위약을 투여하고, 나머지 절반에게 모다피닐을 투여했을 때, 모다피닐을 복용한 사람은 계획, 기억력, 의사 결정 능력이 증진되고 일을 수행하는 것을 더 즐겼다. 창의성에 관한 효과는 일관성이 없었다.[25]

2007년 케임브리지 대학교의 심리학자인 바버라 사하키언Barbara Sahakian과 샤론 모레인자미르Sharon Morein-Zamir는 ≪네이처≫에 시차에 적응하거나 연구 성과를 높이기 위해 모다피닐을 복용하는 과학자가 많기 때문에 신경 과학계에서 인지 강화제의 도덕적 영향에 대해 논의할 필요가 있다고 썼다. 인지 강화제를 먹지 않는 사람은 동료에게 뒤떨어지지 않기 위해 이러한 약물을 먹어야 하는지 고민하고 있다. 장기 복용에 따른 부작용은 확실하지 않지만, 모다피닐은 비교적 안전하고 다른 흥분제와 달리 남용될 가능성은 적은 편이다.

사하키언과 모레인자미르의 지적은 영국 의학 협회를 포함한 여러 의학 단체나 과학계에 반향을 불러일으키고 있다. 합의된 의견은, 앞으로 인지 강화제가 점점 많아지고 쉽게 접할 수 있을 것이므로 이들을 규제해야 하고, 윤리적인 면은 더 토의해 볼 필요가 있다는 것이다. 2005년 영국 정부가 시행한 예측 프로그램Foresight Program은 "미래의 약품 2025"를 발표했는데, 여기에서 다음과 같이 경고했다. "우리는 사용 가능한 향정신성 물질의 특이성과 기능상의 혁명의 경계에 서 있다."

신화 31

구글은 우리를 멍청하게 만들거나 미치게 한다

선진국에서 지난 수십 년간 통신 기술이 혁신적으로 발달했다는 것을 부인할 수 없다. 인터넷이 이메일을 배달하고, 검색 엔진을 사용하기 위해 단추 하나를 누르면 실시간 통신이 가능하며, 무한한 정보를 얻을 수 있다는 것을 의미한다. 최근에는 스마트폰과 태블릿 덕분에 어느 때보다 쉽게 인터넷에 접근할 수 있게 되었다. 사람들은 항상 연결되어 있고, 페이스북이나 트위터와 같은 소셜 미디어는 인터넷을 통해 소통하고 정보를 공유하는 새로운 방법을 제시했다.

몇몇 시사평론가는 이러한 변화에 대해 경고한다. 그들은 인터넷이 사람의 두뇌를 점점 나쁜 방향으로 바꾸고 있다며 두려워한다. 첫 번째 경고는 2008년 니컬러스 카Nicholas Carr가 ≪애틀랜틱≫에 기고한 "구글은 우리를 바보로 만드는가?"라는 기사에 나타나 있다.[1] 이 기사는 2010년 퓰리처상 후보에 오른 그의 저서 『생각하지 않는 사람들The Shallows』에 자세히 쓰여 있다.

카는 직접 경험한 것을 통해 인터넷의 효과에 대한 글을 쓸 생각을 갖게 되었다. 많은 사람이 공감하는 언어를 통해 카는 다음과 같이 기술했다. "인터넷은 집중하고 명상할 수 있는 나의 능력을 조금씩 사라지게 하는 것 같다. 내 마음은 빠르게 이동하는 정보 입자의 흐름 속에서 인터넷이 배포하는 방법대로 정보를 습득하게 된다. 한때 나는 언어의 바다 속을 헤엄치는 스쿠버다이버였다. 지금은 제트스키를 타고 수면을 빠른 속도로 헤쳐 다니고 있다." 심지어 이 글은 트위터가 생기기 이전에 쓴 것이다!

다른 저명한 학자는 옥스퍼드 대학교의 신경 약리학자인 수전 그린필드Susan Greenfield 교수이다. 그녀는 수년 동안 TV와 라디오에 자주 출현했고, 신문 기고를 통해 사람들이 인터넷에 너무 많은 시간을 소비하고 비디오 게임을 하는 폐해에 대해 경고했다. 그녀는 이 문제를 기후 변화 못지않게 심각하게 생각하면서 '정신 변화mind change'라고 명명했다. 그린필드는 인터넷 기술이 심리나 신경에 미치는 효과를 실제로 연구하진 않았지만, 그녀의 학문적 명성 때문에 언론의 각광을 받고 있다.

2001년 그린필드 교수는 ≪인디펜던트≫에 기고한 기사에서 "사람의 두뇌는 주위 환경이 어떤 악영향을 미쳐도 적응하는 경향이 있다. 21세기의 가상 세계는 전례 없던 환경을 제공하고, 두뇌는 전례 없던 방법으로 적응하고 있다"라고 요약했다.[2] 그린필드 교수는 ≪데일리메일≫에 기고한 글에서 뇌의 변화의 본질을 자세히 기술한다.[3] "집중 시간은 점점 짧아지고 의사소통 기술은 부족해져서 관념적으로 사고하는 능력이 현저히 떨어지고 있다."

그린필드는 다른 곳에서 기술적 변화가 ADHD나 자폐증의 발생이 증가하는 원인이 된다고 언급하고 있다(364쪽 참조). 2013년에 자신의 첫 번째 소설 『2121』에서는 인터넷이 야기한 2121년의 인간성이 상실된 디스토피아적 전망을 다루었다. 헬렌 루이스Helen Lewis는 ≪뉴스테이츠먼≫에서 이 소설이 지금까지 출간된 공상 과학 소설 중에서 최악이라고 이렇게 비판했다.[4] "황량한 내용의 페이지가 이어지지만 아무 일도 일어나지 않는다. 등장인물의 삶이 디지털 기술에 의해 얼마나 심각하게 영향을 받는가를 단순 나열한다."

2012년, 표지에 머리를 부여잡고 소리 지르는 젊은이의 사진과 함께 "광기: 공황, 우울, 정신병, 인터넷 중독이 우리의 뇌를 어떻게 재구성할까"라는 기사가 실린 ≪뉴스위크≫가 발간되었을 때 그 공포는 정점에 다다랐다.[5] 토니 도쿠필Tony Dokoupil은 컴퓨터를 '전자 코카인'이라고 표현한 UCLA의 피터 와이브로Peter Whybrow로부터 얻은 놀라운 통계 수치를 제시했다. "10대는 평균적으로 2007년보다 두 배인 3700개의 문자를 매달 주고받는다." 이 기사의 의미는 확실하다. 인터넷과 소셜 미디어는 스트레스를 증가시키고, 외롭게 하며, 우울하게 만든다.

현실

인터넷과 소셜 미디어의 영향에 대한 두려움은 오랫동안 진행된 역사적 경향의 일부로, 각 세대는 최신 도구에 대해 걱정하며 불만을 표시했다. 2010년 신경 심리학자 본 벨은 ≪슬레이트≫에 기고한 글[6]에서 현대 사회에서 과도한 정보로 인해 혼란스러운 효과를 공개적으로 걱정한 스위스 과학자 콘라트 게스너Conrad Gessner의 예를 들었다. 게스너가 자신의 관심을 주장한 것은 이번 세기나 전 세기가 아닌 1565년으로, 그의 공포의 원천은 당시의 신기술인 인쇄기였다. 그 이전 시대로 거슬러 올라가면 소크라테스는 기록하는 행위가 기억에 미치는 악영향을 경고했다. 비교적 최근에는 라디오와 TV의 출현으로 인한 주의 산만, 정신적 불균형, 대화의 단절과 같은 불안한 상태를 야기하게 되었다.

현실을 직시해 보자. 인터넷, 스마트폰, 소셜 미디어는 우리가 살아가는 방법을 바꾸고 있다. 공공장소에서 자신이 혼자 남겨져 있다는 것을 느끼는 순간, 심지어 혼자 있지 않아도 스마트폰 화면에 시선을 고정하는 사람을 찾는 것은 어려운 일이 아니다. 신문 기고가는 침대에서 이메일을 점검한다는 고백을 심심치 않게 한다. 밤에 마지막으로 하는 일과 아침에 가장 먼저 하는 일이 이메일을 확인하는 것이다. 다른 불만 하나는 아무도 전화하지 않았는데 스마트폰이 주머니 속에서 진동하고 있다고 느끼는 것이다. 옳건 그르건 간에 많은 사람은 사방에 퍼져 있는 인터넷이 우리의 두뇌가 일하는 방법을 바꾸고 있다고 느낀다. 2013년에 1000명의 핀란드인을 대상으로 조사한 결과에 따르면, 거의 다섯 명 중 한 명꼴로 인터넷이 자신의 기억력과 집중력에 악영향을 주었다고 생각한다.[7]

그러나 기술이 생활 습관을 바꾸고 기억력과 집중력에 나쁜 영향을 끼쳤다고 해서 사람의 두뇌가 실제로 위험하고 전례 없는 방법으로 재구성된다는 의미는 아니다. 진실에 다다르기 위해 관심 있는 중요한 부분을 하나씩 다루어보자.

인터넷이 우리의 두뇌를 재구성할까?

"많은 사람이 일을 할 때, 혹은 단순히 재미로 몇 시간 동안 인터넷을 하면 분명히 두뇌에 심각한 영향을 끼칠 것이다." 이런 종류의 모호한 주장을 하며 기술을 혐오하는 사람이 많다. 진실은 이 말이 맞는다는 것이다. 인터넷을 오래 하면 당신의 두뇌는 변한다. 어떤 행위를 해도 두뇌가 변화하는 것과 같다. 인지 심리학자 톰 스태퍼드가 'BBC 퓨처' 웹사이트에서 "인터넷은 당신의 두뇌를 재구성합니다. 그렇지만 TV를 시청해도 마찬가지입니다. 한 잔의 차를 마시거나 차를 마시지 않아도 마찬가지입니다. 화요일에 세탁을 해야 한다고 생각해도 마찬가지입니다. 당신이 살아가는 생활은 두뇌에 흔적을 남기기 마련입니다"라고 기술했다.[8] 이러한 재구성의 효과는 무엇일까? 스태퍼드는 어느 쪽인가 하면, 인터넷 검색의 특성을 감안하면 정보를 요약하고 전자적으로 소통하는 방법에 좀 더 익숙해질 것이라고 예측했다.

인터넷은 우리의 집중력을 파괴하고 기억력을 감퇴시킬까?

이 질문을 구별할 필요가 있다. 한편으로는 '그렇다'. 인터넷이 산만함을 유발한다는 증거가 있다. 한 연구에 따르면 학생들이 인터넷 메신저를 사용하면서 책을 읽으면 25퍼센트가량 시간이 더 걸린다.[9] 사람은 일반적으로 여러 가지 일을 동시에 수행하지 못하기 때문이다. 마이크로소프트사에서 수행한 다른 연구에 따르면 이메일에 답장을 보내는 동안, 그리고 몇 분이 지난 뒤에도 자신의 본래 하던 임무로부터 주의가 분산된다.[10] 인터넷이 사람의 기억 방법조차 바꾼다는 조사 결과가 있다. 2011년 벳시 스패로Betsy Sparrow의 조사에서 참가자가 컴퓨터에 타자로 입력한 사소한 내용을 기억하는 실험을 수행했다.[11] 연구진에게서 컴퓨터가 자신이 입력한 내용을 저장한다고 들었을 때 참가자는 자신이 입력한 내용을 기억하는 데 어려움을 겪었다.

반면에 인터넷이 주의를 산만하게 하고, 컴퓨터를 단순한 기억 장치로 이용한다는 사실이 두뇌를 영원히 혼란스럽게 만드는 것은 아니다. 반대 효과가 있을 것이라는 힌트는 2009년의 연구에서 나왔다.[12] 습관적으로 웹사이트를 검색하면서 다른 임무를 수행하는 것과 같이 동시에 여러 일을 수행하는 사람은 주의를 산만하게 하는 정보를 무시하거나 임무를 변경하는 것이 어렵다고 한 것이다. 새로운 기술을 싫어하는 많은 사람이 이 결과에 달려들었다. 그러나 이 연구 결과가 다른 면도 보여준다는 것을 주목할 필요가 있다. 우리가 알고 있듯이, 집중하지 못하는 사람은 흔히 여러 일을 동시에 수행한다.

컴퓨터가 우리의 기억을 저장한다고 해서 우리의 기억력을 감퇴시킨다는 것은 아니라는 점에 주목해야 한다. 사람은 자신의 기억력을 다른 곳에 사용할 수 있다. 2011년 스패로는 사람은 컴퓨터에 저장한 폴더를 잘 기억하고 있다는 것을 발견했다.

인터넷을 많이 하면 두뇌의 능력이 증진된다는 것을 보여주는 증거가 있다. 2009년 UCLA의 게리 스몰Gary Small은 중년 이상의 참가자 24명을 대상으로 책을 읽거나 웹사이트를 검색하는 중인 뇌를 스캔했다.[13] 웹사이트를 검색하는 12명은 여러 뇌 부위가 추가로 활성화되는 반면, 책을 읽는 사람은 의사 결정과 복합적 사고를 관장하는 전두엽 부위가 활성화되었다. 이것은 단지 추론적인 연구 결과이므로 이 결과를 해석하는 데 주의할 필요가 있다고 주장하지만, 인터넷이 우리를 둔하게 만든다는 결과와 반대되는 것이다.

애리조나 대학교 교수인 자넬 월트먼Janelle Wohltmann의 연구에 따르면 79세 이상의 노인이 8주 동안 페이스북을 사용한 후 기억력이 25퍼센트 향상되었다. 컴퓨터에 일기를 적기만 한 대조군에서는 이런 효과가 나타나지 않았다. 이 연구 결과는 2013년 2월 하와이주에서 열린 국제 신경 심리학회International Neuropsychological Society: INS의 연례 학술대회에서 발표됐다. 한편 2012년에 호주 학자가 수천 명의 노인을 대상으로 8년 동안 수행한 연구에서, 컴퓨터를 사용한 사람은 치매에 덜 걸렸다(물론 다른 방향으로 나타나는 인과 관계의 가능성도 감안해야 한다).[14] 그는 2010년에는 32세에서 84세까지 수천 명의 정신력을 조사했는데, 모든 연령 그룹에서 컴퓨터를 사용하는 사람은 과제 전환 훈련과 인지 능력 테스트를 더 잘 수행했다.[15] 이는 컴퓨터를 사용하기 때문이라기보다 컴퓨터를 사용하는 사람이 더 부유하고 교육도 많이 받았다는 우연적인 요인 때문일 수도 있다. 그렇지만 컴퓨터를 사용하면 멍청해진다는 생각에 반론을 제기할 수 있다.

페이스북 같은 소셜 미디어는 우리를 외롭게 만들까?

≪뉴스위크≫의 '아이디스오더iDisorder'란에 1990년대 피츠버그의 73개 가정을 대상으로 2년간 인터넷의 영향에 대해 연구한[16] 카네기멜런 대학교 로버트 크라우트Robert Kraut 연구팀의 글이 실렸다. 그 결과는 신기술의 부작용을 외치는 사람을 지지하는 듯했다. 가족이 이메일과 채팅 등 온라인에 시간을 많이 사용할수록 가족 구성원은 서로 얼굴을 맞대고 대화하는 횟수가 줄어들고, 사회 활동 반경이 줄어들며, 점점 외로워지고 우울해졌다.

그러나 ≪뉴스위크≫의 기사가 전하지 않은 것은 2001년 크라우트 연구팀이 이 가정을 다시 방문했을 때 인터넷을 사용하며 야기된 부정적인 효과가 대부분 사라졌음을 발견했다는 사실이다.[17] 연구팀은 새로운 참가자를 대상으로 일 년 동안 조사한 결과, 대부분은 사회생활 반경이 늘어나는 것을 포함해 인터넷 사용에 긍정적인 면이 있다고 보고했다. 그리고 다른 연구와 마찬가지로 외향적인 사람은 온라인에서의 사회생활을 통해 더 적극적인 사회활동을 하게 된다고 했다. 2009년 벤 에인리Ben Ainley는 미국 심리 과학 협회Association for Psychological Science 학술대회에서 실생활에서 외로운 학생은 페이스북과 소셜 미디어에서도 친구가 적은 경향이 있다는 결과를 발표했다.

다른 많은 연구는 페이스북이 사람을 외롭게 만든다는 생각에 직접적으로 도전하고 있다. 2012년 펜 디터스Fenne Deters와 매시어스 멜Matthias Mehl은 참가자들이 페이스북에 글을 자주 올리도록 했다.[18] 대조군과 비교해 글을 자주 올리는 학생은 다른 친구와 자주 연결되고 있다고 생각해 덜 외로워한다고 보고했다. 2007년 미시간 대학교의 니콜 엘리슨Nicole Ellison은 수백 명의 학부 학생을 대상으로 조사한 결과, 페이스북을 자주 사용하는 학생은 대학 사회에 더 연결되어 있다고 느낀다고 보고했다.[19]

마지막으로 2010년에 수행한 부끄러움을 타는 성향과 페이스북에 대한 조사 결과를 살펴보자.[20] 부끄러움을 타는 학생 중에서 소셜 미디어를 자주 사용하는 학생은 소셜 미디어에서 만난 친구를 더 가깝다고 느꼈고, 서로의 우정을 만족스럽게 생각하며 그 사회적 관계를 지지했다. 이것은 한 번에 한 가지만 들여다보는 단면 연구이므로 인과 관계를 추론하는 것은 조심스럽다. 그럼에도 불구하고 과학자들은 다음과 같이 결론지었다. "우리가 얻은 결과는 컴퓨터가 중재하는 소통 방법이 부끄러움을 타는 사람을 사회적으로 고립시킨다는 경고를 반박하고 있다. …… 현재 내릴 수 있는 결론은 부끄러움을 타는 사람이 페이스북을 사용하면서 더 나은 우정을 갖는다는 것이다."

인터넷이 자폐증이나 과잉 행동 장애를 많이 유발할까?

인터넷을 포함해 화면을 사용하는 미디어의 이용이 급격히 늘어나면서 자폐증과 ADHD로 진단받은 어린이의 수가 이와 비례해 늘어나고 있다. 이러한 결과가 연관이 있다고 주장하는 일부 학자가 있다. 수전 그린필드는 ≪뉴사이언티스트≫와 인터뷰에서 자폐증이 디지털 기술이 우리의 뇌를 변화시키고 있다는 증거라고 언급했다. 그녀는 디지털 기술과 ADHD 진단 증가가 서로 관련이 있다고 주장하고 있다. 물론 진단 방법이 변화하고 조건도 엄격해져(363쪽 참조) 자폐증과 ADHD 진단이 증가한다는 이유도 있다. 그러나 디지털 기술이 자폐증이나 ADHD를 일으킨다는 증거는 없다. 그린필드의 근거 없는 주장에 대해 염려하는 옥스퍼드 대학교 신경 심리학과의 도러시 비숍Dorothy Bishop은 자신의 블로그에 공개 질의서를 썼다. 비숍은 그린필드의 논리에 나타난 결함을 밝히기 전에 다음과 같이 적었다. "당신의 추측은 내 전문 분야를 침범했고, 점점 거슬리기 시작했다". "원인이 결과를 선행해야 한다. 인터넷 사용과 관련된 원인의 검증은 두 가지 측면에서 오류가 있다. 첫째는 인구통계학적인 면으로, 인터넷 사용이 널리 퍼지기 전에 이미 자폐증 진단이 증가했다. 둘째는 개인적인 측면으로, 자폐증은 트위터나 페이스북을 사용하기 훨씬 전인 2세 때 많이 발견된다."

인터넷은 중독성이 있을까?

인터넷이 기억 장애나 자폐증을 일으킨다는 문제는 잠시 접어두자. 다른 학자는 사람들이 인터넷에 전례 없이 시간을 많이 소비하는 것을 두고 웹 검색이나 온라인 게임이 중독성이 아주 높다고 주장한다. 이러한 주장을 뒷받침하는 일화적 증거는 수없이 많다. 2010년에 한국의 한 부부는 피시방에서 가상의 딸이 등장하는 게임을 하는 데 정신이 팔려 신생아인 진짜 딸을 돌보지 않고 죽게 해 과실치사로 기소되었다.

요즈음 해변가나 호텔의 로비에는 이메일 계정에 접속하는 휴가자가 수없이 많이 있다. 2011년 사람들이 매일 갈구하는 것을 조사한 결과에 따르면 디지털 미디어가 섹스보다 높은 점수를 받았다.[21] 게임과 인터넷 중독 치료 병원은 세계적으로 늘어나고 있고, 특히 기술적으로 앞선 아시아 국가에서 더 심하다. 많은 정신과 의사는 인터넷 중독이 공식적 진단(전문가의 최신 진단 기준인 DSM-5도 인터넷 중독을 정식으로 인정하지 않는다. 그러나 부록에 '인터넷 사용 게임 질환internet use gaming disorder'은 연구가 더 필요하다고 기록되어 있다)으로 인정받아야 한다고 주장하고 있다.

2012년에 10대 인터넷 중독자의 뇌를 스캔해 연구한 중국 과학원Chinese Academy of Sciences 과학자는 10대 인터넷 중독자는 대조군과 비교해 감정과 의사 결정에 관여하는 전두엽 부위의 연결이 감소되어 있다고 보고했다.[22] 런던 왕립 대학교 상담 심리학자인 헨리에타 보든존스Henrietta Bowden-Jones는 이러한 발견에 대해 BBC와 나눈 대담에서 "우리는 드디어 임상학자가 오랫동안 의심한 안와 전두 피질orbito-frontal cortex 및 뇌의 아주 중요한 부위의 이상은 물질 중독뿐만 아니라 인터넷 중독 같은 행위와도 관련되어 있다"는 것을 설명했다.

회의론자는 중국의 연구가 인터넷 중독이 뇌의 변화를 유발한다는 것을 입증하지 못했다고 주장한다. 많은 심리학자와 정신과 의사는 인터넷 중독의 문제점이 인터넷 자체에 있는 것이 아니고 개인과 그들의 사회적 여건에 있다고 지적한다. 흔히 자신의 인터넷 사용을 자제하지 못하는 사람은 다른 정신적 문제나 어려움을 가지고 있다. 네덜란드에 있는 유럽 최초의 게임 중독 병원 설립자인 키스 배커Keith Bakker는 2008년 BBC와의 대담에서 이것을 강조했다.[23] "우리는 비디오 게임을 과도하게 많이 하는 어린이를 조사하면 할수록 이것이 중독이라고 말할 수 없었다." "이 어린이에게 필요한 것은 부모와 학교 선생님이다. 이것은 사회적 문제이다."

인터넷 중독이나 게임 중독이라는 개념에 관한 가장 날카로운 비평가는 마인드핵스 블로그의 운영자이자 신경 심리학자인 본 벨이다. 벨은 자신의 블로그에서 인터넷은 매체이지 활동 그 자체는 아니므로 온라인에서 많은 것을 할 수 있다고 주장한다.[24] "행위에 중독된다는 개념은 논리적으로 볼 때 행위 그 자체가 필요하므로 특정한 활동을 구체화하는 것이 중요하다." 벨은 문제를 가진 사람이 온라인에서 많은 시간을 소비하는 것은 인정하지만 인터넷이 이러한 문제의 원인이라는 증거는 별로 없다고 말하며, "인터넷을 심하게 사용하면 중독 증세를 보인다는 어떤 연구 결과도 없다"라고 주장한다.

새로운 기술에 적응함으로써 우리의 습관이 변한다는 사실은 부인할 수 없다. 이러한 사실은 역사를 통해서도 나타난 현상이고, 컴퓨터와 인터넷의 경우도 마찬가지이다. 다른 활동과 마찬가지로 이런 기술을 이용하는 것은 뇌에 영향을 준다. 그러나 이러한 영향이 해롭지 않고 심지어 이롭기까지 하다는 증거가 많다. 인터넷을 많이 사용하는 사람은 온라인에서 정보를 검색하는 데 익숙해진다. 인터넷을 사회적으로 사용하면 사람을 점점 모을 수 있다는 것을 보여주는 데이터도 있다.

그러나 항상 그랬듯이 사람들은 변화를 두려워한다. 2013년에 이 책을 쓰고 있을 때 인터넷에 대한 오래된 두려움에 새 이름을 붙인 무서운 이야기가 퍼져나갔다. ≪데일리메일≫은 "젊은이들이 자신의 두뇌 대신 기술에 많이 의존하면서 '디지털 치매'가 증가하고 있다"라는 기사를 발표했고,[25] ≪데일리 텔레그래프≫는 "'디지털 치매'의 급증"이라는 기사를 발표했다.[26] 두 신문은 한국의 한의사가 작성한 보고서를 인용했다. 서울에 있는 밸런스브레인센터Balance Brain Centre의 한의사 변기원은 심지어 좌뇌·우뇌 이야기(82쪽 참조)도 주장한다. "인터넷을 많이 하는 사람은 우뇌가 개발되지 않고, 좌뇌가 많이 발달된다."

신문에는 한국의 보고서와 관련된 참고문헌이 나와 있지 않았는데, 필자가 이후에 문헌을 검색해도 찾을 수 없었다. 디지털 치매는 2012년 독일의 심리학자 만프레트 슈피처Manfred Spitzer의 책 제목에서 유래했다. 인터넷이 두뇌를 해친다는 생각은 솔깃하지만 이는 신경에 관한 잘못된 속설에 불과하다.

비디오 게임은 이로울 수도 있다

대중적인 많은 글은 디지털 기술 발전이 사람을 우울한 좀비로 바꾼다고 주장하지만 비디오 게임이 인지학적·사회학적으로 도움이 된다고 주장하는 문헌도 증가하고 있다. 액션과 사격이 난무하는 〈콜 오브 듀티Call of Duty〉• 같은 게임을 하면 공격성이 증가하는 경향이 있으나,[27] 작은 일에 집중하기, 시각 이미지 회전, 멀티태스킹 능력을 증진한다고 알려져 있다.[28] 〈레밍스Lemmings〉••와 같은 협동 게임을 하면 실생활에서 이타적 행동이 증가하고,[29] 〈테트리스Tetris〉 같은 퍼즐 게임은 신경의 효율을 개선하고 뇌 회질의 부피를 증가시킨다.[30]

결정적으로 비디오 게임을 해서 얻는 이점은 일반인에게서 관찰된다. 다시 말하면, 특별히 정신력이 뛰어난 사람이 유독 게임을 좋아하는 것은 아니다. 심지어 전문직을 가진 사람에게 도움이 되기도 한다. 2013년에 발표한 보고서에 따르면 닌텐도의 '위' 게임기로 스포츠 게임을 한 외과 의사는 복강경 시술 모의 훈련에서 성적이 향상되었다.[31]

회의적인 측면에서 일리노이 대학교 어바나샘페인 캠퍼스의 심리학자 대니얼 사이먼스Daniel Simons 같이 비디오 게임의 효과를 의심하는 사람은, 2011년 발표한 보고서에서 이러한 분야의 연구는 이중맹검법을 시행할 수 없는 등 방법론적 한계가 있다고 지적했다.[32] 두뇌 훈련에 관한 연구를 수행하는 데 적용되는 문제점이 비디오 게임의 잠재적 이점을 연구하는 데도 적용된다(266쪽 참조).

특히 비디오 게임 연구는 대조군과 '치유' 조건에서 게임을 하는 사람의 기대치를 만족하기 어렵다. 예를 들면, 동일 조건에서 액션 게임을 하는 사람은 퍼즐 게임을 하는 사람보다 멀티태스킹 능력이 개선되기를 기대한다.[33] 2013년 사이먼스는 자신의 블로그에서 "비디오

• [옮긴이] 2003년에 시작된 비디오 게임으로, 총으로 상대방을 사격하는 게임이다.

•• [옮긴이] 1991년 아미가, 아타리, PC용으로 개발된 비디오 게임이다. 게임의 목적은 사람 형상을 한 나그네쥐가 장애물을 헤치고 탈출하기를 돕는 것이다.

게임하기가 산책하기보다 현실을 인식하는 데 더 도움이 된다는 말은 일리에 맞지 않다"라고 기술했다.

이러한 문제가 있기는 하지만(더 엄격한 연구에서는 일부 긍정적인 결과를 보여준다), 심리학자들은 2013년 ≪네이처≫[34]에 비디오 게임 시장에서 최대의 수익을 얻기 위해 심리학자와 게임 산업 간에 더 많은 협력이 필요하다고 논평했다. 대프니 바벨리어Daphne Bavelier와 리처드 데이비드슨Richard Davidson은 "젊은이들이 탐닉할 만큼 재미있으면서, 그들이 공감과 협력 같은 긍정적인 자질을 키우는 데 도움이 되는 비디오 게임을 만드는 것이 과제"라고 말했다.

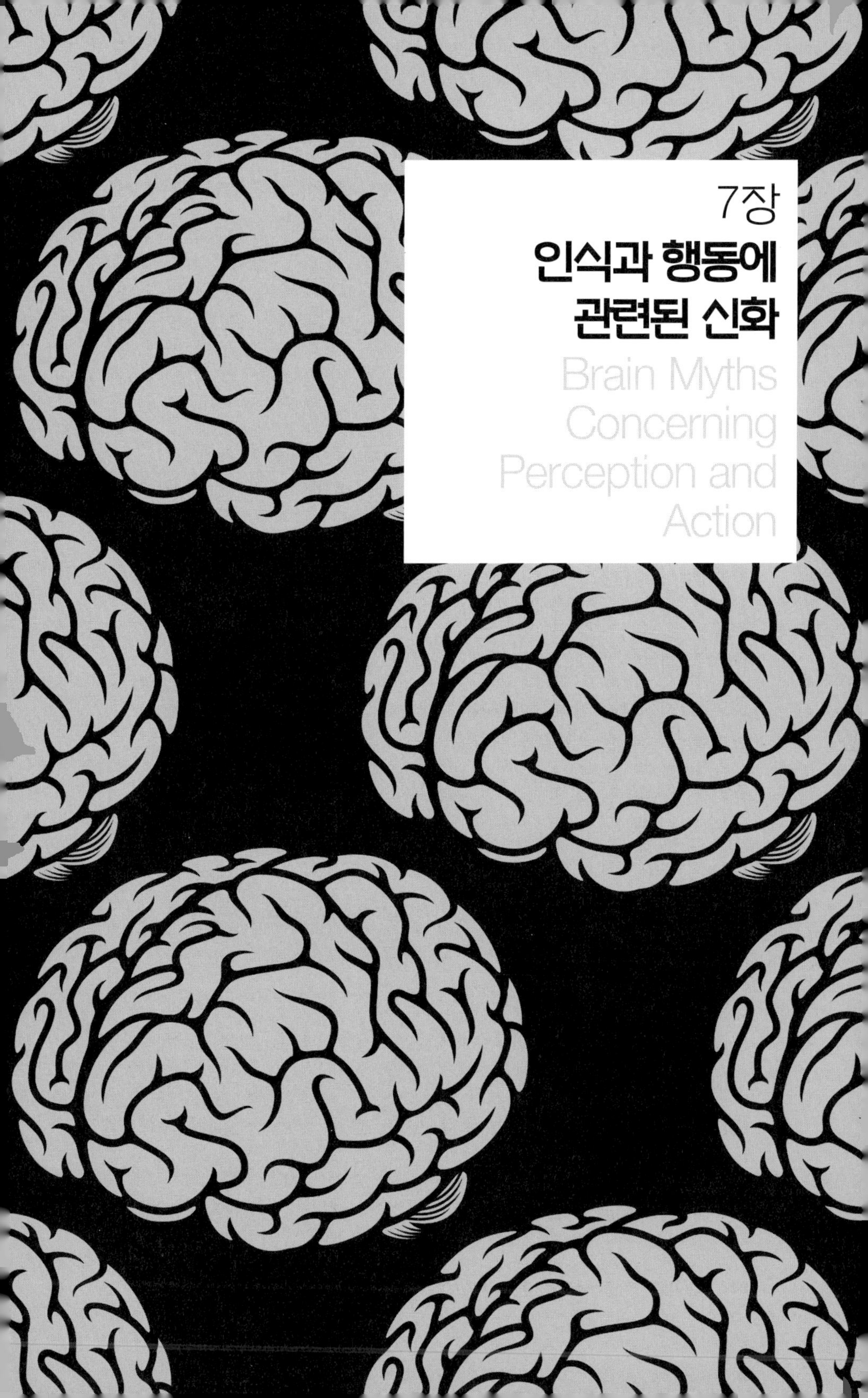
7장
인식과 행동에
관련된 신화
Brain Myths
Concerning
Perception and
Action

우리가 인식하는 세상은 마치 공연 중인 연극 무대를 보는 것과 같다. 이것은 마치 우리가 각자의 머리 뒤에 앉아서 정직하게 묘사되는 외부의 생활을 즐기는 것과 같다. 이것은 신화이다. 우리는 오감을 가지고 있지만 현실에 대해 뇌가 표현하는 것은 실제 연극 무대보다는 특수 효과에 가깝다. 우리가 경험하는 것은 뇌에 의해 새롭게 수정된다. 하나하나 생성된 작고 지연된 감각에 대한 정보는 함께 모여 이음매 없는 세상을 새로이 창조해 낸다. 이 장에서는 수백 년이 넘도록 사람들이 가지고 있던 오감에 관한 고정 관념을 버리고, 바깥세상뿐 아니라 우리 몸의 감각과 관련된 경험의 왜곡을 보여줄 것이다.

신화 32

뇌는 오감에서 정보를 받아들인다

시각, 후각, 청각, 촉각, 미각의 다섯 감각에 관한 잘못된 생각은, 대부분 사람들이 오감을 일반적으로 받아들이고 당연한 것으로 여긴다는 점이다. 이러한 오해는 모든 문명에서 발견되며, 일상 대화뿐 아니라 과학적 상황에서도 나타난다. 『뇌 입문서The Rough Guide to The Brain』에는 "들어오는 신호는 우리의 오감에 의해 처리된다"라고 쓰여 있다. 2012년 ≪사이언티픽아메리칸≫에 실린 감각의 혼선에 관한 글에는 다음과 같이 나타나 있다. "우리의 오감은 …… 독립적으로 작용하는 것 같다."[1] 같은 해 '현실'에 관해 ≪뉴사이언티스트≫에 실린 글에는 "현실이 진정으로 의미하는 것은 무엇인가?"라고 쓰여 있다.[2] 그것은 다음과 같이 시작한다. "직설적인 대답은, 우리의 오감에 나타나는 모든 것을 의미한다." 인간의 오감에 대한 보편적 개념은 『데 아니마De Anima』(영혼에 관하여)에서 오감에 대해 자세히 설명한 아리스토텔레스 시절까지 거슬러 올라간다. 그의 영향력에 대한 증거인 듯, 마법의 숫자인 5는 지금까지도 변함없이 남아 있다.

현실

실제로 인간은 몇 가지 감각을 가지고 있을까? 확실히 다섯 가지는 넘는다. 이 질문에 대한 정확한 대답은 철학적인데, 감각을 어떻게 정의하느냐에 달려 있다! 만일 각각의 감각이 외부 정보를 받아들이는 별개의 방법이라면 아리스토텔레스가 말한 다섯 가지에 몇 가지를 추가할 수 있을 것이다.

첫째, 몸의 위치를 인지하는 감각이 있을 것이다. 눈을 감고 오른손 검지로 왼팔의 팔꿈치 끝을 만져보자. 쉬울까? 해보았는가? 당신은 손가락 끝과 왼팔의 팔꿈치 위치를 어느 정도 알고 있을 것이다. 이러한 것을 고유 감각 proprioception이라 하고, 몸의 여러 부분이 어디에 위치하는지 알게 한다. 이것이 가능한 것은 근육에 현재 근육의 길이와 수축 상태를 뇌에 알려주는 근방추spindle라는 수용체가 있기 때문이다.

눈을 가린 채 천장에 매달려 있다고 상상해 보라. 만일 몸을 천천히 앞으로 기울이면 중력에 따라 온몸의 위치가 바뀌는 것을 느낄 수 있을 것이다. 그것은 당신의 귀에 몸의 균형을 유지하는 전정 기관이 있기 때문이다(229쪽 〈그림 20〉 참조). 사람들은 거꾸로 서서 사물을 보아도 그 물건은 똑바로 서 있고 머리가 거꾸로 되어 있다고 인식할 수 있다(TV 앞에 서서 머리를 위아래로 흔들며 다리 사이로 TV를 보라). 그러면 전정 기관은 공간에서 직선으로 가속하는 느낌을 가지게 한다. 또 한 가지, 전정 기관은 눈과 연결되어 있어 우리의 움직임을 상쇄할 수 있다. 만일 머리를 흔들면서 책을 읽더라도 책을 읽는 능력이나 단어에 집중하는 능력에는 별 차이가 없다. 반면에 머리를 고정한 채 책을 흔들면 훨씬 읽기 힘들다.

우리 몸에는 내부 상태에 관한 정보를 제공하는 많은 감각 기관이 있다. 가장 확실한 것은 배고픔, 갈증, 통증, 배뇨, 배변에 관한 감각이다(혈압, 뇌 척수액의 산성도에 관한 정보는 덜 확실하다!).

그리고 촉각에 대한 여러 종류의 감각을 가지고 있다. 눈을 감고 있는데 누가 등에 얼음 조각을 대면 차가운 느낌이 나고, 매우 놀랄 것이다. 이러한 감각은 얼음의 낮은 온도를 인식하므로 물리적인 접촉에 의한 촉감과는 다르다. 피부에는 온도에 민감한 수용체 이외에도 기계적인 압력, 통증(통각 수용체), 가려움증(소양증 수용체)을 느끼는 여러 수용체가 밀집되어 있다.

촉각과 신경 과학적으로 다른 가려움증에 관한 감각의 발견은 비교적 최근의 일로, 많은 논란거리를 남기고 있다. 피부에 있는 가려움증 수용체가 히스타민에 민감하다는 것은 오래전부터 알려져 있었는데, 미국 애리조나주 피닉스에 있는 배로 신경 과학 연구소의 데이비드 앤드루David Andrew 박사와 아서 크레이그Arthur Craig 박사는 2001년에 고양이를 대상으로 한 연구에서 수용체에서 척수와 뇌까지 연결되어 있는 독특한 '가려움증 경로'가 존재한다는 것을 보고했다.[3] 그렇지만 순수하게 가려움증 경로가 존재한다는 사실은, 최근에 일부 통증을 유발하는 화학 물질이 가려움증 수용체를 활성화할 수 있다는 사실이 발견되고 가려움증을 유발하는 화학 물질이 통증 수용체를 활성화할 수 있다는 사실이 알려지면서 도전받고 있다.[4] 뇌를 스캔한 결과에 따르면 가려움으로 활성화하는 뇌의 부위가 통증으로 활성화하는 부위와 중복된다는 결과를 보여주지만, 그렇다고 완전히 겹치는 것은 아니다. 통증과 가려움증에 관한 논란이 계속되는 동안, 2000년대 후반 과학자들은 피부에서 (성적인 쾌락이 아닌) 즐거움에 관한 수용체에 반응하는 신경 섬유를 보고해 일을 더 복잡하게 만들었다.[5]

미각은 더 세분화할 수 있다. 혀의 주변을 따라 위치한 수용체 종류에 따라 단맛, 신맛, 짠맛, 쓴맛의 네 가지 미각이 알려져 있다. 일부 과학자는 화학조미료인 MSG로 활성화되고 고기 맛을 인식하는 '감칠맛'으로 알려진 다섯 번째 미각이 있다고 주장한다.

감각을 구별하는 것은 주어진 감각에 대한 특정한 수용체가 있으며, 수용체가 감각을 뇌로 전달하는 특수한 경로가 있고, 뇌에서 특정한 감각을 인식하기 때문이다. 이러한 경로를 따르면 시각은 네 가지 감각으로 나눌 수 있다. 망막의 간상 세포에서 빛의 밝기를 인식하고, 망막의 추상 세포에서 빨간색, 파란색, 초록색을 인식하는 것이다. 이렇게 수용체 및 경로에 기초한 방법은 감각을 구별하는 올바른 방법이라고 할 수 없다. 후각의 예를 들자면, 인간은 여러 다른 종류의 분자를 구별할 수 있는 천 개가 넘는 후각 수용체를 가지고 있어, 수용체로 분류하는 방법은 감당할 수 없다!

감각 수용체에 의존하는 것 외의 방법은 우리가 인식할 수 있는 감각의 수를 생각하는 것이다. 하지만 처음에 힌트를 주었듯이, 이 방법을 택하면 철학적으로 생각하게 된다. '감각'은 무한하기 때문이다. 시각만 두고 생각해보자. 경험하거나 기술할 수 있는 독특한 시각 감각이 몇 가지나 있다고 말할 수 있을까? 다른 극단적인 예를 들자면, 입수 정보의 물리적 형태를 기준으로 감각을 구별하면 촉각과 청각을 이루는 기계적 감각, 미각·후각·내부감각을 포함한 화학적 감각, 빛의 세 가지로 단순화할 수 있다.

이 문제에 접근하는 다른 방법은 입수 정보 범주나 지각 경험을 배제하고 우리가 이 감각 정보를 어떻게 '사용'하느냐를 기준으로 생각하는 것이다. 좋은 예는 인간의 반향정위echolocation 능력으로, 많은 사람이 이를 매우 독특한 감각으로 여긴다. 박쥐가 사용하는 이 능력은 전통적으로 청각에 의존하는데, 그 지각적 경험과 기능은 시각에 가깝다. 인간의 반향정위는 혀를 차는 소리를 내어, 그 소리가 주변 환경에서 반사되는 소리를 듣고 작용한다. 미국에는 대니얼 키시Daniel Kisch가 이끄는 박쥐팀Team Bat이라는 시각 장애인 사이클 팀이 있는데 이들은 산악자전거를 탈 때 반향정위를 사용한다(visioneers.org에서 비디오를 볼 수 있다).

로런스 로젠블룸Lawrence Rosenblum과 마이클 고든Michael Gordon에 따르면 반향정위는 19세기 시각 장애인 훈련에 처음으로 기록되었다.[6] 이 능력에 대한 초기의 잘못된 설명에서는 감각이 피부에 닿는 공기 압력의 변화를 감지함으로써 가능하다고 생각했다. 이 기술이 사실은 소리에 의존한다는 것은 1940년대 코넬 대학교에서 정상인과 시각 장애인 반향정위자를 대상으로 한 실험으로 알게 되었다. 다리에는 스타킹을 신고 귀에는 헤드폰을 낀 상태에서 시각 장애인과 눈을 가린 정상인을 대상으로 한 실험에서, 이들은 벽에 부딪히기 전에 멈추지 못해 청각이 결정적인 역할을 한다는 것을 증명했다!

오랜 기간 이 놀라운 반향정위 능력을 조사한 결과, 이들은 물체의 위치와 크기를 정확하게 감지할 뿐만 아니라 물체의 형태와 재질까지 감지할 수 있음을 알게 되었다. 2009년에 박쥐팀에서 사용하는 입천장을 혀로 차는 기술을 연구한 결과, 이 기술이 반향정위에서 가장 효과적인 소리라는 것을 알게 되었다.[7] 후안 안토니오 마르티네스Juan Antonio Martinez 연구팀의 보고에 따르면 반향정위는 시각 장애인이 아니라도 배울 수 있다. 2주 동안 하루에 두 시간만 연습하면 눈을 가리고도 앞에 물체가 놓여 있는지 여부를 알 수 있다.

심안: 새로운 감각인가?

그림이 연속으로 나타나는 스크린을 보고 있다고 가정하자. 당신의 임무는 연속적인 그림에 미세한 차이가 있는지 찾아내는 것이다. 실제로 그림이 바뀐 것은 보지 못했지만 갑자기 그런 것을 느낄 때가 있다. 말도 안 되는 이야기 같지만 2004년 브리티시컬럼비아 대학교 심리학자 로널드 렌싱크Ronald Rensink는 이런 감각이 실제 존재한다고 제안하며 심안mindsight이라고 명명했다.[8] 그는 실험에서 약 30퍼센트에 해당하는 참가자가 변화를 발견하기 1초 전에 변화를 느꼈다고 보고했다. 그는 "이러한 결과는 통찰력에 관한 새로운 방식을 나타낸다. 이것은 우리가 세상을 경험하는 방법에 대한 새로운 관점을 제공한다"라고 기술했다. 그러나 다른 과학자들은 수긍하지 않는다. 특히 일리노이 대학교의 대니얼 사이먼스는 참가자가 '느끼고', '관찰한다'라는 단어를 해석하는 것에 따라 다르다고 생각한다. 이들이 생각하기에 심안이 있는 사람은 느끼는 것을 좋아하며 관찰하는 것에는 보수적이고, 심안이 없는 사람은 이와 반대로 두 말을 유사하게 해석한다. 사이먼스 연구팀은 유사한 실험을 통해 이를 지지하는 결과를 얻었다.[9] 심안이 있는 사람은 아무런 변화가 없어도 변화를 느꼈다고 보고했다.

감각의 칵테일

감각에 대한 다른 오해는 이들이 독립적으로 작용한다고 생각하는 것이다. 일인칭 관점에서 사람은 감각이 별개라고 느끼지만, 실제 지각 경험은 복잡하게 뒤섞여 있는 과정이다. 심리학자 해리 맥거크Harry McGurk가 발견한 맥거크 효과McGurk effect의 예는 인터넷에서 쉽게 찾을 수 있다. 입술의 움직임이 듣는 소리에 영향을 끼치므로 오해가 생기게 된다는 것이다. 화면을 보고 있을 때 어떤 사람의 입술은 마치 '가'라고 말하는 것처럼 움직이지만 실제는 '바'라고 말하며, 당신은 '다'라고 듣게 된다. 이 경우 감각 경험은 입술 모양의 소리와 실제 소리가 섞인 소리를 기대하게 된다. 감각이 상호 작용하는 것을 보여주는 흔한 예는 병원에서 주사를 맞는 경우이다. 연구 결과, 주사를 놓는 모습을 보고 있으면 더 아프다고 느낀다.

다른 좋은 예는 저녁 식사를 하는 경우이다. 우리의 감각 경험은 음식의 맛과 냄새의 혼합물에서 유래하므로, 코를 막으면 음식 맛이 나지 않는다. 소리도 음식의 맛에 영향을 끼친다. 옥스퍼드 대학교의 찰스 스펜스Charles Spence

는 감자칩을 먹을 때 바삭바삭 소리가 나면 신선하고 바삭거린다고 느끼고, 탄산음료를 마실 때 나는 소리는 청량감이 더욱 크게 느껴지게 한다는 것을 밝혔다.[10] 스펜스는 요리사 헤스턴 블루먼솔Heston Blumenthal과 함께 베이컨이 지글거리는 소리를 배경으로 들려주었을 때 베이컨-달걀맛 아이스크림이 더욱 베이컨 맛을 내고, 파도치는 소리 같은 바닷가의 소리를 들려줄 때 굴 맛이 더욱 좋아진다는 것을 보고했다. 음식의 모양 역시 큰 영향을 준다. 과일 음료의 색을 다른 색으로 염색하면 사람들은 그 과일의 맛을 찾아내는 데 혼란을 느낀다. 다른 연구는 캄캄한 곳에서 맛있는 스테이크를 먹는 상황을 관찰했다. 불을 다시 켜고, 고기가 염색되어 밝은 파란색을 띠고 있다는 것을 본 사람은 토하고 싶어 했다!

2011년에 심리학자들은 초보 포도주 전문가를 대상으로 유사한 실험을 진행했다.[11] 훈련 중인 포도주 전문가에게 염색으로 붉게 만든 백포도주의 향을 기술하도록 했다. 훈련 중인 전문가는 백포도주에서 적포도주의 향을 느꼈다. 스펜스는 다음과 같이 기술했다. "사람들은 포도주에서 본 대로 냄새를 느낀다!" 그리고 사람들은 들은 대로 느끼기도 한다. 2012년에 에이드리언 노스Adrian North가 발표한 연구 결과에 따르면, 와인을 마실 때 들은 음악의 속성이 와인 맛에 영향을 미친다.[12] 카를 오르프Carl Orff가 작곡한 심각하고 우울한 「카르미나 부라나Carmina Burana」•를 들으면서 마시는 포도주는 맛이 강렬하고 무겁다고 느낀다.

• [옮긴이] 요한 슈멜러가 편찬한 노래집의 제목으로, 1847년 요한 슈멜러는 12세기에 만들어진 라틴어 및 초기 독일어 노래를 모아 노래집을 편찬했고, 후에 카를 오르프가 서정시를 오라토리오의 가사로 썼다.

공감각

대개의 경우 감각의 혼합은 은밀하게 일어난다. 각각의 감각 경험이 실제로는 여러 감각이 섞여 있는 것이어도 궁극적으로는 전통적인 오감 중 하나에 속한다고 느낀다. 공감각synesthesia•을 가진 사람에게 이런 일은 다르게 나타난다. 하나의 감각을 통해 전달된 자극은 다른 감각에서 동시에, 그러나 별개의 경험으로 나타나는 것이다. 예를 들어 공감각의 흔한 예는 '색-자소 공감각'으로, 특정한 문자, 숫자, 기호를 보거나 들을 때 독특한 색을 인식하는 것이다. 이러한 조건의 다른 형태는 '어휘적 미각lexical gustatory'인데, 특정한 이름이 맛을 연상시키는 것으로, 어떤 사람의 경우에는 친구의 진짜 이름이 매우 불쾌한 맛을 유발하므로 그 맛을 피하기 위해 별명을 지어 부르기도 한다!

공감각을 가진 사람이 주장하는 것에 의심을 품은 전문가가 있었으나, 이제는 많은 실험실의 연구에서 연구 대상들이 주장하는 것을 확인했다. 예를 들어, 공감각을 가진 사람이 알파벳 A를 붉은 색이라고 경험한다면, A를 파란 색으로 인쇄할 때보다 붉은 색으로 인쇄할 때 더 빨리 인식한다(파란색으로 인쇄한 A는 공감각과 충돌한다). 이것을 심리학자는 대조 실험이라고 말한다. 드물지만 '청각-동작hearing-motion' 공감각을 가진 사람도 있다. 이들은 움직이는 것을 보면 '삐' 하는 소리와 '윙' 하는 소리를 듣는데, 청각 정보의 도움을 받으면 두 개의 일련의 시각 정보가 동일한지 보통 사람보다 잘 판단할 수 있다.[13]

그렇다고 요즈음 이 분야에서 논쟁이 종식되었다는 것은 아니다. 공감각에 대한 오래된 학설은 감각 간 일종의 과도한 교차 현상이라 설명하지만, 새로운 학설은 공감각이 감각의 혼합이라기보다는 감각 경험을 촉발하는 개념이라고 한다. 이러한 아이디어를 지지하는 것은 2006년에 발표한 줄리아 심너Julia Simner와 제이미 와드Jamie Ward의 연구로, 이들은 어휘적 미각 공감각

• [옮긴이] 하나의 감각이 다른 영역의 감각을 작용하게 하는 일이다.

을 가진 사람을 설단 상태로 이끌어보았다. 모호한 단어(예를 들어 캐스터네츠)가 떠오를 듯 말 듯 하면, 공감각자는 그 단어를 보거나 들은 적이 없어도 맛(예를 들어 참치 맛)을 느꼈다. 심너와 와드는 이렇게 미각 경험을 수반하는 것은 단어 자체가 아니고 개념이라고 주장한다.[14]

개념에 기초한 공감각은 감각이 유발하는 것보다 개념이 유발한다는 새로운 형태의 조건을 보여준다. 2011년 독일 막스 플랑크 뇌 연구소의 단코 니콜리치Danko Nikolić 연구팀은 수영할 때 특정 영법이 특정 색을 연상시킬 수 있는 공감각을 가진 두 사람을 대상으로 실험했다.[15] 이들은 직접 수영을 하거나, 수영하는 모습을 보거나, 그냥 생각만 할 때도 색을 느꼈다. "공감각의 원래 의미인 'syn'+'aesthesia'(그리스어로 '감각의 결합')는 실제 현상에서는 적절하지 않은 표현이다"라고 니콜리치는 결론지으며, "그보다는 개념 감각인 ideaesthesia(그리스어로 '개념을 느끼다')라는 용어가 이러한 현상을 좀 더 자세히 기술하는 것이다"라고 말했다.

신화 33

뇌는 세상을 있는 그대로 인식한다

뇌는 가장 믿을 만하고 실질적인 현실의 경험을 만든다. 세상을 보고 듣고 만지면서, 우리는 세상을 심각하게 생각하지 않고 검열하지 않은 상태에서 있는 그대로 경험하는 것 같다. 그러나 거기에는 함정이 있다. 진실은 우리는 단지 물리적 실체를 흘낏 볼 뿐이라는 것이다. 이러한 외부 자극이 거의 없는 감각 정보를 시작점으로 시작해 뇌는 빈 공간을 채워나간다. 뇌는 추측하고, 기대하고, 각색한다. 이것은 우리가 세상을 있는 그대로 인식하는 것이 아니고, 우리의 뇌가 실체에 기초해 만들어낸 것을 인식한다는 것을 의미한다.

관심 기울이지 않기

특별하게 뒤틀어진 면을 자세히 살펴보기 전에, 우리의 제한된 집중력 때문에 얼마나 많은 것을 놓치고 있는지 알아야 한다. 주변의 끝없이 변화하는 감각 정보를 모두 받아들여 처리한다면 우리는 과중한 데이터로 마비될 것이다. 이런 이유 때문에 뇌는 선택적인 집중을 하게 된다. 우리는 단지 스포트라이트 안에 있는 사건 정보에 집중할 뿐이다.

이러한 개념은 1996년에 발표한 심리학 연구에 있는 극적인 효과에 잘 나타나 있다.[1] 실험 결과를 기술하기 전에 온라인에서 먼저 경험해 볼 수 있다(tinyurl.com/2d29jw3 참조). 크리스토퍼 차브리스Christopher Chabris와 대니얼 사이먼스의 연구에서 참가자는 공을 패스하고 있는 농구팀의 짧은 동영상을 보게 된다. 참가자는 검은 유니폼을 입은 선수는 무시하고, 하얀 유니폼을 입은 선수가 하는 패스의 수를 세야 했다. 차브리스와 사이먼스가 관심을 가진 것은 참가자 중 몇 명이 경기 도중 고릴라 복장을 한 여성이 걸어 다니는 것을 알아채느냐였다. 놀랍게도 대부분의 참가자는 공을 패스하는 수를 세는 데 열중해, 고릴라는 알아채지 못했다. 과학자들은 이러한 현상을 '부주의 맹시 inattentional blindness'라고 한다.

2012년에 영국의 런던 대학교에서 청각에 대해 유사한 실험을 수행했다.[2] 폴리 달턴Polly Dalton과 닉 프랜컬Nick Fraenkel은 방 한편에서 한 쌍의 여성이 파티에 대해 이야기하고 있고, 다른 한편에서 한 쌍의 남성이 이야기하고 있으며, 방의 다른 곳에 고릴라가 있는 상황을 설정하고 이 장면을 녹음했다. 실험 참가자는 녹음을 듣고 한 그룹에 집중하도록 했다. 여성의 대화에 집중한 참가자의 70퍼센트가 "나는 고릴라다"라고 중얼거리며 방을 가로질러 다니는 남자를 인식하지 못했다. 이러한 결과를 종합해 달턴과 프랜컬은 다음과 같이 설명했다. "주의를 집중하지 않으면 우리는 정상적으로 들을 수 있는 조건에서 지속적인 소리 자극에 의해 부분적으로 귀머거리가 될 수 있다."

이러한 주의력 제한은 실생활에서도 심각한 결과를 초래할 수 있다. 공항 관제사부터 방사선 촬영 기사까지, 어떤 일이 일어나는지 끊임없이 살피는 주의력을 필요로 하는 직업을 생각해 보라. 폐를 촬영한 사진에서 폐암의 진단 기준인 밝고 둥근 혹을 판독한 경험이 많은 방사선 전문의와 비전문가를 대상으로 2013년에 수행한 연구는 부주의 맹시의 적절성을 잘 보여준다.[3] 트래프턴 드루Trafton Drew 연구팀에 따르면 24명의 방사선 전문의 중 20명이 5개의 방사선 사진에 있는 성냥갑 크기의 고릴라 그림을 인식하지 못했다! 그래도 방사선 전문의는 전혀 고릴라를 인식하지 못한 비전문가보다 좀 나은 편이다. 당연한 이야기지만 방사선 전문의는 사진에서 혹을 찾아내는 데 비전문가보다 훨씬 뛰어났다. 드루 연구팀은 이러한 실험 결과는 방사선 전문의의 숙련된 기술에 대한 고발이 아니고, 고도의 전문성도 인간의 주의와 인식에 대한 타고난 한계를 뛰어넘을 수 없다는 것을 말해준다.

맹점

우리가 최대한으로 주의를 기울여도 감각 기관의 기본 설계는 현실의 많은 것으로부터 차단되어 있다. 들을 수 없는 고음이나 볼 수 없는 적외선을 생각해 보자. 우리가 감지할 수 있는 정보라 할지라도 인식하는 데는 결함이 있다. 가장 확실한 예는 시각의 맹점이다(230쪽 〈그림 21〉 참조).

망막에서 빛을 인지하는 간상 세포와 추상 세포는 뇌 쪽이 아니고 눈 쪽에 신경 섬유를 가지고 있다. 이들은 합쳐져서 망막에 있는 구멍을 통해 시신경으로 모이고, 뇌로 이어진다. 구멍이 있는 망막 부분은 시신경이 없어 빛을 인식하지 못하므로 눈에 맹점을 만든다.

우리는 대부분 이런 사실을 느끼지 못하는데, 뇌가 부족한 부분을 보상하기 때문이다. 간단한 실험을 통해 맹점을 경험할 수 있다. 종이에 왼쪽에는 X, 오른쪽에는 O를 그려라(아니면 다음 쪽에 인쇄된 것을 이용하라). 한쪽 눈을 감고 X에 집중한 후, 종이를 얼굴 가까이 또는 멀리 움직이면 어떤 지점에서 O가 맹점에 초점이 맞게 되어 사라진다. O가 있어야 할 곳에 빈 공간이 있지 않고 종이가 확장되어 보인다. 이것은 당신의 뇌가 주변의 환경을 이용해 맹점이 있어야 할 곳을 예측해 상을 만들기 때문이다. 이것은 우리가 현실로 지각하는 것이 사실은 뇌가 적극적으로 구성한 것임을 보여주는 좋은 예이다.

감각적 제한을 경험하는 단순한 방법은 투포인트 식별 검사법two-point discrimination test(두 점 식별 검사)이다. 친구에게 부탁해 두 개의 연필이나 핀을 몸의 다른 부분에 비해서 상대적으로 감각이 예민하지 않은 등에 15센티미터 정도 떼어놓으라고 하라. 그다음 당신 친구는 두 점을 점진적으로 가깝게 움

직이고, 당신은 두 물체가 하나로 있는지 두 개로 떨어져 있는지 말하는 것이다. 두 점이 가까워지면 실제로는 두 점으로 떨어져 있지만 한 점으로 느껴지는 위치가 있다. 이것은 뇌에서 피부를 인식하는 세포 수가 제한적이기 때문에, 두 점이 충분히 가까워지면 두 점으로 느낄 수 없기 때문이다. 몸의 다른 부분에서 같은 실험을 해보자. 두 점이 한 점으로 느껴질 때, 두 점의 거리가 가까울수록 당신 피부의 촉감이 가진 해상력은 높은 것이다.

의식 상실

망막에 맹점이 있다는 사실은 어디를 보건 그 장면에 항상 빈 곳이 있다는 것을 의미한다. 그런데 눈에 경련이 일어날 정도로 빨리 움직이면 시각이 잠시 멈춘다는 사실을 알고 있는가? 이렇게 빠른 움직임은 정상 조건에서 1초에 3~4회 정도 움직이는 것으로 흔히 일어나고, 또한 필요한 일이다. 정확한 시각을 제공하는 부분은 망막의 중심부인 중심와foveal이고, 이곳에는 빛에 민감한 시세포가 많이 분포되어 있다. 눈을 빠르게 움직일 때 시각이 잠시 정지되는 것을 '단속성 억제saccadic suppression'라 하며, 시선이 가는 방향으로 빠르게 움직일 때 장면이 희미해지는 것을 막는다. 이렇게 흔히 의식을 잃는 것을 알아차리지 못한다는 것은 매우 놀라운 일로, 이러한 현상은 일인칭 경험first-person experience과 현실의 차이를 보여주는 좋은 예이다.

이렇게 빈번히 일어나고 빨리 지나가는 의식 상실을 우리가 감지하지 못하는 이유는, 어떤 물체가 현재 위치에 얼마나 오래 존재하고 있었는지에 대한 감각을 뇌가 소급 적용하기 때문이다. 예를 들어 방을 가로질러 책상 위에 있는 램프를 슬쩍 바라보면 여러분의 뇌는 램프를 슬쩍 보았을 때뿐만 아니라 의식을 상실한 시점부터 그것이 현재 위치에 있었다는 가정 아래 시각적 입력의 일시적 손실까지 계산에 넣는다. 일부 전문가는 이러한 과정이 '멈춘 시계 효과stopped clock effect'로 알려진 착각 경험의 원인이라고 생각한다. 이 효과는 시계의 초침이나 디지털시계의 초를 보고 있으면 그 시계가 오랜 기간 멈춘 상태로 있다고 느끼는 것이다.

2001년 런던 대학교과 옥스퍼드 대학교의 킬런 야로Kielan Yarrow 연구팀은 멈춘 시계 효과를 연구해 발표했다.[4] 이들은 참가자가 쳐다보기 시작하는 순간부터 숫자가 1에서 커지는 방향으로 카운터를 설정했다. 처음 숫자 1이 나타나는 순간은 서로 다르고, 그다음 숫자부터는 1초에 하나씩 올라가게 만들었다. 중요한 발견은 참가자들이 처음 숫자가 나타나는 시간을 나중에 나타나는 숫자의 시간보다 길게 느낀다는 것이다. 더구나 참가자가 초기 눈 운동을 크게, 오래 지속하면 과대 추정은 더욱 심해졌다. 이러한 사실은 새로운 물체를 바라볼 때 뇌는 바라보는 동안 시간이 상실되는 기간을 보상하기 위해 시각적으로 소급 적용하기 때문이다.

단속성 억제와 맹점만 우리가 세상을 있는 그대로 인식하는 데 방해가 되는 것은 아니다. 감각을 이해하는 데 문제점은 신경계에서 신호 전달이 늦게 일어난다는 점이다. 우리는 세상을 즉시 인식한다고 느끼지만, 실제로는 감각 정보가 감각 경로를 따라 이동하는 데 시간이 걸린다(시각은 약 10분의 1초 정도). 이 과정의 많은 부분이 끊임없는 예측 과정으로 보상받아 해결된다. 뇌는 세상이 지금은 어떻고 조금 전에는 어떠했다는 것을 끊임없이 예측한다.

감각 전달에서 지연은 특히 움직이는 물체를 추적할 때 문제가 된다. 한 물체가 어떤 위치에 있다고 인식하면 그 물체는 이미 다른 지점에 도달해 있다. 이러한 문제를 해결하는 방법은 물체의 위치를 현재 위치보다 조금 앞선 곳에 있다고 인식하는 것이다. 다시 말하면, 물체가 현재 그 자리에 있다고 인식하지 않고, 앞으로 도달할 곳에 있다고 예측해 감각 처리 과정이 늦어지는 것을 해결한다. 이런 과정은 '섬광 지연 효과flash-lag effect'라고 알려진 착각을 통해 알 수 있다. 이것을 설명하기 전에 직접 경험하는 것이 이해하기 쉬우므로 유튜브에 있는 동영상을 보기 바란다(http://youtu.be/DUBM-GG0gAk). 착시는 정지된 물체가 움직이는 물체 가까이 놓일 때 일어난다. 두 물체는 실제로는 직선상에 놓여 있지만, 정지되어 있는 물체가 조금 뒤에 있다고 느껴진다. 이것은 움직이는 물체가 정지된 물체의 등장 시간에 실제 위치보다 조금 앞에 있다고 인식하기 때문이다. 섬광 지연 효과는 축구에서 논쟁이 되는 오프사이드 판정의 원인이라고 주장되기도 한다.[5]

확장과 추진력

처리 과정의 지연을 보상하려는 뇌의 계산은 '표상 타성representational momentum'이라는 현상 때문에 들어맞지 않는다. 뇌는 움직이는 물체의 미래 위치를 단순히 예측할 뿐 아니라, 정지해 있지만 움직이는 것 같이 보이는 물체의 궤도를 추정하기도 한다. 이러한 과정은 일종의 기억의 왜곡을 나타낸다. 한 사람에게 테니스 선수가 공을 치는 사진을 보여준 후, 동일한 모습이지만 시간이 조금 지난 후에 찍어 공이 궤도에서 조금 더 나간 사진을 보여주었다고 가정하자. 그 사람은 같은 사진을 두 번 보여준 것이라고 대답할 것이다. 이것은 표상 타성 때문이다. 하지만 두 번째 사진에서 공이 원래 사진보다 조금 일찍 찍은 시점의 사진을 보여주면 두 사진이 다른 것이라고 올바르게 말할 것이다. 이것은 움직임을 암시하는 정지된 장면에 대한 기억이 마음속에서 전방으로 진행되어 예측된 궤도로 가는 것을 보여주기 때문이다.

'경계 확장boundary extension'이라고 알려진 유사한 현상은 뇌가 시야의 외곽 저편에 무언가 있을 것이라고 끝없이 기대하기 때문에 일어난다.[6] 시야에서 고도로 정밀한 부분은 중심뿐이다. 이 한계를 극복하기 위해 우리는 어떤 장면에 대한 시선을 끊임없이 옮긴다. 이런 움직임에도 불구하고 시각 경험은 아주 작은 구멍을 통해 보는 시선의 연속물과는 같지 않다. 시각은 이음새 없는 액체와 같이 한 장면에서 다음 장면으로 흐르는 것처럼 느껴진다. 이는 경계 확장 때문에 가능하다. 다시 말해, 표상 타성 때문에 기억이 왜곡되는 것이다. 어떤 풍경의 사진을 보여주고 두 번째 사진에서 조금 커진 풍경 사진을 보여주면, 많은 사람은 두 번째 사진이 처음 사진이라고 잘못 생각한다. 첫 사진보다 조금 작은 풍경 사진을 보여주면 이러한 오류는 일어나지 않는다.

착시

현실 그리고 현실을 인식하는 과정에서 나타나는 괴리에 대한 착각은 매우 재미있는 경험이기도 하지만, 과학자들이 뇌가 작용하는 방법을 연구하는 데 사용되기도 한다. 착시는 모든 감각에서 일어나고 뇌가 속는 감각 경로에 따라 서로 다르다.

어떤 착시는 기본적인 생리 과정이 각각의 감각 수용체에서 일어나므로 경험적으로 알 수 있다. 좋은 예가 '폭포 착각waterfall illusion'인데, 폭포를 몇 분 동안 보고 있을 때 나타난다(다음 동영상을 참조하라. http://t.co/D3f0Hk5Zzg). 폭포를 잠시 보다가 주변의 바위를 보면 바위는 폭포수가 떨어지는 방향의 반대 방향인 위로 움직이는 것 같이 보인다. '운동 잔효motion aftereffect'라고 알려진 이 착시는 폭포의 특정 방향에 민감한 감각 수용체가 적응했거나 피로해져서 일어난다. 정지된 바위를 보면 감각 세포의 기본 활성도는 잠깐 동안 변화되어 있다. 억제된 신호가 다른 방향으로 움직이는 것을 인식하는 세포의 활성도와 비교될 때 감각의 혼란이 일어나서 시각은 바위가 위로 움직이는 것으로 판단한다.

다른 착시는 뇌가 세상에 대해 추측하는 '높은 단계'의 인지 과정에 의해 일어난다. 대표적인 것이 미국 MIT의 시각 과학자인 에드워드 애덜슨Edward Adelson이 개발한 '격자판 음영 착시checkered shadow illusion'•이다(230쪽 〈그림 22〉 참조). 격자판에서 두 개의 정사각형은 전혀 다른 회색의 명암을 보인지만 실제로는 동일하다. 많은 사람은 이 사실에 대해 눈에 보이는 것만 믿을 뿐이라고 말하며 쉽사리 믿지 않는다. 하지만 우리가 보는 것은 현실과 전혀 다를

• [옮긴이] 밝기 착시라고도 한다.

때가 있다. 격자판을 가려 두 개의 정사각형만 남기면 착시는 산산이 부서지고, 두 정사각형이 실제로는 같은 명암을 가지고 있음을 알게 될 것이다.

격자판 음영과 같은 착시는 '색조 불변성color constancy'이라는 정신 작용으로 생성된다. 면에 반사된 빛을 해석할 때 뇌는 주변 환경의 광원에 대한 그림자와 변이를 조정한다. 한 예로 우리가 밤이나 낮이나, 해가 강한 오후나 흐린 날이나 풀을 초록색으로 구별할 수 있는 것은 이러한 이유 때문이다. 색조 불변성에서 뇌가 작용하는 전략은 주어진 목표물(이 경우에는 정사각형)과 주변의 빛의 차이를 고려하는 것이다. 격자판 음영 착시에서 하나의 목표물인 정사각형은 더 밝은 정사각형으로 둘러싸여 있으며, 다른 정사각형은 어두운 정사각형으로 둘러싸여 있다. 그리고 두 번째 정사각형은 어두운 그늘 아래 있다. 이러한 점을 합치면 두 번째 사각형이 실제보다 밝은 정사각형으로 인식되는 것이다. 애덜슨은 "많은 착시에서 이러한 효과는 시각의 실패라기보다 성공적인 적응을 보여준다"라고 설명했다.

우리가 가진 주관적 감각의 세계는 매우 놀라운 것이다. 과학이라는 관점에서 이것은 아주 '정직한' 것 같다. 말하자면 현실은 우리가 눈으로 볼 때 있는 그대로 보고 있다고 생각한다. 여러분은 어떠한 일이 일어나고 있는지에 대해 서로 엉킨 정신적 경험을 엮어내는 무수한 계산 과정, 예측, 가정을 전혀 눈치채지 못한다. 사용자의 입장에서 보면 이것은 매우 유익한 것이다. 우리의 지각 경험은 각각이 매우 흥미로운 것이고, 진화적 측면에서 볼 때 우리의 조상이 생존할 수 있도록 작용했다. 불리한 측면이라면 우리가 경험한 것이 진실이 아님에도 불구하고 너무 확신에 차 있다는 점이다. 이러한 점은 심리학자의 측면에서는 즐거움이기도 하고 우연한 비극이기도 하다.

신화: 사고가 나면 시간이 천천히 간다

우리가 느끼는 시간은 편견에 취약하고 현실과 동떨어져 있을 때가 많다. 학생들은 금요일 오후에 수학 과목을 두 번 들으면 마치 1년이 흐르는 것과 같이 느낀다. 반면 아드레날린이 솟구치는 영화를 보면 순식간에 지나갔다고 느낀다. 이런 현상에 대한 보편적인 믿음은 엄청난 사고를 접하면 시간이 아주 느리게 지난다는 것이다. 이것은 감각 처리 과정이 사고를 당하는 동안 빨리 진행된다는 것을 의미한다. 2008년에 수행한 연구에 따르면 이것은 신화 이상의 이야기이다.[7] 캘리포니아 공과 대학교의 체스 스텟슨Chess Stetson 연구팀은 미국 텍사스주 댈러스에 있는 놀이공원의 40미터 자유 낙하 시설에서 용감한 참가자를 대상으로 실험을 수행했다. 공중에 떠 있는 동안 참가자는 깜박이는 계수기를 들고, 계수기에 나타난 숫자를 말했다. 초기 실험에서 일반 참가자는 47밀리초(47/1000초)보다 빨리 깜박이는 숫자는 읽을 수가 없었다. 자유 낙하를 하는 동안에는 시간이 천천히 간다고 느끼지만, 결정적으로 숫자를 읽는 능력은 땅 위에 서 있을 때와 다르지 않았다. 다시 말하면, 여러분의 감각 처리 과정은 전혀 빨라지지 않았다는 것이다. 스텟슨 연구팀은 공포로 유발된 시간의 왜곡은 사건이 생겼을 때 나타나는 기억의 조작이라고 결론지었다.

신화 34

뇌가 재현하는 몸은 정확하고 안정적이다

"나는 아무개를 내 손바닥 보듯이 잘 알고 있다"라는 오래된 영국 속담이 있는데, 이것은 사람들이 자신의 손을 아주 잘 안다고 생각하기 때문이다. 손의 겉만 보면 맞는 말이다. 손을 사용하지도 바라보지도 않는 날은 없다. 손만이 아니고 우리는 몸을 매일, 하루 종일 그리고 평생 사용한다. 볼 수 없는 몸의 부위는 거울을 사용해서 본다. 300쪽에서 기술한 것 같이, 뇌에 우리 몸이 공간에서 어디에 위치하며 안에는 무엇이 있다고 알려주는 여러 가지 고유수용성, 전정 기관, 내부 감각 기관이 있다. 뇌는 우리 몸을 잘 알고 있고, 우리는 이 지식이 정확하고 안정적이라고 생각한다.

신체에 관한 지식

우리 몸에 대한 인식은 부정확한 경우도 많고, 잘 변하기도 하는 것이 사실이다. 2010년에 런던 대학교의 매슈 롱고Matthew Longo와 패트릭 해거드Patrick Haggard는 대부분 사람이 자신의 손이 '많이 뒤틀려 있다'고 생각한다고 발표했다.[1] 손가락은 실제보다 짧고, 손바닥은 실제보다 넓다고 생각한다. 이것은 뇌의 체성 감각 피질somatosensory cortex의 재현 방식 때문이다.

롱고와 해거드는 참가자의 왼손을 가리고 바닥에 놓은 채 오른손으로 왼손의 손가락 끝이나 마디를 지적하게 했다. 참가자는 왼손 부분의 위치를 지속적으로, 그리고 자주 실제 위치와 다르게 지적했다. 이러한 상황에도 불구하고 참가자는 뒤틀려 보이는 여러 사진에서 자신의 왼손 사진을 정확하게 찾아낼 수 있었다. 이것의 의미는 우리 손이 공간에 어떻게 놓여 있느냐에 대한 뇌의 재현이 왜곡된 것이지 손의 모습에 대한 의식적 기억이 왜곡된 것은 아니란 것이다.

우리가 생각하는 만큼 모르는 것은 비단 손만이 아니다. 자신의 머리 크기를 부정확하게 알고 있다는 연구도 있다.[2] 마세라타 대학교의 이바나 비앙키Ivana Bianchi 연구팀은 연구에 참여한 학생이 자기 머리 둘레를 30~42퍼센트 크게 생각한다는 것을 발견했다. 또한 15세기 그림에서도 이렇게 생각했다는 증거를 발견했다. 평균적으로 자화상의 머리는 초상화의 머리보다 큰 경향이 있다.

우리 몸을 인지하는 감각은 매우 잘 변한다. 심리학자들이 '신체 도식body schema'이라 부르는 몸에 대한 인식 틀로 몸에 대한 감각이 재빨리 통합된다. 2009년 루칠라 카디날리Lucilla Cardinali 연구팀은 참가자가 40센티미터 길이의 물체로 실험을 하게 했다.[3] 도구를 가지기 전과 가진 후에 동일한 실험을 수행했는데, 참가자는 눈을 가리고 팔의 두 지점을 만진 후, 조금 전에 만진 두 지점을 가리키는 것이었다. 참가자는 도구를 받기 전보다 도구를 받은 후 두 위치 사이를 더 멀게 지적했다. 이것은 참가자가 도구를 사용한 후 팔이 실제보다 더 길다고 인식하기 때문이다. 도구를 사용하고 잠시 동안 참가자는 팔을 좀 천천히, 팔이 긴 사람처럼 움직인다.

신체 도식이 순식간에 변형된다는 개념은 뇌 연구에서 지지받고 있다. 1996년에 한 연구에서 원숭이에게 도구를 주고 훈련을 시켰다.[4] 연구진은 원숭이가 갈퀴를 사용하기 전후에 뇌의 두정엽 피질에서 손부터 시작해 움직임과 시각을 관장하는 감각 세포 중 동일한 신경 세포를 기록했다. 도구 사용 후 신경 세포 중 시각을 관장하는 부위는 도구에 길이에 비례해 확장되었다.

뇌가 신체를 재현하는 방법은 임상적 중요성을 가지고 있다. 식이 장애가 있는 사람은 뇌가 자신의 신체를 재현하는 방법에 편견을 가지고 있어서 자기 신체의 크기, 모양, 매력에 불만을 가지고 있다. 연구에 따르면 이들은 건강한 사람에 비해 확실히 자신의 신체 모양과 크기에 부정적이고 왜곡된 생각을 가지고 있다. 하지만 이러한 결과가 항상 일관성이 있는 것은 아니고,

식이 장애가 있는 사람도 자신의 몸을 정확히 인식하고 있는 경우도 있다. 이것은 심리적 요소와 사회적 요소가 작용하기 때문이다. 흥미롭게도 식이 장애가 있는 사람이 자신 신체의 매력적인 부분을 '정확하게' 알고 있는 반면, 식이 장애가 없는 건강한 사람이 자신 신체의 매력에 대해 과장된 편견을 가지고 있는 경우도 있다.

2006년 네덜란드의 심리학자들은 실험 대상자를 상대로 낯선 사람이 신체 매력 포인트를 평가한 결과를 실험 대상자 자신이 생각하는 매력 포인트와 비교하게 했다.[5] 식이 장애를 가진 참가자는 자기 신체의 매력 포인트를 낯선 사람이 생각하는 신체의 매력 포인트와 동일하게 평가했다. 반면에 건강한 사람은 낯선 사람보다 자신의 신체를 훨씬 더 매력적이라고 평가했다. 이것은 정상 조건에서 스스로 자기 신체 이미지에 자기 고양적 편견을 가지고 있기 때문이다. 자기 고양적 편견이나 긍정적 착각은 건강한 사람에게 전형적인 것으로, 이들은 정신적으로 건강해서 우울증으로부터 자유로울 수 있다.

신체의 특정 부위에 대한 인식이 부정확하고 그것이 고통을 주는 경우를 신체 이형 장애body dysmorphic disorder: BDD라고 한다. 이 경우 막연히 극단적으로 추하다고 느끼거나, 머리가 네모 모양이라거나 코가 기형적으로 크다는 극단적인 망상을 가진다. BDD가 강력한 심리 요소에 영향을 받는다는 것은 틀림없는 사실이다. 이 병이 있는 사람은 자존감이 결여되어 있고, 다른 개인적인 문제점이 있다. 이 질병에 대한 신경 생물학적 원인이나 관련 조건에 대해 관심이 고조되고 있다. 2013년 초반에 수행한 연구에서 BDD 환자와 정상인 사이의 뇌 연결 정도를 비교해, 시각을 처리하는 과정을 관장하는 뇌의 부위와 감정을 처리하는 뇌의 부위를 연결하는 부분을 포함해 BDD 환자의 뇌에 비정상적인 부분이 있다는 것을 밝혔다.[6]

BDD 중에서 아주 희귀한 형태로 알려진 것은 절단 욕구인 제노멜리아xenomelia다. 이것은 환자가 자신의 건강한 사지를 간절하게 절단하고 싶어 하는 것이다. 케븐 라이트Keven Wright라는 환자는 언론과의 대담에서 공개적으로 자신의 신체 절단에 대해 말했다. 라이트는 어린 시절부터 자신의 왼쪽 다리 아랫부분을 자르고 싶어 했다. 1997년 라이트는 37세에 스코틀랜드 외과 의사에게 부탁해 왼쪽 다리를 절단했다. 2000년 라이트는 ≪옵서버≫와의 인터뷰에서 "나는 조금도 수술을 후회하지 않는다. 나는 수술하지 않은 내가 어떨지는 생각하고 싶지도 않다"라고 말했다.

일부 전문가는 사지 절단은 BDD의 한 형태라기보다 독립적 신경 질환이라고 주장한다. 2009년 올라프 블랑케Olaf Blanke 연구팀이 건강한 사지를 자르기를 원하는 환자 20명과 수행한 인터뷰에서, 한 환자는 "다리가 남의 것 같고 내 것이 아니라고 생각된다"라고 말했다.[7] "나는 두 다리를 가지고 태어나지 말아야 했다"라고 다른 환자는 말했다. 중요한 것은 이 환자들은 엄밀히 말해 망상을 가진 것이 아니라는 사실이다. 환자들 모두 문제가 된 자신의 팔다리가 겉으로는 건강하고 정상적으로 보인다는 것은 알고 있다.

블랑케 연구팀은 환자들의 답변에 이상한 패턴이 있다는 것에 매우 흥미를 느꼈다. 예를 들어, 75퍼센트의 환자는 왼쪽 다리를 자르고 싶어 하거나 왼손을 자르고 싶어 했다. 그리고 환자의 절반은 절단을 원하는 사지에 이상한 느낌이 있다고 고백했다. 이러한 사실을 통해 블랑케와 연구팀은 사지 절단은 무엇보다도 뇌가 신체에 대해 나타내는 방법과 관련된 신경 질환이라고 주장하고, 이러한 질환을 '신체 통합 정체성 장애body integrity identity disorder'라고 명명했다.

이 개념은 13명의 정상인과 절단 욕구 증상을 보이는 13명의 남자 환자의 뇌 구조 영상을 통해 지지받고 있다.[8] 왼쪽 다리 또는 두 다리를 자르고 싶어 하는 환자 대부분은 신체의 왼쪽 부분을 인식하는 뇌의 오른쪽 반구 일부에 이상을 가지고 있었다. 이러한 사실은 사지 절단이 신체를 인식하는 뇌의 이상에 기인한다는 개념과 일치한다. 하지만 과학자들은 다리를 자르고자 하는 욕망이 뇌에 변화를 유발할 수 있다는 가능성도 경고하고 있다.

신체의 착각

뇌가 신체를 인식할 때 순응하는 점과 오류를 범하기 쉬운 점은 최근에 신경과학자와 심리학자가 제안한 일련의 신체의 착각에 대한 극적인 효과에 나타나 있다. 이러한 주장 중에서 초기에 나타난 유명한 실험은 실험 참가자가 고무팔을 자기 신체의 일부로 느끼는 것이다.

1998년 매슈 보트비닉Matthew Botvinick과 조너선 코언Jonathan Cohen이 ≪네이처≫에 발표한 논문에 따르면, 착각 실험에서 참가자는 진짜 팔을 책상 밑에 두고 고무팔은 책상 위에 놓아야 한다.[9] 착각을 유발하기 위해 두 개의 솔로 감춘 진짜 팔과 가짜 고무팔을 동시에 문지르면, 참가자는 솔로 가짜 팔을 문지르는 것을 볼 때 자신의 팔에 감각을 느낀다. 이러한 상황에서 많은 사람은 고무팔이 마치 자신 신체의 일부 같이 문질러지는 감각을 느꼈다고 보고했다. 이러한 착각은 뇌가 신체를 인식할 때 한 개 이상의 모드를 필요로 한다는 것을 보여준다. 즉, 착각은 신체의 소유에 대한 결정을 내릴 때 여러 가지 입력을 감각에 추가한다.

놀랍게도 2013년에 수행한 착각 현상 연구에서는 심지어 솔로 문지를 필요도 없다고 했다.[10] 이것은 과학자들이 가짜 팔에 다다르면 일부 참가자는 가짜 팔을 만질 것이라는 기대감만으로 생리적 현상을 유발해 고무팔을 신체의 일부라고 생각하기 시작했다는 것을 의미한다.

2011년에 발표한 놀라운 적응 현상은 사람에게 세 개의 팔을 가졌다는 느낌을 줄 수 있다는 것이었다.[11] 이 실험에서 참가자는 두 팔과 고무팔을 책상 위에 놓았다. 착각 현상은 참가자의 진짜 오른팔과 오른쪽에 있는 고무팔 윗부분을 천으로 덮어 팔의 아랫부분과 손만 보이게 하자 더 잘 일어났다.

착각을 유도하는 사람은 진짜 팔과 가짜 팔을 동시에 문질렀다. 아르비드 구터르스탐Arvid Guterstam은 "다음에 일어난 것은 참가자의 몸 중 오른손을 관장하는 부위에 갈등이 일어난 것이다"라고 기자 회견에서 발표했다. "우리가 기대하는 것은 두 개의 진짜 손 중 하나만 느끼는 것이었다. 그러나 놀랍게도 뇌는 두 오른손을 몸의 일부로 받아들여 세 번째 팔을 갖고 있다면서 갈등을 해결하는 것이다."

이것은 매우 이상하게 들리지만, 세 번째 팔을 가지고 있다는 착각은 스웨덴 스톡홀름에 있는 카롤린스카 연구소의 헨리크 에르손Henrik Ehrsson의 실험실에서 유도한 기이하고 괴상한 감각에 비하면 아무것도 아니다. 가장 극적인 것 하나는 우리가 몸의 외부에 존재한다고 느끼는 것이다. 에르손은 그러한 착각을 다음과 같이 만들었다. 에르손은 실험 참가자를 의자에 앉히고 비디오 안경을 씌워서 뒤에서 카메라로 참가자를 찍은 영상을 보여주었다(참가자는 비디오 안경을 통하여 자신의 뒷모습을 볼 수 있다). 에르손은 그다음 작은 막대기로 참가자의 가슴을 찌르는 동시에 막대기로 카메라를 찔렀다. 참가자는 자신의 가슴이 막대기로 찔리는 것을 느낄 때, 카메라를 통해 몸의 뒤쪽에 있는 다른 막대기가 자신을 찌르는 모습을 보게 된다. 이때 뇌는 카메라를 찌른 막대기가 있는 곳에 몸이 있다고, 즉 참가자의 몸이 카메라를 찌른 막대기 뒤에 존재한다는 불일치의 감각을 느끼게 된다! 에르손의 ≪네이처≫ 논문을 기사화하면서 과학 저술가 에드 융Ed Yong은 자신이 경험한 착각에 대해 다음과 같이 기술했다.[12] "나는 막대기를 보면서, 가슴을 찌르는 것을 느끼면서, 뒤에서 찍은 내 사진을 보고 있었다. 10초 이내에 나는 내 몸에서 빠져나와 몇 미터 뒤에서 떠다니는 것 같은 기분이 들었다."

이는 부분적으로 시각과 움직임 정보를 처리함으로써 공간에서 신체의 위치를 결정하는 감각의 형성과 관련된 정보를 관장하는 두정엽 피질의 신경세포를 속여 착각이 일어난다고 생각된다. 고무팔을 자신의 팔로 착각하는 것과 유체 이탈 착각은 시각적 입력이 이런 결정에 어떻게 영향을 미치는지 설명해 준다. 신체에 대한 착각을 정교하게 조작하면 참가자가 자신이 바비 인형 같은 몸매를 가지고 있거나,[13] 심지어 다른 사람과 몸을 바꿔치기 할 수 있다고도 생각한다![14] 사람에 따라 착각에 예민한 정도는 매우 다르다. 심장 박동을 잘 느끼지 못하는 내수용성 감각interoceptive awareness이 느린 사람은 신체 신호가 약하고, 착각에 빠지게 하는 시각 정보를 잘못 전달하기 쉽기 때문에 착각에 취약하다.

시각 입력을 잘못 전달하는 것 외에도 다른 방법으로 작용하는 신체 착각도 있다. 하나는 팔 위쪽을 진동시킴에 따라 이두박근이 늘어난다고 생각하는 '피노키오 착각Pinocchio illusion'이다. 진동을 주는 동안 눈을 가린 참가자가 계속 코를 만지게 한다. 이때 참가자는 손가락으로 코를 만지고 있으면서도 마치 팔이 늘어난 것처럼 느낀다. 이러한 불일치의 정보로 인해 참가자는 코가 커졌다고 착각한다. 비슷한 상황에서 머리의 정수리 부분을 만지고 있으면 참가자는 자신의 머리가 커졌다고 생각한다.[15]

대부분의 시간에 뇌는 몸의 공간 위치를 감지하는 놀라운 일을 수행하고 있다. 자신의 몸을 타인의 몸과 혼동하는 일은 거의 드물다. 신경 질환을 제외하고 우리가 신체의 움직임을 조절하는 능력은 놀라운 조화의 결과이다. 몸이 있는 그대로를 느끼며, 이러한 감각이 안정적이고 만고불변이라는 것은 것은 놀라운 일이다. 2012년 이 분야의 저명한 연구자인 런던 대학교의 매슈 롱고와 패트릭 해거드는 신체 인식에 관한 리뷰를 작성하면서 다음과 같이 정리했다. "신체를 인식하는 데 놀라운 유연성이 있다. 신체를 나타내는 것은, 통합 과정에서 우리 신체에 대해 알고 있는 지식과 괴리가 있을지라도, 서로 다른 자신의 신체 일부나 전체를 유연하게 통합할 수 있다."

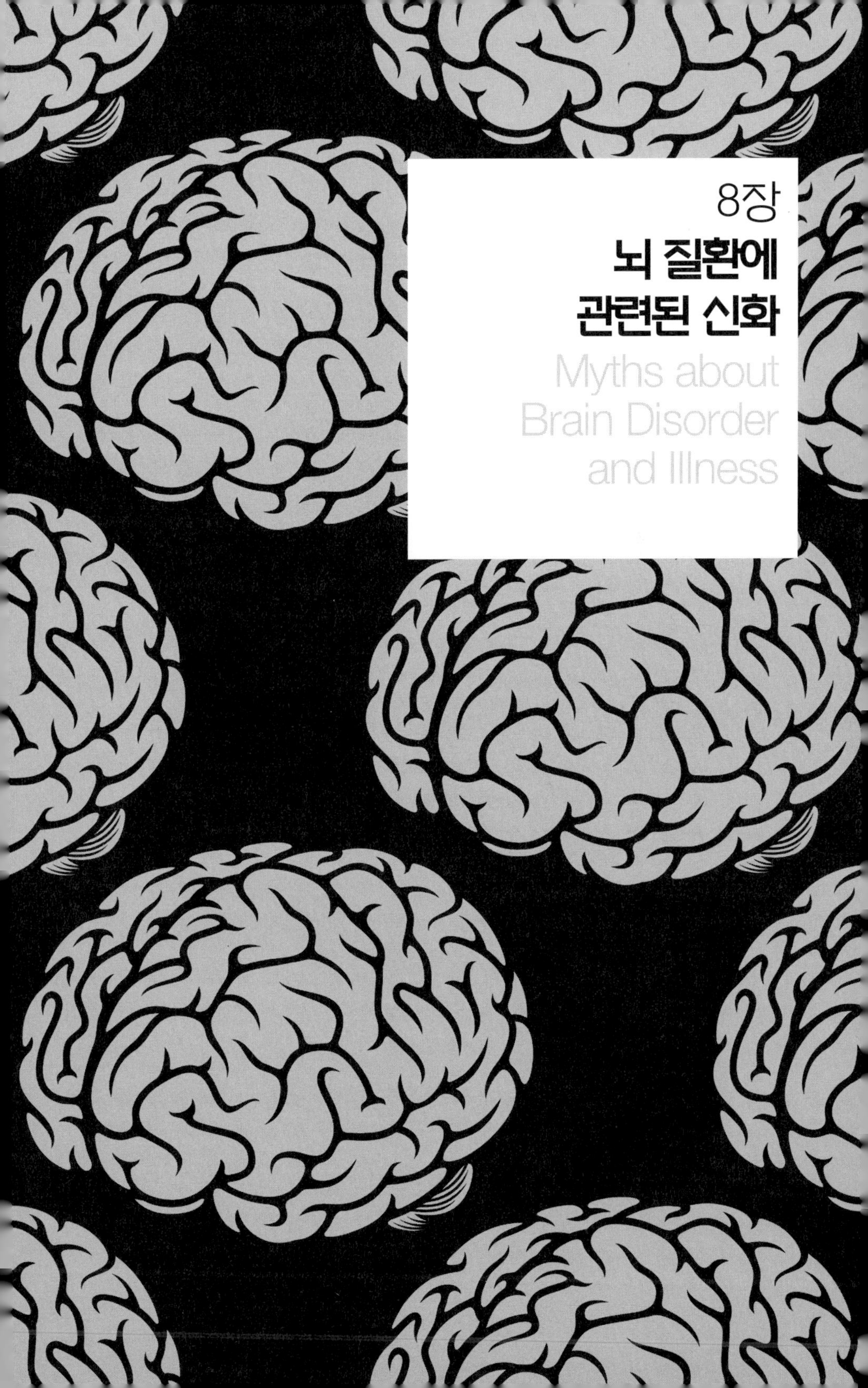

8장

뇌 질환에 관련된 신화

Myths about Brain Disorder and Illness

이 책에서 다룬 모든 신화 중에서 뇌 손상과 질병에 관한 이야기는 가장 해로울 수도 있고, 편견을 유발할 가능성도 있다. 작가들은 뇌 장애라는 좋은 작품 소재를 찾아 활용했고, 영화나 소설에서 이를 비현실적이고 허구적으로 묘사함으로써 뇌 손상과 뇌 질환에 대한 대중의 잘못된 믿음이 생겨났다. 이 장에서는 뇌 손상, 혼수상태, 치매, 기억 상실증, 자폐증, 뇌전증에 관한 기본적 사실을 제시할 것이다. 이런 질환이 소설에서 어떻게 잘못 전달되었는지 보여주고, 그 결과 나타난 오해를 고치려 한다. 자폐증이 홍역과 풍진을 예방하는 MMR[measles(홍역), mumps(유행성 이하선염), rubella(풍진)] 백신 때문에 발생한다고 믿는 것처럼, 일부 질병과 관련된 잘못된 이야기는 상당히 위험하다. 감정 장애가 뇌에서 간단한 화학적 불균형 때문에 생긴다고 너무 단순화하는 경우도 있다. 이 장을 통해, 진실은 잘못 알려져 있는 이야기보다 미묘한 차이가 있으며 매혹적임을 알게 될 것이다.

신화 35

뇌 손상과 뇌진탕에 관한 신화

사고, 운동 경기, 폭행으로 일어나는 외상성 뇌 손상traumatic brain injury: TBI은 아주 흔히 일어나고, 특히 청소년에게서 많이 발생한다. 선진국에서 외상성 뇌 손상은 사망 원인 중 1위를 차지한다. 2010년 미국의 질병 통제 예방 센터Centers for Disease Control and Prevention에서 발표한 자료에 따르면 미국에서 매년 700만 건의 뇌 손상 사고가 발생하고, 그 경제적인 부담은 600억 달러에 달한다. 영국에서 매년 100만 명이 뇌를 다치고, 50만 명이 뇌 손상으로 장기간 불구로 생활하게 된다.

외상성 뇌 손상은 총상 같이 뇌를 관통하는 직접적 타격을 입거나, 교통사고 같이 머리가 갑자기 내던져졌을 때 두개골 안에 있는 뇌가 눌리거나 심하게 흔들릴 때 일어난다. 뇌의 손상은 뇌졸중으로 인해 일어나기도 한다 (331쪽 "뇌졸중에 관한 신화" 내용 참조). 외상성 뇌 손상의 정도는 강도를 포함한 여러 요인, 피해를 입은 위치, 뇌가 관통되었는지 혹은 충격을 받았는지, 환자의 건강 상태, 성별, 나이에 따라 차이가 많다. 청년이나 노인이 더 취약하고, 여성이 남성보다 피해가 크다는 증거가 있다.

외상성 뇌 손상으로 인해 사망하는 것은 물론 혼수상태, 일시적 의식 불명, 기억 상실증, 혼란, 뇌전증, 두통, 구토, 피로, 과민함, 기분 장애 등 다양한 장애가 생긴다. 뇌에 손상을 입으면 마비, 통합 운동 장애dyspraxia, 공간의 한쪽을 집중하지 못하는 시각적 무시visual neglect, 사람을 인식하지 못하는 얼굴 인식 불능증prosopagnosia, 실어증과 같은 특이한 신경 장애 또는 신경 심리학적 장애를 겪게 된다.

외상성 뇌 손상 환자의 85퍼센트는 경미하다고 분류된다. 평가는 눈동자의 움직임, 고통에 대한 반사, 단어 표현력과 같은 환자의 반응 능력을 측정하는 '글래스고 혼수 척도Glasgow coma scale'에 기초한다. 뇌에 물리적 피해가 있는지 조사하기 위해서는 컴퓨터 단층 촬영을 한다. 뇌가 부어오르거나 혈전이 발생하는 2차 합병증이 생겼는지 확인하는 것이 중요하다.

외상성 뇌 손상 환자 대부분은 합병증 없이 회복되지만, 10퍼센트의 환자가 수 주 또는 몇 달 동안 뇌진탕 후 증후군post-concussion syndrome을 겪으므로 '경미하다'는 용어는 잘못된 것이다. 어린이, 노인, 뇌 손상 이력이 있는 사람은 지속적인 합병증으로 특히 고생한다. 장기적 영향을 보면 뇌 손상은 치매와 관련이 있다는 증거가 있고, 권투 선수나 미식축구 선수와 같이 지속적으로 뇌에 충격을 받는 사람에게서 많이 나타난다(이 장의 나중에 나오는 기억 상실증, 뇌전증, 치매에 관한 내용을 참조).

증상과 회복에 관한 신화

환자는 대부분 경미한 외상성 뇌 손상에서 완전히 회복되지만, 심각한 뇌 손상으로부터는 완벽하게 회복하지 못한다고 전문가는 경고한다. 외상성 뇌 손상 전문가인 미국 네브래스카 대학교의 캐런 훅스Karen Hux 교수는 다음과 같이 말했다.

> 뇌가 심하게 손상된 사람은 일반인에게는 심각하지 않은 어떤 난국에 부딪쳤을 때 지속적인 결손을 보인다. 이런 난국이 감추어져 있을 때, 뇌에 손상을 입은 사람은 일반인이 보기에는 정상적으로 보이지만 숨겨진 인지적·사회심리학적 장애를 많이 가지고 있어 2퍼센트 부족해 보인다고 말한다.

여러 조사에 따르면 일반 대중은 외상성 뇌 손상이 얼마나 심각한지 과소평가하고, 뇌 손상이 나타내는 증상을 잘못 이해하고 있다.

2006년 논문에서 훅스 연구팀은 미국인 318명을 대상으로 설문 조사를 해, 93퍼센트 이상의 사람이 "머리를 다친 사람은 자신이 누구인지 모르고, 다른 사람을 알아보지 못하지만 다른 것은 모두 정상이다"라고 잘못 알고 있다고 보고했다.[1] 실제로 심각한 장애는 새로운 정보를 인지하거나 문제점에 집중하는 것과 같은 정신적 기능의 장애를 동반한다. 70퍼센트 이상의 사람은 심각한 뇌 손상으로부터 완벽한 회복이 가능하다고 믿는다. 거의 70퍼센트는 첫 번째 뇌 손상이 두 번째 뇌 손상에 취약하게 만든다는 사실을 인식하지 못하고 있다(두 번째 뇌 손상에 취약해지는 이유는 첫 번째 뇌 손상으로 인해 뇌세포가 약해져 있기 때문이다).

60퍼센트의 사람은 혼수상태에 빠진 사람이 주변에서 어떤 일이 벌어지는지 알고 있다고 잘못 인식하고 있다(자세한 내용은 혼수상태 부분을 참조). 절반에 가까운 사람은 뇌를 다치기 전에 일어난 일을 기억하지 못하는 것이 새로운 사실을 학습하는 문제와 밀접하게 연관되어 있다고 잘못 이해하고 있다. 응답자의 50퍼센트는 뇌 손상을 입은 후 과거 사건을 기억하는 것보다 새로운 사물을 배우는 데 더욱 문제가 있다는 것을 알지 못한다. 또한 응답자의 50퍼센트는 정신을 잃고 쓰러진 후 후유증 없이 깨어날 것이라고 잘못 알고 있다. 그리고 40퍼센트의 사람은 뇌 손상을 입은 후에는 휴식을 취하고, 활동을 하지 않는 것이 좋다고 잘못 알고 있다.

필자는 혹스 교수에게 마지막 사항을 확실히 해달라고 요청했다. 혹스 교수는 경미한 외상성 뇌 손상의 경우 휴식을 취하고 정신적·육체적 스트레스를 피하는 것은 중요하고 적절한 행동이지만, 심한 뇌 손상의 경우는 다르다고 말했다. 뇌 손상 초기에는 휴식을 취하고 활동을 덜 할 필요가 있다. 그러나 초기의 짧은 회복 기간이 지나면 "심한 뇌 손상을 입은 사람은 회복을 극대화하기 위해 재활 치료에 적극적으로 참여해야 한다. 재활 치료는 매우 힘든 과정이다! 자신의 잃어버린 육체적·정신적 역량을 회복하기 위해 노력하고, 노력하고, 또 노력해야 한다".

이에 관련된 오해에 빠지지 않는 것이 중요하다. 혹스 교수의 연구에서 50퍼센트가 넘는 응답자는 다음과 같이 잘못 알고 있다. "환자가 얼마나 빨리 회복하는지는 이들이 얼마나 열심히 노력하는가 여부에 달려 있다." 재활 치료가 환자의 노력과 헌신에 달려 있는 것은 사실이지만, 거의 모든 경우에서 회복의 속도와 정도는 환자가 당한 손상에 영향을 받는다. 혹스 교수는 다음과 같이 말했다. "환자는 열심히 노력해도 기억의 손실을 극복할 수 없다. 순전히 의지력만으로 집중력이 떨어지지 않게 만들 수는 없다." 충분히 노력하면 회복될 수 있다는 잘못된 개념이 뇌 손상 환자에게 오해를 불러일으킬 수 있다. 혹스 교수는 "다리가 마비된 환자에게 걷지 못한다고 비난할 수 없다. 마찬가지로 뇌 손상을 입은 환자에게 부상당하기 전처럼 잘 기억하지 못한다고 비난할 수 없다"라고 말했다.

뇌 손상에 대한 다음과 같은 여러 잘못된 개념은 혹스 교수의 설문 조사에 참여한 많은 사람에서 확인되었다. 뇌 손상은 사람이 기절했을 때만 일어난다, 채찍질로 뇌에 직접 충격을 가하지 않으면 뇌 손상을 일으킬 수 없다, 뇌 손상을 입은 사람은 지체 장애인같이 보이고 또 그렇게 행동한다, 환자가 '정상으로 돌아왔다'라고 느낀다고 말하면 완전히 회복된 것이다 등이 그 내용이다.

2010년 링컨 대학교의 로위나 채프먼Rowena Chapman과 존 허드슨John Hudson은 영국에서 322명의 참가자를 대상으로 동일한 설문 조사를 수행하고, 뇌 손상에 대해 더 많은 응답자가 잘못 알고 있다는 결과를 얻었다.[2] 미국의 응답자와 마찬가지로 영국의 응답자도 대부분 의식을 잃는 것의 심각함을 과소평가했고, 나타나는 증상을 잘못 인식했으며, 뇌 손상 환자가 다음에 뇌 손상을 입을 가능성이 높다는 것을 인식하지 못하고 있었다.

뇌진탕을 과소평가하지 말자

'뇌진탕'이라는 용어는 사람에 따라 다른 것을 의미하는 데 사용되어서 뇌 손상 분야에서 상당한 혼란을 초래한다. 의사가 사용하는 뇌진탕의 척도는 여덟 가지 이상이 있고, 뇌 손상의 심각성을 측정하는 데 합의된 의견도 없다. 많은 뇌 손상 자선 단체나 온라인의 뇌진탕에 관한 설명은 의식을 잃지 않거나 아주 짧게 의식을 잃은 경미한 외상성 뇌 손상을 다르게 기술한 것에 지나지 않는다. 경미한 뇌 손상은 그다음 손상에 취약하게 하고, 여러 번 뇌진탕을 당하면 심각한 장기적 영향이 있기 때문에 뇌진탕을 진지하게 치료하는 것이 중요하다.

2010년에 발표된 연구에서는 뇌진탕이라는 용어를 둘러싼 혼란스러운 상황을 생생하게 보여준다.[3] 맥매스터 대학교의 캐롤 디마테오Carol DeMatteo 연구팀은 캐나다의 아동 병원에서 외상성 뇌 손상 환자 434명의 진단서를 조사했다. 이들은 글래스고 혼수 척도에 따라 심한 외상성 뇌 손상으로 진단받은 어린이보다는 경미한 외상성 뇌 손상으로 진단받은 어린이가 뇌진탕이라고 진단받을 가능성이 크지만, 심한 뇌 손상을 입은 어린이 중 23.5퍼센트 또한 뇌진탕으로 진단받았다는 것을 발견했다.

뇌진탕으로 진단받은 일부 어린이는 정상적인 CT 결과를 보이지만 약간 의식을 잃기도 했다. 의사는 뇌 손상은 일어났지만 구조적 피해는 보이지 않을 때 뇌진탕이라는 진단을 내리는 것 같다. 그러나 뇌진탕이라고 진단을 내리는 데는 의사마다 커다란 차이가 있었다. 디마테오의 연구팀은 다음과 같이 말했다. "이러한 차이 때문에 경미한 뇌 손상을 나타내는 뇌진탕이라는 용어를 사용하는 데 의문을 품게 되는데, 뇌진탕이란 실제로 무엇이고 뇌 손상을 입은 어린이를 치료하는 데 이 용어를 어떻게 사용하는 것이 최선인지 혼란스럽다."

이 문제의 심각성은 뇌진탕으로 진단받은 어린이가 너무 일찍 퇴원하고 학교로 복귀하는 경향에 있다. "어린이가 뇌진탕으로 진단받으면 가족은 이것을 뇌 손상으로 여기지 않을 가능성이 크다"라고 연구팀은 말한다. 뇌진탕은 심각한 것이 아니라는 잘못된 생각은 아이스하키같이 육체적 충돌이 많은 운동 경기에서 운동선수나 감독에 의해 뇌진탕이 보고되지 않는다는 연구와 일치한다. 뇌진탕이 의심될 때 올바른 처치 방법은 몇 주 동안 휴식을 취하고 위험성이 높은 활동은 피하는 것이다. 이런 이유 때문에 감독과 운동선수는 이 증상을 경시하고, 운동선수는 경기를 계속한다. 스포츠 TV와 해설자는 뇌진탕을 별것 아니라고 설명하고, 경기장으로 빨리 복귀하는 것을 향해 용기 있다고 칭찬하며 뇌진탕의 잘못된 개념을 악화시킨다는 증거가 있다.[4]

아동병원에서 조사를 수행한 디마테오 연구팀은 뇌진탕을 경미한 외상성 뇌 손상으로 대체하면 혼란의 많은 부분을 제거할 수 있다고 생각한다. "우리가 조사한 후 '뇌'라는 단어를 사용하면 사람들은 좀 더 주의를 기울인다는 것을 알게 되었다"라고 디마테오는 캐나다 CBC의 뉴스 대담에서 말했다.[5] "많은 사람이 뇌진탕을 머리의 충격으로 여기고, 뇌는 다치지 않았다고 생각한다."

편견과 지지

뇌라는 단어를 언급하면 사람들은 뇌진탕에 대해 더 심각하게 생각하지만, 또한 다친 사람에 대한 편견을 갖게 된다. 2011년 캔터베리 대학교와 모나시 대학교의 오드리 매킨리Audrey McKinlay 연구팀은 뉴질랜드인 103명을 설문 조사해, 그중 많은 사람이 머리에 직접 충격을 받은 후 의식을 차리고 있을 때만 뇌진탕이라고 믿는다는 잘못된 개념을 가진 것을 발견했다.[6] 이 설문 조사는 사람들이 사용하는 용어에 따라 환자에 대한 가정이 얼마나 영향을 받는지 잘 보여준다. 참가자는 부정적이고, 친절하고, 주의가 산만하고, 열정적이고, 부지런하다는 단어를 '머리 손상'보다 '뇌 손상'이라는 용어와 쉽게 연결시킨다. 머리와 뇌 두 용어는 전문가나 일반인 모두가 흔히 자유롭게 쓰는데도 말이다. 이 연구팀은 다른 연구에서 뇌 손상 환자를 두 가지 측면에서 바라보는 편견을 발견했다.

동일한 차 사고의 희생자가 어린 시절 머리 손상을 입었다고 하지 않고 뇌 손상을 입었다고 하면 사람들은 그 사람을 덜 성숙하고, 덜 총명하고, 덜 융통성 있고, 덜 친절하다고 평가하며, 채용하지 않으려 한다.[7] 매킨리 연구팀은 이러한 편견이 뇌 손상을 입은 환자가 재활 치료를 받으려 할 때 역효과를 준다고 말한다. 그러면서 그들은 반대로 이렇게도 말했다. "외상성 뇌 손상을 경험한 사람을 긍정적으로 평가하면 뇌 손상을 입은 사람의 사회적 경험과 능력을 증진시켜 환자의 회복에 영향을 주고 삶의 질을 나아지게 한다".

뇌 손상을 입은 환자의 회복을 사회적으로 지지하는 것의 중요성은 2011년 자넬 존스Janelle Jones 연구팀이 발견한 이상 현상에 대해 설명할 수 있다. 심각한 뇌 손상으로 고통받는 환자는 경미한 뇌 손상으로 고생하는 환자보다 삶에 대한 만족도가 높다는 것이다. 이 결과는 헤드웨이Headway라는 뇌 손상 재단의 환자 630명을 대상으로 조사한 설문 조사에서 얻은 것이다. 심각한 뇌 손상을 입은 환자의 삶에 대한 만족도가 더 높은 것은, 이들이 생존자로서 삶에 대한 애착이 특별히 강해지고, 사회적 지원과 향상된 인간관계를 갖기 때문이다. 연구팀은 "머리 손상이 환자의 삶의 질을 항상 파괴하는 것은 아니다"라고 결론 내렸다.

> 이 연구에서 얻은 자료는 후천적으로 뇌 손상을 입은 사람은 뇌 손상 때문에 개인적·사회적 '정체성 형성 작업'을 할 수밖에 없고, 그로 인해 삶의 질이 높아질 수 있다는 일관성 있는 이야기를 말해준다. …… 그러니까, 우리를 죽이지 못하는 것은 우리를 더 강하게 만든다고 한 니체의 말은 옳았다.[8]

뇌졸중에 관한 신화

미국 국립 뇌졸중 협회National Stroke Association의 통계에 따르면 미국에서 매년 79만 5000명의 뇌졸중 환자가 발생하는데, 뇌졸중은 뇌 손상의 가장 큰 원인이고, 사망 원인 중 4위를 차지한다. 가장 흔한 것은 허혈성 뇌졸중ischemic stroke으로, 뇌의 혈관이 막혀 일어난다. 뇌졸중 환자의 20퍼센트는 출혈성으로, 동맥류(231쪽 〈그림 23〉 참조)로 인해 뇌의 혈관이 터져 일어난다. 뇌졸중의 결과는 환자의 건강 상태와 나이뿐만 아니라 피해를 입은 부위와 정도에 따라 다양하다. 아주 짧은 동안 일어나거나 인식을 하지 못한 상태로 지나가는 '일과성 허혈 발작transient ischemic attacks: TIA'이 한두 번 생기고 몇 달 또는 몇 년이 지난 후에 흔히 심한 뇌졸중이 생기기도 한다.

신화: 뇌졸중은 노인에게만 일어난다

뇌졸중의 전반적인 발생은 줄어들고 있지만 비만과 같은 위험 요소 때문에 뇌졸중은 젊은이에게도 일어난다. 요즈음 뇌졸중 환자 5명 중 한 명은 55세 이하이다. 심지어 10퍼센트는 45세 이하이다. 2001년 샤론 스톤 같은 유명 영화배우가 43세의 나이에 뇌출혈로 쓰러지고 나서 많은 사람이 이러한 현실을 알게 되었다. 스톤은 이후 뇌졸중을 대중에게 알리는 데 열중하고 있다. 드문 경우이지만 뇌졸중은 어린이에게도 발생하는데, 실제로 미국에서는 유아 사망의 주원인이다.

신화: 뇌졸중의 후유증은 신체적 장애에 국한된다

뇌졸중의 후유증은 마비를 포함한 신체적 장애이지만, 환자, 가족, 의사는 환자의 상태가 환자 주변 친지에게 심리적으로나 감정적으로 지대한 영향을 미친다는 것을 알아야 한다. 인지적 결손은 언어를 말하고 이해하는 데 문제가 있는 실어증과 기억 상실증을 포함한다. 2013년 영국의 뇌졸중 협회는 뇌졸중의 감정적 측면에 대한 인식을 높이는 캠페인을 벌였다. 1774명의 뇌졸중 환자를 대상으로 실행한 설문 조사에서는 3분의 2가 우울증과 불안감을 나타냈지만, 대부분 이러한 상태를 호전시킬 수 있는 조언이나 도움을 받지 못했다.

신화: 뇌졸중은 예측할 수 없다

미국 국립 뇌졸중 협회에 따르면, 뇌졸중의 80퍼센트는 개인적인 위험 요소를 줄이면 예방할 수 있다. 이러한 위험 요소에는 고혈압, 고지혈증, 당뇨병, 비만, 운동 부족, 흡연, 좋지 않은 식습관, 과도한 음주 등이 포함된다. 일과성 허혈 발작은 특히 중요한 위험 경고이다. 일과성 허혈 발작을 겪은 사람 중 10~15퍼센트는 석 달 안에 진짜 뇌졸중이 생긴다. 의학적 예방과 생활 양식을 바꾸면 이러한 위험 요소를 줄이는 데 도움이 된다.

신화 36

기억 상실증에 관한 신화

기억 상실증은 기억에 관한 여러 장애를 나타내는 광범위한 용어이다. 기억 상실증은 보통 뇌, 특히 머리 양쪽의 측두엽에 있는 구조인 해마에 손상을 입었을 때 일어난다. 신경 과학계에서 가장 유명한 예는 뇌전증 때문에 뇌 수술을 받아 대부분의 해마를 제거한 기억 상실증 환자 헨리 몰레이슨(69쪽 참조)의 경우이다. 뇌 수술 이외에도 기억 상실증의 다른 원인으로 뇌 감염, 질식, 만성 알코올 중독, 머리 손상 등이 있다. 이러한 '기질적' 원인보다 훨씬 희귀하지만 심인성이나 또는 분열성에 의한 기억 상실이 있는데, 이것은 기억 상실이 정서적 외상이나 다른 심리적 문제에 의해 일어날 수 있다는 것을 의미한다. 해리슨 포프Harrison Pope 같은 학자는 이러한 기억 상실증이 실제로 존재한다는 사실을 반박하기도 한다. 포프 연구팀은 한 연구에서 1800년 이전에는 심인성 기억 상실증이 존재한다는 역사적 문헌이 없는 것으로 보아, 이러한 기억 상실증은 문화적으로 창조된 것이라고 주장하고 있다.

뇌가 손상되어 생기는 기억 상실증은 피해를 입은 뇌의 위치와 정도에 따라 환자마다 차이가 아주 크다. 가장 흔한 증세는 선행성 건망증anterograde amnesia으로, 새로운 장기 기억을 저장하는 데 어려움을 겪는 것이다. 이런 환자는 온전한 지능과 정상적 단기 기억력을 가지고 있어서 전화를 걸기 전에 전화번호를 잠시 기억하는 것은 아무런 문제가 없다. 이러한 환자는 대개 기억을 상실하기 전 자신의 신분에 대한 기억을 유지하고 있다.

대부분의 기억 상실증 환자는 이미 가지고 있는 기술에 대한 기억과 새로운 기술을 습득하는 능력은 유지하고 있다. 심리학자가 선호하는 시험 방법은 경영 묘사로, 거울에 반영된 상에 기반을 두고 손을 조절하는 수행하기 어려운 과제이다. 건강한 사람이 경영 묘사를 연습하면 그 실력이 나아지듯이, 헨리 몰레이슨도 대부분 다른 기억 상실증 환자와 마찬가지로 경영 묘사 테스트를 연습할수록 실력이 나아졌다. 그러나 몰레이슨 같은 기억 상실증 환자는 경영 묘사를 수행할 때마다 매번 처음 하는 것이라고 생각했다.

다른 기능을 잘 유지하고 있어도 새로운 장기 기억을 저장할 수 없으면 불구자가 된다. 오늘 심각한 기억 상실증 환자를 만났다면, 내일 그 사람은 당신을 기억하지 못한다. 대부분 기억 상실증 환자는 무엇을 먹었는지, 오늘의 일정이 무엇인지 기억하지 못한다. 신경 전문의인 애덤 제먼Adam Zeman의 말을 빌리면, 심각한 선행성 건망증 환자는 "현재의 압제"에 갇혀 있다.[1] 몰레이슨을 46년간 연구한 수잰 코킨Suzanne Corkin은 몰레이슨이 46년 동안 자기를 알아보지 못했다고 말한다. 하지만 몰레이슨은 수술 후 새로운 사실을 일부 기억하게 되어, 수술 이후에 방영된 미국의 유명 TV 쇼 〈올 인 더 패밀리All in the family〉에 나오는 일부 등장인물의 이름을 알고 있었다.

조시 포어Josh Foer는 연구 문헌에서 EP(2008년 사망)로 알려진 심한 기억 상실증 환자를 만난 후 쓴 책 『아인슈타인과 문워킹을Moonwalking With Einstein』에서 이러한 환자를 시적으로 잘 표현하고 있다.[2] 1992년 EP의 뇌는 단순 포진 바이러스 감염으로 해마가 완전히 파괴되어 기억 상실증이 생겼다. 포어는 다음과 같이 기술했다. "EP는 기억력이 없이 완전히 시간과 동떨어져 살아간다. 그는 의식의 흐름이 없고, 바로 증발해 버리는 작은 물방울 정도의 의식을 가지고 있을 뿐이다. …… 그는 병리학적으로 대오각성을 성취했는데, 이것은 온전히 현실 속에 존재하는 왜곡된 불교적 이상理想이다."

흔하지 않지만 기억 상실증 환자 중에는 역행성 건망증retrograde amnesia으로 알려진, 기억 상실이 일어나기 전에 일어난 일을 기억하지 못하는 경우가 있다. 이것은 EP의 경우이다. EP는 새로운 일을 기억하지 못할 뿐 아니라, 1950년까지 자신에게 일어난 모든 일을 기억하지 못했다.

여러 가지 신화

기억 상실증은 소설에서 놀라울 정도로 대중적으로 다뤄지지만 보통 비현실적인 방법으로 표현된다. 영화나 소설에서는 설득력이 없이 역행성 건망증이 많이 나타난다. 대표적인 예가 맷 데이먼이 연기한 암살자 제이슨 본•으로, 영화 첫 장면에서 총상을 입은 채 바다에서 해변으로 나오지만 자신이 누구인지 전혀 기억하지 못한다. 본은 많은 소설 속의 기억 상실증 환자같이 새로운 장기 기억을 유지하고 자신을 완벽하게 보살필 수 있다. 본의 경우를 보면 그는 건강한 사람보다 능력이 뛰어나 특출한 재간을 가지고 있고, 두뇌 회전이 빠르며, 스파이 기술을 보여준다.

앤 페리의 소설에 나오는 기억 상실증 환자인 탐정 윌리엄 몽크와 영국 빅토리아 시대의 소설가 그랜트 앨런의 책 『리콜드 투 라이프Recalled to Life』에 나오는 소녀가 좋은 예이다. 몽크는 사고를 당한 후 깨어났지만 지난 일을 기억하지 못한다. 앨런의 소설에 나오는 소녀는 아버지가 죽은 후 심각한 심인성 기억 상실증에 걸린다. 나중에 알고 보니 아버지를 죽인 것은 그녀 자신이었다!

영화에서도 기질적 기억 상실과 심인성 기억 상실에 대한 구별이 모호하다. 영화에 나오는 기억 상실증은 흔히 머리에 충격을 받아 일어나고, 정체성을 잃는 것은 심인성 기억 상실증 환자에서 나타나는 증상을 닮아 있다. 머리에 손상을 입어 기억 상실증이 생기는 현상은 영화에서 보이는 또 다른 편견이다. 실제로는 수술, 감염, 뇌졸중으로 생기는 기질적 기억 상실이 더 흔하다.

영화나 소설에 등장하는 인물이 기억 상실증에 대한 대중의 인식을 왜곡한다는 증거가 있다. 2011년 대니얼 사이먼스와 크리스토퍼 차브리스는 미국인 1500명을 대상으로 기억에 대한 이해도를 다룬 설문 조사 결과를 발표했다.[3] 이들은 참가자의 69.6퍼센트가 "기억 상실증 환자는 자신의 이름을

• [옮긴이] 영화 〈본(Bourne)〉 시리즈의 주인공.

기억하지 못하고, 자신의 신분을 알지 못한다"라는 설문에 동의했다고 밝혔다. 2012년 사이먼스와 차브리스가 아마존 미캐니컬 터크Amazon Mechanical Turk 웹사이트에서 조사한 결과는 이보다 더 높은 81.4퍼센트였다.[4]

기억 상실증을 정체성 상실의 원인으로 설정하는 영화와 유사하게, 인격과 도덕성이 심각하게 변화된 허구적인 기억 상실증 환자도 많다. 맷 데이먼이 기억 상실증 환자로 출연해 자신의 폭력적인 비행을 알아내고 충격에 빠지는 영화 〈본〉 시리즈에서 힌트를 찾아볼 수 있다. 이런 상황은 골디 혼이 조애너라는 캐릭터로 출연한 영화 〈환상의 커플Overboard〉(1987)에서도 찾아볼 수 있다. 여기서 그녀는 이기적이고 망나니인 사교계 명사였는데, 요트에서 머리를 부딪친 후 맹목적인 사랑을 주는 엄마가 되는 극단적인 상황을 보여준다.

신경 심리학자인 샐리 백슨데일Sallie Baxendale은 영화에 나타나는 기억 상실증 환자를 재치 있게 분석해, 여러 영화 속의 틀에 박힌 터무니없는 이야기를 ≪브리티시 메디컬 저널≫에 발표했다.[5] 영화 〈타잔 더 타이거Tarzan the Tiger〉(1929)에서 타잔은 머리에 두 번의 충격을 받아 치유 효과가 생겼다. 영화 〈싱잉 인 더 다크Singing in the dark〉(1956)에서는 홀로코스트로 인한 정신적 외상 때문에 생긴 심인성 기억 상실증이 머리에 충격을 받고 회복되어 일을 더욱 혼란스럽게 만든다.

영화 때문에 잘못 인식되는 다른 이야기는 야간 기억 상실증이다. 낮에는 정상적 기억력을 가지고 있지만 야간에는 기억이 깨끗이 지워진다는 것이다. 영화 〈첫 키스만 50번째50 First Dates〉(2004)에서 애덤 샌들러는 기억 상실증에 걸린 여자 친구 루시(드루 배리모어 분)에게 매일 새롭게 구애한다. "일부 관객은 샌들러를 만나는 것 같은 낭만적인 조우를 잊는 능력을 부러워하기도 한다. 그러나 루시의 고통의 원인은 정신적 외상에 의한 기억의 무의식적 억제가 아니고 머리에 손상을 입은 결과이다"라고 백슨데일은 은근슬쩍 논평한다. 야간 기억 상실증의 개념은 2011년에 발간된 S. J. 왓슨의 베스트셀러 소설 『내가 잠들기 전에Before I go to sleep』에서 나왔다. 영화로 만들어지기도 한 이 이야기의 주인공은 잡지를 이용해 자신의 생활을 매일 재구성한다.

2010년의 한 연구에는 예술을 모방하는 인생을 가진 기이한 예가 있다. 자동차 사고의 희생자인 FL은 자신의 기억력이 낮에는 정상이지만 매일 밤 기억이 깨끗이 지워진다고 주장한다.[6] 그러나 FL의 뇌를 스캔해 보니 아무런 손상을 입지 않았다. 심리학자가 바로 전날 보여준 과제를 조금 전에 보여준 것 같이 환자를 속였을 때 그녀는 정상적인 수준에서 임무를 수행했다. 캘리포니아 대학교의 크리스틴 스미스Christine Smith 연구팀은 FL이 영화 〈첫 키스만 50번째〉에서 영향을 받은 심인성 기억 상실증 환자라고 결론지었다. 다른 전문가는 이 의견에 동의하지 않는다. 2011년 하랄트 메르켈바흐Harald Merckelbach 연구팀은 ≪스켑티컬 인콰이어러Skeptical Inquirer≫[7]에 스미스의 논문을 반박하는 혹독한 비평을 실었다. 하랄트 메르켈바흐, 스콧 릴리언펠드, 토마스 메르텐Thomas Merten은 환자의 배경 정보가 결여되어 있고, 환자가 의도적으로 자신의 결손을 가장했는지 조사하지 않았으며, 논란이 많은 사례 보고와 함께 비판적인 논평을 싣지 않으려는 학술지를 비판했다. "만일 FL이 기억 상실이라고 믿고, 기억력은 실제로는 대체로 정상 수준 안에서 기능하고 있다면, 그녀의 증상은 기억 상실증이 아닌 유사 기억 상실증pseudo-amnesia이라고 하는 것이 정확하다"라고 메르켈바흐 연구팀은 기술했다.

영화가 기억 상실증에 대한 왜곡된 인상을 주는 경우도 많지만, 영화에 감사해야 하는 경우도 있다. 백슨데일은 이러한 증상을 가진 인물을 정확하게 표현한 영화 세 편을 예로 들었다. 〈나는 당신이 누군지 알고 있다Sé quién eres〉(2000)는 세르게이 코르사코프Sergei Korsakoff라는 실존 인물을 다루고 있고, 애니메이션 〈니모를 찾아서Finding Nemo〉(2003)는 기억 상실증에 걸린 파란 열대어가 등장한다. 이 물고기가 일상을 살며 겪는 어려움은 실제 기억 상실증 환자가 겪는 실생활을 정확하게 반영한다. 백슨데일은 가이 피어스가 기억 상실증 환자 레너드를 연기한 〈메멘토Memento〉(2000)를 높이 평가한다. 레너드는 공격을 받아 부인은 죽고, 자신은 왼쪽 뇌에 손상을 입어 기억 상실증 환자가 되었다. 새로운 정보를 기억하지 못하지만 레너드는 쪽지를 적고 자신의 몸에 문신을 해 암살자를 쫓는다. "영화의 장면이 조각나 있고, 모자이크와 같은 처리가 된 것은 기억 상실증의 '끊임없이 반복되는 현재'를 반영한다"라고 백슨데일은 기술했다.

현실이 소설보다 더 기이한 경우도 있다

소설가들이 기억 상실증을 잘못 이해하고 있다는 것에는 의심할 여지가 없다. 기억 상실증의 전형적인 증상인 새로운 사실을 기억하는 것을 힘들어 하는 현상은 영화나 소설에서 찾아보기 힘들다. 신경 과학자인 세바스티안 디에게스Sebastian Dieguez와 장마리 안노니Jean-Marie Annoni의 견해를 유념하는 것도 가치 있는 일이다. 2013년에 두 사람이 쓴 책[8]에서, 현실은 소설보다 훨씬 이상한 경우가 있으므로 소설에 나오는 묘사를 너무 무시하지는 말아야 한다고 주장하고 있다.

스위스의 과학자들은 1차 세계 대전 이후 자신의 신분을 기억하지 못하는 10명의 프랑스 군인을 포함한 믿기 힘든 이야기를 예로 든다. 그 당시 언론에서는 이러한 기억 상실증 환자에게 '살아 있는 시체'라는 별명을 붙였고, 이들이 실제로 누구인지에 대한 논쟁이 많았다. 안텔므 망깅Anthelme Mangin이라는 남자의 경우, 300가족 이상이 그 남자가 자신의 실종된 아들이나 남편이라고 주장하기도 했다! 이 병사들은 심인성 기억 상실증 환자인 것 같다. 이러한 증상을 가진 환자를 심리학자는 '해리성 둔주dissociative fugue' 상태라고 하며, 자신의 신분을 모르고, 정신적 외상에 의한 기억을 상실한 정도가 다르며, 자신의 과거 인생을 기억하지 못하고 있다. 기질성 기억 상실증 환자와 달리 심인성 기억 상실증 환자는 새로운 장기 기억력은 유지하고 있다.

개성이 완전히 변하는 기억 상실증 환자에 관련된 사실 중에서 웨일스의 럭비 선수인 크리스 버치Chris Birch보다 더 극적인 경우는 찾아보기 어렵다. 그는 2005년 산비탈에서 구르다가 뇌졸중이 생겨 역행성 건망증에 걸렸다. BBC 방송 보도에 따르면 버치는 과거 일을 기억하지 못할 뿐 아니라 부상에서 깨어난 후 동성애자가 되었다. 그리고 은행원에서 미용사로 직업을 바꾸었다.

기억 상실증에서 회복되는 이야기로 페데리카 루첼리Federica Lucchelli 연구팀이 1995년에 보고한 두 가지가 있다.[9] 한 경우는 심박 조율기를 이식하기 위해 수술대에 누워 있다가 별안간 잃어버린 과거 이야기를 떠올린 것이다. 자신이 25년 전 수술을 받았던 때로 이동한 것이다. 두 번째 환자는 테니스장에서 1년 전에 한 것과 같은 실수를 저지르면서 순간적으로 자신의 잃어버린 과거를 기억해 냈다. 이러한 경우는 치유력이 있는 두 번째 충격을 머리에 주는 것과는 다르지만, 만약 사실이라면 (이러한 것을 어떻게 증명했는지 확실하지 않지만) 순간적으로 기억 상실증에서 회복하는 특이한 경우임에 틀림없다.

디에게스와 안노니는 다음과 같이 주장한다. "기억 상실증이 임상적으로 부정확하거나 믿기지 않는다는 견해는 잘해야 너무 단순한 것이고, 최악의 경우에는 잘못된 생각이다." 이들은 소설에서 기억 상실증을 묘사하는 방법을 조사하는 것은 사람들이 기억과 신분에 대해 생각하는 방법을 보여주기 때문에 과학적으로 유익한 정보를 제공해 준다고 주장한다. 결국 이런 소설 속 묘사는 심인성 기억 상실증에서 기억 장애가 어떻게 나타나는지에 영향을 준다. 이러한 점은 이미 들었듯이 크리스틴 스미스 연구팀이 조사한 환자에게 일어난 경우이다. 이 환자는 매일 밤 자신의 기억이 지워진다고 믿고 있다. 디에게스와 안노니는 "소설이나 예술의 묘사에 영향을 받아 새로운 유형의 기억 상실증이 어떻게 만들어지고 퍼져나가는지 조사하는 것은 흥미로운 논쟁거리이다"라고 결론지었다.

다른 형태의 기억 상실증

2011년 ABC에서 방송된 뉴스는 놀랍고 충격적이었다. "혼을 빼놓는 섹스로 인해 54세 여성이 기억 상실증에 걸렸다." 지독한 농담 같이 들리지만 실제로 ≪저널 오브 이머전시 메디슨Journal of Emergency Medicine≫에 실린 사례 보고

서이다.[10] 케빈 말로이Kevin Maloy와 조너선 데이비스Jonathan Davis는 부인이 남편과 섹스하는 도중 오르가즘을 느끼는 순간부터 24시간 이전의 일은 아무것도 기억하지 못해서 병원에 왔다고 보고했다. 그녀의 증세는 곧 사라졌고, 과학자들은 이 증세를 일과성 건망증transient global amnesia: TGA으로 진단했다. 이 증세는 기억을 담당하는 뇌의 구역에 혈류가 차단되어 생기는 일시적인 기억 상실증의 희귀한 형태이다. 격렬한 활동, 머리의 약한 충격, 찬물에 빠졌을 때 일과성 건망증을 유발할 수 있다. 좋은 소식은 이러한 증세는 쉽게 사라지고 재발하지 않는 경향이 있다.

코르사코프 증후군에서 나타나는 다른 형태의 기억 상실증은 비타민 B1이 충분하지 않은 식사를 하는 알코올 중독 환자에게 흔히 나타난다. 일부 의사들은 이 증세를 '알코올성 기억 상실증 증후군alcohol amnesic syndrome'이라 부른다. 코르사코프 증후군 환자에게는 선행성 건망증과 역행성 건망증이 모두 생긴다. 이 증세의 다른 특징은 작화증confabulation으로, 환자는 기억의 빈 공간을 채우기 위해 이야기를 만들어낸다.

마지막으로, 우리 모두가 경험하는 기억 상실증의 한 형태를 주목할 필요가 있다. 사람들은 태어난 후 2년간의 생활을 기억하지 못한다. 대부분 빨라야 세 살이나 네 살 때부터 기억한다. 유아 때 여행을 한 아이들은 커서 보트 여행을 했는지 비행기를 탔는지 석양이 어땠는지 기억하지 못한다. 하지만 서너 살 유아가 1년 전 사건은 완벽하게 기억하므로, 심리학자들은 이러한 '유아기 기억 상실infantile amnesia'을 설명하기 위해 애쓰고 있다. 관찰에 따르면, 기억은 장기 보관이 되지만 어떤 이유인지 아이가 성장하면서 점차 사라진다. 아마도 유아 기억 상실의 경계가 나이에 따라 이동해, 나이 어린 어린이가 나이 든 어린이보다 이른 첫 기억을 생각해 내고, 모든 어린이가 어른보다 더 이른 첫 기억을 기억해 내는 것으로 보인다.

2013년에는 망각 작용이 7세 무렵에 나타나기 시작한다는 획기적인 연구 결과가 온라인에 보고되었다.[11] 에머리 대학교의 과학자는 엄마가 세 살짜리 어린이에게 동물원을 갔거나 유치원에 간 첫날 같은 예전 사건을 말하는 목소리를 녹음했다. 과학자들은 같은 가족을 대상으로 아이들이 각각 5, 6, 7, 8, 9세가 되었을 때 엄마가 예전과 동일한 사건에 대해 말하는 것을 녹음했다.

아이들은 5세에서 7세 사이에는 의미가 있는 점이나 시간과 장소를 잘 기억하지 못해 기억이 완벽하지는 않지만, 3세 때 엄마가 이야기한 내용의 60퍼센트를 기억했다. 8세에서 9세에는 엄마가 이야기한 내용의 40퍼센트 이하를 기억해 유아기 건망증이 시작되는 모습을 보여주었다. 이들의 기억이 내용 면에서 좀 더 성숙했음에도 말이다. 한 가지 가능성은 5세에서 7세 사이의 기억의 성숙하지 않은 형태가 '인출 유도 망각retrieval-induced forgetting'이라고도 불리는 자서전적 기억의 망각에 기여하기 때문이라는 것이다. 흥미롭게도 세 살 난 아이에게 이야기 할 때 "나에게 더 자세히 말해 봐"라며 엄마가 좀 더 정성을 들여 말하는 경우에는 아이들이 나중에 더 이른 시기까지 기억하는 경향이 있다.

이러한 관찰은 문화적 요소가 유아기 기억 상실증 과정에 관여한다는 다른 연구 결과를 보완해 준다. 예를 들어 오타고 대학교 연구팀이 발표한 연구에 따르면, 최초 기억의 나이는 유럽계 뉴질랜드인, 마오리계 뉴질랜드인, 아시아인이 다 다르다.[12] 마오리계 사람들은 과거의 일에 큰 가치를 두는 문화가 있어서 가장 이른 나이의 최초 기억을 가진다. 이러한 주장을 뒷받침할 연구 결과가 적어 더 확인해 볼 필요는 있으나, 엄마의 대화 방법의 영향을 보여주는 에머리 대학교의 연구 결과와 함께 과거에 가치를 두는 문화적인 측면이 유아기 기억 상실증이 시작되는 시점을 늦추거나 효과를 약화시킨다는 점을 강조하는 주장은 설득력이 있어 보인다.

기억에 관한 신화 더 보기

신화: 정신적 외상에 의한 기억은 대개 억제되어 있다

정신적 외상의 희생자는 자신의 고통스러운 기억을 회상하지 않거나 언급하지 않으려고 노력하지만, 그렇다고 이러한 기억이 일상적으로 뇌에서 억제되어 있다는 것은 사실이 아니다. 2007년의 걱정스러운 연구 결과에서는 치료로 학대에 대한 기억이 '되살려진' 경우는 치료 밖에서 잊힌 학대에 관한 기억 또는 전혀 잊히지 않은 학대에 관한 기억보다 불확실한 경향이 있다고 발표했다.[13] 이는 치료에서 확실히 회복된 학대에 관한 기억은 주로 암시의 결과일 것이라는 일부 전문가의 우려를 입증해 준다. 2014년 미국 심리학 협회는 웹사이트에 다음과 같이 기술했다. "기억을 연구하는 과학자나 임상의는, 어린 시절에 성적으로 학대받은 사람은 그 사실을 완전히 인식하지 못하거나 드러내지 않아도 자신에게 일어난 일을 전부 또는 일부를 기억하고 있다는 것에 의견을 같이 했다."

신화: 기억은 비디오 녹화기 같이 작동한다

2011년 사이먼스과 차브리스의 설문 조사[14]에 따르면, 일반인의 52.7퍼센트는 "사람의 기억력은 비디오 녹화기 같이 작동해, 보고 듣는 사건을 정확하게 기록해 나중에 들여다보고 조사할 수 있다고 생각한다"는 것에 동의한다(2012년 동일한 설문 조사[15]에서는 단지 46.9퍼센트만 동의했는데, 잘못된 이야기에 대한 사람들의 인식에 조금 진전이 있었음을 알 수 있다. 나중에 수집한 온라인 설문 조사를 추가하지 않는다면 말이다). 진실은 녹화하는 것과 달리 기억은 활동적이고, 창의적이고, 재구성적인 과정이다.

신화: 사진처럼 정확한 기억력을 가진 사람이 있다

연속된 수십만 단위의 숫자를 기억하는 세계 기억력 챔피언은 흔히 사진처럼 정확한 기억력을 가지고 있다고 한다. 사실 그들의 기억력은 오랜 기간 연습된 것인데, 의미 없는 정보를 고도로 기억하기 쉬운 이미지로 바꾸는 연상 기호 기법mnemonic strategies을 사용한다. 이와 유사한 개념은 사진적 기억eidetic memory으로, 일부 사람은 어떤 장면에 대해 사진 같은 기억을 가지고 있다. 확실히 성인보다는 어린이에게 흔한 일로, 사진적 기억이 정확한 기억력을 보여준다는 연구 결과가 있다.[16] 그러나 이들이 완벽한 기억력을 갖고 있다는 증거는 없다. 1985년 이 분야에서 수행한 전형적인 연구로[17] 독일의 '사진적 기억력 보유자Eidetiker'를 조사한 결과에서, 영상에 있는 모든 글자를 맞춘 참가자는 한 사람도 없었다.

신화: 섬광 기억은 고도로 정확하다

9·11 사태나 마이클 잭슨이 사망한 날 같이 극도로 감정적인 사건은 오래, 생생하게 기억되므로 섬광 기억flashbulb memory이라고 한다. 그러나 이런 기억이 일반적 기억보다 덜 정확하다는 연구 결과가 최소한 한 가지는 있다. 듀크 대학교 연구팀은 2001년 9월 12일에 9·11 사태에 대한 기억과 최근 일상생활의 기억에 대해 물었다.[18] 그리고 몇 주 후 또는 몇 달 후 학생들에게 9·11 사태(섬광 기억)와 지난번에 물었던 일상생활의 기억에 대해 다시 물었다. 학생들은 9·11 사태의 기억에 대해 확신하고 있었으나, 일상생활의 기억을 잊는 것만큼 9·11 사태를 잊고 있었다.

신화 37

혼수상태에 관한 신화

혼수상태와 식물인간 상태

혼수상태는 살아 있지만 깨어 있지 못하고 의식이 없는 '의식의 장애disorder of consciousness' 상태를 나타내는 의학 용어이다. 심한 뇌 손상, 뇌졸중, 감염, 심장마비, 약물 중독 등이 이런 비극적 상태의 원인이다. 사랑하는 사람이 삶과 죽음의 경계에 갇혀 있는 모습을 보는 것은 가족이나 친구에게 견디기 힘든 고통이다. 뇌와 관련된 다른 의학적 조건과 마찬가지로 혼수상태도 잘못 이해되고 있어, 인기 소설 작품에서도 왜곡되어 다루어진다. 불행하게도 이러한 오해 때문에 혼수상태에 빠져 있는 환자를 어떻게 치료하고 돌봐주어야 하는지에 대한 윤리적 결정을 내리기 어렵게 만든다.

혼수상태에 관한 사실

혼수상태는 뇌간에 있는 망상계reticular system에 손상을 입었을 때 일어난다. 그 결과 뇌는 더 이상 수면과 각성의 주기를 보이지 않으며, 눈은 감겨 있고, 완전히 반응을 보이지 않으며, 의식이 없다. 혼수상태는 뇌에 손상은 입었지만 망상계는 다치지 않은 '지속적 식물인간 상태'와 혼동된다. 식물인간 상태에서 환자는 의식이 없고 반응도 거의 없지만 뇌는 수면과 각성의 주기를 나타낸다는 증거가 있다. 혼수상태는 환자가 심하게 마비된 상태이지만, 의식이 있고 정신적으로 온전한 '잠겨 있는 상태'와 흔히 혼동된다.

회복 가능한 혼수상태 환자는 뇌의 손상이나 감염 후 며칠 이내에 깨어난다. 살아나더라도 깨어나지 못하면 식물인간 상태로 진행된다. 혼수상태 환자는 항상 눈을 감고 있지만, 식물인간 상태 환자는 깨어 있을 때는 눈을 뜨고 있고, 수면 상태에서는 눈을 감는다. '깨어 있는 상태'에 환자가 의식이 있다고 가족이나 친구는 오해할 수 있다. 식물인간 상태 환자는 깨어 있을 때 얼굴, 눈, 사지를 자기도 모르게 움직여 가족에게 희망을 안겨준다. 때때로 환자는 신음소리를 내고, 소리에 반응하며, 움직이는 목표물을 따라 잠시 눈을 움직이기도 한다. 그러나 환자가 식물인간 상태에 있다고 진단받았다면 이러한 반응은 단지 반사 작용일 뿐이지, 진정한 의식이 있다는 징후는 아니다.

물론 다른 사람의 마음에 무엇이 있고 어떤 상태인지 아는 것은 불가능하므로 의식의 장애를 진단하는 것은 어렵고 신중한 테스트에 달려 있다. 식물인간 상태 환자는 의식의 조짐을 조금 가지고 있어서 아주 단순한 명령에 반응하는 것 같아, 이것을 '최소 의식 상태'로 분류했다(이 용어는 2002년에 도입되었다). 이 분야에선 오진 가능성이 높아 최소 의식 상태 환자의 절반은 식물인간 상태 환자로 잘못 진단된다. 혼수상태, 식물인간 상태, 최소 의식 상태의 경계를 분명하게 진단하는 것은 어렵다.

의식 장애의 차이는 뇌를 스캔하고, 뇌전도를 이용해 전기 활성도를 기록하면 확실히 나타난다. 혼수상태 환자는 뇌의 물질 대사가 현저히 감소되어 마취 상태의 사람과 비슷한 수준이다. 물질 대사의 감소는 식물인간 상태나 최소 의식 상태에서도 나타나지만 심하게 일어나지는 않는다. 최소 의식 상태 환자는 식물인간 상태 환자와 비교해 말할 때 뇌의 활성도가 증가한다. 최소 의식 상태의 환자나 일부 식물인간 상태 환자는 자신의 이름을 들으면 뇌전도에서 신호가 나타난다.

최근에는 식물인간 상태라고 진단 받은 환자와 소통하는 방법으로 뇌 영상을 촬영하는 방법이 사용되고 있다(250쪽 참조). 한 획기적인 연구에서는 환자에게 테니스를 치거나 집 주변을 걷는 모습을 상상하라고 주문하면서 뇌의 영상을 촬영했다.[1] 두 가지 상황은 환자의 뇌에서 건강한 사람과 마찬가지로 다른 패턴을 보이게 한다. 이러한 사실은 예전에는 환자가 의식이 없다고 가정했지만, 실제로는 지시에 귀를 기울인다는 것을 보여준다. 최근 연구에서 어떤 식물인간 상태 환자는 일련의 질문에 '예'와 '아니오'로 대답하면서, 대조적인 형태의 영상을 보여주었다.[2]

이러한 결과는 흥미진진하다. 일부 학자는 식물인간 상태 환자가 예전에 감추어졌던 의식 수준을 가지고 있다고 해석한다. 의심이 더 많은 사람은 해당 식물인간 상태 환자가 잘못 진단받은 것이며, 사실은 최소 의식 상태로 회복된 것이라고 주장한다. 진단의 문제를 차치하고라도 이러한 소통의 결과가 환자가 정상인이 느끼는 것과 같이 의식이 있는 것인가 하는 점은 확실하지 않다.

혼수상태에 관한 신화

영화 〈킬빌Kill Bill〉 1편에서 '신부the bride'로 등장하는 우마 서먼은 머리에 총상을 입고 4년간 혼수상태에 빠진다. 전형적인 할리우드 영화답게, 병원 침대에 누운 혼수상태인 서먼을 보면 말쑥하고 건강해 보이며, 환자의 생존에 필요한 음식물 삽입관이나 호흡을 돕는 기관 절개술 같은 의료 장비 혹은 수술도 없다. 가장 설득력이 없는 장면은 복수심에 불타는 환자가 혼수상태에서 갑자기 깨어나 처음에 다리가 약간 휘청거리는 것을 제외하고 곧바로 정상 활동을 하는 것이다.

2006년 일코 위직스Eelco Wijdicks와 코언 위직스Coen Wijdicks는 〈킬빌〉을 포함해 1970년에서 2004년 사이에 상영된 영화 30편을 분석하고, 혼수상태를 비현실적으로 묘사한 영화가 아주 흔하다는 것을 발견했다.[3] 예외는 있다. 1998년 상영된 〈천사들이 꿈꾸는 세상Dream life of Angels〉은 혼수상태 환자를 잘 묘사했다. 30편의 영화에서 혼수상태 환자는 한 편을 제외하고 모두 건강해 보이고, 근육질이며, 피부는 검게 그을었다. 나는 개인적으로 혼수상태 환자 중에서 가장 건강하게 보이는 경우는 1995년에 나온 영화 〈당신이 잠든 사이에While you are sleeping〉에 출연한 검게 그을린 피부에 굵은 눈썹을 가진 피터 갤러거라고 생각한다. 위직스의 분석에 따르면, 영화 속 모든 장기 혼수상태 환자는 눈을 감고 잠을 자므로 지속적 식물인간 상태 환자로는 보이지 않았다. 환자는 신음소리를 내지 않고, 얼굴을 찌푸리지 않으며, 근육이 위축되어 손발이 오그라지지 않았다. 그리고 혼수상태 환자를 위한 의료 장비도 거의 없다. "근육 위축, 욕창, 요실금과 변실금, 음식 삽입관을 보여주지 않는 것은 영화의 재미를 극대화하기 위한 의도적인 결정일 것이다. 그러나 이것은 관객에게 폐해를 주는 것이다"라고 위직스 부자는 말했다. 마지막으로 〈킬빌〉과 〈당신이 잠든 사이에〉 같은 영화에서 혼수상태 환자는 긴 잠에서 일어나듯이 갑자기 깨어난다.

위직스 부자는 혼수상태에 관한 내용을 실험 참가자 72명에게 보여주었을 때, 참가자의 3분의 1은 틀린 내용을 찾아내지 못했다. 게다가 3분의 1에 달하는 관객은 자신의 실생활에서 혼수상태 환자에 관련된 윤리적인 결정을 내릴 때 영화에서 본 묘사를 이용했다고 말했다.

혼수상태에 대한 묘사는 TV에서도 비현실적이기는 마찬가지다. 2005년 논문에서 데이비드 캐서릿David Casarett 연구팀은 1995년부터 2005년 사이의 아홉 개의 연속극을 분석해 64명의 혼수상태 환자가 등장했다는 것을 보고했다.[4] 이들은 드라마 〈제네럴 호스피털General Hospital〉, 〈패션스Passions〉, 〈비앤비The Bold and the Beautiful〉를 분석했다. 캐서릿의 주된 관심은 연속극에서 묘사한 비현실적인 회복 상태이다. 예를 들어 연속극에서는 외상성 뇌 손상을 입은 16명의 혼수상태 환자 중 단 한 명만 죽었지만, 실제로는 대략 67퍼센트 가량이 죽는다. 연속극 속 환자가 혼수상태에서 깨어나면 86퍼센트가 최초의 잔류성 장애residual disabilities를 보이지 않고 완전히 회복한다. 실제로는 비정신적 외상에서 깨어난 환자는 단지 10퍼센트만이 완전히 회복한다.

환자가 혼수상태, 식물인간 상태, 최소 의식 상태에 오래 빠져 있을수록 회복 가능성은 낮다는 것이 일반 법칙이다. 비정신적 외상으로 생긴 혼수상태에서 환자가 3개월 동안 깨어나지 못했다면 이 환자가 의식을 찾을 가능성은 매우 낮다. 8개월 동안 혼수상태였다가 2014년에 죽은 이스라엘 전 총리 아리엘 샤론Ariel Sharon은 장기 혼수상태 환자의 전형적인 예후를 분명히 보여준다. 정신적 외상에 의한 혼수상태의 예후는 보다 희망적이지만 TV에서 보는 것 같은 수준은 아니다. 회복되지 않은 채 12개월이 지나면 깨어날 확률은 매우 희박하다. 식물인간 상태 환자의 일부는 몇 십 년 동안 생존하는 경우도 있지만 대부분은 5년 안에 죽는다. 많은 가족은 혼수상태 환자가 회복하도록 돕기 위해 음악을 연주하거나 좋은 기억을 떠올리는 냄새를 맡게 하거나 그림을 보여준다. 슬픈 일이지만 이러한 시도는 효과가 별로 없는 것 같다.

캐서릿 연구팀은 "공중 보건의 관점에서 보면 연속극이나 여러 대중 매체는 등장인물이 기적 같은 생존과 회복을 다룬 이야기와 평온 속에 존엄을 지키며 죽음을 맞이하는 이야기 사이에서 균형을 잘 잡는 것이 중요하다"라고 결론지었다.

윤리적 딜레마

혼수상태에서 회복되는 것에 대한 일반인의 믿음이나, 사람들이 혼수상태 환자나 식물인간 상태 환자가 어느 정도 깨어 있는지 이해하는 것은 환자의 치료에 대한 어려운 결정을 해야 할 때가 많으므로 매우 중요하다. 혼수상태나 식물인간 상태 또는 최소 의식 상태에 있는 환자는 생존하기 위해 지속적으로 의료 시설에 의존한다. 일반 규정은 환자가 원한다고 생각되면 생명 연장술을 무기한으로 계속하는 것이다. 환자가 원하는지 확실하지 않고, 환자 가족이 치료를 계속해야 할지 중단해야 할지 의견이 엇갈리는 시기는 필연적으로 닥쳐온다. 2005년 심장마비 이후 심한 뇌 손상을 입은 미국 플로리다주에 거주하는 테리 샤이보Terri Schiavo•가 이러한 경우이다. 친지의 종교적 신념,

• [옮긴이] 미국의 '존엄사'한 여인(1963~2005). 1990년 플로리다주에서 심장 발작으로 쓰러

혼수상태 환자의 의식 수준과 고통, (아마도 소설에 나오는 등장인물에 의해 왜곡되었을) 회복 가능성에 대한 믿음은 의사 결정에 영향을 준다.

2011년 커트 그레이Kurt Gray 연구팀은 식물인간 상태의 환자를 사람들이 어떻게 생각하는지 조사했다.[5] 처음 실험에서 뉴잉글랜드 지방에 사는 202명의 참가자는 데이비드라는 허구의 인물이 자동차 사고를 당했다는 기사를 읽었다. 그다음 참가자는 데이비드가 죽었거나 식물인간 상태로 깨어나지 못하고 있다고 들었다. 그리고 참가자는 데이비드가 옳고 그름을 아는지, 데이비드에게 인격이 있는지 등 정신 상태에 대해 답하게 되었다. 데이비드가 식물인간 상태라고 생각하는 사람은 데이비드가 죽었다고 생각하는 사람보다 데이비드의 정신 상태가 더 좋지 않다고 여긴다. "이러한 결과는 영구적으로 식물인간 상태인 환자는 죽은 사람보다 정신 기능이 덜 좋다고 인식된다는 것을 의미한다"라고 연구팀은 말했다.

물론 이와 관련한 설문 조사의 결과는 세계적으로 문화적 차이에 따라 다르다. 예를 들어 일본의 의사는 미국이나 영국의 의사보다 혼수상태나 식물인간 상태 환자의 목숨을 유지하기 위해 치열하게 노력해야 한다고 주장한다. 정통 유대인과 보수 기독교인도 환자가 죽기를 원해도 환자의 목숨을 유지하라고 주장하는 경향이 있다.

그레이 연구팀은 다음 실험에서 참가자가 자신이 자동차 사고를 당했다고 가정했다. 참가자는 자동차 사고로 죽는 것보다 영구적으로 식물인간 상태인 것이 자신이나 가족에게 더 나쁘다고 말했다. 그레이와 연구팀은 다음과 같은 모순점을 발견했다. 고도로 종교적인 사람은 식물인간 상태 환자보다 죽은 사람이 정신 상태가 더 좋다고 생각한다. 반면에 극단적으로 종교적인 사람은 식물인간 상태 환자의 목숨을 유지하기 위해 최대한 노력한다.

저, 산소 결핍으로 식물인간이 되었다. 샤이보는 15년간 영양과 수분 공급 튜브로 연명해 오다가 존엄사 문제로 미국에서 큰 논쟁을 불러일으킨 끝에 2005년 3월 31일 사망했다.

뇌사

여기에 관련된 쟁점 하나는 뇌사의 개념이다. 신경과 의사는 1981년에 입안된 '사망에 관한 동일 결정법Uniform Determination of Death Act: UDDA'에 따라 뇌의 상태를 보고 환자가 사망했는지 판단한다. 미국의 50개 주에서 채택된 이 법은 환자의 심혈관 기능이 정지하거나 뇌가 돌이킬 수 없을 정도로 기능이 정지되면 환자가 사망했다고 결정한다(231쪽 〈그림 24〉 참조). 기준은 국제적으로 조금씩 차이는 있지만, 최소한 뇌간이 기능하지 않고 환자의 상태가 명백하게 돌이킬 수 없을 때 뇌사라고 진단한다. 과거에는 많은 사법 관할 구역에서 환자가 뇌사라고 판정된 후 장기 기증이 이루어졌기 때문에 뇌사에 관한 쟁점은 아주 논란거리였다. 1980년 영국 BBC 방송이 영국의 뇌사의 기준이 너무 느슨하다고 주장하는 미국 전문가의 의견을 다룬 다큐멘터리 〈장기 이식: 장기 기증자는 정말 사망했나?Transplants〉를 방영했을 때는 큰 소요가 있었다.

뇌사는 식물인간 상태나 혼수상태와 같지 않다는 점에 유의해야 한다. 정의에 의하면 식물인간 상태의 환자는 뇌간 기능이 남아 있고, 수면과 각성의 주기를 보이므로 뇌사라고 할 수 없다. 환자가 혼수상태와 같이 의식과 각성이 없고, 이들의 상태를 돌이킬 수 없으며, 뇌 기능은 전혀 없을 때 뇌사라고 한다. 반대로 혼수상태 환자는 뇌간의 기능이 일부 남아 있고, 많은 경우 깨어나 식물인간 상태로 진행되므로 뇌사 상태가 아니다.

언론과 일반인은 혼수상태와 식물인간 상태를 혼동하기 쉽다. 예를 들어 2014년 1월 영국의 ≪데일리 텔레그래프≫는 세간의 이목을 끄는 미국의 경우를 다음과 같은 제목으로 기사화했다. "텍사스주 법원은 아기의 생명을 유지하기 위해 식물인간 상태인 산모의 죽음을 금지했다"[6] 사실 그 임신부는 뇌사로 판정받았고, 식물인간 상태는 아니었다(그녀의 가족은 결국 인공호흡기를 제거해 달라는 주장을 관철해 냈다). 또한 잘못 이해하고 있는 것은 뇌사를 '진정한 사망'이나 최종적인 사망의 중간 정도로 말하는 것이다. 예를 들어 2005년 ≪뉴욕타임스≫에 난 기사를 살펴보자.[7] "그날 저녁 크리건 여사는 뇌사로 판명 났다. 다음 날 아침 가족은 인공호흡기를 제거했고, 그녀는 곧 사망했다." 설문 조사에 따르면 일반인은 물론 많은 의학 전문가도 미국 법과 현재 의학적 합의에서 뇌사도 사망이라는 것을 인식하지 못하고 있다. 주류 유대교, 이슬람교, 기독교에서도 뇌사를 사망으로 인정하는 관념을 받아들였음에도 말이다.

왜 이렇게 혼동되는지 이해하는 것은 쉬운 일이다. 많은 사람은 암암리에 숨 쉬고 심장이 뛰는 것이 살아 있는 것과 관련이 있다고 생각해, (비록 인공호흡기 덕분이지만) 숨을 쉬고 있는 사람이 이미 죽었다고 말을 하면 그 사실을 받아들이기 어려워한다. 뇌사자가 아기를 낳거나, 상처가 치유되거나, 성적으로 성숙해지는 현상이 일어났을 때 또한 많은 사람이 뇌사를 사망으로 받아들이지 못한다. 뇌 기능이 아닌 심장과 호흡 활동이 멈춘 것을 사망이라고 생각하는 사람은 다음과 같은 불편한 실험을 고려해 보자. 이 내용은 새뮤얼 리푸마Samuel LiPuma와 조지프 더마코Joseph DeMarco의 논문에서 차용했다.[8] 머리가 잘린 몸을 생명 연장술로 심장을 뛰게 하고, 혈액이 순환해 몸에 산소를 공급한다면 뇌가 없는 사람을 정말 '살아 있다'라고 할 수 있을까? 그 반대의 경우인 '통 속의 두뇌brain in a vat'도 고려해 보자. 호흡을 하지 않고 심장도 뛰지 않지만 두뇌가 의식이 있고 생각을 한다면 죽었다고 여길 수 있을까? 분명히 아닐 것이다. 이러한 받아들이기 쉽지 않은 실험은 뇌사가 단지 몸의 기능에 중점을 둔 관점보다 삶의 끝을 장식하는 설득력 있는 표식이라는 것을 보여준다.

신화 38

뇌전증에 관한 신화

뇌전증•은 두뇌의 전기 활성도에 이상이 생겨 일어나는 비교적 흔한 신경 질환으로, 전 세계적으로 5000만 명의 환자가 있다. 그 원인은 잘 알지 못하지만 뇌의 부상, 뇌졸중, 종양, 유전적 성향 등 다양한 원인이 있다. 뇌전증의 유형에 따라 지나친 전기 활성도가 뇌의 여러 부분을 타고 흐르거나 일부 지역에 남아 있기도 한다. 환자에게 이러한 뇌 발작이나 '전기 폭풍'은 환자에게 신체적 발작의 형태로 나타나고, 그 정도는 전기 활성도가 나타난 위치와 퍼지는 곳에 따라 다르다. 발작으로 흔히 의식을 잃기도 하는데, 환자나 주변 사람을 두려움에 떨게 하고 예측할 수 없기 때문에 역사적으로 뇌전증이 민간 신앙이나 미신의 관심을 끌었던 것은 놀라운 일이 아니다.

오늘날 70퍼센트에 해당하는 뇌전증 환자의 대부분은 약이나 신경외과 수술과 같은 급진적인 방법으로 발작을 조절할 수 있고(55쪽 참조), 많은 환자가 건강하고 정상적인 생활을 하고 있다. 이런 상황에서도 뇌전증에 관해 잘못된 개념과 이해가 난무해 신문, 영화, 노래, 인터넷에 나타난다. 2006년 11가지 신경 질환에 대한 분석 기사를 작성한 미국 신문에 따르면, 여러 질환 중에서도 뇌전증을 나쁘게 표현하고 있다.[1]

• [옮긴이] 예전에는 간질로 알려져 있었으나, 간질이라는 용어가 주는 사회적 낙인이 심해 뇌전증이라는 용어로 변경되었다.

기본적 신화와 사실

뇌전증은 고대로부터 악마나 신에게 홀린 것으로 간주되었는데, 고대 그리스 사람은 뇌전증을 '신성한 질병'이라 했다. 히포크라테스, 그다음에는 갈레노스가 뇌전증은 육체적 질병이라고 주장했는데도 불구하고 이런 미신은 수천 년 동안 지속되었다.

17세기 들어 의학적 설명이 우세해지면서 뇌전증은 정신 질환과 성격의 결함과 관련이 있다고 생각하게 되었다. 1892년에 조지프 프라이스Joseph Price는 의학 학술지에 뇌전증의 '신체적 원인 밖의 기원'은 방탕함, 초콜릿, 커피, 사랑가와 같은 것이 있다고 적었다.[2] 동시대에 일부 의사는 지나친 자위행위가 뇌전증의 원인이라고 믿고 뇌전증 환자를 거세했다. 뇌전증의 신경 과학적 기초에 대한 관심이 높아졌음에도 그 원인은 여전히 미궁에 빠져 있었다. 빅토리아 시대(1837~1901)부터 에드워드 시대(1901~1910)까지 가장 선호된 신경 과학 이론은 뇌전증이 뇌 혈류에 이상이 생기는 혈관 문제라는 것이었다.

1930년대는 뇌전증을 현대적으로 이해하는 중요한 시기였다. 한스 베르거가 개발한 뇌 표면 전기 활성도를 측정하는 뇌파 전위 기록술은 뇌전증의 생물학적 성질이 뇌의 신경 세포에 통제할 수 없는 전기 활성도가 퍼지는 것이라고 올바르게 이해하도록 해주었다. 그러나 놀랍게도 세계보건기구는 1960년대에 와서야 처음으로 뇌전증이 정신 질환이 아닌 신경 질환이라고 공식적으로 발표했다.

세계보건기구가 공식적으로 발표했고 현대의 진단 기준에도 적용되었지만, 오늘날에도 많은 사람이 뇌전증을 정신 질환의 한 형태로 간주한다. 이는 특히 개발도상국에서 더 심하다. 예를 들어 2009년 카메룬에서 164명을 대상으로 한 설문 조사 결과, 62.8퍼센트가 뇌전증을 '정신 이상의 한 형태'라고 생각했다.[3] 2007년에 요르단의 여러 지역에 사는 1만 6044명을 대상으로 수행한 설문 조사에서 9퍼센트는 뇌전증 환자는 미쳤다고 생각했다.[4] 2006년에 수행한 그리스의 설문 조사에서도 15퍼센트가 뇌전증이 정신 이상이라고 믿었다.[5] 많은 설문 조사에서 사람들이 뇌전증 환자를 고용하고 싶지 않아 하거나 자녀가 뇌전증 환자와 결혼하는 것을 원치 않는 것과 같은, 뇌전증 환자에게 극단적인 낙인을 찍는다는 증거를 보여주었다. 2004년 1600명의 영국인을 대상으로 수행한 설문 조사[6]에서 뇌전증은 직장 동료 사이에서 우울증 다음으로 관심을 많이 가지는 건강 문제였다.

오늘날 뇌전증은 신경 질환으로 분류되지만, 뇌전증 환자는 일반인에 비해 우울증, 자살, 정신병과 같은 정신 건강 문제의 위험성이 증가하고 있다. 많은 뇌전증 환자의 경우 발작 증세를 조절할 수 있으면 다른 정신 건강 문제는 없다는 것을 알아둘 필요가 있다. 정신병 문제가 생기면 그 원인은 다양하고 아마 간접적일 것이다. 예를 들어 뇌전증이라는 낙인이나 뇌전증이 한 사람의 인생에 미친 제약(다시 말하면, 뇌전증에 대한 사람들의 편견으로 인해 뇌전증 환자가 실제로 그 낙인의 대가를 치를 수 있다) 때문에 우울증에 걸릴 수 있다. 정신병이 뇌전증과 동시에 생겼다면, 거기에는 여러 가지 원인이 있다. 예를 들어 두뇌의 뇌전증 활성과 관련이 있을 수도 있고, 강력한 항경련제의 부작용일 수도 있으며, 겉으로 드러나지 않는 다른 이유일 수도 있다.

많은 사람이 잘못 알고 있는 다른 이야기는 뇌전증과 학습 장애가 밀접한 관계가 있다고 믿는 것이다. 뇌전증이 일반인보다 학습 장애나 자폐증 환자에 더 흔한 것은 사실이고, 뇌 손상을 입으면 뇌전증이 잘 일어난다. 그리고 심각한 발작은 뇌에 누적되어 해로운 영향이 생긴다는 증거가 있기도 하다. 그러나 뇌전증 환자의 인지 기능과 지능은 발작하는 동안을 제외하고는 영향을 받지 않는다.

서구에는 더 이상 존재하지 않지만 일부 개발도상국에는 뇌전증이 전염된다는 잘못된 이야기가 흔하게 퍼져 있다. 1989년 조사에 따르면 일부 의대생을 포함한 나이지리아 사람 대부분은 뇌전증이 전염된다고 생각한다.[7] 이러한 이유 때문에 공공장소에서 발작을 일으킨 사람을 보면 대부분의 사람은 달아나버린다. 카메룬에서는 응답자의 23퍼센트가 뇌전증이 전염성이 있다고 믿는다. 전통 문화에서 전래된 다른 잘못된 이야기는 뇌전증을 종교적 죄에 대한 처벌로 여기고, 역설적이지만 뇌전증을 가진 사람이 신적 능력을 가지고 있다고 생각한다는 것이다(이것은 대개 측두엽 뇌전증을 가진 사람의 경우로, 이들은 꿈과 같은 종교적 경험을 한다. 113쪽 참조).

뇌전증에 관한 또 다른 신비로운 이야기는 실제로는 뇌전증에 걸리지 않았지만 걸렸다고 생각하는 역사적 인물에 관한 것이다. 2005년에 발표된 연구에 따르면, 신경 과학자 존 휴스는 43명의 유명인이 뇌전증 환자로 묘사되었다는 증거를 제시했다.[8] 휴스는 수집 가능한 증거 자료를 검토해 그들 중 아무도 뇌전증 환자가 아니라고 결론지었다. 그중에는 뇌전증이었다는 근거가 전혀 없는 아리스토텔레스부터, 일에 너무 열중해 감정 조절에 문제가 있었으나 뇌전증과 관련 없는 아이작 뉴턴, 콩팥산통renal colic 때문에 가끔 발작을 겪었던 찰스 디킨스, 알코올 금단 경련 발작을 겪었던 영화배우 리처드 버턴까지 그 예는 다양하다. 실제 뇌전증 환자는 도스토옙스키, 어렸을 때부터 뇌전증을 앓았다고 공식적으로 천명한 팝스타 프린스, 록스타 닐 영, 영국의 장애물경기 선수 다이 그린 등이 있다.

대중문화에서의 뇌전증 묘사

뇌전증에 대한 잘못된 이야기가 계속 성행하는 중요한 이유는 문학, 영화, 대중음악에서 뇌전증을 표현하는 방법 때문이다. 피터 울프Peter Wolf는 현대 문학 속 뇌전증 환자의 운명을 분석하면서 뇌전증 환자가 퍼트리샤 콘웰의 『카인의 아들From Potter's Field』에서 피해자로, 애거서 크리스티의 『골프장 살인 사건The Murder on the Links』에서 희생양으로, 필리스 도러시 제임스의 『인간의 아이들The Children of Men』에서 신성한 어린이로 등장하는 것을 발견했다.[9] 울프는 "여러 작가 사이에 확실한 관념이 있다. 뇌전증 환자는 두 가지 면에서 고통을 받는데, 발작의 희생자인 동시에 타인에 대한 공격성이 있다"라고 결론지었다. 그는 또한 다음과 같이 덧붙였다. "동시에 뇌전증 환자의 운명은, 특히 어린이의 경우는 많은 존경을 받는 것으로 표현되고 있다." 소설에서 뇌전증 환자는 좋건 나쁘건 그들의 질환에 의해 규정되는 것을 피할 수 없다.

영화에서 뇌전증은 어떻게 표현될까? 2003년 영국 런던의 국립 신경 과학 신경외과 병원의 샐리 백슨데일은 1929년과 2003년 사이에 9개 장르, 62편의 영화를 분석해 논문을 발표했다.[10] 1983년 홍콩 영화 〈천하제일天下第一〉에서 마지막 황제 주는 뇌전증 환자로 치명적 결함을 가진 것으로 그려졌다. 1997년 〈페이탈 서스펙트Deceiver〉에서 배우 팀 로스는 암살자 제임스 웨이랜드로 등장해 뇌전증 환자를 살인마로 그렸다. 1991년 〈뱀파이어 트레일러 파크Vampire Trailer Park〉에서 탐정의 조수로 등장하는 인물은 발작 도중 죽은 할머니와 조우해 뇌전증과 영성이 연결된 것으로 그려진다. 특히 공상 과학 영화에서는 뇌전증을 세뇌의 한 유형으로 그린다. 1974년 영화 〈실험 인간The Terminal Man〉에서 배우 조지 시걸은 뇌전증이 있는 컴퓨터 프로그래머로, 자신의 뇌를 컴퓨터에 연결한다. 백슨데일은 "외부의 힘에 의해 뇌전증을 갖게 되는 것은 악마에 사로잡힌 것이라는 고대의 생각과 흥미롭게도 유사하다"라고 주석을 달았다.

백슨데일은 현대 팝음악에 나오는 뇌전증과 발작에 관한 문헌을 분석했다.[11] 그녀는 노래 가사에서 뇌전증과 정신 이상을 연결하는 증거를 찾아냈다. 인기 그룹 메레신은 「하울 오브 더 프로파운드 패스트Howl of the Profound Past」에서 "나 자신을 완전히 조절할 수 없고/ 내 안의 낯선 사람이 발작을 일으키네/ 마음의 폭력이 고통스러운 방법으로" 라고 노래했다. 블랙아이드피스는 「레츠 겟 리타디드Lets Get Retarded」에서 "네 척추를 흔들어 이 기술을 시험할거야/ 클럽이나 벤틀리에서 일어나 네 머리를 뇌전증 환자처럼 흔들어"라고 불렀다. 백슨데일은 힙합에서는 뇌전증이라는 언어가 "성적인 황홀감이나 자유분방한 춤" 같이 새로운 의미로 쓰인다는 증거도 발견했다.

놀라운 일은 아니지만 뇌전증 발작은 〈ER〉, 〈하우스House MD〉, 〈프라이빗 프랙티스Private Practice〉, 〈그레이 아나토미Grey's Anatomy〉와 같은 인기 있는 TV 의학 연속극에서도 흔히 나타난다. 댈하우지 대학교의 앤드루 몰러Andrew

Moeller 연구팀은 2004년에서 2009년까지 방영된 연속극을 분석해 뇌전증이 65번 나왔다는 것을 발견했다.[12] 드라마에서 의사가 응급처치를 할 때 57.1 퍼센트는 적절하지 않은 방법으로 했는데, 뇌전증 환자의 발작을 멈추려고 시도하거나 환자를 힘으로 누르고, 질식을 막으려고 입에 물건을 집어넣기도 했다.

이러한 행위는 미국 뇌전증 재단Epilepsy Foundation of America에서 발간한 의학 기준으로는 비난받을 만한 처치법이다. 긴장성 간대성 발작 환자를 접할 때 올바른 처리 방법은 발작할 시간을 주는 것이다. 환자 주위를 정리해 위험한 물건이나 가구를 치우고, 환자의 머리 밑에 부드러운 것을 놓으며, 환자를 옆으로 누이고, 환자가 정신을 차렸을 때 안심시키고 친구나 택시를 부를지 물어보는 것이다. 발작이 5분 이상 지속되고, 이번이 환자의 처음 발작이면서 다칠 가능성이 있거나 급한 치료가 필요한 경우에만 구급차를 부를 필요가 있다.

TV에서 뇌전증 환자를 묘사하는 데 틀린 점이 많아서 실생활에서 발작을 일으키는 사람을 보았을 때 반응하는 방식에 심각한 영향을 끼친다는 증거가 있다. 백슨데일은 2007년 동료 애넷 오툴Annette O'Toole과 함께 "뇌전증에 관한 신화: 21세기에도 살아 있고, 거품을 일으킨다"라는 제목으로 설문 조사 결과를 발표했다.[13] 4605명의 영국인이 답변한 내용에 따르면, 응답자의 3분의 2가 발작을 일으키는 것을 보면 즉시 구급차를 부를 것이고, 3분의 1은 입에 무언가를 물리려고 노력할 것이라고 했으며, 14퍼센트는 (실제 그런 일은 매우 드문데도) 환자가 입에 거품을 문다고 믿었다.

뇌전증에 관한 편견과 잘못된 정보는 소셜 미디어에서도 비슷하게 작용한다. 댈하우지 대학교의 케이트 맥닐Kate McNeil 연구팀은 2011년에 7일간 오고간 트위터에서 '발작seizure'이라는 단어가 나오는 글 1만 개를 찾아냈다.[14] 41퍼센트의 글은 발작에 대해 은유적이거나 경멸하는 듯한 농담조로 "내 블랙베리가 발작을 일으켰다"라던가 "어떤 사람이 욕조에서 발작을 일으키면 어떻게 할까? 세탁기 속에 집어넣어라"와 같이 표현했다. 최근 몇 십 년간

"질병에 대한 공격적인 용어를 자제하는 성숙한 태도가 만들어지고 있지만, 뇌전증이나 발작에 대해서는 확실히 뒤처져 있다"라고 연구팀은 말했다.

더욱 긍정적인 측면으로는 2013년에 나타난 뇌전증 또는 뇌전증에 관련된 정보를 다룬 유튜브의 비디오를 분석한 결과, 85퍼센트에 해당하는 대다수가 뇌전증 환자에게 긍정적이거나 동정적으로 뇌전증 환자와 지내는 사적인 방법, 교육 정보, 뇌전증 환자에 대한 설명을 제공하고 있었다.[15] 이것은 중립적인 입장을 취하는 9퍼센트, 경멸하는 6퍼센트와는 비교된다. 오리건 보건과학 대학교의 빅토리아 웡Victoria Wong은 이렇게 긍정적인 측면은 유튜브에서는 사용자가 자신의 내용물을 직접 만들기 때문이라고 말했다. 연구팀은 논문을 마무리하면서 낙관적인 어조로 다음과 같이 말했다. "현대에는 인터넷 미디어가 유행하면서 기존의 책, 영화, TV보다 일반인이 뇌전증을 인식하는 데 많은 영향을 줄 것이다." 사회 운동가는 더욱 창의적인 방법으로 대중들에게 뇌전증을 알린다. 예를 들어 2014년에 런던에 거주하는 사진가 맷 톰슨은 뇌전증 환자이자 옛 연인인 헬렌 스티븐스를 찍은 사진집을 발행했다. 헬렌의 일기에서 발췌한 내용과 함께 담은 사진집은 이 질환이 만들어내는 감동적인 내용을 다룬다(www.mattthompson.co.uk).

뇌전증 발작의 유형

조절할 수 없는 전기 활성도가 뇌의 특정 부분에 국한될 때 이러한 유형을 부분 발작focal seizure, partial seizure이라 한다. 동반 증상은 뇌전증의 근원과 퍼져가는 장소에 따라 다양하다. 의식을 잃을 수도 있고 잃지 않을 수도 있다. 다른 증세로는 불수의 운동이 생기고, 토할 것 같고, 회상 작용이 일어나고, 색다른 감각 경험을 하는 것 등이지만, 이외에도 증세는 다양하다. 뇌전증이 일어나기 직전의 느낌을 뇌전증성 전조aura라 한다. 뇌전증의 활성도가 양쪽 뇌의 반구에 모두 일어나면 이것을 전신성 발작generalized seizure이라 하며, 대개가 의식을 잃는다. 전신성 발작에서 가장 흔한 형태는 일반인이 발작을 떠올릴 때 생각하는 긴장성 간대성 발작이다. 강직성 경련기에는 몸의 모든 근육이 굳어 환자가 넘어지게 된다. 간헐적 경련기는 경련 도중 근육이 수축·이완되는 것이다. 전신성 발작의 다른 형태는 결여 발작absence seizure으로, 몇 초 동안 의식을 잃는 것이다. 주변의 사람은 어떤 일이 일어났는지 눈치채지 못한다. 근경련 발작myoclonic seizure에서는 온몸이나 사지가 불수의적으로 많이 움직인다. 일반인은 잠들 때 이런 움직임을 경험하기도 한다. 온몸 또는 사지가 잠시 흐느적거리는 무긴장성 발작atonic seizure도 있다. 다른 유형은 반사성 뇌전증reflex epilepsy으로, 발작이 주위 환경의 특정 단서로 유발된다. 불빛을 번쩍 비추는 것도 한 예지만 어떤 특정한 생각을 하거나 기억을 되살리는 것과 같은 내부 단서도 있다. 일반적으로 알고 있는 것과 달리 빛에 민감한 뇌전증은 매우 드물어서 뇌전증 환자의 3퍼센트에 불과하다. 마지막으로 심인성 비뇌전증성 발작psychogenic non-epileptic seizures이 있다. 이 경우는 긴장성 간대성 발작을 나타내지만 뇌에 비정상적인 전기 활성도는 수반하지 않는다. 환자는 보통 움직이지 않는다. 뇌전증은 불수의적이고 의식을 잃기도 한다. 원인은 대개 감정적 스트레스나 어떤 종류의 심리적 정신적 외상이라 간주된다.

신화 39

자폐증에 관한 신화

1943년에 미국의 심리학자 리오 캐너Leo Kanner가 처음으로 기술한 자폐증은 공식적으로는 자폐 스펙트럼 장애autism spectrum disorder라 부르는데, 사회적 어려움, 의사소통 문제, 반복적이고 융통성 없는 행동과 흥미라는 세 가지 행동 특성을 가진 신경 발달 질환이다. 이 질환의 가장 확실한 행동 징후는 보통 세 살 때 나타난다. 자폐증은 여러 종류가 있는데, '정상' 인구 집단에서 볼 수 있는 여러 변이와 겹치는 스펙트럼으로 존재한다.

한편으로는 말을 하지 못하고, 소통 능력이나 좁은 관심 때문에 독립적인 삶을 살 수 있는 능력이 결여된 사람을 볼 수 있다. 아스퍼거 증후군Asperger's Syndrom 환자의 경우 사회적으로는 이상하지만, 판에 박힌 일상생활을 즐기고, 강한 관심을 가지고 있지만 독립생활을 완벽하게 영위할 수 있으며, 자신의 직업에서 뛰어난 능력을 보이기도 한다. 아스퍼거 증후군은 2013년에 발간된 미국 정신과 의사의 진단 편람에 따르면 독립적 진단에서 제외되어 자폐증의 한 형태로 분류된다. 인구의 100명 중 1명꼴로 어떤 형태의 자폐 스펙트럼 장애를 가지고 있다고 생각된다.

신화: 자폐증 환자는 독특한 재능을 한 가지씩 가지고 있다

1980년대 이전에는 누구도 자폐증에 대해 들어보지 못했다. 이때 오스카상 수상작인 영화 〈레인맨Rain Man〉(1988)이 나왔다. 자폐증의 인지도가 급격히 올라가니 좋은 일이었지만 영화에서는 자폐증을 왜곡해 표현했다. 레인맨에서 레이먼드 배빗 역을 맡은 더스틴 호프먼은 심한 자폐증과 함께 비범한 기억과 계산 능력을 가지고 있다. 레이먼드는 정신 의학 용어로 자폐적 서번트autistic savant에 속한다. 영화의 한 장면에서 레이먼드는 식당 종업원이 땅에 떨어뜨린 이쑤시개의 수를 순간적으로 정확하게 246개라고 추론한다.

실제로 자폐증을 가진 유명 인사인 동물복지학자 템플 그랜딘, 수학 천재 대니얼 태밋, 도시 조경 예술가 스티븐 윌트셔는 영재성이 자폐증의 핵심 요소라고 사람들에게 잘못된 믿음을 갖게 한다. 추정치는 다양하지만, 영국의 국립 자폐증 학회National Autistic Society: NAS에 따르면 자폐증 환자의 0.05퍼센트 정도가 정말 뛰어난 서번트 능력을 가지고 있다. 좀 더 흔한 경우는 파편 기술splinter skills이라고 불리는 것으로, 아이큐는 낮지만 기계적 암기나 절대 음감과 같이 특정한 과제에 뛰어난 재능을 가지고 있다.

영화 〈레인맨〉에 영감을 준 실제 모델인 킴 픽Kim Peek은 비자폐증 서번트로, 2009년 58세의 나이로 사망했다.[1] 픽은 소뇌 기형이 있고, 뇌의 두 반구를 연결하는 뇌량이 없는 뇌 이상 환자이다. 픽은 추상적이거나 개념적인 사고를 할 수 없고, 심지어 옷의 단추를 잠그지 못한다. 그러나 픽은 친구들이 '킴퓨터Kim-puter'라 불렀듯이, 주어진 날의 요일을 즉시 말할 수 있거나, 백과사전 같은 기억력처럼 놀라운 지적 능력을 가지고 있었다. 그는 일생 동안 1만 2000권의 책을 읽고 모두 암기했다고 추정된다.

레인맨은 흥행에 대성공을 거두었고, 더 많은 자폐성 서번트 환자가 소설에 등장하게 되었다. 배우 키퍼 서덜랜드는 TV 연속극 〈터치Touch〉(2012)에서 열한 살짜리 제이크와 등장한다. 제이크는 말이 없고 "감정적으로 장애가 있지만, 숫자에 강박적이고 지구상에 있는 모든 생물체를 연결하는 감추어진 패턴"을 읽을 수 있다. 2012년 로리 콘Rory Conn과 디니시 부그라Dinesh Bhugra는 영화에서 자폐증 환자를 분석해 〈머큐리Mercury Rising〉(1998)에 등장하는 수학 천재, 그리고 〈몰리Molly〉(1999)에 등장하는 순간적으로 수백 만 개의 가로등을 세고 초음파를 듣는 주인공인 몰리를 발견했다. 또한 두 사람은 〈카드로 만든 집House of Cards〉(1993)의 등장인물 샐리는 카드로 불가능할 정도로 복잡한 빌딩을 쌓는 능력과 슈퍼맨 같은 반사 신경을 가지고 있다고 보고했다.[2]

'자폐증을 생각하는 사람의 가이드Thinking Person's Guide to Autism'라는 블로그의 공동 설립자인 섀넌 로사Shannon Rosa는 초능력이 있는 자폐증 환자에 집착하는 할리우드 관계자에 대해 io9 웹사이트에서 다음과 같이 썼다.[3] "사람들은 어떤 사람이 기막히게 좋은 것을 가지고 있지 않으면 다르다는 것을 인정하지 않으려 한다. 우리는 자폐증 환자를 있는 그대로 인정해야 하고, 그러한 상황은 어렵고 도전적인 일이며 인내와 노력을 필요로 한다.

신화: MMR 복합 백신에 의해 자폐증이 생긴다

영화 〈카드로 만든 집〉에서도 진단을 혼란스럽게 하는 흔한 실수를 저지른다. 샐리는 아버지가 죽었을 때 무언증과 감정 분리가 생기고 초능력을 얻어, 그녀의 자폐증이 일종의 정신적 외상이거나 큰 슬픔과 관련한 질병 이상이라는 것을 암시한다. 자폐증은 이러한 방법으로 생기지 않는다. 또한 자폐증은 1950년대 냉정하고 애정이 없는 엄마 때문에 생긴다는 잘못된 정신 분석 이론인 '냉장고 엄마refrigerator mother'에 의해 생기지도 않는다.

예외도 있지만 자폐증은 백질의 연결이 과도하게 이루어지는 뇌의 비정상적인 발달에 의해 생기는 질환이다. 이러한 뇌가 가진 차이점의 본질과 중요성에 대해 우리는 아직 잘 이해하지 못하고 있지만, 사실상 뇌의 각 부위는 자폐증과 연루되어 있다.

자폐증에서 비정상적인 뇌 발생의 원인은 복잡하고 유전적이며 환경적인 요인이 혼합되어 있다. 이 질환은 소녀보다 소년에게 4배 정도 흔해, 남자의 Y 염색체에 있는 유전자와 연관이 있다고 생각되었다. 쌍둥이를 대상으로 한 조사에 따르면 자폐증의 세 요소인 사회 적응 장애, 의사소통의 어려움, 반복적인 행동의 각 요인은 다른 유전자와 연관되어 있다.

위험하고도 잘못된 이야기가 생긴 것은 자폐증의 환경적 위험 요소를 찾다가 생겼다. 가장 해로운 것은 영국의 소아과 의사 앤드루 웨이크필드Andrew

Wakefield가 자폐증이 MMR(홍역, 유행성 이하선염, 풍진) 복합 백신 때문에 생긴다고 끈질기게 주장했던 것이다. 1998년 웨이크필드가 공동 연구 결과를 영국 의학 저널 ≪랜싯Lancet≫에 발표한 이후 두려움은 확산되었다. 위장 통증을 호소하는 11명의 소년과 1명의 소녀 중 9명이 자폐증 환자인 작은 집단을 대상으로 연구한 결과를 가지고, 웨이크필드는 MMR 백신이 자폐증을 일으키는 원인일 수 있다고 주장했다.

이 1998년 논문은 많은 언론의 관심을 끌었지만, 과학적으로 문제가 있었을 뿐 아니라 사기로 밝혀졌다.[4] 2010년 이 논문은 ≪랜싯≫에서 철회되었다. 수천 명의 어린이를 대상으로 조사한 연구에서는 MMR 백신과 자폐증 사이에 아무런 연관을 찾아내지 못했다.[5] 2009년 미국 소아과 학회는 다음과 같이 발표했다. "많은 환경적 요인이 자폐증 발생에 영향을 줄 가능성이 있지만 백신이 자폐증의 원인은 아니다."

탐사 전문 저널리스트 브라이언 디어Brian Deer는 웨이크필드가 1998년 이전에 단일 백신 특허를 신청했고, MMR 백신 제조 회사를 고소하기 원하는 부모의 변호사 비용을 지불했다는 이해관계를 폭로했다. 2010년 영국 의학협회General Medical Council: GMC의 장기간 조사 후, 웨이크필드의 여러 가지의 부정행위에 대한 유죄가 인정되었고, 직업적 의무를 다하지 못한 그는 의사 면허를 박탈당했다.

웨이크필드의 사기 행위와 잘못된 홍보로 일어난 피해는 어마어마하다. 미국, 영국 등 여러 곳에서 많은 어린이가 홍역의 위험에 처하게 되었다. 이 문제는 아직까지 계속되고 있다. 2013년 영국 웨일스 지방에서는 홍역 예방주사를 맞지 않아 1000명이 넘는 어린이가 홍역에 걸렸고, 보건 당국자는 "심각하게 우려된다"라고 말했다. 최근에는 일부 언론과 부모가 티오메르살thiomersal이 함유된 백신은 자폐증과 인과 관계가 있다고 주장하고 있다. 티오메르살은 수은을 포함한 방부제로, 미생물에 감염되는 것을 막기 위해 사용된다. 세계보건기구, 미국 국립 의학원 같은 기관은 티오메르살 함유 백신이 자폐증을 유발하지 않는다고 주장한다.

신화: 자폐증은 전염될까

2003년 ≪데일리메일≫은 자폐증이 MMR 백신과 연관이 있다는 주장이 나오기 전에 "우리는 전염성이 있는 자폐증을 접하고 있을까"라는 기사를 썼다. 2007년 ≪데일리 텔레그래프≫는 "자폐증의 전염성이 무시되고 있다"라고 주장했다. 지난 수십 년간 자폐증 환자는 급증했다. 1966년에 영국에서 발표한 조사에 따르면 1만 명당 4.5명의 자폐증 환자가 발생했으나, 최근에는 100명당 1명의 환자가 발생하고 있다. 미국 통계에 따르면 2002년 150명당 1명에서 2014년 68명당 1명의 환자가 발생한다.

그러나 자폐증 환자가 증가하는 이유는 이 질환에 대해 많이 알게 되고, 진단 기준이 점차 넓어져 예전에는 단순히 비정상이거나 자폐증이 아닌 다른 진단이 내려질 환자도 이제는 자폐증 환자로 진단하기 때문이다. 예를 들어 '소아 자폐증infantile autism'이 1980년 정신 의학과의 진단 매뉴얼에 공식적으로 도입되었을 때는 아이에게 언어 장애가 있어야 자폐증으로 진단했다. 이러한 규정은 1994년 고기능 자폐의 일종으로 거의 정상에 가까운 언어 능력을 가지고 있는 '아스퍼거 증후군'을 독립된 진단으로 분류했을 때 변했다. 2013년에는 아스퍼거 증후군이 다양한 정도의 자폐증 환자를 나타내는 새로운 진단법인 자폐 스펙트럼 장애에 흡수되었다.

자폐증 진단 기준이 시간에 따라 변하는 과정은 2008년에 도러시 비숍 연구팀이 발표한 기발한 연구 결과에 잘 나타나 있다.[6] 연구팀은 비숍이 몇 년 전에 '특수 언어 장애specific language impairment' 테스트에 참가했던 젊은이와 다시 접촉했다. 특수 언어 장애는 자폐증을 포함한 다른 증세는 없지만 언어 발달 지체를 보일 때 내리는 진단이다. 비숍 연구팀은 현대의 자폐증 진단 테스트를 이용해 어른이 된 예전의 참가자를 평가했다. 연구팀은 참가자의 부모를 면담하면서 참가자가 어린이처럼 행동하는 것을 알게 되었다. 이 연구는 어떤 현대적 자폐증 테스트를 사용하는가에 따라 21퍼센트 또는 66퍼센트에 해당하는 참가자가 자폐증 환자의 기준에 도달한다는 결과를 보여주었다. 참가자는 실제로 그들이 어린 시절부터 보여준 행위나 증상 때문에 자폐증 기준을 충족시켰다. 이러한 결과는 현대의 자폐증 기준이 10년 또는 20년 전과 비교해 많은 사람을 자폐증 환자로 만든다는 것을 보여준다.

캘리포니아주 웨스트할리우드와 같은 지역에서 정상치보다 자폐증 발생률이 4배 높은 것은 자폐증에 관한 높아진 의식이 자폐증 발생이 증가하는 이유를 설명해 준다. ≪네이처≫에 실린 보고서에 따르면, 이 지역은 정상적인 자폐증 환자 발생률을 보여주는 인접 지역과 동일한 수돗물을 사용하므로 물이 원인일 수 없다.[7] 사회학자인 피터 베어먼Peter Bearman 같은 전문가는 특정한 이웃 사이에 자폐증에 대한 인식이 심화되었기 때문이라고 생각한다. 결과적으로 자폐증 전문가가 이 지역에 관심을 갖게 되고, 자폐증에 걸린 다른 가족을 조사하게 된다.

세계적인 자폐증 연구의 권위자인 우타 프리트Uta Frith 교수는 "심판관은 아직 밖에 있다"라고 말했다. 그러나 진단 기준이 넓어지고, 의식이 증가하고, 조기에 진단하는 등에 의해 자폐증 환자가 증가하는 것과 같이 보인다. 정말 자폐증 발생이 증가했는지 여부는 지켜봐야 한다.

만일 자폐증이 증가하는 것을 설명할 수 있는 무엇인가가 있다고(이렇게 생각하는 전문가도 확실히 있다) 하더라도, 다른 원인은 대체로 수수께끼로 남아 있다. 2013년에 발표된 조사에 따르면 대기 오염도 하나의 환경적 위험 요소일 수 있다. 미국 질병통제센터가 지원하는 「초기 발달을 탐구하는 연구Study to Explore Early Development」와 미국 국립 보건원이 지원하는 「초기 자폐증 위험 요소 종적조사Early Autism Risk Longitudinal Investigation」를 포함해 이러한 의문점에 해결의 실마리를 던져줄 대규모 연구가 얼리스터디earlistudy.org에서 진행되고 있다. 이 연구들은 이미 자폐증 어린이 환자가 있는 가족 중에서 임신부가 있거나 향후 임신 계획이 있는 가족을 중점적으로 조사한다. 이러한 연구의 목적은 자폐증을 함께 일으킬 수 있는 유전적 위험 요인과 환경적 요인의 상호 작용을 분리하려는 것이다.

현재 자폐증의 원인을 확실히 이해하지 못하고 있고, 어떤 이들은 두려워하며, 자폐증이 급속히 늘어난다는 사실은 MMR 백신과 같은 잘못된 이야기를 만들어내고 있다. 다른 예는 수전 그린필드 교수가 제안한 것으로, 자폐증이 늘어나는 것은 비디오 기술이 도처에 널려 있는 것과 관련이 있다는 것이다. 그녀는 ≪옵서버≫와 인터뷰에서 다음과 같이 말했다.[8] "나는 자폐증 환자의 증가가 인터넷 사용 때문이라고 생각한다. 그게 전부다." 6장에서 말했듯이 그린필드의 어림짐작에 크게 실망한 도러시 비숍은 그린필드의 가설에 나오는 자폐증은 인터넷이 일반화되기 전에 증가했고, 어린이가 인터넷을 사용하기 이전에 자폐증의 조짐을 보인다는 기본적 결함을 지적하기 전에 다음과 같이 공개적으로 비판했다. "당신은 부모들이 얼마나 비논리적이고 쓰레기 같은 주장과 유해한 추측에 노출되는지 알지 못한다."

신화: 자폐증 환자는 자기중심적이고 무신경하다

자폐증을 허구적으로 묘사하는 것이 자폐증 환자가 자기중심적이고 타인과 감정적으로 교류하지 않는다는 잘못된 이야기를 더욱 퍼지게 만든다. 자폐증 환자가 눈맞춤을 피하고, "나는 사람보다 동물을 선호한다" 같은 질문이 포함된 공감 능력 조사 설문에서 낮은 점수를 받는 것은 사실이다. 자폐증 환자가 남이 하품을 할 때 따라하는 성향이 적다는 증거가 있다.[9] 최근 조사에 따르면 이것에 반박하는 연구 결과도 있지만,[10] 자폐증 환자는 다른 사람이 감정을 표현하는 것을 보았을 때 얼굴을 무의식적으로 따라하는 경향이 적다.[11]

그럼에도 불구하고 심리학자는 두 가지 공감 양상을 구별한다. 하나는 인지적 요소로, 다른 사람 입장이 되어보는 정신적 기술이다. 다른 하나는 느낌이나 감정적 요소로, 사람이 다른 사람의 고통이나 행복을 같이 느끼는 것이다. 연구에 따르면 자폐증 어린이는 인지적 요소는 잘 느끼지 못하지만 감정적 요소는 정상이다. 정신병의 성향을 가진 어린이는 반대 양상을 보여, 다른 사람이 생각하거나 느끼는 것은 잘 이해하지만 다른 사람이 필요해 하거나 고통을 느끼는 것에는 관심이 없다. 자폐증 환자에 관한 잘못된 개념에는 '깨진 거울 이론broken mirror theory'이 있다. 이것은 자폐증이 거울 뉴런계에 이상이 생겨 발생한다는 것이다. 최근에 발표된 리뷰에 따르면 이러한 이론을 지지하는 증거는 찾아볼 수 없다.[12] 한 가지 예외는 자폐증이 하품과 같은 감정적인 전염과는 덜 관련이 있다는 것이다(203쪽 참조).

아스퍼거 증후군으로 진단받은 작가 니콜 니콜슨Nicole Nicholsen은 자폐증 환자는 공감 능력이 낮다는 오해에 대한 실망감을 방송에서 이야기한 사람 중 하나이다. 그녀는 자신의 블로그 '아스퍼거 증후군을 가진 여인Woman with Asperger's'에 글을 쓰면서 이러한 잘못된 이야기가 "특히 손해를 끼친다"라고 표현하며 자신의 격렬한 감정을 기술했다.[13] "나는 마지막에는 스트레스로 지친 나의 약혼자를 발견하고 고통스러웠다. 동료의 가족이 죽거나 동료가 일상생활에서 어려움을 겪을 때 고통스러웠다. 내가 속한 공동체의 몇몇 시인이 쓴 작품에서 고통을 들었을 때 고통스러웠다"라고 그녀는 기술했다.

자폐증 환자가 얼굴을 맞대는 모임에 익숙하지 않고 스트레스를 받는다고 해서 자기중심적이라고 추정하는 것은 잘못된 생각이다. 자폐증 환자는 여러분과 마찬가지로 다양하다. 어떤 사람은 내성적이고, 어떤 사람은 외향적이다. 소셜 미디어와 가상 사회가 늘어나면서 많은 자폐증 환자가 얼굴을 맞대면서 사회생활을 할 필요가 없어졌고, 일반인이 만든 사교적 예의범절을 따를 필요 또한 없어졌다. 온라인 사회를 연구하는 심리학자인 사이먼 빅널Simon Bignall은 다음과 같이 말했다. "가상 세계는 놀이터의 수준을 비슷하게 만드는데, 많은 사람이 말보다 문자를 사용하므로 자폐증 환자나 아스퍼거 증후군 환자와의 정보 교환을 천천히 하게 만들 수 있다.[14] 이 소통 방법은 문자메시지와 같다. 간단명료해야 하고, 뜻이 모호하지 않아야 한다. 이것은 자폐증 환자에게 적합하다."

신화: 자폐증은 장애일 뿐이다

역설적으로 많은 사람은 자폐증 환자가 특별한 재능을 가지고 있다고 생각하지만, 언론이나 소설가나 심지어 과학자도 자폐증을 단지 장애의 측면에서만 논의하는 경향이 있다. 영국 국립 자폐증 학회의 조사에 따르면 자폐증 환자의 10퍼센트는 말을 하지 못하고, 성인 자폐증 환자 중 44퍼센트는 자신의 부모와 함께 산다.

흔하지 않은 재능이나 특수한 장애에 집중하는 것은 이 질환의 덜 선정적인 장점을 무시하는 것이다. 예를 들어 자세한 것을 보는 시력이나, 특이한 주제나 도전에 강박적으로 매혹되거나 집요함을 보이는 것이 있다. 덴마크의 스페키알리스테르네Specialisterne 같은 회사는 자폐증 환자의 이런 장점을 알고 그들을 고용해 소프트웨어 검사나 프로그래밍에 투입했다.

몬트리올 대학교의 정신과 의사인 로랑 모트롱Laurent Mottron은 자폐증의 장애에 관한 편견을 다룬 논문을 썼다.[15] 여러 논문에서 자폐증 환자의 대뇌피질이 일반인보다 두꺼운지 얇은지 논했지만, 결국 양쪽 모두 자폐증을 결손의 관점으로 다뤘다고 그는 지적했다. 행동이 말보다 낫다고, 모트롱은 자폐증 환자 미셸 도슨Michelle Dawson을 고용해 공동 연구를 수행했다. 두 사람은 함께 13편이 넘는 논문을 발표했고, 여러 책의 챕터를 저술했다. 모트롱은 도슨이 데이터와 과거 실험의 세부 사항에 대해 비상한 기억력을 가지고 있고, 자신은 새로운 아이디어와 모델을 만드는 데 강점을 가지고 있다고 기술했다. 모트롱은 "같은 연구를 수행하는 데 두 가지 다른 종류의 두뇌를 합치면 놀랍도록 생산적이 된다"라고 말했다.

자폐증의 장점을 인정하는 움직임은 '자폐증의 긍지autism pride' 운동과 신경 다양성에 대한 개념을 통해 자폐증을 치료해야 할 장애라기보다 다른 형태의 존재로 인정하자는 것이다. 이러한 운동의 일환으로 매년 6월 18일을 자폐증의 날로 기념하고 있다. 자폐증의 장점을 인정하고, 자폐증의 관점과 필요에 무관심한 세상에 관심을 기울이는 것은 매우 중요한 일이다. 기적적인 자폐증 치료나 자폐증 검사에 대한 신문 기사가 얼마나 자폐증 환자에게 공격적인지 생각해 보아야 한다.

그러나 또한 자폐증이 많은 사람과 가족에게 매우 힘든 일임을 기억하는 것도 중요하다. 따라서 균형을 유지하고 차이점을 존중해야 한다. 프리트 교수는 "자폐증의 결함에 대해 말하지 않는 것은 궁극적으로 몹쓸 짓을 하는 것이다"라고 말한다.

신화: 자폐증에는 기적적인 치료 방법이 있다

자폐증의 원인을 추정하는 위험스러운 신화 못지않게 특수한 식이 요법과 비타민부터 호르몬인 세크레틴secretin을 주사하는 방법, 동종 요법homeopathy• 같은 행동 치료법부터 돌고래와 함께 수영하는 법 등 허구적인 '기적의 치료법'에 관한 쓸모없는 주장도 많다. 호주 울런공 대학교의 샌드라 존스Sandra Jones와 밸러리 하우드Valerie Harwood는 1996년부터 2005년 사이 인쇄 매체에 나타난 치료법을 조사했다.[16] 불행히도 많은 자폐증 환자나 부모는 치료를 위한 실험에 대한 지원 부족과 과학적 근거가 없는 여러 가지 방해 때문에 좌절하고 있다. 2013년 자폐증 연구 재단인 오티스티카Autistica가 수행한 설문 조사에서 성인 자폐증 환자 중 3분의 1은 아무런 과학적 기초가 없는 방법에 의지하고 있다고 말했다.

자폐증을 치료하는 방법은 아직 없지만, 어린이 자폐증 환자가 효과적으로 의사소통하는 것을 도와주는 TEACCH 같은 방법은 있다. 이것은 시각적인 정보를 통해 다음에 어떤 일이 일어날지 확실한 감각을 심어줌으로써 말이 서투른 어린이를 돕는 방법이다. 이외에도 단순한 문장이나 시각적 효과를 통해 일반인이 자폐증 어린이와 의사소통을 잘 하는 방법을 배울 수 있다.[17]

• [옮긴이] 질병과 비슷한 증상을 일으키는 물질을 극소량 사용해 병을 치료하는 방법이다.

2011년 정신 의학 연구소Institute of Psychiatry의 프랜시스카 해프Francesca Happé는 영국 왕립 학회에서 다음과 같이 발표했다. "이해심을 지닌 전문가가 진행하는 교육은 효과가 있다. 영국 전역에 있는 특수학교에서 매일 기적같은 일이 일어나고 있다."

신화 40

치매에 관한 신화

1901년 한 의사가 51세 여성 환자에게 성이 무엇이냐고 물었다. 그녀는 '아우구스테'라고 대답했다. '아우구스테'는 그녀의 성이 아니고 이름이다. 점심시간에 의사는 그녀에게 무엇을 먹는지 물었다. 그녀는 '시금치'를 먹고 있다고 말했지만 실제로는 콜리플라워와 돼지고기를 먹고 있었다. 그녀에게 이름을 써보라고 하자 단지 '부인'이라고만 적어, 의사가 그녀의 이름을 가르쳐주었다. 그녀는 의사에게 "나는 나 자신을 잃었다"라고 말했다.[1]

이 환자는 아우구스테 데터Auguste Deter로 알츠하이머병으로 진단받은 최초의 환자이고, 독일인 의사는 알로이스 알츠하이머Alois Alzheimer로, 자기 이름을 따서 이 병에 이름을 붙였다. 아우구스테 부인이 죽었을 때 알츠하이머는 부검에서 환자의 뇌가 단백질로 엉켜 있고 플라크가 가득한 것을 발견했다. 이러한 상태는 아직도 부검에서 알츠하이머병을 진단하는 병리학적 특징이다. 2012년 플라크를 탐지할 수 있는 스캔 방법이 개발될 때까지 부검은 이 병을 확인하는 유일한 진단법이었다. 알츠하이머병의 병리적인 과정은 신경세포를 파괴하는 것인데, 뇌에서 기억 작용에 중요한 부분인 해마와 대뇌 피질에서 많이 진행된다. 궁극적으로 알츠하이머병 환자의 뇌는 건강한 사람의 40퍼센트 내지 50퍼센트 정도로 무게가 감소한다(232쪽 〈그림 25〉 참조).

유전을 제외하고, 알츠하이머병의 원인은 알려져 있지 않다. 가장 일반적인 원인은 신경 세포 사이에서 덩어리나 플라크를 형성하는 단백질인 아밀로이드 베타amyloid β이다. 모든 알츠하이머병 환자가 플라크를 가지고 있지만, 알츠하이머병 환자가 아닌 사람도 플라크를 가지고 있는 경우가 많아 혼란스럽다.

안타깝게도 아밀로이드 베타를 대상으로 한 여러 가지 약품이 효과가 없어, 여전히 효과적인 치료법을 개발 중이다. 아밀로이드 베타의 짧은 형태인 올리고머oligomer•가 알츠하이머병에 파괴적인 효과가 있다고 생각되어서 이를 이용한 연구가 활발히 진행되고 있다. 2013년 미국 캘리포니아주 라호이아에 있는 샌퍼드버넘 의학연구소Sanford-Burnham Medical Research Institute의 스튜어트 립턴Stuart Lipton이 이끄는 연구팀은 아밀로이드 베타가 신경 전달 물질인 글루탐산의 수용체에 대한 민감도를 증가시켜 신경 세포를 해친다는 새로운 연구 결과를 발표했다.[2] 이러한 아밀로이드 베타의 효과에 대한 연구 결과가 새로운 진전을 이끌어낼 것이다.

신화: 알츠하이머병은 치매와 같은 것이다

알츠하이머병은 신경 퇴행성 질병으로 치매의 주된 원인이고, 전 세계적으로 약 3600만 명의 환자가 있다. 흔히 잘못된 개념은 알츠하이머병과 치매가 같다고 오해하는 것이다. 치매는 다소 모호한 용어로, 정신적 기능이 점진적으로 나빠지는 것을 의미한다. 알츠하이머병에서는 정신 능력이 점차 나빠지지만 수그러지지 않는다. 처음 징조는 단순한 건망증이지만, 나중에는 기억력이 심각하게 손상되고, 혼란스러워 하며, 사랑하는 사람을 기억하지 못하고, 흔히 환각 상태를 겪는다.

알츠하이머병 다음으로 흔한 치매의 원인은 혈관성 치매vascular dementia로, 전체 치매 환자의 20퍼센트 정도에 해당한다. 혈관성 치매는 혈관이 좁아져 뇌에 혈액 공급이 원활하지 않을 때 일어난다.

다른 형태의 치매는 전측두엽 치매frontotemporal dementia로, 인격이 손상되거나 변화한다. 그중 의미 치매semantic dementia는 특히 뇌의 측두엽에 영향을 끼쳐 단어의 의미를 모르게 되고, 세상에 관한 지식을 잃게 된다. 그 외에도

• [옮긴이] 단백질의 기본 단위인 아미노산이 수 개 내지 수십 개가 결합한 중합체이다.

루이소체 치매dementia with Lewy bodies, 만성 알코올 중독, 반복적 두뇌 손상 등이 있다. 노망senile dementia(senility)은 단순히 노인에게 생긴 치매를 의미하며, 알츠하이머병이나 혈관성 치매의 원인이기도 하다.

치매는 고대 이집트 시대부터 인식되었으며, 고대 그리스 시대에는 노인과 관련이 있다고 생각했다. 일부 사람은 치매라는 용어는 18세기 프랑스 정신과 의사인 필립 피넬Philippe Pinel이 처음 사용했다고 말하지만, 다른 사람은 이 용어가 훨씬 더 오래되었다고 주장한다. 알츠하이머 타입의 치매에 걸린 유명 인사는 미국 대통령 로널드 레이건, 영국 총리 해럴드 윌슨, 소설가 아이리스 머독, 소설가 테리 프래칫 등이다. 이 중 머독의 투병기는 남편 존 베일리가 회고록을 썼고, 2001년 영화화되었다. 프래칫의 알츠하이머병은 희귀한 형태인 후엽 피질 위축posterior cortical atrophy으로, 뇌의 뒤쪽에서 영향을 끼친다.

신화: 치매는 노인만 걸린다

치매에 관한 신화는 노인만 걸린다는 것이다. 나이가 들수록 치매에 잘 걸리는 것은 사실이지만, 젊은 사람도 치매에 걸린다. 알츠하이머병 학회에 따르면 영국에서 40세에서 64세 사이에는 1400명 중 1명이 알츠하이머병에 걸리지만, 65세에서 69세 사이에는 100명 중 1명이 걸리고, 70세에서 79세 사이에는 25명 중 1명이 걸리고, 80세가 넘으면 6명중 1명이 걸린다. 30대에서 50대 연령의 사람이 걸리는 알츠하이머병을 '조기 발생 알츠하이머병early onset Alzheimer's'이라 한다. 많은 경우 조기 발생 알츠하이머병의 원인은 알 수 없지만, 일부 가족에서는 특이한 유전자가 영향을 준다. 2012년 과학자들은 최초의 알츠하이머병 환자인 데터의 뇌 조직에서 DNA를 조사해 그녀가 조기 발생 알츠하이머와 관련이 있는 우성 유전자를 가지고 있는 것을 확인했다.[3]

논쟁이 되는 개념은, 나이가 들면 치매를 피할 수 없다는 것이다. 대부분의 전문가와 알츠하이머병 자선 단체는 이것이 사실이 아니라고 주장한다.

나이가 들면서 정신력이 느려지고 기억력이 감퇴하지만, 이러한 변화는 치매나 알츠하이머병과는 다르다고 말한다. 이러한 주장을 지지하는 증거는 많은 사람이 80대, 90대를 지나도 치매의 징후를 보이지 않는다는 것이다. 미국 노스웨스턴 대학교의 연구팀은 '뇌짱노인super agers'이라 불리는 80대 노인을 연구했다.[4] 이들은 기억력이 젊은이와 같고 정신 기능 수행력이 뛰어나, 치매는 나이가 들어가며 피할 수 없는 것이라는 관념을 떨쳐버리게 한다.

이러한 해석에 동조하지 않는 소수의 전문가도 있다. 그들에 따르면 나이가 들수록 치매 환자가 급속히 늘어나는 것을 보아왔고, 일부는 알츠하이머병이 진행되는 과정이 나이와 관련 있다고 생각한다. 예를 들어 UCLA의 정신 과학자인 조지 바조키스George Bartzokis는 알츠하이머병이 나이가 들면서 뇌의 신경 세포 주위를 절연 처리하는 지방산을 수선하는 능력이 떨어져 생긴다고 믿는다. 만일 이것이 사실이라면 알츠하이머병은 수선 능력이 줄어든 모든 늙은 뇌에 영향을 준다는 것을 의미한다.

신화: 치매 환자는 좀비와 흡사하다

알츠하이머병 형태의 치매 환자를 비유하는 불쾌한 표현은 환자가 살아 있는 시체와 같다는 것이다. 미국 뉴욕의 르모인 대학교 수전 베후니악Susan Behuniak은 2011년 논문에서 다음과 같은 제목의 책을 지목했다.[5] 『알츠하이머병: 살아 있는 시체 다루기Alzheimer's Disease』, 『살아 있는 시체: 미국의 알츠하이머병The Living Dead』, 『별난 과부: 중증 알츠하이머병인 남편 사랑하기A Curious Kind of Widow』. 알츠하이머병 환자를 다룬 간호학 저널인 ≪너싱 스펙트럼Nursing Spectrum≫에도 2004년에 「'살아 있는 시체' 보살피기Caring for the 'Living Dead'」 같은 제목의 논문이 실렸다.

알츠하이머병 환자를 이런 식으로 언급하고 싶은 유혹은 한편으로는 이해할 수 있다. 많이 진행된 알츠하이머병 환자는 몸은 살아 있지만 죽은 것과 흡사하다. 시사평론가인 로런 케슬러Lauren Kessler는 알츠하이머병 요양 시설의 상주 보조원으로 일할 때 알츠하이머병을 저주로 생각했던 자신을 회상했다. 그녀는 "정신을 잃으면 죽는 것과 다름없다. 알츠하이머병은 사람을 좀비로 만든다. 걸어 다니는 시체. 알츠하이머병만 아니면 나는 뭐든지 괜찮다"라고 말했다. 알츠하이머병 환자와 좀비를 동일시하는 논쟁을 부채질하는 것은 인구가 늙어가면서 알츠하이머병의 위험이 증가하고, 알츠하이머병 발생에 대한 두려움을 유발하는 지속적인 언론 기사 때문이다. 좀비 영화의 등장인물이 괴물로 변하는 것을 두려워하듯이, 오늘날의 노인은 노인성 건망증과 알츠하이머병에 걸릴 가능성에 대해 초조해 한다.

베후니악은 알츠하이머병 환자를 좀비로 묘사하는 것에 잘 대처하는 것이 중요하다고 말한다. 알츠하이머병 환자를 이런 식으로 언급하는 것은 '자멸적인' 것으로, 스스로 두려움과 혐오감을 일으켜 우리를 우울하게 만든다. 알츠하이머병을 두려워하는 것은 이해할 수 있지만, 연민을 가지고 그들의 삶의 가치를 인정해야 한다. 베후니악이 지적한 대로 이러한 점은 좀비와 알츠하이머병 환자 사이에 중요한 차이가 있다는 것을 보여준다. 영화에 나오는 괴물은 감정이 없고 기계적이지만, 알츠하이머병 환자는 사람의 도움을 필요로 하고, 더구나 그들은 감정을 표현하며 다른 사람의 감정을 유발한다. 그들의 뇌는 죽은 것이 아니다(349쪽 참조). "좀비에 비유하는 것에 저항하는 움직임은 동정과 존경을 강조함으로써 나아질 수 있다"라고 베후니악은 말한다.

통계학적 측면에서 보면 2013년에 발표한 데이터는 알츠하이머병이 늘어나는 것을 피할 수 없다는 위기감을 조성하는 제목에 잘 대처하고 있다. 캐럴 브레인 연구팀은 2008년과 2011년 사이에 영국의 세 지역에서 노인을 대상으로 조사해, 1984년과 1994년 사이에 동일한 지역에서 비슷한 나이의 노인과 비교해 보니 치매가 덜 발생했다는 것을 발견했다.[6] 이와 비슷한 결과로 같은 해 덴마크에서 발표한 논문에 따르면, 2010년에 95세 노인의 인지능력은 2000년에 조사한 93세 노인보다 뛰어났다.[7] 일부 전문가는 더 많은 데이터가 나올 때까지는 회의적이겠지만, 좋은 음식을 먹고 심혈관을 잘 관리하며 질 좋은 교육을 받으면 알츠하이머병을 포함한 노화와 관련된 치매의 발병률을 낮추는 것이 가능하다.

어둠 속에 빛이 있다

'나는 아직도 여기 있다I'm Still Here' 재단의 총재이자 알츠하이머병 예술가 모임Artists for Alzheimer's: ARTZ의 공동 설립자인 존 자이셀John Zeisel은 알츠하이머병 환자의 인생이 여전히 '살만한 인생'이라는 생각을 가진 알츠하이머병 옹호자이다. 자이셀의 견해는 알츠하이머병 환자의 남아 있는 능력과 정체성을 인지하고 즐기자는 것이다. 알츠하이머병 환자는 심미적 감각이나 능력이 보전되어 있어 예술 작품에서 즐거움과 위안을 이끌어낸다. 전측두엽 치매 환자의 경우 발병 초기에 놀라운 예술적 재능을 보인다는 보고가 있다.[8]

2008년 앤드리아 하편Andrea Halpern은 참가자에게 여덟 장의 예술 그림엽서 중에서 세 장을 좋아하는 순서대로 늘어놓게 했다.[9] 그리고 2주 후 동일한 테스트를 수행했다. 그 결과 알츠하이머병 환자는 건강한 사람과 비슷한 수준으로 자신의 선호도를 나타냈다. 하편은 "예술 작품을 평가하는 데는 치매 환자나 정상인이나 자신이 무엇을 좋아하는지 알고 있다"라고 결론지었다.

알츠하이머병 환자는 특히 초기에는 기능이 보존된 뇌 영역이 있다. 이것은 암묵적 학습처럼 환자의 장애 형태에 따라 맞춤형으로 준비된 훈련 프로그램에 활용될 수 있다. 적절한 재활 치료는 느리고 반복적이며 진행 속도를 시간에 맞추어야 하는데, 이러한 학습은 수영이나 자전거 타기를 배우는 것과 닮았다. 2004년에 발표한 연구에 따르면 경미한 알츠하이머병 환자는 3개월간의 훈련 후 얼굴과 이름을 기억하는 테스트에서 170퍼센트 좋아졌다.[10] 이런 훈련은 환자의 시간 감각과 공간 감각에도 유익한 효과를 준다. 2011년 자이셀은 다음과 같이 기술했다.[11]

"우리는 자신과 사랑하는 사람이 알츠하이머병에 걸리지 않기를 희망한다. 많은 사람이 믿지 않지만, 진실은 알츠하이머병 환자가 남부럽지 않은 삶을 누릴 수 있다는 것이다. 실제로 알츠하이머병에 걸리고 처음 10년 동안은 삶을 충분히 즐길 수 있어서, 자신이 사랑하고 사랑받는 사람들과 새롭고 깊은 관계를 누릴 수 있다."

영화에 등장하는 치매

2007년 24개의 영화를 분석한 브뤼셀 브뤼흐만 대학교병원의 쿼르트 세거르스Kurt Segers에 따르면 할리우드는 치매나 알츠하이머병과 관련된 기억과 손상에 관한 사실을 대중에게 전달하는 역할을 상당히 잘했다.[12]

세거르스는 〈웨어스 파파?Where's Poppa?〉(1970)부터 〈노트북Notebook〉(2004)까지 알츠하이머병이 악화되는 모습을 극대화하기 위해 환자는 대개 여성이고 고등 교육을 받은 사람으로 그리는 경향이 있다는 것을 발견했다. 치매 증상에서 생략하는 것은 시각적 환각 상태를 경험하는 것이고, 가장 흔한 것은 등장인물이 이리저리 헤매고 다니는 것이다. 실생활에서 치매 환자가 길을 잃는 것은 사실이다. 그러나 세거르스는 다른 이유가 있다고 생각한다. "이러한 상황은 대본 작가가 이야기의 장소를 급히 그리고 예상치 않게 바꿀 수 있는 기회를 제공해 긴장감을 조성하고, 새로운 인물과 갈등을 도입할 수 있다."

이상한 부분은 영화들 중 58퍼센트만이 치매로 진단하는 과정을 보여준다는 것이다. 세거르스는 다음과 같이 기술했다. "진단과 치료에 대한 허무주의가 있다. 환자와 가족은 의사와 상담하는 것이 중요하다고 생각하지 않는다. 상담하더라도 환자를 치료하거나 후속 조치를 취하지 않는다."

세거르스는 영화에서 치매 환자를 약물로 치료했는지에 특별한 관심을 기울였는데, 단지 25명의 환자 중 3명만 약물 치료를 받았다. 실생활에서 이런 약은 흔히 처방되고, 알츠하이머병 후기 환자에게는 더더욱 그렇다. 향정신성 약물의 사용이 불필요하다고 주장하는 사람들 사이에 이러한 것은 논쟁거리이다.

세거르스는 영화에서 치매를 의학적 측면에서 주의를 기울이지 않는 것은 알츠하이머병이 의학적으로 가장 금기시되는 것 중 하나이기 때문이라고 말한다. 이러한 상황은 실생활에도 반영되어, 적은 수의 의사만이 환자에게 알츠하이머병 진단이 나온 것을 알린다.

영화에서의 치매 묘사를 분석한 최근 결과는 2014년에 발표되었다.[13] 심리학자인 데비 헤릿선Debby Gerritsen 연구팀은 2000년과 2012년 사이에 상영된 23편의 영화를 분석했다. 연구팀은 현대 영화가 치매의 '낭만적 장면'을 조명하는 경향이 있다는 것을 발견했다. 환자의 불안한 마음은 거의 묘사하지 않고, 영화 〈노트북〉에서는 심한 치매가 있는 환자가 가까운 친척을 만날 때마다 제정신이 돌아와 '사랑의 기적love miracle' 같은 즐거운 시간을 보내는 장면을 묘사했다('사랑의 기적'은 문학가 아헤 스비넌Aagje Swinnen의 글[14]에서 차용한 것이다).

신화 41

정신 질환의 화학적 불균형에 관한 신화

언론, 일반 대중, 심지어 많은 의학 전문가도 정신 질환에 대해 생각할 때 뇌과학을 잘못 이해하고 있다. 전 세계적으로 수백만 명의 삶이 우울과 불안으로 엉망이 된다는 것은 슬픈 현실이다. 이러한 고통이 단순한 화학적 불균형 때문에 생기는 것이라면, 일은 매우 간단한데다가 알약 몇 개만 먹으면 정상으로 되돌아올 수 있지 않을까? 오랫동안 많은 제약 회사와 정신과 의사가 가능하다고 믿었던 것이 바로 이것이다. 나도 이러한 잘못된 이야기를 2014년 쌍둥이 부모를 위한 출산 준비 수업에서 직접 경험했다. 강사는 아이를 출산한 후 생기는 산후우울증에 대해 경고하면서, 산후우울증은 발목을 삐는 것 같은 신체적 문제처럼 단순히 '화학적 불균형' 때문에 생긴다면서 잘못된 자신감을 가지고 말했다.

10여 년 전으로 되돌아가면, 제약 회사 화이자Pfizer는 많이 복용하는 항불안제·항우울증 약인 졸로프트Zoloft가 "뇌의 화학적 불균형을 수정해 작용한다"라고 광고했다. 다른 제약 회사에서도 유사한 주장이 제기되었다. "연구에 따르면 우울증은 주로 뇌에서 세로토닌과 같은 화합물이 불균형해져서 생긴다"라고 한 제약 회사 포레스트Forest Pharmaceuticals의 언론 발표 기사 내용은 2013년 6월 시점의 회사 홈페이지에 나와 있었다. "렉사프로LEXAPRO는 뇌의 화학 균형을 회복하는 것을 도와 작용한다(렉사프로는 항우울제인 에스시탈로프람escitalopram의 제품명이다)."

우울증과 불안감이 화학적 불균형으로 생긴다는 매혹적이고 단순한 아이디어는 정신 질환자, 신문 기자, 심리학자, 정신 건강 운동가들이 믿고 있다. 기분 장애가 신체적 원인이고, '모두 정신적인 것'에 있지는 않다고 주장하는 사람은 우울과 불안의 생물학적 원인을 찾는 것이 그 오명을 씻고 의미를 갖는 것이라고 믿는다.

영국의 영화배우이자 TV 진행자인 데니즈 웰치는 2013년 ≪데일리미러Daily Mirror≫에 수십 년간 지속된 우울증의 경험과 정신 건강 운동가로 일하기로 결심한 이유를 털어놓았다. “우울증은 슬퍼지는 것이 아니다. 그것은 뇌의 화학적 불균형이다.”[1]

시사평론가이며 방송인인 스티브 올리버는 같은 해 이와 비슷한 맥락으로 말했다.[2] “나에게 기운 내라고 말하지 마라. 우울증을 이해하는 데 필요한 것은 뇌의 화학적 불균형 때문이라는 것이다.” 화학적 불균형에 관한 잘못된 이야기는 마이클 잭슨의 어머니와 콘서트 기획 회사인 AEG 사이에 잭슨의 불발된 마지막 콘서트를 놓고 벌인 2013년의 법정 다툼에서도 이어졌다. AEG의 최고 경영자는 2009년 자신이 답장한 이메일에 나오는 ‘화학 물질’은 잭슨이 복용한 약과 관련이 없다고 주장했다. 그는 그보다 잭슨의 심리 상태에 영향을 줄 수 있는 뇌의 ‘화학적 불균형’에 대해 묻는 것이라고 주장했다. 화학적 불균형이 도처에 사용되므로, 최고 경영자는 자신이 무엇을 말하는지 배심원이 알고 있을 것이라고 추정한 것이다.

화학적 불균형에 관한 잘못된 이야기는 정신 의학자가 뇌에서 노르에피네프린, 도파민, 세로토닌 같은 신경 전달 물질에 간섭하는 약물이 종종 사람의 기분을 변화시킨다는 것을 발견한 1950년대와 1960년대 초반으로 거슬러 올라간다. 뇌에서 화학 물질의 농도를 증가시키는 이프로니아지드Iproniazid를 결핵 환자에게 투여하면 일부 사람은 행복해진다. 반대로 일부 사람에서 혈압약인 로딕신Raudixin의 예상치 못한 부작용은 세로토닌 농도를 낮추어 우울하게 만든다.

이러한 현상 때문에 조지프 차일드크라우트Joseph Schildkraut나 시모어 케티Seymour Kety 같은 과학자는 사람의 감정 상태와 노르에피네프린이나 세로토닌과 같은 ‘모노아민monoamine’계 신경 전달 물질이 관련이 있다는 이론을 제안했다. 이들은 뇌의 화학적 불균형이 독점적 원인이라고 주장하지 않으려고 주의했다. “정서적 상태의 생리 작용에 대해 포괄적으로 이야기할 때는 여러 가지 생화학적·생리학적·심리학적 요인을 포함해야 한다"라고 기술했다.[3] 이러한 주의에도 불구하고 화학적 불균형설은 지속되었다. 화학적 불균형설에 비판적인 조너선 리오Jonathan Leo는 "정신 질환에 대한 미국 팝 문화의 현재 관점은, 거리를 산책하면서 모든 것이 순조롭고 인생은 즐거우며 태양은 빛나는데 별안간 아닌 밤중에 홍두깨 같이 화학적 부족 현상이 생긴 것이다"라고 말했다.[4]

현실

감정을 조절하는 데 뇌에서 화학 물질이 중요한 역할을 한다는 사실을 인식한 것은 우울증과 불안감을 생물학적으로 연구하는 데 많은 도움이 되었고, 세로토닌이나 다른 신경 전달 물질의 기능을 목표로 삼은 약품을 개발하는 연구에 커다란 도움이 되었다. 뇌에서 화학 물질이 우울증과 불안감에 중요한 역할을 한다는 것에는 의심의 여지가 없다. 그러나 정신 장애가 화학적 불균형에 직접 기인한다는 확실한 증거는 없다.

여러 신경 전달 물질의 '적정' 농도가 얼마인지 아무도 모른다. 뇌에서 화학 물질의 농도는 유전적 취약성, 스트레스가 많은 사건, 생각하는 습관, 사회적 여건 등 서로 상호 작용하는 복잡한 회로의 한 요소일 뿐이다. 2011년 정신과 의사이며 ≪사이키애트릭 타임스Psychiatric Times≫의 편집인인 로널드 파이스Ronald Pies는 "'화학적 불균형'의 전설은 잘못 알려진 것으로, 쓰레기통에 처넣어야 한다"라고 썼다.[5]

화학적 불균형을 주장할 때 떠오르는 것은 신경 전달 물질인 세로토닌의 농도이다. 조너선 프랜즌은 2001년 자신의 소설 『인생수정The Corrections』에서 "그는 자신의 기분 좋은 상태, 세로토닌이 풍부한 감정 상태를 유지하기 원했다"라고 썼다. 그럼에도 불구하고 여러 연구 결과에서 세로토닌의 기능이 저하된 사람이 우울증에 걸렸거나 불안감을 느낀다는 것을 일관적으로 보여주지 못하고 있다. 이는 부검에서[6] 또는 환자 및 건강한 사람의 뇌 척수액에서 화학 물질 농도를 측정한 결과에서 알 수 있다.[7] 2007년의 혈액 측정 결과에 따르면 우울증 환자의 세로토닌 대사율은 정상인에 비해 두 배 높고, 약을 먹으면 대사율을 낮출 수 있다.[8] 또한 세로토닌 농도를 높이는 L-트립토판•이 우울증 환자의 기분을 더욱 저하시킨다는 일반적인 증거와 반대되는 결과도 있고,[9] 인공적으로 세로토닌의 농도를 낮추어도 우울증을 항상 유발하는 것은 아니다. 즉, 어떤 사람에게는 효과가 있고, 어떤 사람에게는 효과가 없다.[10]

화학적 불균형을 지지하는 사람은 이런 연구 결과를 무시하면서 특이한 항우울증약의 효과를 자신이 지지하는 이론의 증거로 제시한다. '선택적 세로토닌 재흡수 억제제selective serotonin reuptake inhibitors: SSRI'인 이 약은 신경 세포 사이에서 세로토닌이 줄어드는 속도를 낮추어 세로토닌의 농도를 증가시킨다. 만일 세로토닌의 농도를 높이는 약이 우울증을 감소시키면, 우울증은 확실히 뇌에서 세로토닌의 농도가 감소해 생기는 것이다. 그러나 이것은 허울만 그럴듯한 논리이다. 이것은 2005년 제프리 러캐시Jeffrey Lacasse와 조너선 리오가 아스피린이 두통을 낮게 한다고 해서 두통이 아스피린의 부족으로 생기는 것은 아니라고 설명한 것과 마찬가지이다.[11] 스타브론Stablon(성분명은 티아넵틴tianeptine)은 효과적인 항우울증약이다. 하지만 스타브론은 '선택적 세로토닌 재흡수 증진제'로, SSRI와 반대의 기능을 해 신경 세포 사이에서 세로토닌의 양을 감소시킨다!

SSRI의 효과가 뇌에서 얼마나 화학적 효과가 생기는지 의문이 높아지고 있다. 2008년 영국 헐 대학교의 어빙 커시Irving Kirsch 연구팀은 미국 식품의약국Food and Drug Administration: FDA에 제출된 SSRI의 항우울증 효과에 대한 임상 시험 결과를 수집했다.[12]

커시 연구팀이 메타분석을 통해 모든 데이터를 분석한 결과, SSRI와 위약이 많은 우울증 환자에게 효과가 있다는 것을 발견했다. 그러나 결정적으

• [옮긴이] 아미노산의 한 종류로, 세로토닌의 전구물질이다.

로, 아주 심각한 우울증 환자를 제외하고 SSRI와 위약의 효과 차이는 임상적으로 유효하지 않았다. 다시 말하면 데이터는 항우울증약이 작용하는 주된 이유가 화학적 불균형 때문이 아니고, 강력한 위약 효과라는 것을 보여준다. "이러한 데이터를 감안하면, 우울증이 아주 심한 사람을 제외하고는 항우울증약을 처방해야 한다는 증거가 없다"라고 커시 연구팀은 기술하고 있다. 에릭 터너Eric Turner 연구팀은 항우울제에 대한 FDA의 데이터를 분석해 다른 결론에 도달했다.[13] 그는 많은 논문에서 항우울제의 효과가 과대평가된다는 점에는 커시와 동의하지만, 항우울제가 위약보다는 효과가 있다고 주장한다. 어느 쪽이건 두 결과는 SSRI의 효과가 화학적 불균형 가설의 증거라는 점을 약화시킨다. 만일 우울증이 순수하게 세로토닌 불균형 때문이라면 이러한 불균형을 '교정하는' 항우울제의 효과가 의심할 여지없이 확실하다고 기대할 것이다.

우울증이나 불안감의 원인을 세로토닌이 아닌 다른 화학 물질 농도에서 찾으려 할 때도 비슷한 문제가 생긴다. 2011년 독일 뮌헨에 있는 막스플랑크 정신 의학 연구소Max Planck Institute of Psychiatry 연구팀은 사람이 스트레스를 받을 때 분비되는 '부신 피질 자극 호르몬 방출 호르몬cortico tropin-releasing hormone'에 집중했다. 과거의 연구에 따르면 이 호르몬이 지나치면 우울증이나 불안감을 유발한다. 얀 데우징Jan Deussing 연구팀은 생쥐의 신경 세포에서 유전공학적으로 이 호르몬의 수용체를 제거했다. 과거의 연구에 따르면 이러한 방법으로 불안감을 줄일 수 있었다.

글루탐산 같은 흥분성 신경 전달 물질을 생산하는 신경 세포를 대상으로 실험하면 생쥐는 차분한 행동을 보이지만, 다른 뇌 신경 전달 물질인 도파민을 생산하는 신경 세포에서 호르몬 수용체를 없애면 반대 효과가 나타나 생쥐가 불안감을 보인다. 다시 말하면 생쥐의 뇌에서 부신 피질 자극 호르몬 방출 호르몬의 작용을 차단하면 효과가 일정하게 나타나지 않는다. 그 결과는 신경 세포의 종류에 따라 다르게 나타난다.[14] 하나의 특정한 뇌 화학 물질로 감정 장애를 설명하는 것이 비현실적임을 보여주는 또 다른 결과이다.

화학적 불균형에 중점을 두는 것보다 효과적인 주장은 항우울제의 중요 작용이 해마에서 신경 발생(105쪽 참조)을 증가시킨다는 개념이다. 스트레스를 받으면 생쥐는 새로운 신경 세포를 덜 생성한다. SSRI의 일종인 프로작을 투여하면 신경 발생이 정상으로 돌아오고, 탐사를 즐기고, 식욕도 좋아지는 등 행동이 개선되어 스트레스를 덜 받는다는 것을 알 수 있다. 다시 말하면, 생쥐에서 프로작의 건강 회복 효과는 신경 발생에 달려 있다. 인간을 대상으로 동일하게 실험할 수는 없지만, 2012년에 행한 부검 결과 우울증 환자는 SSRI를 복용했을 때 SSRI를 복용하지 않은 환자보다 해마에서 신경 발생이 더 일어난다는 증거가 있다.[15]

신경 발생설의 장점은 왜 항우울제가 작용하는 데 수 주일이 걸리는지 설명해 준다. 만일 항우울제의 작용이 세로토닌 농도를 회복시켜 주는 것에 한정된다면, 세로토닌의 농도에 즉시 효과를 주므로 항우울제는 즉시 효과를 보여야 한다. 그러나 신경 발생은 시간이 걸리며, 그 과정이 항우울제의 약효에 결정적이라면, 약을 복용한 사람이 효과를 보이는 데 시간이 필요한 것이 이해된다.

신화 뒤집기

뇌의 화학 물질 농도가 잘못되어 감정 장애가 생긴다는 개념을 점점 많은 사람이 믿고 있다. 2010년에 버니스 페스코솔리도Bernice Pescosolido 연구팀이 미국에서 정신 질환에 대한 일반인의 인식을 조사한 바에 따르면, 1996년에는 응답자의 67퍼센트가 화학적 불균형설을 지지한 반면 2006년에는 80퍼센트가 화학적 불균형설을 지지했다.[16] 2007년에 실행한 다른 조사에서 262명의 참가자 중 54.2퍼센트는 "우울증은 뇌에서 화학 물질의 불균형으로 생긴다"에 동의했다.[17] 참가자 중 일부는 정신과 의사가 환자의 뇌의 화학 물질의 농도를 측정할 수 있고, 약으로 이것을 고칠 수 있다고 잘못 알고 있다.

미국에서 이러한 속설이 우세한 이유는, 제약 회사가 일반인을 대상으로 처방약을 광고할 수 있기 때문이다. 미국과 뉴질랜드를 제외한 모든 나라에선 이것이 금지되어 있다. 이러한 가설과 일관되게, 다른 나라에서는 화학 물질에 관한 신화가 미국만큼 강하게 지지받지 못한다. 2010년에 남아프리카공화국의 대학생을 대상으로 실시한 설문 조사에서 응답자의 16퍼센트만 우울증의 주원인이 화학적 불균형이라고 대답했다.[18] 스트레스가 가장 중요한 원인이고, 화학적 불균형이 그다음을 차지했다. 2013년 수백 명의 호주 성인을 대상으로 실시한 설문 조사에서는 80퍼센트 이상이 우울증의 원인으로 화학적 불균형을 지지했고,[19] 2011년 캐나다인을 대상으로 실시한 조사에서 90퍼센트 이상이 화학적 불균형설을 믿었다.[20]

이러한 신화가 지지받는 다른 이유는 정신 건강 자선 단체가 이 질환을 줄이기 위한 노력으로 화학적 불균형설을 지지하기 때문이다. 미국의 국립 정신 건강 협회National Alliance on Mental Illness: NAMI는 내내 생물학적 설명을 지지했다. "과학자는 노르에피네프린, 세로토닌, 도파민과 같은 신경 전달 물질에 화학적 불균형이 생기면 우울증이 일어난다고 생각한다"라고 2013년 홈페이지의 우울증에 관한 보고서에 기술하고 있다.[21]

안타깝게도 정신 질환의 원인을 생물학적으로 설명하는 것은 정신질환을 치료하기보다는 저주로 받아들이게 된다는 증거가 많아, 이런 경향은 환자들의 회복에 대한 희망을 훼손한다. 페스코솔리도는 2010년에 정신 질환을 생물학적으로 설명하는 경향이 늘어나면서 사회에서 환자들이 배척당하는 일이 많아진다고 보고했다. 2012년에 게오르크 쇼메루스Georg Schomerus 연구팀은 정신 질환에 대한 일반인의 인식을 조사한 16건의 연구를 메타분석했다.[22] 연구팀은 시간이 지날수록 이 질환을 생물학적으로 설명하는 것이 늘어나지만, 환자에 대한 태도는 더 나빠진다는 것을 발견했다. 그 이유 중 하나는 화학적 불균형설이 치료하기 어렵고, 정신 요법을 시행하기 어렵다고 여기기 때문이다.

이러한 신화를 반박하지 않는 정신과 의사의 태도도 화학적 불균형설이 지속되고 대중적인 지지를 받는 이유 중 하나이다. 조너선 리오와 제프리 러캐시는 2008년에 "정신과 의사와 전문 조직은 화학적 불균형설이란 잘못된 주장을 고치려는 노력을 거의 하지 않는다"라고 기술했다.[23] 왜 정신과 의사가 이러한 신화를 고치는 데 망설이는지 설명하는 단서가 2011년에 쓴 로널드 파이스스의 블로그에 있다.[24] "일부 의사는 환자에게 당신은 화학적 불균형 때문에 정신 질환이 생겼다"라고 말하면 환자가 책임을 덜 느낀다고 생각한다. 의사는 이러한 종류의 환자에게 '설명'을 제공해 자신이 호의를 베푼다고 생각한다.

한편 언론은 화학적 불균형설을 지속적으로 퍼뜨리고 있다. 2008년 리오와 러캐시는 신경 물질과 기분 장애를 다룬 연구로 생물학적 신경학의 선구자가 된 조지프 차일드크라우트가 쓴 ≪뉴욕타임스≫ 기사를 포함해 많은 예를 찾을 수 있었다. 기자는 차일드크라우트의 논문을 "획기적인 논문"이라 평가하고, "뇌의 화학적 불균형이 감정의 움직임을 설명하며 …… 화학적 불균형 가설이 옳다는 것을 증명했다"라고 썼다. 리오와 러캐시는 발견한 기사마다 담당 기자와 연락해 이러한 속설을 지지하는 과학적 근거를 제공해 달라고 요청했다. 어느 기자도 화학적 불균형을 명쾌하게 지지하는 문헌이나 근거를 제공하지 못했다. 두 사람은 "기자를 담당한 편집장과 대화를 나누려고 시도했지만 아직껏 만나주지 않은 경우도 있다"고도 덧붙였다.

기쁨의 화학 물질과 포옹 호르몬

2013년 ≪허프포스트HuffPost≫는 다음과 같은 제목의 기사를 실었다.[25] "맥주는 뇌에서 기쁨의 화학 물질인 도파민을 분비하게 만든다." 이 기사는 무알코올 맥주를 조금 마셔도 도파민 활성도를 증가시키는 데 충분하다는 것을 보여주는 뇌 영상 연구 결과에 관한 것으로, 기자는 이런 효과를 "뇌의 즐거운 반응"이라고 표현했다. 이와 비슷한 기사가 거의 매주 나온다. 2011년에 ≪가디언≫은 좋아하는 음악도 뇌에서 보상 화학 물질인 도파민을 분비하기 때문에 좋은 음식이나 약품과 같이 동일한 느낌을 유발한다고 주장한다.[26]

오늘날 많은 신경 과학자는 신경 전달 물질을 '보상 화학 물질reward chemical'이라고 표현하는 것이 왜곡되고 과대 포장되었다는 데 동의한다. 도파민은 움직임 조절을 포함해 여러 기능을 하고, 뇌의 많은 기능에 작용하며, 그중 일부만 보상에 관련되어 있다. 도파민은 음식, 섹스, 금전 등에서 기분이 좋을 때 분비되지만, 우리가 기대하는 보상을 얻는 데 실패해도 분비된다.[27] 슬퍼하거나 갈망하는 것 같이 기뻐하는 감정이 아닌 경우에도 도파민의 활성도는 관련이 있다. 그리고 고뇌에 찬 유족이 죽은 가족의 사진을 보면 소위 '보상경로reward pathways'를 통해 도파민의 활성도가 증가된다는 연구 결과가 있다. 이러한 도파민 활성도는 참석자의 비통한 마음과 그리워하는 마음이 서로 전해지는 것인데, 확실히 즐거움이라는 표현을 쓸 수는 없는 경우이다.[28]

도파민의 정확한 특성은 동기 부여나 핵심을 발견하는 데 중요하다. 조현병은 지나친 도파민 활성도와 관련이 있으며, 한 이론에 따르면 편집증 같은 많은 정신 질환은 무작위적 상황에 중요성과 의미를 부여하는 것과 관련이 있다.[29]

또 논쟁이 되는 뇌의 화학 물질은 해마에서 만들어지는 옥시토신oxytocin으로, '포옹 호르몬', '사랑 분자', '도덕 분자' 등 여러 별명으로 불린다. 사람이 포옹을 하거나 섹스를 할 때 옥시토신이 과도하게 분비된다. 옥시토신을 콧속에 뿌리면 신뢰,[30] 공감,[31] 너그러움[32] 같은 긍정적 감정이 생긴다. io9 같은 웹사이트에 "옥시토신이 세상에서 가장 놀라운 분자인 10가지 이유" 같은 과장된 광고가 실리는 것은 이상한 일이 아니다.[33] 몇몇 흥분하기 잘하는 과학자는 옥시토신이 수줍음에서 인격 장애까지 여러 정신 의학적 문제의 치료제가 될 수 있다고 추정한다.

도파민과 마찬가지로 문제는 옥시토신에 대한 진실이 언론이 주장하는 '포옹 호르몬' 같은 별칭이 의미하는 것과 많은 차이가 있다는 점이다. 어떤 신문은 옥시토신이 많아지면 부러움의 감정이 증가된다고 주장한다.[34] 옥시토신의 효과는 사람마다 달라서 어머니와 사이가 좋은 사람에게 옥시토신을 주면 어머니와 사이가 긍정적으로 더 가까워지는 반면, 불안한 감정의 사람에게 옥시토신을 주면 자신의 어머니를 덜 긍정적으로 대한다.[35] 옥시토신은 자신이 잘 아는 사람에 대한 신뢰를 증가시키지만, 모르는 사람에 대해서는 신뢰를 감소시킨다.[36] 2014년 조사에 따르면 옥시토신은 공격적인 사람의 경우 자신의 배우자에게 더 폭력적으로 대하게 만들 수 있다.[37] 포옹 호르몬에 대해 우리가 배워야 할 점이 많은 것은 분명하다. 늘 그렇듯이 진실은 언론이 우리에게 퍼뜨리는 신화보다 복잡하고, 무엇보다도 훨씬 더 흥미롭다.

후기

뇌를 둘러싼 수많은 과장 광고와 근거 없는 신화가 위험한 것은, 사람들이 뇌에 대해 이해하게 하려고 혁명을 일으키는 데 실패한 신경 과학에 환멸을 느끼도록 만든다는 것이다. 2013년에는 반발의 조짐이 나타났다. 그 해에 다음과 같은 제목의 기사가 실렸다. "신경 과학이 공격받고 있다"(앨리사 쿼트가 쓴 ≪뉴욕타임스≫ 일요판 기사),[1] "통속적인 신경 과학은 허풍이다"(샐리 세이틀과 스콧 릴리언펠드가 ≪살롱Salon≫에 쓴 기사. 다만 이 기사 제목은 저자들이 고른 것이 아니다),[2] "뇌의 저편에"(데이비드 브룩스가 ≪뉴욕타임스≫에 쓴 기사)[3]가 그것이다.

새로운 연구 결과를 알리는 상투적인 언론 보도에 지쳐서 회의주의가 커져가고 있다. 또한 신경 과학이 심리학을 대체할 수 없다는 인식도 늘어간다. 그러나 신경 과학은 걸음마 단계라는 것을 기억해야 한다. 치명적인 뇌 장애 환자를 도울 수 있는 새로운 방법이 놀라운 속도로 밝혀지고 있다. 여기에는 마비된 사람이 세상과 소통할 수 있게 만드는 컴퓨터-뇌 인터페이스와, 손상된 뇌를 치유할 수 있는 줄기세포 기술의 가능성도 포함된다. 뇌 영상 기술도 마음이 작용하는 방법에 대한 심리학 이론에 정보를 제공하고 해결책을 제시한다(242쪽 참조). 신경 과학의 발전을 축하하고, 뛰어난 신경 과학자의 위대한 업적에 감사하자. 대개 가장 중요한 결과에는 시선을 끄는 기사 제목이 붙지 않는다. 그렇지만 많은 사람은 보다 나은 미래를 약속하는 연구를 계속하고 있다. 신경 질환에서 벗어난 세상, 인간의 지성과 감정을 이해하는 세상을. 진실을 향한 탐구는 끝없는 여정이고, 분명 이 책에 있는 내용이 최종 목적지는 아니다. 희망컨대 인간의 뇌에 관한 질문에 내가 작업한 내용이 여러분을 올바른 방향으로 인도하기 바란다.

각 장의 주

머리말

1 C. Jarrett, "Can Neuroscience Really Help Us Understand the Nuclear Negotiations With Iran?" *Wired*, February 24, 2014, http://www.wired.com/wiredscience/2014/02/can-neuroscience-really-help-us-understand-nuclear-negotiations-iran/(검색일: 2020.3.10).

2 S. Dekker, N. C. Lee, P. Howard-Jones and J. Jolles, "Neuromyths ineducation: Prevalence and predictors of misconceptions among teachers," *Frontiers in Psychology*, Vol.3(2012).

3 P. Kowalski, and A. K. Taylor, "The effect of refuting misconceptions in the introductory psychology class," *Teaching of Psychology*, Vol.36, No.3(2009), pp.153~159.

4 C. O'Connor, G. Rees and H. Joffe. "Neuroscience in the public sphere," *Neuron*, Vol.74, no.2(2012), pp.220~226.

5 M. J. Farah, and C. J. Hook, "The seductive allure of 'seductive allure'," *Perspectives on Psychological Science*, Vol.8, No.1(2013), pp.88~90.

6 G. Marcus, "Neuroscience Fiction," *New Yorker*, November 30, 2012, https://www.newyorker.com/news/news-desk/neuroscience-fiction(검색일: 2020.3.10).

7 S. Poole, "Your brain on pseudoscience: the rise of popular neurobollocks," *New Statesman America*, September 6, 2012, https://www.newstatesman.com/culture/books/2012/09/your-brain-pseudoscience-rise-popular-neurobollocks(검색일: 2020.3.10).

8 D. P. McCabe, and A. D. Castel, "Seeing is believing: The effect of brain images on judgments of scientific reasoning," *Cognition*, Vol.107, No.1(2008), pp.343~352.

9 D. S. Weisberg, F. C. Keil, J. Goodstein, E. Rawson and J. R. Gray, "The seductive allure of neuroscience explanations," *Journal of Cognitive Neuroscience*, Vol.20, No.3(2008), pp.470~477.

10 D. Gruber, and J. A. Dickerson, "Persuasive images in popular science: Testing judgments of scientific reasoning and credibility," *Public Understanding of Science*, Vol.21, No.8(2012), pp.938~948.

11 C. J. Hook, and M. J. Farah, "Look again: Effects of brain images and mind — brain dualism on lay evaluations of research." *Journal of Cognitive Neuroscience*, Vol.25, No.9(2013), pp.1397~1405.

12 R. B. Michael, E. J. Newman, M. Vuorre, G. Cumming and M. Garry, "On the (non) persuasive power of a brain image," *Psychonomic Bulletin & Review*, Vol.20, No.4(2013), pp.720~725.

13 B. Vaughan, "Our brains, and how they're not as simple as we think," *The Guardian*, November 3, 2013, http://www.theguardian.com/science/2013/mar/03/brain-not-simple-folk-neuroscience(검색일: 2020.3.10).

14 H, Allan. "Where evil lurks: Neurologist discovers 'dark patch' inside the brains of killers and rapists," *Daily Mail*, February 5, 2013, https://www.dailymail.co.uk/sciencetech/article-2273857/Neurologist-discovers-dark-patch-inside-brains-killers-rapists.html(검색일: 2020.3.10).

1장 폐기된 신화

신화 1. 생각은 심장에서 나온다

1 S. Finger, *Minds Behind the Brain: A History of the Pioneers and their Discoveries*(Oxford: Oxford University Press, 2005).

2 E. Crivellato, and D. Ribatti, "Soul, mind, brain: Greek philosophy and the birth of neuroscience," *Brain Research Bulletin*, Vol.71, No.4(2007), pp.327~336.

3 R. W. Doty, "Alkmaion's discovery that brain creates mind: A revolutionin human knowledge comparable to that of Copernicus and of Darwin," *Neuroscience*, Vol.147, No.3(2007), pp. 561~568.

4 S. Finger, *Minds Behind the Brain: A History of the Pioneers and their Discoveries*(Oxford: Oxford University Press, 2005).

5 C. G. Gross, *A Hole in the Head: More Tales in the History of Neuroscience*(Cambridge, MA: The MIT Press, 2009).

신화 2. 뇌는 동물혼을 온몸으로 퍼뜨린다

1 S. Finger, *Minds Behind the Brain: A History of the Pioneers and their Discoveries*. Oxford: Oxford University Press, 2005)..

2 같은 책.

3 I. Glynn, *An Anatomy of Thought: The Origin and Machinery of the Mind*. Oxford: Oxford University Press, 1999)..

신화 4. 정신 기능은 뇌의 빈 공간에 위치한다

1 C. D. Green, "Where did the ventricular localization of mental facultiescome from?" *Journal of the History of the Behavioral Sciences*, 39(2)(2003), pp.131~142.

2장 뇌 의학과 신화

신화 5. 두개골에 구멍을 뚫어 악령을 쫓는다

1 C. G. Gross, *A Hole in the Head: More Tales in the History of Neuroscience*. Cambridge, MA: The MIT Press, 2009)..

2 M. Costandi, "An illustrated history of trepanation," *neurophilosophy*, June 13, 2007, http://neurophilosophy.wordpress.com/2007/06/13/an-illustrated-historyof-trepanation/(검색일: 2020.3.10).

3 Gross. *A Hole in the Head*.

4 C. C. Gross, "Trepanation from the Palaeolithic to the Internet," In R. Arnott, S. Finger, C. U. M. Smith(eds), *Trepanation: History, Discovery, Theory*. Leiden, Netherlands: Swets & Zeitlinger Publications, 2003), pp.307~322.

5 bioephemera. "The Stone of Madness," *bioephemera*, August 25, 2008, http://scienceblogs.com/bioephemera/2008/08/25/the-stone-of-madness/(검색일: 2020.3.10).

6 M. Costandi, "Lunch With Heather Perry," *neurophilosophy*, August 4, 2008, http://neurophilosophy.wordpress.com/2008/08/04/lunch_with_heather_perry/(검색일: 2020.3.10).

7 R. Dobson, "Doctors warn of the dangers of trepanning," *BMJ*, 320(7235)(2000), p.602.

신화 6. 두개골 모양으로 인간성을 파악한다

1 M. Popova, "A Very Large Head: The Phrenology of George Eliot," *Brain Pickings*, October 29, 2013, http://www.brainpickings.org/index.php/2013/10/29/george-eliot-phrenology/(검색일: 2020.3.10).

2 K. Summerscale, *Mrs Robinson's Disgrace, The Private Diary of a Victorian Lady*. London: Bloomsbury Publishing, 2012).

3 S. Finger, *Minds Behind the Brain: A History of the Pioneers and their Discoveries*. Oxford: Oxford University Press, 2005).

4 K. Summerscale, *Mrs Robinson's Disgrace, The Private Diary of a Victorian Lady*. London: Bloomsbury Publishing, 2012).

5 S. Finger, *Minds Behind the Brain: A History of the Pioneers and their Discoveries*. Oxford: Oxford University Press, 2005).

신화 7. 정신병을 전두엽의 연결을 끊어서 치료한다

1 M. Costandi, "The rise & fall of the prefrontal lobotomy," *neurophilosophy*, July 24, 2007, http://neurophilosophy.wordpress.com/2007/07/24/inventing_the_lobotomy/(검색일: 2020.3.10).

2 J. L. Geller, "The lobotomist: A maverick medical genius and his tragic quest to rid the world of mental illness·The pest maiden: A story of lobotomy," *Psychiatric Services*, 56(10)(2005), pp.1318~1319.

3 BBC. 〈The Lobotomists〉, November 7, 2011, http://www.bbc.co.uk/programmes/b016wx0w (검색일: 2020.3.10).

4 G. A., Mashour, E. E. Walker and R. L. Martuza. "Psychosurgery: Past, present, and future," *Brain Research Reviews*, 48(3)(2005), pp.409~419.

5 같은 글.

6 D., Pagnin, V. De Queiroz, S. Pini, and G. B. Cassano. "Efficacy of ECT in depression: a meta-analytic review," *FOCUS: The Journal of Lifelong Learning in Psychiatry*, 6(1)(2008), pp.155~162.

7 S. O., Lilienfeld, S. J. Lynn, J. Ruscio and B. L. Beyerstein. *50 Great Myths of Popular Psychology: Shattering Widespread Misconceptions about Human Behavior*. Hoboken, NJ: Wiley Blackwell, 2009).

8 H. M., Pettinati, T. A. Tamburello, C. R. Ruetsch and F. N. Kaplan. "Patient attitudes toward electroconvulsive therapy," *Psychopharmacology Bulletin*, Vol.30(1994), pp.471~475.

9 J. S., Perrin, S. Merz, D. M. Bennett, J. Currie, D. J. Steele, I. C. Reid and C. Schwarzbauer. "Electroconvulsive therapy reduces frontal cortical connectivity in severe depressive disorder," *Proceedings of the National Academy of Sciences*, 109(14)(2012), pp.5464~5468.

10 J., Dukart, F. Regen, F. Kherif, M. Colla, M. Bajbouj, I. Heuser, …… and B. Draganski, "Electroconvulsive therapy-induced brain plasticity determines therapeutic outcome in mood disorders," *Proceedings of the National Academy of Sciences*, 111(3)(2014), pp.1156~1161.

11 J. Reed, "Why are we still using electroconvulsive therapy?" BBC, July 24, 2013, https://www.bbc.com/news/health-23414888(검색일: 2020.3.10).

3장 신화 사례 연구

신화 8. 뇌 부상으로 충동적 망나니가 된 역사상 가장 유명한 환자

1 J. M. Harlow, *Recovery from the Passage of an Iron Bar through the Head*(Boston, MA: David Clapp & Son, 1869).

2 M. Macmillan, "Phineas Gage: unravelling the myth," *The Psychologist*, Vol.21(2008), pp. 828~831.

3 J. D. Van Horn, A. Irimia, C. M. Torgerson, M. C. Chambers, R. Kikinis and A. W. Toga, "Mapping connectivity damage in the case of Phineas Gage," *PLOS ONE*, Vol.7, No.5(2012), p.e37454.

4 J. Horne, "Looking back: Blasts from the past," *The Psychologist*, Vol.21(2011), pp.622~623.

신화 9. 언어 능력은 뇌 전체에 분산되어 있다

1 C. Code, "Did Leborgne have one or two speech automatisms?" *Journal of the History of the Neurosciences*, Vol.22, No.3(2013), pp.319~320.

2 C. W. Domanski, "Post scriptum to the biography of Monsieur Leborgne," *Journal of the History of the Neurosciences*, Vol.23, No.1(2014), pp.75~77.

3 S. Finger, *Minds Behind the Brain: A History of the Pioneers and their Discoveries*(Oxford: Oxford University Press, 2005).

4 L. Manning, and C. Thomas-Anterion, "Marc Dax and the discovery of the lateralisation of language in the left cerebral hemisphere," *Revue neurologique*, Vol.167, No.12(2011), pp.868~872.

5 C. W. Domanski, "Mysterious 'Monsieur Leborgne': The mystery of the famous patient in the history of neuropsychology is explained," *Journal of the History of the Neurosciences*, Vol.22, No.1(2013), pp.47~52; Domanski, C. W, "Post scriptum to the biography of Monsieur Leborgne," *Journal of the History of the Neurosciences*, Vol.23, No.1(2014), pp.75~77.

6 N. F. Dronkers, O. Plaisant, M. T. Iba-Zizen and E. A. Cabanis, "Paul Broca's historic cases: high resolution MR imaging of the brains of Leborgne and Lelong," *Brain*, Vol.130, No.5 (2007), pp.1432~1441.

7 M. Plaza, P. Gatignol, M. Leroy and H. Duffau, "Speaking without Broca's area after tumor resection," *Neurocase*, Vol.15, No.4(2009), pp.294~310.

8 L. Danelli, G. Cossu, M. Berlingeri, G. Bottini, M. Sberna and E. Paulesu, "Is a lone right hemisphere enough? Neurolinguistic architecture in a case with a very early left hemispherectomy," *Neurocase*, Vol.19, No.3(2013), pp.209~231.

9 F. Bateman, "On Aphasia, or Loss of Speech in Cerebral Disease," *Journal of Mental Science*, Vol.15, No.71(1869), pp.367~439.

10 F. Schiller, *Paul Broca: Founder of French Anthropology: Explorer of the Brain*(Oxford: Oxford University Press, 1992).

신화 10. 기억은 대뇌 피질 전체에 분산되어 있다

1 K. S. Lashley, and S. I. Franz, "The effects of cerebral destruction upon habit-formation and retention in the albino rat," *Psychobiology*, Vol.1, No.2(1917), p.71.

2 W. B. Scoville, and B. Milner, "Loss of recent memory after bilateral hippocampal lesions," *Journal of Neurology, Neurosurgery, and Psychiatry*, Vol.20, No.1(1957), p.11.

3 Brain Observatory, "Project H. M," *Brain Observatory*, 2014, https://www.thebrainobservatory.org/project-hm(검색일: 2020.3.10).

4 G. Watts, "Henry Gustav Molaison, 'HM'," *The Lancet*, Vol.373, No.9662(2009), pp.456.
5 J. Aggleton, "Understanding amnesia: Is it time to forget HM?" *The Psychologist*, Vol.26(2013), pp.612~615.
6 J. Annese, N. M. Schenker-Ahmed, H. Bartsch, P. Maechler, C. Sheh, N. Thomas, S. Corkin et al., "Postmortem examination of patient H.M.'s brain based on histological sectioning and digital 3D reconstruction," *Nature Communications*, Vol.5, No.3122(2014).

4장 불멸의 신화

신화 11. 우리는 뇌의 10퍼센트만 사용한다

1 E. Chudler, "Neuroscience For Kids," *Neuroscience For Kids*, http://faculty.washington.edu/chudler/neurok.html(검색일: 2020.3.10).
2 C. Wanjek, *Bad Medicine: Misconceptions and Misuses Revealed, from Distance Healing to Vitamin O*(Hoboken, NJ: Wiley, 2003).
3 S. Dekker, N. C. Lee, P. Howard-Jones and J. Jolles, "Neuromyths in education: Prevalence and predictors of misconceptions among teachers," *Frontiers in Psychology*, Vol.3(2012), pp.1~8.
4 S. Herculano-Houzel, "Do you know your brain? A survey on public neuroscience literacy at the closing of the decade of the brain," *The Neuroscientist*, Vol.8, No.2(2002), pp.98~110.
5 B. L. Beyerstein, "Whence cometh the myth that we only use 10% of our brains," In Della Sala(ed.), *Mind Myths: Exploring Popular Assumptions about the Mind and Brain*. J. Hoboken, NJ: Wiley & Sons, 1999), pp.314~335.
6 W. James, "The energies of men," *The Philosophical Review*, Vol.16, No.1(1907), pp.1~20.
7 R. Lewin, "Is your brain really necessary?" *Science*, Vol.210, No.4475(1980), pp.1232~1234.

신화 12. 오른손잡이가 더 창조적이다

1 A. Ries, and L. Ries. *War in the Boardroom: Why Left-Brain Management and Right-Brain Marketing Don't See Eye-to-Eye and What to Do About It*(New York: HarperCollins Business, 2009).
2 Christian Working Woman. "Why Aren't Women Like Men — or Vice VersA?" *Christian Working Woman*, n.d., https://christianworkingwoman.org/broadcast/why-arent-women-like-men-or-vice-versa-3/(검색일: 2020.3.10).
3 I. McGilchrist, *The Master and His Emissary: The Divided Brain and the Making of the Western World*(New Haven, CT: Yale University Press, 2009).
4 M. Dax, "Lésions de la moitié gauche de l'éncephale coincident avec l'oubli des signes de la pensée," *Gaz Hebdom Méd Chirurg*, No.11(1865), pp.259~260.
5 M. C. Corballis, "Are we in our right minds?" In Della Sala(ed.), *Mind Myths: Exploring Popular Assumptions about the Mind and Brain*(J. Hoboken, NJ: Wiley and Sons, 1999). pp.25~41.
6 L. J. Rogers, P. Zucca and G. Vallortigara, "Advantages of having a lateralized brain," *Proceedings of the Royal Society of London. Series B: Biological Sciences*, vol271(Suppl. 6(2004), pp. S420~S422.
7 K. E. Stephan, J. C. Marshall, K. J. Friston, J. B. Rowe, A. Ritzl, K. Zilles and G. R. Fink, "Lateralized cognitive processes and lateralized task control in the human brain," *Science*, Vol.301, No.5631(2003), pp.384~386.
8 G. R. Fink, J. C. Marshall, P. W. Halligan, C. D. Frith, R. S. J. Frackowiak and R. J. Dolan,

"Hemispheric specialization for global and local processing: The effect of stimulus category. *Proceedings of the Royal Society of London. Series B: Biological Sciences*, Vol.264, No.1381 (1997), pp.487~494.

9 E. M. Bowden, M. Jung-Beeman, J. Fleck and J. Kounios, "New approaches to demystifying insight," *Trends in Cognitive Sciences*, Vol.9, No.7(2005), pp.322~328.

10 M. Gazzaniga, "The split brain revisited," *Scientific American*, Vol.279, No.1(2002), p.50.

11 J. A. Nielsen, B. A. Zielinski, M. A. Ferguson, J. E. Lainhart and J. S. Anderson, "An evaluation of the left-brain vs. right-brain hypothesis with resting state functional connectivity magnetic resonance imaging," *PLOS ONE*, Vol.8, No.8(2013), p.e71275.

12 H. Whiteman, "'No such thing' as left or right brained people," *Medical News Today*, August 19, 2013, http://www.medicalnewstoday.com/articles/264923.php(검색일: 2020.3.10)

13 J. Rowson, and I. McGilchrist, "Divided brain, divided world," *RSA*, February 1, 2013, https://www.thersa.org/discover/publications-and-articles/reports/divided-brain-divided-world(검색일: 2020.3.10).

14 K. Malik, "divided brain, divided world?" *Pandemonium*, February 21, 2013, http://kenanmalik.wordpress.com/2013/02/21/divided-brain-divided-world/(검색일: 2020.3.10).

15 I. C. McManus, *Right Hand, Left Hand: The Origins of Asymmetry in Brains, Bodies, Atoms, and Cultures*(Cambridge, MA: Harvard University Press, 2004).

16 G. M. Grimshaw, and M. S. Wilson, "A sinister plot? Facts, beliefs, and stereotypes about the left-handed personality," *Laterality: Asymmetries of Body, Brain and Cognition*, Vol.18, No.2(2013), pp.135~151.

17 D. F. Halpern, and S. Coren, "Do right-handers live longer?" *Nature*, Vol.333, No.6170 (1988), p.213.

18 J. P. Aggleton, J. M. Bland, R. W. Kentridge and N. J. Neave, "Handedness and longevity: Archival study of cricketers," *BMJ*, Vol.309, No.6970(1994), p.1681.

19 N. Geschwind, and P. Behan, "Left-handedness: Association with immune disease, migraine, and developmental learning disorder," *Proceedings of the National Academy of Sciences*, Vol.79, No.16(1982), pp.5097~5100.

20 M. P. Bryden, I. C. McManus and M. B. Bulmanfleming, "Evaluating the empirical support for the Geschwind-Behan-Galaburda model of cerebral lateralization," *Brain and Cognition*, Vol.26, No.2(1994), pp.103~167.

21 T. Kalisch, C. Wilimzig, N. Kleibel, M. Tegenthoff and H. R. Dinse, "Age-related attenuation of dominant hand superiority," *PLOS ONE*, Vol.1, No.1(2006), p.e90.

22 P. D. Smith, "The Puzzle of Left-handedness by Rik Smits — review," *The Guardian*, September 25, 2012, https://www.theguardian.com/books/2012/sep/25/puzzle-of-left-handedness-rik-smits-review(검색일: 2020.3.10).

23 G. M. Grimshaw, and M. S. Wilson, "A sinister plot? Facts, beliefs, and stereotypes about the left-handed personality," *Laterality: Asymmetries of Body, Brain and Cognition*, Vol.18, No.2(2013), pp.135~151

24 M. Raymond, D. Pontier, A. B. Dufour and A. P. Moller, "Frequency dependent maintenance of left handedness in humans," *Proceedings of the Royal Society of London. Series B: Biological Sciences*, Vol.263, No.1377(1996), pp.1627~1633.

25 R. Gursoy, "Effects of left-or right-hand preference on the success of boxers in Turkey," *British Journal of Sports Medicine*, Vol.43, No.2(2009), pp.142~144.

26 L. J. Harris, "In fencing, what gives left-handers the edge? Views from the present and the distant past," *Laterality*, Vol.15, No.1-2(2010), pp.15~55.

신화 13. 여자의 뇌가 더 균형 잡혀 있다

1 D. Cameron, "What language barrier?" *The Guardian*, October 1, 2007, https://www.theguardian.com/world/2007/oct/01/gender.books(검색일: 2020.3.10).

2 N. Gerschwind, and A. Galaburda. *Cerebral Lateralization*(Cambridge, MA: MIT Press, 1987).

3 J. H. Gilmore, W. Lin, M. W. Prastawa, C. B. Looney, Y. S. K. Vetsa, R. C. Knickmeyer, G. Gerig et al., "Regional gray matter growth, sexual dimorphism, and cerebral asymmetry in the neonatal brain," *The Journal of Neuroscience*, Vol.27, No.6(2007), pp.1255~1260.

4 I. E. Sommer, A. Aleman, A. Bouma and R. S. Kahn, "Do women really have more bilateral language representation than men? A meta-analysis of functional imaging studies," *Brain*, Vol.127, No.8(2004), pp.1845~1852.

5 M. Wallentin, "Putative sex differences in verbal abilities and language cortex: A critical review," *Brain and Language*, Vol.108, No.3(2009), pp.175~183.

6 R. Westerhausen, K. Kompus, M. Dramsdahl, L. E. Falkenberg, R. Grüner, H. Hjelmervik, K. Hugdahl et al., "A critical re-examination of sexual dimorphism in the corpus callosum microstructure," *Neuroimage*, Vol.56, No.3(2011), pp.874~880.

7 O. Collignon, S. Girard, F. Gosselin, D. Saint-Amour, F. Lepore and M. Lassonde, "Women process multisensory emotion expressions more efficiently than men," *Neuropsychologia*, Vol.48, No.1(2010), pp.220~225.

8 C. Fine, *Delusions of Gender: How Our Minds, Society, and Neurosexism Create Difference*(New York: W. W. Norton, 2010).

9 T. Singer, B. Seymour, J. O'Doherty, H. Kaube, R. J. Dolan and C. D. Frith, "Empathy for pain involves the affective but not sensory components of pain," *Science*, Vol.303, No.5661 (2004), pp.1157~1162.

10 T. Singer, B. Seymour, J. P. O'Doherty, K. E. Stephan, R. J. Dolan and C. D. Frith, "Empathic neural responses are modulated by the perceived fairness of others," *Nature*, Vol.439, No.7075(2006), pp.466~469.

11 M. Ingalhalikar, A. Smith, D. Parker, T. D. Satterthwaite, M. A. Elliott, K. Ruparel, R. Verma et al., "Sex differences in the structural connectome of the human brain," *Proceedings of the National Academy of Sciences*, Vol.111, No.2(2014), pp.823~828.

12 G. Ridgway, "Illustrative effect sizes for sex differences," *Figshare*, April 12, 2013, http://figshare.com/articles/Illustrative_effect_sizes_for_sex_differences/866802(검색일: 2020.3.10).

13 P. L. Strick, R. P. Dum and J. A. Fiez, "Cerebellum and nonmotor function," *Annual Review of Neuroscience*, Vol.32(2009), pp.413~434.

14 M. Liberman, "High Crockalorum," Language Log, September 18, 2007, http://itre.cis.upenn.edu/~myl/languagelog/archives/004926.html(검색일: 2020.3.10).

15 R. E. Blanton, J. G. Levitt, J. R. Peterson, D. Fadale, M. L. Sporty, M. Lee, A. W. Toga et al., "Gender differences in the left inferior frontal gyrus in normal children," *Neuroimage*, Vol.22, No.2(2004), pp.626~636.

16 L. Sax, *Why Gender Matters: What Parents and Teachers Need to Know about the Emerging Science of Sex Differences*(New York: Random House Digital, 2007).

17 W. D. Killgore, M. Oki and D. A. Yurgelun-Todd, "Sex-specific developmental changes in amygdala responses to affective faces," *Neuroreport*, Vol.12, No.2(2001), pp.427~433.

18 E. Pahlke, J. S. Hyde and C. M. Allison, "The Effects of Single-Sex Compared With Coeducational Schooling on Students' Performance and Attitudes: A Meta-Analysis," *Psychological Bulletin*, Vol.140, No.4(2014), pp.1042~1072.

19 S. F. Witelson, H. Beresh and D. L. Kigar, "Intelligence and brain size in 100 postmortem

brains: sex, lateralization and age factors," *Brain*, Vol.129, No.2(2006), pp.386~398.

20 B. Pakkenberg, and H. J. G. Gundersen, "Neocortical neuron number in humans: Effect of sex and age," *Journal of Comparative Neurology*, Vol.384, No.2(1997), pp.312~320.

21 L. Cahill, "Why sex matters for neuroscience," *Nature Reviews Neuroscience*, Vol.7, No.6 (2006), pp.477~484.

22 J. S. Allen, H. Damasio, T. J. Grabowski, J. Bruss and W. Zhang, "Sexual dimorphism and asymmetries in the gray-white composition of the human cerebrum," *Neuroimage*, Vol.18, No.4(2003), pp.880~894.

23 D. Voyer, S. Voyer and M. P. Bryden, "Magnitude of sex differences in spatial abilities: A meta-analysis and consideration of critical variables," *Psychological Bulletin*, Vol.117, No.2 (1995), p.250.

24 P. Vrticka, M. Neely, E. Walter Shelly, J. M. Black and A. L. Reiss, "Sex differences during humor appreciation in child-sibling pairs," *Social Neuroscience* Vol.8, No.4(2013), pp. 291~304.

25 S. Zhang, T. Schmader and W. M. Hall, "L'eggo my ego: Reducing the gender gap in math by unlinking the self from performance," *Self and Identity*, Vol.12, No.4(2013), pp.400~412.

26 B. A. Nosek, F. L. Smyth, N. Sriram, N. M. Lindner, T. Devos, A. Ayala, A. G. Greenwald, et al., "National differences in gender-science stereotypes predict national sex differences in science and math achievement," *Proceedings of the National Academy of Sciences*, Vol.106, No.26 (2009), pp.10593~10597.

27 T. A. Morton, T. Postmes, S. A. Haslam and M. J. Hornsey, "Theorizing gender in the face of social change: Is there anything essential about essentialism?" *Journal of Personality and Social Psychology*, Vol.96, No.3(2009), p.653.

28 M. M. McCarthy, A. P. Arnold, G. F. Ball, J. D. Blaustein and G. J. De Vries, "Sex differences in the brain: The not so inconvenient truth," *The Journal of Neuroscience*, Vol.32, No.7(2012), pp.2241~2247.

29 K. Irvine, K. R. Laws, T. M. Gale and T. K. Kondel, "Greater cognitive deterioration in women than men with Alzheimer's disease: A meta analysis," *Journal of Clinical and Experimental Neuropsychology*, Vol.34, No.9(2012), pp.989~998.

30 A. C. Hurlbert, and Y. Ling, "Biological components of sex differences in color preference," *Current Biology*, 17, No.16(2007), R623~R625.

31 BBC, "Why girls 'really do prefer pink'," BBC, August 21, 2007, http://news.bbc.co.uk/1/hi/health/6956467.stm(검색일: 2020.3.10).

32 V. LoBue, and J. S. DeLoache, "Pretty in pink: The early development of gender-stereotyped colour preferences," *British Journal of Developmental Psychology*, Vol.29, No.3(2011), pp. 656~667.

33 M. Del Giudice, "The twentieth century reversal of pink-blue gender coding: A scientific urban legend?" *Archives of Sexual Behavior*, Vol.41(2012), pp.1321~1323.

34 C. Taylor, A. Clifford and A. Franklin, "Color preferences are not universal," *Journal of Experimental Psychology: General*. Vol.142, No.4(2013), pp.1015~1027.

신화 14. 성인의 뇌에서는 새로운 뇌세포가 만들어지지 않는다

1 S. R. Ramón y Cajal, *Estudios sobre la degeneración del sistema nervioso*(Madrid: Imprenta de Hijos de Nicolás Moya, 1913).

2 J. Altman, and G. D. Das, "Autoradiographic and histological evidence of postnatal hippocampal neurogenesis in rats," *Journal of Comparative Neurology*, Vol.124, No.3(1965), pp.319~335.

3 C. G. Gross, *A Hole in the Head: More Tales in the History of Neuroscience*(MIT Press, 2009).

4 같은 책.
5 M. S. Kaplan, "Environment complexity stimulates visual cortex neurogenesis: Death of a dogma and a research career," *Trends in Neurosciences*, Vol.24, No.10(2001), pp.617~620.
6 F. Nottebohm, "A brain for all seasons: Cyclical anatomical changes in song control nuclei of the canary brain," *Science*, Vol.214, No.4527(1981), pp.1368~1370.
7 A. Barnea, and F. Nottebohm, "Seasonal recruitment of hippocampal neurons in adult free-ranging black-capped chickadees," *Proceedings of the National Academy of Sciences*, Vol.91, No.23(1994), pp.11217~11221.
8 P. Rakic, "Limits of neurogenesis in primates," *Science*, Vol.227, No.4690(1985), pp.1054~1056.
9 M. Specter, "Rethinking the Brain," *New Yorker*, July 23, 2001, http://www.newyorker.com/archive/2001/07/23/010723fa_fact_specter(검색일: 2020.3.10).
10 E. Gould, and C. G. Gross, "Neurogenesis in adult mammals: Some progress and problems," *The Journal of Neuroscience*, Vol.22, No.3(2002), pp.619~623.
11 D. R. Kornack, and P. Rakic, "Continuation of neurogenesis in the hippocampus of the adult macaque monkey," *Proceedings of the National Academy of Sciences*, Vol.96, No.10 (1999), pp.5768~5773.
12 Wikipedia, "Fred Gage", https://en.wikipedia.org/wiki/Fred_Gage(검색일: 2020.3.10).
13 P. S. Eriksson, E. Perfilieva, T. Björk-Eriksson, A. M. Alborn, C. Nordborg, D. A. Peterson and F. H. Gage, "Neurogenesis in the adult human hippocampus," *Nature Medicine*, Vol.4, No.11(1998), pp.1313~1317.
14 G. Kempermann, and F. Gage, "New nerve cells for the adult brain," *Scientific American*, Vol.280, No.5(2002), pp.48~53.
15 K. L. Spalding, O. Bergmann, K. Alkass, S. Bernard, M. Salehpour, H. B. Huttner, J. Frisén et al., "Dynamics of hippocampal neurogenesis in adult humans," *Cell*, Vol.153, No.6(2013), pp.1219~1227.
16 G. H. Fred, "Brain, repair yourself," *Scientific American*, Vol.298, No.3(2003), pp.28~35.
17 E. Gould, A. J. Reeves, M. S. Graziano and C. G. Gross, "Neurogenesis in the neocortex of adult primates," *Science*, Vol.286, No.5439(1999), pp.548~552.
18 D. R. Kornack, and P. Rakic, "Cell proliferation without neurogenesis in adult primate neocortex," *Science*, Vol.294, No.5549(2001), pp.2127~2130.
19 H. Van Praag, G. Kempermann and F. H. Gage, "Running increases cell proliferation and neurogenesis in the adult mouse dentate gyrus," *Nature Neuroscience*, Vol.2, No.3(1999), pp.266~270.
20 T. J. Shors, "Saving new brain cells," *Scientific American*, Vol.300, No.3(2009), pp.46~54.
21 같은 글.
22 A. Mowla, M. Mosavinasab, H. Haghshenas and A. B. Haghighi, "Does serotonin augmentation have any effect on cognition and activities of daily living in Alzheimer's Dementia? A double-blind, placebo-controlled clinical trial," *Journal of Clinical Psychopharmacology*, Vol.27, No.5(2007), pp.484~487.
23 N. Sanai, T. Nguyen, R. A. Ihrie, Z. Mirzadeh, H. H. Tsai, M. Wong, A. Alvarez-Buylla et al., "Corridors of migrating neurons in the human brain and their decline during infancy," *Nature*, Vol.478, No.7369(2011), pp.382~386.
24 M. Constandi, "Fantasy fix," *New Scientist*, Vol.213, No.2852(2012), pp.38~41.

신화 15. 뇌에 신성한 지점이 있다

1 *Independent*, "Belief and the brain's 'God spot'," *Independent*, March 10, 2009, http://www.

independent.co.uk/news/science/belief-and-the-brains-godspot-1641022.html(검색일: 2020.3.10).

2 *Daily Mail*, "Research into brain's 'God spot' reveals areas of brain involved in religious belief," *Daily Mail*, March 10, 2009, http://www.dailymail.co.uk/sciencetech/article-1160904/Research-brains-God-spot-reveals-areas-brain-involved-religious-belief.html(검색일: 2020.3.10).

3 D. Kapogiannis, A. K. Barbey, M. Su, G. Zamboni, F. Krueger and J. Grafman, "Cognitive and neural foundations of religious belief," *Proceedings of the National Academy of Sciences*, Vol.106, No.12(2009), pp.4876~4881.

4 E. Slater, and A. W. Beard, "The schizophrenia-like psychoses of epilepsy: i. Psychiatric aspects," *British Journal of Psychiatry*, Vol.109(1963), pp.95~112; Slater, E. and A. W. Beard, "The schizophrenia-like psychoses of epilepsy: v. Discussion and conclusions," *British Journal of Psychiatry*, Vol.109(1963), pp.143~150.

5 N. Geschwind, "Behavioral changes in temporal lobe epilepsy," *Psychological Medicine*, Vol.9(1979), pp.217~219.

6 V. S. Ramachandran, and S. Blakeslee. *Phantoms in the Brain: Probing the Mysteries of the Human Mind*(New York: HarperCollins, 1999).

7 L. S. Pierre, and M. A. Persinger, "Experimental facilitation of the sensed presence is predicted by the specific patterns of the applied magnetic fields, not by suggestibility: Re-analyses of 19 experiments," *International Journal of Neuroscience*, Vol.116, No.19(2006), pp.1079~1096.

8 멜빈 모스의 발언은 2001 발간된 자신의 책 *Where God Lives: The Science of the Paranormal and How Our Brains are Linked to the Universe* 홍보차 진행한 온라인 매거진 ≪뉴선(New Sun)≫과의 인터뷰에서 나왔다.

9 M. Morse, "The God Spot: Our Connection to the Divine," The Institute for the Scientific Study of Consciousness, http://spiritualscientific.com/spiritual_neuroscience/the_god_spot(검색일: 2020.3.10).

10 C. Aaen-Stockdale, "Neuroscience for the soul," *Psychologist*, Vol.25, No.7(2012), pp.520~523.

11 A. Ogata, and T. Miyakawa, "Religious experiences in epileptic patients with a focus on ictus-related episodes," *Psychiatry and Clinical Neurosciences*, Vol.52, No.3(1998), pp.321~ 325.

12 J. R. Hughes, "Did all those famous people really have epilepsy?" *Epilepsy & Behavior*, Vol.6, No.2(2005), pp.115~139.

13 P. Granqvist, M. Fredrikson, P. Unge, A. Hagenfeldt, S. Valind, D. Larhammar and M. Larsson, "Sensed presence and mystical experiences are predicted by suggestibility, not by the application of transcranial weak complex magnetic fields," *Neuroscience Letters*, Vol.379, No.1(2005), pp.1~6.

14 A. Newberg, A. Alavi, M. Baime, M. Pourdehnad, J. Santanna and E. d'Aquili, "The measurement of regional cerebral blood flow during the complex cognitive task of meditation: A preliminary SPECT study," *Psychiatry Research: Neuroimaging*, Vol.106, No.2(2001), pp. 113~122.

15 A. B. Newberg, N. A. Wintering, D. Morgan and M. R. Waldman, "The measurement of regional cerebral blood flow during glossolalia: A preliminary SPECT study," *Psychiatry Research: Neuroimaging*, Vol.148, No.1(2006), pp.67~71.

16 M. Beauregard, and V. Paquette, "Neural correlates of a mystical experience in Carmelite nuns," *Neuroscience Letters*, Vol.405, No.3(2006), pp.186~190.

17 D. Biello, "Searching for God in the brain," *Scientific American Mind*, Vol.18, No.5(2007), pp.38~45.

18 R. Wright, "Scientists Find Brain's Irony-Detection Center!" *The Atlantic*, August 5, 2012, https://www.theatlantic.com/health/archive/2012/08/scientists-find-brains-irony-detection-

center/260728/(검색일: 2020.3.10).
19 C. Zimmer "Afraid of Snakes? Your Pulvinar May Be to Blame," *The New York Times*, October 31, 2013, https://www.nytimes.com/2013/10/31/science/afraid-of-snakes-your-pulvinar-may-be-to-blame.html(검색일: 2020.3.10).
20 C. R. Wilson, D. Gaffan, P. G. Browning and M. G. Baxter, "Functional localization within the prefrontal cortex: Missing the forest for the trees?" *Trends in Neurosciences*, Vol.33, No.12 (2010), pp.533~540.
21 M. L. Anderson, "Neural reuse: A fundamental organizational principle of the brain," *Behavioral and Brain Sciences*, Vol.33, No.4(2010), p.245.
22 M. L. Anderson, "MIT Scientists Declare There Is No Science of Brains!" *Psychology Today*, September 2, 2011, https://www.psychologytoday.com/us/blog/after-phrenology/201109/mit-scientists-declare-there-is-no-science-brains(검색일: 2020.3.10).

신화 16. 임신한 여자는 정신줄을 놓는다

1 Z. Williams, "I don't care what the researchers say, I was a preghead," *The Guardian*, February 4, 2010, https://www.theguardian.com/lifeandstyle/2010/feb/04/pregnant-women-forgetful-science(검색일: 2020.3.10).
2 C. Byrne, "Bumpy ride for pregnant Today presenter," *The Guardian*, June 13, 2002, https://www.theguardian.com/media/2002/jun/13/bbc.broadcasting1(검색일: 2020.3.10).
3 R. Crawley, S. Grant and K. Hinshaw, "Cognitive changes in pregnancy: Mild decline or society stereotype?" *Applied Cognitive Psychology*, Vol.22(2008), pp.1142~1162.
4 S. Corse, "Pregnant managers and their subordinates: The effects of gender expectations on hierarchical relationships," *Journal of Applied Behavioural Science*, Vol.26(1990), pp.25~47.
5 M. R. Hebl, E. B. King, P. Glick, S. L. Singletary and S. Kazama, "Hostile and benevolent reactions toward pregnant women: Complementary interpersonal punishments and rewards that maintain traditional roles," *Journal of Applied Psychology*, Vol.92, No.6(2007), p.1499.
6 J. Cunningham, and T. Macan, "Effects of applicant pregnancy on hiring decisions and interview ratings," *Sex Roles*, Vol.57, No.7-8(2007), pp.497~508.
7 A. Oatridge, A. Holdcroft, N. Saeed, J. V. Hajnal, B. K. Puri, L. Fusi and G. M. Bydder, "Change in brain size during and after pregnancy: Study in healthy women and women with preeclampsia," *American Journal of Neuroradiology*, Vol.23(2002), pp.19~26.
8 J. D. Henry, and P. G. Rendell, "A review of the impact of pregnancy on memory function," *Journal of Clinical and Experimental Neuropsychology*, Vol.29(2007), pp.793~803.
9 N. E. Hurt, "Legitimizing 'baby brain': Tracing a rhetoric of significance through science and the mass media," *Communication and Critical/Cultural Studies*, Vol.8, No.4(2011), pp.376~398.
10 H. Christensen, L. S. Leach and A. Mackinnon, "Cognition in pregnancy and motherhood: Prospective cohort study," *British Journal of Psychiatry*, Vol.196(2010), pp.126~132.
11 C. Cuttler, P. Graf, J. L. Pawluski and L. A. Galea, "Everyday life memory deficits in pregnant women," *Canadian Journal of Experimental Psychology/Revue canadienne de psychologie expérimentale*, Vol.65, No.1(2011), p.27.
12 J. F. Henry, and B. B. Sherwin, "Hormones and cognitive functioning during late pregnancy and postpartum: A longitudinal study," *Behavioral Neuroscience*, Vol.126, No.1(2012), p.73.
13 D. L. Wilson, M. Barnes, L. Ellett, M. Permezel, M. Jackson and S. F. Crowe, "Reduced verbal memory retention is unrelated to sleep disturbance during pregnancy," *Australian Psychologist*, Vol.48, No.3(2013), pp.196~208.
14 C. Jarrett, "The maternal brain," *The Psychologist*, Vol.23, No.3(2010), pp.186~189.

15 C. H. Kinsley, and K. G. Lambert, "The maternal brain," *Scientific American*, Vol.294, No.1 (2006), pp.72~79.

16 J. E. Swain, P. Kim and S. S. Ho, "Neuroendocrinology of parental response to baby-cry," *Journal of Neuroendocrinology*, Vol.23, No.11(2011), pp.1036~1041.

17 P. Kim, J. F. Leckman, L. C. Mayes, R. Feldman, X. Wang and J. E. Swain, "The plasticity of human maternal brain: Longitudinal changes in brain anatomy during the early postpartum period," *Behavioral Neuroscience*, Vol.124, No.5(2010), p.695.

18 R. M. Pearson, S. L. Lightman and J. Evans, "Emotional sensitivity for motherhood: Late pregnancy is associated with enhanced accuracy to encode emotional faces," *Hormones and Behavior*, Vol.56, No.5(2009), pp.557~563.

19 A. Roos, C. Lochner, M. Kidd, J. Van Honk, B. Vythilingum and D. J. Stein, "Selective attention to fearful faces during pregnancy," *Progress in Neuro-Psychopharmacology and Biological Psychiatry*, Vol.37, No.1(2012), pp.76~80.

신화 17. 우리는 8시간 동안 자야 한다

1 A. R. Ekirch, *At Day's Close: Night in Times Past*(New York: W. W. Norton, 2006).

2 R. Huber, H. Mäki, M. Rosanova, S. Casarotto, P. Canali, A. G. Casali, M. Massimini et al., "Human cortical excitability increases with time awake," *Cerebral Cortex*, Vol.23, No.2(2013), pp.1~7.

3 T. Roenneberg, T. Kuehnle, P. P. Pramstaller, J. Ricken, M. Havel, A. Guth and M. Merrow, "A marker for the end of adolescence," *Current Biology*, Vol.14, No.24(2004), pp.R1038~R1039.

4 O. G. Jenni, P. Achermann and M. A. Carskadon, "Homeostatic sleep regulation in adolescents," *Sleep*, Vol.28, No.11(2005), pp.1446~1454.

5 G. Vince, "It came from another time zone," *New Scientist*, Vol.191, No.2567(2006), pp.40~43.

6 M. T. Saurat, M. Agbakou, P. Attigui, J. L. Golmard and I. Arnulf, "Walking dreams in congenital and acquired paraplegia," *Consciousness and Cognition*, Vol.20, No.4(2011), pp.1425~1432.

7 이 문구는 로리 퀸 로언버그의 웹사이트인 www.lauriloewenberg.com에서 2013년에 발췌했다.

8 Online exchange took place during 2012 at "Seize Control of Your Dreams," *Psychology Today*, http://www.psychologytoday.com/blog/brain-myths/201210/seize-control-your-dreams/comments and was still available in 2013(검색일: 2020.3.10).

9 M. Blagrove, "Dreaming and insight," *Frontiers in Psychology*. Vol.4(2013), p.979.

10 C. E. Hill, S. Knox, R. E. Crook-Lyon, S. A. Hess, J. Miles, P. T. Spangler and S. Pudasaini, "Dreaming of you: Client and therapist dreams about each other during psychodynamic psychotherapy," *Psychotherapy Research*(Jan. 6, Epub(2014), pp.1~15.

11 J. A. Hobson, and R. M. McCarley, "The brain as a dream state generator: An activation-synthesis hypothesis of the dream process," *American Journal of Psychiatry*, Vol.134(1977), pp.1335~1348.

12 C. K. C. Yu, "The effect of sleep position on dream experiences," *Dreaming*, Vol.22, No.3 (2012), p.212.

13 D. F. Selterman, A. I. Apetroaia, S. Riela and A. Aron, "Dreaming of you: Behavior and emotion in dreams of significant others predict subsequent relational behavior," *Social Psychological and Personality Science*, Vol.5, No.1(2014), pp.111~118.

14 C. C. French, J. Santomauro, V. Hamilton, R. Fox and M. A. Thalbourne, "Psychological aspects of the alien contact experience," *Cortex*, Vol.44, No.10(2008), pp.1387~1395.

15 J. Santomauro, and C. C. French, "Terror in the night," *The Psychologist*, Vol.22(2009), pp.672~675.
16 T. Stafford, *Control Your Dreams*(Los Gatos, CA: Smashwords, 2011).
17 D. Erlacher, and M. Schredl, "Practicing a motor task in a lucid dream enhances subsequent performance: A pilot study," *Sport Psychologist*, Vol.24, No.2(2010), pp.157~167.
18 A. Arzi, L. Shedlesky, M. Ben-Shaul, K. Nasser, A. Oksenberg, I. S. Hairston and N. Sobel, "Humans can learn new information during sleep," *Nature Neuroscience*, Vol.15(2012), pp. 1460~1465.
19 Y. D. Van der Werf, E. Altena, M. M. Schoonheim, E. J. Sanz-Arigita, J. C. Vis, W. De Rijke and E. J. Van Someren, "Sleep benefits subsequent hippocampal functioning," *Nature Neuroscience*, Vol.12, No.2(2009), pp.122~123.
20 C. Gillen-O'Neel, V. W. Huynh and A. J. Fuligni, "To study or to sleep? The academic costs of extra studying at the expense of sleep," *Child Development*, Vol.84, No.1(2012), pp.133~142.
21 K. Louie, and M. A. Wilson, "Temporally structured replay of awake hippocampal ensemble activity during rapid eye movement sleep," *Neuron*, Vol.29, No.1(2001), pp.145~156.
22 J. Holz, H. Piosczyk, N. Landmann, B. Feige, K. Spiegelhalder, D. Riemann, U. Voderholzer et al., "The timing of learning before night-time sleep differentially affects declarative and procedural long-term memory consolidation in adolescents," *PLOS ONE*, Vol.7, No.7(2012), p.e40963.
23 W. J. McGeown, G. Mazzoni, A. Venneri and I. Kirsch, "Hypnotic induction decreases anterior default mode activity," *Consciousness and Cognition*, Vol.18, No.4(2009), pp.848~855.
24 Q. Deeley, D. A. Oakley, B. Toone, V. Giampietro, M. J. Brammer, S. C. Williams and P. W. Halligan, "Modulating the default mode network using hypnosis," *International Journal of Clinical and Experimental Hypnosis*, Vol.60, No.2(2012), pp.206~228.
25 A. Raz, T. Shapiro, J. Fan and M. I. Posner, "Hypnotic suggestion and the modulation of Stroop interference," *Archives of General Psychiatry*, Vol.59, No.12(2002), p.1155.
26 A. Raz, I. Kirsch, J. Pollard and Y. Nitkin-Kaner, "Suggestion reduces the Stroop effect," *Psychological Science*, Vol.17, No.2(2006), pp.91~95.
27 M. Pyka, M. Burgmer, T. Lenzen, R. Pioch, U. Dannlowski, B. Pfleiderer, C. Konrad et al., "Brain correlates of hypnotic paralysis: A resting-state fMRI study," *Neuroimage*, Vol.56, No.4(2011), pp.2173~2182.
28 D. A. Oakley, and P. W. Halligan, "Hypnotic suggestion: Opportunities for cognitive neuroscience," *Nature Reviews Neuroscience*, Vol.14, No.8(2013), pp.565~576.

신화 18. 뇌는 일종의 컴퓨터이다

1 D. Kahneman, *Thinking, Fast and Slow*(New York: Farrar, Straus and Giroux, 2011).
2 D. A. Allport, "Patterns and actions: Cognitive mechanisms are content-specific," In G. Claxton (ed.), *Cognitive Psychology: New Directions*(Abingdon-on-Thames: Routledge and Kegan Paul, 1980), pp.26~64.
3 T. Stafford, and M. Webb. *Mind Hacks*(Sebastopol, CA: O'Reilly Media, 2005), p.218.
4 T. Hobbes, *Leviathan* [Menston, England: Scolar press, 1969(1651)].
5 S. Pinker, *The Blank Slate: The Modern Denial of Human Nature*(New York: New American Library, 2002).
6 J. R. Searle, "Minds, brains, and programs," *Behavioral and Brain Sciences*, Vol.3, No.3 (1980), pp.417~457.
7 R. Tallis, and I. Aleksander, "Computer models of the mind are invalid," *Journal of Information*

Technology, Vol.23, No.1(2008), pp.55~62.

8 C. Chatham, "10 Important Differences Between Brains and Computers," *developing intelligence*. March 27, 2007, https://scienceblogs.com/developingintelligence/2007/03/27/why-the-brain-is-not-like-a-co(검색일: 2020.3.10).

9 P. Monaghan, J. Keidel, M. Burton and G. Westermann, "What computers have shown us about the mind," *Psychologist*, Vol.23, No.8(2010), pp.642~645.

10 *Edge*, "The Normal Well-Tempered Mind," *Edge*, January 8, 2013, http://www.edge.org/conversation/the-normal-well-tempered-mind(검색일: 2020.3.10).

11 J. Keats, "The $1.3B Quest to Build a Supercomputer Replica of a Human Brain," *Wired*, May 14, 2013, http://www.wired.com/wiredscience/2013/05/neurologist-markam-human-brain/all/(검색일: 2020.3.10).

신화 19. 마음은 뇌 외부에 존재한다

1 K. Woollett, and E. A. Maguire, "Acquiring 'the knowledge' of London's layout drives structural brain changes," *Current Biology*, Vol.21, No.24(2011), pp.2109~2114.

2 V. Kumari, "Do psychotherapies produce neurobiological effects?" *Acta Neuropsychiatrica*, Vol.18, No.2(2006), pp.61~70.

3 C. Blakemore, "Is the afterlife full of fluffy clouds and angels?" *The Telegraph*, October 10, 2012, https://www.telegraph.co.uk/comment/9598971/Is-the-afterlife-full-of-fluffy-clouds-and-angels.html(검색일: 2020.3.10).

4 S. Harris, "This Must be Heaven," SAM HARRIS, October 12, 2012, http://www.samharris.org/blog/item/this-must-be-heaven(검색일: 2020.3.10).

5 B. Greyson, "Implications of near-death experiences for a postmaterialist psychology," *Psychology of Religion and Spirituality*, Vol.2, No.1(2010), p.37.

6 S. Parnia, D. G. Waller, R. Yeates and P. Fenwick, "A qualitative and quantitative study of the incidence, features and aetiology of near death experiences in cardiac arrest survivors," *Resuscitation*, Vol.48, No.2(2001), pp.149~156.

7 D. Mobbs, and C. Watt, "There is nothing paranormal about neardeath experiences: How neuroscience can explain seeing bright lights, meeting the dead, or being convinced you are one of them," *Trends in Cognitive Sciences*, Vol.15, No.10(2011), pp.447~449.

8 R. Sheldrake, "The sense of being stared at - Part 2: Its implications for theories of vision," *Journal of Consciousness Studies*, Vol.12, No.6(2005), pp.32~49.

9 S. Schmidt, R. Schneider, J. Utts and H. Walach, "Distant intentionality and the feeling of being stared at: Two meta-analyses," *British Journal of Psychology*, Vol.95, No.2(2004), pp.235~247.

10 D. Marks, and J. Coiwell, "The psychic staring effect: An artifact of pseudo-randomization," *Skeptical Inquirer*, Vol.41(2000), p.49.

11 T. Wehr, "Staring nowhere? Unseen gazes remain undetected under consideration of three statistical methods," *European Journal of Parapsychology*, 24(2009), pp.32~52.

12 R. Wiseman, and M. Schlitz, "Experimenter effects and the remote detection of staring," *Journal of Parapsychology*, Vol.61(1997), pp.197~207.

13 M. Schlitz, R. Wiseman, C. Watt and D. Radin, "Of two minds: Sceptic-proponent collaboration within parapsychology," *British Journal of Psychology*, Vol.97, No.3(2006), pp.313~322.

14 J. M. Lohr, T. G. Adams, M. Schwarz and R. E. Brady, "The sense of being stared at. An empirical test of a popular paranormal belief," *Skeptic Magazine*, Vol.18(2013), pp.51~55.

15 H. Bösch, F. Steinkamp and E. Boller, "Examining psychokinesis: The interaction of human intention with random number generators — A meta-analysis," *Psychological Bulletin*,

Vol.132, No.4(2006), p.497.

16 D. B. Wilson, and W. R. Shadish, "On blowing trumpets to the tulips: To prove or not to prove the null hypothesis — Comment on Bösch, Steinkamp, and Boller 2006," *Psychological Bulletin*, Vol.132, No.4(2006), pp.524~528.

17 G. A. Winer, and J. E. Cottrell, "Does anything leave the eye when we see? Extramission beliefs of children and adults," *Current Directions in Psychological Science*, Vol.5, No.5 (1996), pp.137~142.

18 G. A. Winer, J. E. Cottrell, V. Gregg, J. S. Fournier and L. A. Bica, "Fundamentally mis understanding visual perception: Adults' belief in visual emissions," *American Psychologist*, Vol.57, No.6-7(2002), p.417.

신화 20. 신경 과학이 인간에 대한 이해를 변화시킨다

1 N. Rose, and J. M. Abi-Rached, *Neuro: The New Brain Sciences and the Management of the Mind*(Princeton, NJ: Princeton University Press, 2013).

2 B. Chancellor, and A. Chatterjee, "Brain branding: When neuroscience and commerce collide," *AJOB Neuroscience*, Vol.2, No.4(2011), pp.18~27.

3 HR.com, "What is Neuroleadership?" n.d., https://www.hr.com/en/app/account/neuroleadership_institute/article/what-is-neuroleadership_h5nx5ypq.html(검색일: 2020.3.10).

4 P. Ball, "Neuroaesthetics is killing your soul: Can brain scans ever tell us why we like art?," *Nature*, 22 March, 2013, https://www.nature.com/news/neuroaesthetics-is-killing-your-soul-1.12640(검색일: 2020.3.10).

5 같은 글.

6 J. Rowson, "The Brains behind Spirituality," *RSA*, July 22, 2013, https://www.thersa.org/discover/publications-and-articles/rsa-blogs/2013/07/the-brains-behind-spirituality(검색일: 2020.3.10).

7 M. Roth, "The Rise of the Neuronovel," *n+1*, Issue 8(2009), http://nplusonemag.com/rise-neuronovel(검색일: 2020.3.10).

8 M. Álvarez, P, "The magnetism of neuroimaging: Fashion, myth and ideology of the brain," *Papeles del Psicólogo*, Vol.32, No.2(2011), pp.98~112.

9 P. Rodriguez, "Talking brains: A cognitive semantic analysis of an emerging folk neuropsychology," *Public Understanding of Science*, Vol.15, No.3(2006), pp.301~330.

10 V. Bell, "Our brains, and how they're not as simple as we think," *The Observer*, March 3, 2013, http://www.theguardian.com/science/2013/mar/03/brain-not-simple-folk-neuroscience(검색일: 2020.3.10).

11 D. Lindebaum, and M. Zundel, "Not quite a revolution: Scrutinizing organizational neuroscience in leadership studies," *Human Relations*, Vol.66, No.6(2013), pp.857~877.

12 C. H. Green, "How Neuroscience Over-reaches in Business," Trusted Advisor, June 18, 2013, https://trustedadvisor.com/trustmatters/how-neuroscience-over-reaches-in-business(검색일: 2020.3.10).

13 P. Ball, "Neuroaesthetics is killing your soul: Can brain scans ever tell us why we like art?" *Nature*, March 22, 2013, http://www.nature.com/news/neuroaesthetics-is-killing-your-soul-1.12640(검색일: 2020.3.10).

14 S. Choudhury, K. A. McKinney and M. Merten, "Rebelling against the brain: Public engagement with the 'neurological adolescent'," *Social Science & Medicine*, Vol.74, No.4(2012), pp.565~573.

15 C. Bröer, and M. Heerings, "Neurobiology in public and private discourse: The case of adults with ADHD," *Sociology of Health & Illness*, Vol.35, No.1(2012), pp.49~65.

16 *The Economist*, "Free to choose?: Modern neuroscience is eroding the idea of free will," *The Economist*, December 19, 2006, http://www.economist.com/node/8453850(검색일: 2020.3.10).

17 F. De Brigard, E. Mandelbaum and D. Ripley, "Responsibility and the brain sciences," *Ethical Theory and Moral Practice*, Vol.12, No.5(2009), pp.511~524.

18 L. G. Aspinwall, T. R. Brown and J. Tabery, "The double-edged sword: Does biomechanism increase or decrease judges' sentencing of psychopaths?" *Science*, Vol.337, No.6096(2012), pp.846~849.

19 K. D. Vohs, and J. W. Schooler, "The value of believing in free will: Encouraging a belief in determinism increases cheating," *Psychological Science*, Vol.19, No.1(2008), pp.49~54.

20 R. Zwaan, "The Value of Believing in Free Will: A Replication Attempt," Rolf Zwaan, March 18, 2013, http://rolfzwaan.blogspot.nl/2013/03/the-value-of-believing-in-free-will.html(검색일: 2020.3.10).

21 The Skeptic Dictionary, "neuro-linguistic programming(NLP)," The Skeptic Dictionary, http://skepdic.com/neurolin.html(검색일: 2020.3.10).

22 T. Witkowski, "Thirty-five years of research on neuro-linguistic programming. NLP research data base. State of the art or pseudoscientific decoration?" *Polish Psychological Bulletin*, Vol.41, No.2(2010), pp.58~66.

23 BBC, "Neuro Linguistic Programming: Mental health veterans therapy fear," October 22, 2013, http://www.bbc.co.uk/news/uk-wales-24617644(검색일: 2020.3.10).

5장 뇌 구조에 관련된 신화

신화 21. 잘 설계된 뇌

1 1 D. J. Linden, *The Accidental Mind: How Brain Evolution Has Given Us Love, Memory, Dreams, and God*(Cambridge, MA: Harvard University Press, 2012).

2 G. Marcus, *Kluge: The Haphazard Evolution of the Human Mind*(Boston, MA: Houghton Mifflin Harcourt, 2009).

3 Jason, "There is No 'Primitive' Part of the Brain," Empirical Planet, July 5, 2013, http://empiricalplanet.blogspot.co.uk/2013/07/there-is-no-primitive-part-of-brain.html(검색일: 2020.3.10).

4 A. Ruani, "Can You Recondition Your Brain to Stop Overeating?," *Huffington Post*, October 31, 2013, http://www.huffingtonpost.com/alejandra-ruani-/overeating_b_4114504.html(검색일: 2020.3.10).

5 S. Godin, *Linchpin: Are You Indispensable? How to Drive Your Career and Create a Remarkable Future*(London: Hachette UK, 2010).

6 A. A. Faisal, L. P. Selen and D. M. Wolpert, "Noise in the nervous system," *Nature Reviews Neuroscience*, Vol.9, No.4(2008), pp.292~303.

7 C. Zimmer, "Your Brain Is a Mess, but It Knows How to Make Fixes," *Wired*, April 3, 2008, https://www.wired.com/2008/04/your-brain-is-a-mess-but-it-knows-how-to-make-fixes/(검색일: 2020.3.10).

8 M. Marshall, "Our big brains may make us prone to cancer," *The New Scientist*, October 15, 2012, https://www.newscientist.com/article/dn22380-our-big-brains-may-make-us-prone-to-cancer/#.UeqZaRbPUg8(검색일: 2020.3.10).

9 D. L. Schacter, "The seven sins of memory: Insights from psychology and cognitive neuroscience," *American Psychologist*, Vol.54, No.3(1999), p.182.
10 J. R. Liddle, and T. K. Shackelford, "The human mind isn't perfect - Who knew? A review of Gary Marcus, Kluge: The Haphazard Construction of the Human Mind," *Evolutionary Psychology*, Vol.7, No.1(2009), pp.110~115.
11 T. Stafford, "Review of Kluge by Gary Marcus," Mind Hacks, June 25, 2008, http://mindhacks.com/2008/06/25/review-of-kluge-by-gary-marcus/(검색일: 2020.3.10).
12 J. Vázquez, "Brain evolution: The good, the bad, and the ugly," *CBELife Sciences Education*, Vol.7, No.1(2008), pp.17~19.

신화 22. 뇌는 클수록 좋다

1 I. J. Deary, L. Penke and W. Johnson, "The neuroscience of human intelligence differences," *Nature Reviews Neuroscience*, Vol.11, No.3(2010), pp.201~211.
2 같은 글.
3 M. C. Chiang, M. Barysheva, D. W. Shattuck, A. D. Lee, S. K. Madsen, C. Avedissian, P. M. Thompson et al., "Genetics of brain fiber architecture and intellectual performance," *The Journal of Neuroscience*, Vol.29, No.7(2009), pp.2212~2224.
4 R. E. Jung, and R. J. Haier, "The Parieto-Frontal Integration Theory (P-FIT) of intelligence: converging neuroimaging evidence," *Behavioral and Brain Sciences*, Vol.30, No.02(2007), pp.135~154.
5 I. J. Deary, L. Penke and W. Johnson, "The neuroscience of human intelligence differences."
6 M. C. Diamond, A. B. Scheibel, G. M. Murphy Jr and T. Harvey, "On the brain of a scientist: Albert Einstein," *Experimental Neurology*, Vol.88, No.1(1985), pp.198~204.
7 D. Falk, F. E. Lepore and A. Noe, "The cerebral cortex of Albert Einstein: A description and preliminary analysis of unpublished photographs," *Brain*, Vol.136, No.4(2013), pp.1304~1327; Men, W. D. Falk, T. Sun, W. Chen, J. Li, D. Yin, M. Fan et al., "The corpus callosum of Albert Einstein's brain: Another clue to his high intelligence?" *Brain*, Vol.137, No.4(2014), p.e268.
8 J. K. Rilling, and T. R. Insel, "The primate neocortex in comparative perspective using magnetic resonance imaging," *Journal of Human Evolution*, Vol.37, No.2(1999), pp.191~223.
9 S. Herculano-Houzel, "The human brain in numbers: A linearly scaled-up primate brain," *Frontiers in Human Neuroscience*, Vol.3(2009).
10 L. Chittka, and J. Niven, "Are bigger brains better?" *Current Biology*, Vol.19, No.21(2009), pp.R995~R1008.
11 N. S. Clayton, J. M. Dally and N. J.Emery, "Social cohnition by food-caching corvids. The western scrub-jay as a natural psychologist," *Philosophical Transactions of the Royal Society B: Biological Sciences*, Vol.362, No.1480(2007), pp.507~522.
12 G. Lynch and R. Granger, "What Happened to the Hominids Who May Have Been Smarter Than Us?" *Discover*, December 28, 2009, https://www.discovermagazine.com/mind/what-happened-to-the-hominids-who-may-have-been-smarter-than-us(검색일: 2020.3.10).
13 J. Hawks, "The 'amazing' Boskops," john hawks weblog, March 30, 2008, http://johnhawks.net/weblog/reviews/brain/paleo/lynch-granger-big-brain-boskops-2008.html에서 재인용(검색일: 2020.3.10).

신화 23. 여러분은 할머니 세포를 갖고 있다

1 F. Macrae, "The Jennifer Aniston brain cell: How single neurons spring into action when we see

pictures of our favourite celebrities," *Daily Mail*, October 30, 2008, https://www.dailymail.co.uk/femail/article-1081332/The-Jennifer-Aniston-brain-cell-How-single-neurons-spring-action-pictures-favourite-celebrities.html(검색일: 2020.3.10).

2 S. Blakeslee, "A Neuron With Halle Berry's Name on It," *The New York Times*, July 5, 2005, https://www.nytimes.com/2005/07/05/science/a-neuron-with-halle-berrys-name-on-it.html (검색일: 2020.3.10).

3 D. Martindale "One Face, One Neuron: Storing Halle Berry in a single brain cell," *Scientific American*, October 1, 2005, http://www.scientificamerican.com/article.cfm?id=one-face-one-neuron(검색일: 2020.3.10).

4 C. G. Gross, *A Hole in the Head: More Tales in the History of Neuroscience*(Cambridge, MA: The MIT Press, 2009).

5 R. Q. Quiroga, L. Reddy, G. Kreiman, C. Koch and I. Fried, "Invariant visual representation by single neurons in the human brain," *Nature*, Vol.435, No.7045(2005), pp.1102~1107.

6 M. Cerf, N. Thiruvengadam, F. Mormann, A. Kraskov, R. Q. Quiroga, C. Koch and I. Fried, "On-line, voluntary control of human temporal lobe neurons," *Nature*, 467, No.7319(2010), pp.1104~1108.

7 R. Q. Quiroga, and S. Panzeri, "Extracting information from neuronal populations: Information theory and decoding approaches," *Nature Reviews Neuroscience*, Vol.10, No.3(2009), pp.173~185.

8 T. J. Sejnowski, "2014: What scientific idea is ready for retirement?" *Edge*, 2014, http://www.edge.org/response-detail/25325(검색일: 2020.3.10).

9 J. S. Bowers, "On the biological plausibility of grandmother cells: Implications for neural network theories in psychology and neuroscience," *Psychological Review*, Vol.116, No.1 (2009), p.220.

신화 24. 교질 세포는 뇌의 접착제에 불과하다

1 M. Nedergaard, B. Ransom and S. A. Goldman, "New roles for astrocytes: Redefining the functional architecture of the brain," *Trends in Neurosciences*, Vol.26, No.10(2003), pp. 523~530.

2 K. Smith, "Settling the great glia debate," *Nature*, Vol.468, No.7321(2010), pp.160~162.

3 C. Agulhon, T. A. Fiacco and K. D. McCarthy, "Hippocampal short: and long-term plasticity are not modulated by astrocyte Ca2+ signaling," *Science*, Vol.327, No.5970(2010), pp.1250~1254.

4 Smith, "Settling the great glia debate,"

5 R. D. Fields, "Neuroscience: Map the other brain," *Nature*, September 4, 2013, http://www.nature.com/news/neuroscience-map-the-other-brain-1.13654?WT.ec_id=NATURE-20130905 (검색일: 2020.3.10).

6 F. A. Azevedo, L. R. Carvalho, L. T. Grinberg, J. M. Farfel, R. E. Ferretti, R. E. Leite, S. Herculano-Houzel et al., "Equal numbers of neuronal and nonneuronal cells make the human brain an isometrically scaled-up primate brain," *Journal of Comparative Neurology*, Vol.513, No.5(2009), pp.532~541.

7 F. Jabr, "Know Your Neurons: What Is the Ratio of Glia to Neurons in the Brain?" *Scientific American*, June 13, 2012, https://blogs.scientificamerican.com/brainwaves/know-your-neurons-what-is-the-ratio-of-glia-to-neurons-in-the-brain/(검색일: 2020.3.10).

신화 25. 거울 뉴런이 사람을 사람답게 만든다

1 V. S. Ramachandran, "MIRROR NEURONS and imitation learning as the driving force behind the

great leap forward in human evolution," *Edge*, May 31, 2000, https://www.edge.org/conversation/mirror-neurons-and-imitation-learning-as-the-driving-force-behind-the-great-leap-forward-in-human-evolution(검색일: 2020.3.10).

2 V. S. Ramachandran, *The Tell-Tale Brain: Unlocking the Mystery of Human Nature*(London: Random House, 2011).

3 V. S. Ramachandran, and Oberman, L. M. Broken mirrors: A theory of autism. *Scientific American*, Vol.295, No.5(2006), 62~69.

4 S. Blakeslee, "Cells That Read Minds," *The New York Times*, January 10, 2006, http://www.nytimes.com/2006/01/10/science/10mirr.html?pagewanted=all(검색일: 2020.3.10).

5 L. Winerman, "The mind's mirror: A new type of neuron — called a mirror neuron— could help explain how we learn through mimicry and why we empathize with others," *Monitor on Psychology*, October 5, 2005, http://www.apa.org/monitor/oct05/mirror.aspx(검색일: 2020.3.10).

6 R. Carter, "Why women cry more than men, why horror films are scary, and why pain really is all in the mind," *Daily Mail*, September 29, 2009, http://www.dailymail.co.uk/health/article-1216768/Why-women-men-horror-films-scary-pain-really-mind-.html(검색일: 2020.3.10).

7 A. Motluk, "Mirror neurons control erection response to porn," *New Scientist*, June 16, 2008, https://www.newscientist.com/article/dn14147-mirror-neurons-control-erection-response-to-porn/(검색일: 2020.3.10).

8 J. M. Kilner, and R. N. Lemon, "What we know currently about mirror neurons," *Current Biology*, Vol.23, No.23(2013), pp.R1057~R1062.

9 V. Gallese, M. A. Gernsbacher, C. Heyes, G. Hickok, and M. Iacoboni, "Mirror neuron forum," *Perspectives on Psychological Science*, Vol.6, No.4(2011), 369~407.

10 같은 글.

11 같은 글.

12 C. Catmur, V. Walsh and C. Heyes, "Sensorimotor learning configures the human mirror system," *Current Biology*, Vol.17, No.17(2007), pp.1527~1531.

13 V. Gallese, M. A. Gernsbacher, C. Heyes, G. Hickok, and M. Iacoboni, "Mirror neuron forum."

14 Kilner, J. M. and R. N. Lemon. "What we know currently about mirror neurons,"

15 V. Gallese, M. A. Gernsbacher, C. Heyes, G. Hickok, and M. Iacoboni, "Mirror neuron forum."

16 A. Hamilton, "Reflecting on the mirror neuron system in autism: A systematic review of current theories," *Developmental Cognitive Neuroscience*, Vol.3(2013), pp.91~105.

17 R. Mukamel, A. D. Ekstrom, J. Kaplan, M. Iacoboni and I. Fried, "Single-neuron responses in humans during execution and observation of actions," *Current Biology*, Vol.20, No.8(2010), pp.750~756.

18 A. Lingnau, B. Gesierich and A. Caramazza, "Asymmetric fMRI adaptation reveals no evidence for mirror neurons in humans," *Proceedings of the National Academy of Sciences*, Vol.106, No.24(2009), pp.9925~9930

신화 26. 육체를 이탈한 뇌

1 M. Gershon, *The Second Brain: A Groundbreaking New Understanding of Nervous Disorders of the Stomach and Intestine*(New York: HarperCollins, 1999).

2 예를 들면, A. Hadhazy, "Think Twice: How the Gut's 'Second Brain' Influences Mood and Well-Being," *Scientific American*, February 12, 2010, https://www.scientificamerican.com/article/gut-second-brain/(검색일: 2020.3.10); H. Brown, "A brain in the head, and one in the gut," *The New York Times*, August 24, 2005, http://www.nytimes.com/2005/08/24/health/24iht-snbrain.html(검색일: 2020.3.10)를 참고하라.

3 L. Van Oudenhove, S. McKie, D. Lassman, B. Uddin, P. Paine, S. Coen, Q. Aziz et al., "Fatty acid-induced gut-brain signaling attenuates neural and behavioral effects of sad emotion in humans," *The Journal of Clinical Investigation*, Vol.121, No.8(2011), p.3094.

4 M. Symmonds, J. J. Emmanuel, M. E. Drew, R. L. Batterham and R. J. Dolan, "Metabolic state alters economic decision making under risk in humans," *PLOS ONE*, Vol.5, No.6(2010), p.e11090.

5 S. Danziger, J. Levav and L. Avnaim-Pesso, "Extraneous factors in judicial decisions," *Proceedings of the National Academy of Sciences*, Vol.108, No.17(2011), pp.6889~6892.

6 M. Costandi, "Microbes Manipulate Your Mind: Bacteria in your gut may be influencing your thoughts and moods," *Scientific American*, July, 2012, https://www.scientificamerican.com/article/microbes-manipulate-your-mind/(검색일: 2020.3.10).

7 M. Messaoudi, N. Violle, J. F. Bisson, D. Desor, H. Javelot and C. Rougeot, "Beneficial psychological effects of a probiotic formulation (Lactobacillus helveticus R0052 and Bifidobacterium longum R0175) in healthy human volunteers," *Gut Microbes*, Vol.2, No.4(2011), pp.256~261.

8 S. Schnall, and J. Laird, "Brief report," *Cognition & Emotion*, Vol.17, No.5(2003), pp.787~797.

9 R. Soussignan, "Duchenne smile, emotional experience, and autonomic reactivity: A test of the facial feedback hypothesis," *Emotion*, Vol.2, No.1(2002), p.52.

10 D. A. Havas, A. M. Glenberg, K. A. Gutowski, M. J. Lucarelli and R. J. Davidson, "Cosmetic use of botulinum toxin-A affects processing of emotional language," *Psychological Science*, Vol.21, No.7(2010), pp.895~900.

11 M. A. Gray, L. Minati, G. Paoletti and H. D. Critchley, "Baroreceptor activation attenuates attentional effects on pain-evoked potentials," *Pain*, Vol.151, No.3(2010), pp.853~861.

12 M. A. Gray, F. D. Beacher, L. Minati, Y. Nagai, A. H. Kemp, N. A. Harrison and H. D. Critchley, "Emotional appraisal is influenced by cardiac afferent information," *Emotion*, Vol.12, No.1 (2012), p.180.

13 H. D. Critchley, and Y. Nagai, "How emotions are shaped by bodily states," *Emotion Review*, Vol.4, No.2(2012), pp.163~168.

14 C. D. Corcoran, P. Thomas, J. Phillips and V. O'Keane, "Vagus nerve stimulation in chronic treatment-resistant depression: Preliminary findings of an open-label study," *The British Journal of Psychiatry*, Vol.189, No.3(2006), pp.282~283.

15 V. K. Bohns, and S. S. Wiltermuth, "It hurts when I do this (or you do that): Posture and pain tolerance," *Journal of Experimental Social Psychology*, Vol.48, No.1(2012), pp.341~345.

16 D. Casasanto, and K. Dijkstra, "Motor action and emotional memory," *Cognition*, Vol.115, No.1(2010), pp.179~185.

17 S. C. Koch, S. Glawe and D. V. Holt, "Up and down, front and back: Movement and meaning in the vertical and sagittal axes," *Social Psychology*, Vol.42, No.3(2011), p.214.

18 L. E. Williams, and J. A. Bargh, "Experiencing physical warmth promotes interpersonal warmth," *Science*, Vol.322, No.5901(2008), pp.606~607.

19 H. IJzerman, and G. R. Semin, "The Thermometer of Social Relations Mapping Social Proximity on Temperature," *Psychological Science*, Vol.20, No.10(2009), pp.1214~1220.

20 T. Loetscher, C. J. Bockisch, M. E. Nicholls and P. Brugger, "Eye position predicts what number you have in mind," *Current Biology*, Vol.20, No.6(2010), pp.R264~R265.

21 A. Eerland, T. M. Guadalupe and R. A. Zwaan, "Leaning to the left makes the Eiffel Tower seem smaller: Posture-modulated estimation," *Psychological Science*, Vol.22, No.12(2011), pp.1511~1514.

22 I. K. Schneider, B. T. Rutjens, N. B. Jostmann and D. Lakens, "Weighty matters: Importance literally feels heavy," *Social Psychological and Personality Science*, Vol.2, No.5(2011), pp. 474~478.

23 S. Schnall, K. D. Harber, J. K. Stefanucci and D. R. Proffitt, "Social support and the perception of geographical slant," *Journal of Experimental Social Psychology*, Vol.44, No.5 (2008), pp.1246~1255.

24 M. L. Slepian, E. J. Masicampo, N. R. Toosi and N. Ambady, "The physical burdens of secrecy," *Journal of Experimental Psychology: General*, Vol.141, No.4(2012), p.619.

25 E. P. LeBel, and C. J. Wilbur, "Big secrets do not necessarily cause hills to appear steeper," *Psychonomic Bulletin & Review*, Vol.21(2014), pp.696~700.

26 X. Zhou, T. Wildschut, C. Sedikides, X. Chen and A. J. Vingerhoets, "Heartwarming memories: Nostalgia maintains physiological comfort," *Emotion*, Vol.12, No.4(2012), p.678.

27 J. Gu, C. B. Zhong and E. Page-Gould, "Listen to your heart: When false somatic feedback shapes moral behavior," *Journal of Experimental Psychology: General*, Vol.142, No.2(2013), p.307.

28 C. B. Zhong, and K. Liljenquist, "Washing away your sins: Threatened morality and physical cleansing," *Science*, Vol.313, No.5792(2006), pp.1451~1452.

29 B. D. Earp, J. A. Everett, E. N. Madva and J. K. Hamlin, "Out, damned spot: Can the 'Macbeth Effect' be replicated?" *Basic and Applied Social Psychology*, Vol.36, No.1(2014), pp.91~98.

30 E. G. Helzer, and D. A. Pizarro, "Dirty liberals! Reminders of physical cleanliness influence moral and political attitudes," *Psychological Science*, Vol.22, No.4(2011), pp.517~522.

31 M. Gollwitzer, and A. Melzer, "Macbeth and the joystick: Evidence for moral cleansing after playing a violent video game," *Journal of Experimental Social Psychology*, Vol.48, No.6 (2012), pp.1356~1360.

32 T. J. Kaptchuk, E. Friedlander, J. M. Kelley, M. N. Sanchez, E. Kokkotou, J. P. Singer, A. J. Lembo et al., "Placebos without deception: A randomized controlled trial in irritable bowel syndrome," *PLOS ONE*, Vol.5, No.12(2010), p.e15591.

33 C. McRae, E. Cherin, T. G. Yamazaki, G. Diem, A. H. Vo, D. Russell, C. R. Freed et al., "Effects of perceived treatment on quality of life and medical outcomes in a double-blind placebo surgery trial," *Archives of General Psychiatry*, Vol.61, No.4(2004), p.412.

34 C. N. Semler, and A. G. Harvey, "Misperception of sleep can adversely affect daytime functioning in insomnia," *Behaviour Research and Therapy*, Vol.43, No.7(2005), pp.843~856.

35 J. Walburn, K. Vedhara, M. Hankins, L. Rixon and J. Weinman, "Psychological stress and wound healing in humans: A systematic review and meta-analysis," *Journal of Psychosomatic Research*, Vol.67, No.3(2009), pp.253~271.

36 D. Svendsen, P. Singer, M. E. Foti and B. Mauer. *Morbidity and Mortality in People with Serious Mental Illness*(Alexandria, VA: National Association of State Mental Health Program Directors(NASMHPD) Medical Directors Council, 2006), p.87.

37 J. C. Coyne, T. F. Pajak, J. Harris, A. Konski, B. Movsas, K. Ang and D. Watkins Bruner, "Emotional well-being does not predict survival in head and neck cancer patients," *Cancer*, Vol.110, No.11(2007), pp.2568~2575.

38 D. M. Wade, D. C. Howell, J. A. Weinman, R. J. Hardy, M. G. Mythen, C. R. Brewin, R. A. Raine et al., "Investigating risk factors for psychological morbidity three months after intensive care: A prospective cohort study," *Critical Care*, Vol.16, No.5(2012), p.R192.

39 L. Fitzharris, "Losing One's Head: A Frustrating Search for the 'Truth' about Decapitation," Dr Lindsey Fitzharris, August 13, 2012, https://www.drlindseyfitzharris.com/2012/08/13/losing-

ones-head-a-frustrating-search-for-the-truth-about-decapitation/(검색일: 2020.3.10).
40 The Guillotine Headquarters, "Can the head survive?," The Guillotine Headquarters, https://guillotine.dk/pages/30sek.html(검색일: 2020.3.10).
41 *JAMA*, "Queries and Minor Notes," *JAMA*, Vol.113, No.27(1939), pp.2443~2445.
42 C. M. Van Rijn, H. Krijnen, S. Menting-Hermeling and A. M. L. Coenen, "Decapitation in rats: Latency to Unconsciousness and the 'Wave of Death'," *PLOS ONE*, Vol.6, No.1(2011), p.e16514.

6장 기술과 음식에 관련된 신화

신화 27. 뇌 스캔으로 당신의 마음을 읽을 수 있다

1 R. E. Passingham, J. B. Rowe and K. Sakai, "Has brain imaging discovered anything new about how the brain works?" *Neuroimage*, Vol.66(2013), pp.142~150.
2 M. Mather, J. T. Cacioppo and N. Kanwisher, "Introduction to the special section: 20 years of fMRI — what has it done for understanding cognition?" *Perspectives on Psychological Science*, Vol.8, No.1(2013), pp.41~43.
3 *Financial Times*. 2007, http://www.ft.com/cms/s/2/90820f9a-ac19-11db-a0ed-0000779e2340.html(검색일: 2020.3.10).
4 J. Leake, "They know what you're thinking: brain scanning makes progress," *The Sunday Times*, May 3, 2009, http://www.thesundaytimes.co.uk/sto/news/uk_news/article166390.ece(검색 일: 2020.3.10).
5 같은 글.
6 M. Iacoboni, J. Freedman and J. Kaplan, "This Is Your Brain on Politics," *The New York Times*, November 11, 2007, http://www.nytimes.com/2007/11/11/opinion/11freedman.html(검색일: 2020.3.10).
7 A. Aron, D. Badre, M. Brett J. Cacioppo, C. Chambers, R. Cools et al, "Politics and the Brain," *The New York Times*, November 14, 2007, http://www.nytimes.com/2007/11/14/opinion/lweb14brain.html(검색일: 2020.3.10).
8 M. Lindstrom, "You Love Your iPhone. Literally" *The New York Times*, October 1, 2011, http://www.nytimes.com/2011/10/01/opinion/you-love-your-iphone-literally.html(검색일: 2020.3.10).
9 R. Poldrack, "NYT Letter to the Editor: The uncut version," russpoldrack.org, 2011, http://www.russpoldrack.org/2011/10/nyt-letter-to-editor-uncut-version.html(검색일: 2020.3.10).
10 N. Wolchover, "Brain Scans Could Reveal If Your Relationship Will Last," *Live Science*, February 14, 2012, http://www.livescience.com/18468-relationship-longevity-brain-scans.html(검색일: 2020.3.10).
11 E. Eaves, "This Is Your Brain On Shopping," *Forbes*, January 5, 2007, http://www.forbes.com/2007/01/05/neuroeconomics-buying-decisions-biz_cx_ee_0105papers.html(검색일: 2020.3.10).
12 Conscious Entities, "The mereological fallacy," Conscious Entities, March 21, 2006, https://www.consciousentities.com/2006/03/the-mereological-fallacy/(검색일: 2020.3.10).
13 J. M. Wardlaw, G. O'Connell, K. Shuler, J. DeWilde, J. Haley, O. Escobar, B. Schafer et al., "'Can it read my mind?': what do the public and experts think of the current (mis) uses of neuroimaging?" *PLOS ONE*, 6(10)2011, p.e25829.
14 E. Vul, C. Harris, P. Winkielman and H. Pashler, "Puzzlingly high correlations in fMRI studies of emotion, personality, and social cognition," *Perspectives on Psychological Science*, Vol.4,

No.3, 2009. pp.274~290.

15 C. M. Bennett, M. B. Miller and G. L. Wolford, "Neural correlates of interspecies perspective taking in the post-mortem Atlantic Salmon: An argument for multiple comparisons correction," *Neuroimage*, 47(1)2009. p.S125.

16 K. S. Button, J. P. Ioannidis, C. Mokrysz, B. A. Nosek, J. Flint, E. S. Robinson and M. R. Munafo, "Power failure: Why small sample size undermines the reliability of neuroscience," *Nature Reviews Neuroscience*, 14(3)2013. pp.365~376.

17 Perspectives on Psychological Science, "Table of Contents," *Sage Journal*, Vol.8, No.1(2013), http://pps.sagepub.com/content/8/1.toc(검색일: 2020.3.10).

18 D. C. Park, and I. M. McDonough, "The dynamic aging mind revelations from functional neuroimaging research," *Perspectives on Psychological Science*, Vol.8, No.1(2013), pp.62~67.

19 M. D. Rugg, and S. L. Thompson-Schill, "Moving forward with fMRI data," *Perspectives on Psychological Science*, Vol.8, No.1(2013), pp.84~87.

20 S. Nishimoto, A. T. Vu, T. Naselaris, Y. Benjamini, B. Yu and J. L. Gallant, "Reconstructing visual experiences from brain activity evoked by natural movies," *Current Biology*, Vol.21, No.19(2011), pp.1641~1646.

21 K. S. Kassam, A. R. Markey, V. L. Cherkassky, G. Loewenstein and M. A. Just, "Identifying emotions on the basis of neural activation," *PloSOne*, 8(6)2013. e66032.

22 M. Talbot, "Duped: Can brain scans uncover lies?" *The New Yorker*, July 2, 2007, http://www.newyorker.com/reporting/2007/07/02/070702fa_fact_talbot(accessed May 16, 2014).

23 G. Ganis, J. P. Rosenfeld, J. Meixner, R. A. Kievit and H. E. Schendan, "Lying in the scanner: Covert countermeasures disrupt deception detection by functional magnetic resonance imaging," *Neuroimage*, Vol.55, No.1(2011), pp.312~319.

24 Circuit court for for Montgomery county, Maryland, "State of Maryland vs. Gary Smith," October 3, 2012, http://www.lawneuro.org/_resources/pdf/fMRIOpinion.pdf(검색일: 2020.3.10).

25 Z. M. Bergstrom, M. C. Anderson, M. Buda, J. S. Simons and A. Richardson-Klavehn, "Intentional retrieval suppression can conceal guilty knowledge in ERP memory detection tests," *Biological Psychology*, Vol.94(2013), pp.1~11.

26 D. P. McCabe, A. D. Castel and M. G. Rhodes, "The influence of fMRI lie detection evidence on juror decision-making," *Behavioral Sciences & the Law*, Vol.29, No.4(2011), pp.566~ 577.

27 The Royal Society, "Brain Waves 4: Neuroscience and the law," The Royal Society, December 13, 2011, http://royalsociety.org/policy/projects/brain-waves/responsibility-law/(검색일: 2020.3.10).

28 G. Miller, "Did Brain Scans Just Save a Convicted Murderer From the Death Penalty?" *Wired*, December 13, 2013, http://www.wired.com/wiredscience/2013/12/murder-law-brain/(검색일: 2020.3.10).

29 E. Aharoni, G. M. Vincent, C. L. Harenski, V. D. Calhoun, W. Sinnott-Armstrong, M. S. Gazzaniga and K. A. Kiehl, "Neuroprediction of future rearrest," *Proceedings of the National Academy of Sciences*, Vol.110, No.15(2013), pp.6223~6228.

30 The Neurocritic, "Can Brain Activity Predict Criminal Reoffending?" *The Neurocritic*, March 28, 2013, https://neurocritic.blogspot.com/2013/03/can-anterior-cingulate-activity-predict.html (검색일: 2020.3.10).

31 A. Hannaford, "'Neuromarketing': can science predict what we'll buy?" *The Telegraph*, April 13, 2013, https://www.telegraph.co.uk/news/science/science-news/9984498/Neuromarketing-can-science-predict-what-well-buy.html(검색일: 2020.3.10).

32 D. Ariely, and G. S. Berns, "Neuromarketing: The hope and hype of neuroimaging in

business," *Nature Reviews Neuroscience*, Vol.11, No.4(2010), pp.284~292.
33 K. Randall, "How Your Brain Can Predict Blockbusters," *Fast Company*, February 22, 2013, https://www.fastcompany.com/3006186/how-your-brain-can-predict-blockbusters(검색일: 2020.3.10).
34 J. Laurance, "Scientists read the minds of the living dead," *Independent*, February 4, 2010, http://www.independent.co.uk/news/science/scientists-read-the-minds-ofthe-living-dead-1888995.html(검색일: 2020.3.10).
35 M. M. Monti, A. Vanhaudenhuyse, M. R. Coleman, M. Boly, J. D. Pickard, L. Tshibanda, S. Laureys et al., "Willful modulation of brain activity in disorders of consciousness," *New England Journal of Medicine*, Vol.362, No.7(2010), pp.579~589.
36 L. Turner-Stokes, J. Kitzinger, H. Gill-Thwaites, E. D. Playford, D. Wade, J. Allanson and J. Pickard, "fMRI for vegetative and minimally conscious states," *BMJ*, Vol.345(2012), p.345.
37 Amen Clinic, "About Amen Clinics," Amen Clinic, https://www.amenclinics.com/about-us/(검색일: 2020.3.10).
38 NeuroBollocks, "Utterly shameless diagnostic brain imaging neurobollocks," NeuroBollocks, March 10, 2013, http://neurobollocks.wordpress.com/2013/03/10/utterly-shameless-diagnostic-brain-imaging-neurobollocks/(검색일: 2020.3.10).
39 K. Botteron, C. Carter, F. X. Castellanos, D. P. Dickstein, W. Drevets, K. L. Kim, J. K. Zubieta et al., *Consensus Report of the APA Work Group on Neuroimaging Markers of Psychiatric Disorders*(Arlington, VA: APA, 2012).

신화 28 . 뉴로 피드백이 축복을 가져올 것이다

1 N. D. Tucker, "Amen is the most popular psychiatrist in America: To most researchers and scientists, that's a very bad thing," *Washington Post*, August 9, 2012, http://articles.washingtonpost.com/2012-08-09/lifestyle/35493561_1_psychiatric-practices-psychiatrist-clinics/2(검색일: 2020.3.10).
2 B. L. Beyerstein, "The myth of alpha consciousness," *Skeptical Inquirer*, Vol.10(1985), pp.42~59.
3 S. Della Sala, *Mind Myths: Exploring Popular Assumptions about the Mind and Brain* (Hoboken, NJ: Wiley, 1999).
4 D. Vernon, T. Dempster, O. Bazanova, N. Rutterford, M. Pasqualini and S. Andersen, "Alpha neurofeedback training for performance enhancement: Reviewing the methodology," *Journal of neurotherapy*, Vol.13, No.4(2009), pp.214~227.
5 B. Zoefel, R. J. Huster and C. S. Herrmann, "Neurofeedback training of the upper alpha frequency band in EEG improves cognitive performance," *Neuroimage*, Vol.54, No.2(2011), pp.1427~1431.
6 D. J. Vernon, "Can neurofeedback training enhance performance? An evaluation of the evidence with implications for future research," *Applied Psychophysiology and Biofeedback*, Vol.30, No.4(2005), pp.347~364.
7 R. C. deCharms, F. Maeda, G. H. Glover, D. Ludlow, J. M. Pauly, D. Soneji, S. C. Mackey et al., "Control over brain activation and pain learned by using real-time functional MRI," *Proceedings of the National Academy of Sciences of the United States of America*, Vol.102, No.51(2005), pp.18626~18631.
8 D. Vernon, G. Peryer, J. Louch and M. Shaw, "Tracking EEG changes in response to alpha and beta binaural beats," *International Journal of Psychophysiology*. Vol.93, No.1(2012), pp.134~139.

9 G. Tan, J. Thornby, D. C. Hammond, U. Strehl, B. Canady, K. Arnemann and D. A. Kaiser, "Meta-analysis of EEG biofeedback in treating epilepsy," *Clinical EEG and Neuroscience*, Vol.40, No.3(2009), pp.173~179.
10 J. M. Lohr, S. A. Meunier, L. M. Parker and J. P. Kline, "Neurotherapy does not qualify as an empirically supported behavioral treatment for psychological disorders," *Behavior Therapist*, Vol.24, No.5(2001), pp.97~104.
11 N. Lofthouse, L. E. Arnold, S. Hersch, E. Hurt and R DeBeus, "Areview of neurofeedback treatment for pediatric ADHD," *Journal of Attention Disorders*, Vol.16, No.5(2012), pp.351~372.
12 M. Arns, C. K. Conners and H. C. Kraemer, "A decade of EEG theta/beta ratio research in ADHD: A meta-analysis," *Journal of Attention Disorders*, Vol.17, No.5(2013), pp.374~383.
13 M. A. Vollebregt, M. Dongen-Boomsma, J. K. Buitelaar and D. Slaats-Willemse, "Does EEG-neurofeedback improve neurocognitive functioning in children with attention-deficit/hyperactivity disorder? A systematic review and a double-blind placebo-controlled study," *Journal of Child Psychology and Psychiatry*, Vol.55, No.5(2014), pp.460~472.
14 J. Reis, H. M. Schambra, L. G. Cohen, E. R. Buch, B. Fritsch, E. Zarahn, J. W. Krakauer et al., "Noninvasive cortical stimulation enhances motor skill acquisition over multiple days through an effect on consolidation," *Proceedings of the National Academy of Sciences*, Vol.106, No.5 (2009), pp.1590~1595.
15 R. Cohen Kadosh, S. Soskic, T. Iuculano, R. Kanai and V. Walsh, "Modulating neuronal activity produces specific and long-lasting changes in numerical competence," *Current Biology*, Vol.20, No.22(2010), pp.2016~2020.
16 I. Santiesteban, M. J. Banissy, C. Catmur and G. Bird, "Enhancing social ability by stimulating right temporoparietal junction," *Current Biology*, Vol.22, No.23(2012), pp.2274~2277.
17 T. Iuculano, and R. C. Kadosh, "The mental cost of cognitive enhancement," *The Journal of Neuroscience*, Vol.33, No.10(2013), pp.4482~4486.
18 M. Bikson, S. Bestmann and D. Edwards, "Neuroscience: Transcranial devices are not playthings," *Nature*, Vol.501, No.7466(2013), p.167.
19 N. J. Davis, and M. G. van Koningsbruggen, "'Non-invasive' brain stimulation is not non-invasive," *Frontiers in Systems Neuroscience*, Vol.7(2013).

신화 29. 뇌 훈련이 당신을 똑똑하게 만든다

1 Lumocity, "Overview," n.d., http://hcp.lumosity.com/research/neuroscience(검색일: 2020.3.10).
2 T. Klingberg, H. Forssberg and H. Westerberg, "Training of working memory in children with ADHD," *Journal of Clinical and Experimental Neuropsychology*, Vol.24, No.6(2002), pp.781~791.
3 S. M. Jaeggi, M. Buschkuehl, J. Jonides and W. J. Perrig, "Improving fluid intelligence with training on working memory," *Proceedings of the National Academy of Sciences*, Vol.105, No.19(2008), pp.6829~6833.
4 J. M. Chein, and A. B. Morrison, "Expanding the mind's workspace: Training and transfer effects with a complex working memory span task," *Psychonomic Bulletin & Review*, Vol.17, No.2(2010), pp.193~199.
5 M. Buschkuehl, S. M. Jaeggi and J. Jonides, "Neuronal effects following working memory training," *Developmental Cognitive Neuroscience*, Vol.2(2012), pp.S167~S179.
6 Which? "Do brain trainers work?" 2009, http://www.which.co.uk/technology/archive/guides/brain-training/do-braintrainers-work/(검색일: 2020.3.10).
7 A. M. Owen, A. Hampshire, J. A. Grahn, R. Stenton, S. Dajani, A. S. Burns, C. G. Ballard et

al., "Putting brain training to the test," *Nature*, Vol.465, No.7299(2010), pp.775~778.
8 W. R. Boot, D. J. Simons, C. Stothart and C. Stutts, "The pervasive problem with placebos in psychology: Why active control groups are not sufficient to rule out placebo effects," *Perspectives on Psychological Science*, Vol.8, No.4(2013), pp.445~454.
9 Z. Shipstead, K. L. Hicks and R. W. Engle, "Cogmed working memory training: Does the evidence support the claims?" *Journal of Applied Research in Memory and Cognition*, Vol.1, No.3(2012), pp.185~193.
10 Boot, Simons, Stothart and Stutts, "The pervasive problem with placebos in psychology: Why active control groups are not sufficient to rule out placebo effects," pp.445~454.
11 K. V. Papp, S. J. Walsh and P. J. Snyder, "Immediate and delayed effects of cognitive interventions in healthy elderly: A review of current literature and future directions," *Alzheimer's & Dementia*, Vol.5, No.1(2009), pp.50~60.
12 J. Reijnders, C. van Heugten and M. van Boxtel, "Cognitive interventions in healthy older adults and people with mild cognitive impairment: A systematic review," *Ageing Research Reviews*, Vol.12(2013), pp.263~275.
13 J. I. Buitenweg, J. M. Murre and K. R. Ridderinkhof, "Brain training in progress: A review of trainability in healthy seniors," *Frontiers in Human Neuroscience*, Vol.6(2012).
14 Breakthroughs International, "The Brain Gym Program: Moving with Intention for Optimal Living and Learning," Breakthroughs International, https://breakthroughsinternational.org/programs/the-brain-gym-program/(검색일: 2020.3.10).
15 K. J. Hyatt, "Brain Gym building stronger brains or wishful thinking?" *Remedial and Special Education*, Vol.28, No.2(2007), pp.117~124.
16 L. S. Spaulding, M. P. Mostert and A. P. Beam, "Is Brain Gym an effective educational intervention?" *Exceptionality*, Vol.18, No.1(2010), pp.18~30.
17 P. A. Howard-Jones, "Scepticism is not enough," *Cortex*, Vol.45, No.4(2009), pp.550~551.
18 S. Dekker, N. C. Lee, P. Howard-Jones and J. Jolles, "Neuromyths in education: Prevalence and predictors of misconceptions among teachers," *Frontiers in Psychology*, Vol.3(2012), p.429.
19 Learnus, "Learnun: Understanding Learning," Learnus, https://www.learnus.co.uk/(검색일: 2020.3.10).

신화 30. 뇌에 좋은 음식을 먹으면 머리가 좋아진다

1 E. E. Devore, J. H. Kang, M. Breteler and F. Grodstein, "Dietary intakes of berries and flavonoids in relation to cognitive decline," *Annals of Neurology*, Vol.72, No.1(2012), pp.135~143.
2 Food and Agriculture Organization of the United Nations, "Fats and fatty acids in human nutrition: Report of an expert consultation," *FAO Food and Nutrition Paper*, Vol.91(2008), http://www.fao.org/docrep/013/i1953e/i1953e00.pdf(검색일: 2020.3.10).
3 J. Protzko, J. Aronson and C. Blair, "How to make a young child smarter: Evidence from the database of raising intelligence," *Perspectives on Psychological Science*, Vol.8, No.1(2013), pp.25~40.
4 A. J. Richardson, J. R. Burton, R. P. Sewell, T. F. Spreckelsen and P. Montgomery, "Docosahexaenoic acid for reading, cognition and behavior in children aged 7~9 years: A randomized, controlled trial (The DOLAB Study)," *PLOS ONE*, Vol.7, No.9(2012), p.e43909.
5 NHS, "Fish oil can 'make children less naughty'," September 7, 2012, https://www.nhs.uk/news/pregnancy-and-child/fish-oil-can-make-children-less-naughty/(검색일: 2020.3.10).

6 E. Sydenham, A. D. Dangour and W. S. Lim, "Omega 3 fatty acid for the prevention of cognitive decline and dementia," *Cochrane Database Syst Rev*, Vol.6(2012).

7 J. Gregory, and S. Lowe. *National Diet and Nutrition Survey: Young People Aged 4 to 18 Years*(London: The Stationery Office, 2000).

8 D. Benton, and G. Roberts, "Effect of vitamin and mineral supplementation on intelligence of a sample of schoolchildren," *The Lancet*, Vol.331, No.8578(1988), pp.140~143.

9 D. Benton, "A fishy tale," *The Psychologist*, Vol.21(2008), pp.850~853.

10 J. Protzko, J. Aronson and C. Blair, "How to make a young child smarter: Evidence from the database of raising intelligence," *Perspectives on Psychological Science*, Vol.8, No.1(2013), pp.25~40.

11 C. Zimmer, "Bottles Full Of Brain Boosters," carlzimmer.com, June 15, 2012, https://carlzimmer.com/bottles-full-of-brain-boosters-253/(검색일: 2020.3.10).

12 R. F. Baumeister, and J. Tierney. *Willpower: Rediscovering Our Greatest Strength*(London: Penguin UK, 2011).

13 M. T. Gailliot, R. F. Baumeister, C. N. DeWall, J. K. Maner, E. A. Plant, D. M. Tice, B. J. Schmeichel et al., "Self-control relies on glucose as a limited energy source: Willpower is more than a metaphor," *Journal of Personality and Social Psychology*, Vol.92, No.2(2007), p.325.

14 S. Tanenbaum, "Want to Boost Your Willpower? Sip Lemonade," Everyday Heath, 2012, http://www.everydayhealth.com/weight/0105/want-to-boost-your-willpower-sip-lemonade.aspx(검색일: 2020.3.10).

15 *What You Need to Know about Willpower: The Psychological Science of Self-Control*, Washington D.C.: American Psychological Association, 2012), http://www.apa.org/helpcenter/willpower.aspx(검색일: 2020.3.10).

16 M. A. Sanders, S. D. Shirk, C. J. Burgin and L. L. Martin, "The gargle effect rinsing the mouth with glucose enhances self-control," *Psychological Science*, Vol.23, No.12(2012), pp.1470~1472.

17 J. M. Carter, A. E. Jeukendrup and D. A. Jones, "The effect of carbohydrate mouth rinse on 1-h cycle time trial performance," *Medicine and Science in Sports and Exercise*, Vol.36 (2004), pp.2107~2111.

18 M. L. Wolraich, D. B. Wilson and J. W. White, "The effect of sugar on behavior or cognition in children: A meta-analysis," *JAMA*, Vol.274, No.20(1995), pp.1617~1621.

19 M. Ingram, and R. M. Rapee, "The effect of chocolate on the behaviour of preschool children," *Behaviour Change*, Vol.23, No.01(2006), pp.73~81.

20 N. J. Wiles, K. Northstone, P. Emmett and G. Lewis, "'Junk food' diet and childhood behavioural problems: Results from the ALSPAC cohort," *European Journal of Clinical Nutrition*, Vol.63, No.4(2007), pp.491~498.

21 M. J. Crockett, L. Clark, G. Tabibnia, M. D. Lieberman and T. W. Robbins, "Serotonin modulates behavioral reactions to unfairness," *Science*, Vol.320, No.5884(2008), p.1739.

22 R. Bravo, S. Matito, J. Cubero, S. D. Paredes, L. Franco, M. Rivero, C. Barriga et al., "Tryptophan-enriched cereal intake improves nocturnal sleep, melatonin, serotonin, and total antioxidant capacity levels and mood in elderly humans," *Age*, Vol.35(2012) pp.1277~1285, pp.1~9.

23 B. Y. Silber, and J. A. J. Schmitt, "Effects of tryptophan loading on human cognition, mood, and sleep," *Neuroscience & Biobehavioral Reviews,* Vol.34, No.3(2010), pp.387~407.

24 P. S. Talbot, D. R. Watson, S. L. Barrett and S. J. Cooper, "Rapid tryptophan depletion improves decision-making cognition in healthy humans without affecting reversal learning or set shifting," *Neuropsychopharmacology*, Vol.31, No.7(2005), pp.1519~1525.

25 U. Muller, J. B. Rowe, T. Rittman, C. Lewis, T. W. Robbins and B. J. Sahakian, "Effects of modafinil on non-verbal cognition, task enjoyment andcreative thinking in healthy volunteers," *Neuropharmacology*, Vol.64(2013), pp.490~495.

신화 31. 구글은 우리를 멍청하게 만들거나 미치게 만든다

1 N. Carr, "Is Google Making Us Stupid?: What the Internet is doing to our brains," *The Atlantic*, July, 2008, http://www.theatlantic.com/magazine/archive/2008/07/is-google-makingus-stupid/306868/(검색일: 2020.3.10).

2 S. Greenfield, "Susan Greenfield: Computers may be altering our brains," *Indepencent*, August 12, 2010, http://www.independent.co.uk/voices/commentators/susan-greenfield-computers-may-be-altering-our-brains-2336059.html(검색일: 2020.3.10).

3 S. Greenfield, "Modern technology is changing the way our brains work, says neuroscientist," *Daily Mail*, May 15, 2008, https://www.dailymail.co.uk/sciencetech/article-565207/Modern-technology-changing-way-brains-work-says-neuroscientist.html(검색일: 2020.3.10).

4 H. Lewis, "Susan Greenfield's 2121: the worst science fiction book ever written?" *New Statesman America*, July 17, 2013, http://www.newstatesman.com/2013/07/susan-greenfield-novel-2121-review(검색일: 2020.3.10).

5 T. Dokoupil, "Is the Internet Making Us Crazy? What the New Research Says," *Newsweek*, July 9, 2012, https://www.newsweek.com/internet-making-us-crazy-what-new-research-says-65593(검색일: 2020.3.10).

6 V. Bell, "Don't Touch That Dial!: A history of media technology scares, from the printing press to Facebook," *Slate*, February 15, 2010, http://www.slate.com/articles/health_and_science/science/2010/02/dont_touch_that_dial.html(검색일: 2020.3.10).

7 M. Nasi, and L. Koivusilta, "Internet and Everyday Life: The Perceived Implications of Internet Use on Memory and Ability to Concentrate," *Cyberpsychology, Behavior, and Social Networking,* Vol.16, No.2(2013), pp.88~93.

8 T. Stafford, "Does the internet rewire your brain?" BBC, April 24, 2012, http://www.bbc.com/future/story/20120424-does-the-Internet-rewire-brains(검색일: 2020.3.10).

9 L. L. Bowman, L. E. Levine, B. M. Waite and M. Gendron, "Can students really multitask? An experimental study of instant messaging while reading," *Computers & Education*, Vol.54, No.4(2010), pp.927~931.

10 S. T. Iqbal, and E. Horvitz. "Disruption and recovery of computing tasks: Field study, analysis, and directions," In *Proceedings of the SIGCHI Conference On Human Factors In Computing Systems*(pp.677~686)(New York: ACM, April 4, 2007).

11 B. Sparrow, J. Liu and D. M. Wegner, "Google effects on memory: Cognitive consequences of having information at our fingertips," *Science*, Vol.333, No.6043(2011), pp.776~778.

12 E. Ophir, C. Nass and A. D. Wagner, "Cognitive control in media multitaskers," *Proceedings of the National Academy of Sciences*, Vol.106, No.37(2009), pp.15583~15587.

13 G. W. Small, T. D. Moody, P. Siddarth and S. Y. Bookheimer, "Your brain on Google: Patterns of cerebral activation during Internet Searching," *American Journal of Geriatric Psych*, Vol.17, No.2(2009), pp.116~126.

14 O. P. Almeida, B. B. Yeap, H. Alfonso, G. J. Hankey, L. Flicker and P. E. Norman, "Older men who use computers have lower risk of dementia," *PLOS ONE*, Vol.7, No.8(2012), p.e44239.

15 P. A. Tun, and M. E. Lachman, "The association between computer use and cognition across adulthood: Use it so you won't lose it?" *Psychology and Aging*, Vol.25, No.3(2010), p.560.

16 R. Kraut, M. Patterson, V. Lundmark, S. Kiesler, T. Mukophadhyay and W. Scherlis, "Internet

paradox: A social technology that reduces social involvement and psychological well-being?" *American Psychologist*, Vol.53, No.9(1998), p.1017.

17 R. Kraut, S. Kiesler, B. Boneva, J. Cummings, V. Helgeson and A. Crawford, "Internet paradox revisited," *Journal of Social Issues*, Vol.58, No.1(2002), pp.49~74.

18 F. groβe Deters and M. R. Mehl, "Does posting Facebook status updates increase or decrease loneliness? An online social networking experiment," *Social Psychological and Personality Science*. December 20, 2012, doi: 10.1177/1948550612469233.

19 N. B. Ellison, C. Steinfield and C. Lampe, "The benefits of Facebook "friends": Social capital and college students' use of online social network sites," *Journal of Computer-Mediated Communication*, Vol.12, No.4(2007), pp.1143~1168.

20 L. R. Baker, and D. L. Oswald, "Shyness and online social networking services," *Journal of Social and Personal Relationships*, Vol.27, No.7(2010), pp.873~889.

21 W. Hofmann, R. F. Baumeister, G. Forster and K. D. Vohs, "Everyday temptations: An experience sampling study of desire, conflict, and self-control," *Journal of Personality and Social Psychology*, Vol.102, No.6(2012), p.1318.

22 F. Lin, Y. Zhou, Y. Du, L. Qin, Z. Zhao, J. Xu and H. Lei, "Abnormal white matter integrity in adolescents with Internet addiction disorder: A tract-based spatial statistics study," *PLOS ONE*, Vol.7, No.1(2012), p.e30253.

23 P. Maguire, "Compulsive gamers 'not addicts'," BBC, 2008, http://news.bbc.co.uk/1/hi/technology/7746471.stm(검색일: 2020.3.10).

24 V. Bell, "Why there is no such thing as internet addiction," Mind Hacks, https://mindhacks.com/2007/08/20/why-there-is-no-such-thing-as-internet-addiction/(accessed May 16, 2014).

25 *Daily Mail*, "'Digital dementia' on the rise as young people increasingly rely on technology instead of their brain," *Daily Mail*, June 24, 2013, http://www.dailymail.co.uk/health/article-2347563/Digital-dementiarise-young-people-increasingly-rely-technology-instead-brain.html (검색일: 2020.3.10).

26 J. Ryall, "Surge in 'digital dementia'," *The Telegraph*, June 24, 2013, http://www.telegraph.co.uk/news/worldnews/asia/southkorea/10138403/Surge-in-digital-dementia.html(검색일: 2020.3.10).

27 C. R. Engelhardt, B. D. Bartholow, G. T. Kerr and B. J. Bushman, "This is your brain on violent video games: Neural desensitization to violence predicts increased aggression following violent video game exposure," *Journal of Experimental Social Psychology*, Vol.47, No.5 (2011), pp.1033~1036.

28 I. Spence, and J. Feng, "Video games and spatial cognition," *Review of General Psychology*, Vol.14, No.2(2010), p.92; Green, C. S. and D. Bavelier, "Enumeration versus multiple object tracking: The case of action video game players," *Cognition*, Vol.101, No.1(2006), pp.217~245.

29 T. Greitemeyer, and S. Osswald, "Effects of prosocial video games on prosocial behavior," *Journal of Personality and Social Psychology*, Vol.98, No.2(2010), p.211.

30 R. J. Haier, S. Karama, L. Leyba and R. E. Jung, "MRI assessment of cortical thickness and functional activity changes in adolescent girls following three months of practice on a visual-spatial task," *BMC Research Notes*, Vol.2, No.1(2009), p.174.

31 D. Giannotti, G. Patrizi, G. Di Rocco, A. R. Vestri, C. P. Semproni, L. Fiengo, A. Redler et al., "Play to become a surgeon: Impact of Nintendo Wii training on laparoscopic skills," *PLOS ONE*, Vol.8, No.2(2013), p.e57372.

32 W. R. Boot, D. P. Blakely and D. J. Simons, "Do action video games improve perception and cognition?" *Frontiers in Psychology*, Vol.2(2011).

33 W. R. Boot, D. J. Simons, C. Stothart and C. Stutts, "The pervasive problem with placebos in psychology: Why active control groups are not sufficient to rule out placebo effects," *Perspectives on Psychological Science*, Vol.8, No.4(2013), pp.445~454.

34 D. Bavelier, and R. J. Davidson, "Brain training: Games to do you good," *Nature*, Vol.494, No.7438(2013), pp.425~426.

7장 인식과 행동에 관련된 신화

신화 32. 뇌는 오감에서 정보를 받아들인다

1 L. Groeger, "Making Sense of the World, Several Senses at a Time: Sensory cross talk helps us navigate the world," *Scientific American*, February 28, 2012, http://www.scientificamerican.com/article/making-sense-world-sveralsenses-at-time/(검색일: 2020.3.10).

2 J. Westerhoff, "Reality: What is it?" *New Scientist*, Vol.215, No.2884(2012), pp.34~35.

3 D. Andrew, and A. D. Craig, "Spinothalamic lamina I neurons selectively sensitive to histamine: A central neural pathway for itch," *Nature Neuroscience*, Vol.4, No.1(2001), pp.72~77.

4 M. Schmelz, "Itch and pain," *Neuroscience & Biobehavioral Reviews*, Vol.34, No.2(2010), pp.171~176.

5 L. S. Löken, J. Wessberg, F. McGlone and H. Olausson, "Coding of pleasant touch by unmyelinated afferents in humans," *Nature Neuroscience*, Vol.12, No.5(2009), pp.547~548.

6 L. D. Rosenblum, and M. S. Gordon, "The exotic sensory capabilities of humans," *The Psychologist*, Vol.25, No.12(2012), pp.904~907.

7 J. A. M. Rojas, J. A. Hermosilla, R. S. Montero and P. L. L. Espi, "Physical analysis of several organic signals for human echolocation: Oral vacuum pulses," *Acta Acustica united with Acustica*, Vol.95, No.2(2009), pp.325~330.

8 R. A. Rensink, "Visual sensing without seeing," *Psychological Science*, Vol.15, No.1(2004), pp.27~32.

9 D. J. Simons, G. Nevarez and W. R. Boot, "Visual sensing is seeing why "mindsight," in hindsight, is blind," *Psychological Science*, Vol.16, No.7(2005), pp.520~524.

10 C. Spence, "The multisensory perception of flavour," *Psychologist*, Vol.23, No.9(2010), pp.720~723.

11 G. Morrot, F. Brochet and D. Dubourdieu, "The color of odors," *Brain and language*, Vol.79, No.2(2001), pp.309~320.

12 A. C. North, "The effect of background music on the taste of wine," *British Journal of Psychology*, Vol.103, No.3(2012), pp.293~301.

13 M. Saenz, and C. Koch, "The sound of change: Visually-induced auditory synesthesia," *Current Biology*, Vol.18, No.15(2008), pp.R650~R651.

14 J. Simner, and J. Ward, "Synaesthesia: The taste of words on the tip of the tongue," *Nature*, Vol.444, No.7118(2006), p.438.

15 D. Nikolić, U. M. Jürgens, N. Rothen, B. Meier and A. Mroczko, "Swimming-style synesthesia," *Cortex*, Vol.47, No.7(2011), pp.874~879.

신화 33. 뇌는 세상을 있는 그대로 인식한다

1 D. J. Simons, and C. F. Chabris, "Gorillas in our midst: Sustained inattentional blindness for dynamic events," *Perception-London*, Vol.28, No.9(1999), pp.1059~1074.

2 P. Dalton, and N. Fraenkel, "Gorillas we have missed: Sustained inattentional deafness for

dynamic events," *Cognition*, Vol.124, No.3(2012), pp.367~372.

3 T. Drew, M. L. H. Võ and J. M. Wolfe, "The invisible gorilla strikes again: Sustained inattentional blindness in expert observers," *Psychological Science*, Vol.24, No.9(2013), pp. 1848~1853.

4 K. Yarrow, P. Haggard, R. Heal, P. Brown and J. C. Rothwell, "Illusory perceptions of space and time preserve cross-saccadic perceptual continuity," *Nature*, 414, No.6861(2001), pp.302~305.

5 M. V. C. Baldo, R. D. Ranvaud and E. Morya, "Flag errors in soccer games: The flash-lag effect brought to real life," *Perception-London*, Vol.31, No.10(2002), pp.1205~1210.

6 J. G. Seamon, S. E. Schlegel, P. M. Hiester, S. M. Landau and B. F. Blumenthal, "Misremembering pictured objects: People of all ages demonstrate the boundary extension illusion," *The American Journal of Psychology*, Vol.115, No.2(2002), pp.151~167.

7 C. Stetson, M. P. Fiesta and D. M. Eagleman, "Does time really slow down during a frightening event?" *PLOS ONE*, Vol.2, No.12(2007), p.e1295.

신화 34. 뇌가 재현하는 몸은 정확하고 안정적이다

1 M. R. Longo, and P. Haggard, "An implicit body representation underlying human position sense," *Proceedings of the National Academy of Sciences*, Vol.107, No.26(2010), pp. 11727~11732.

2 I. Bianchi, U. Savardi and M. Bertamini, "Estimation and representation of head size(people overestimate the size of their head — evidence starting from the 15th century)," *British Journal of Psychology*, Vol.99, No.4(2008), pp.513~531.

3 L. Cardinali, F. Frassinetti, C. Brozzoli, C. Urquizar, A. C. Roy and A. Farnè, "Tool-use induces morphological updating of the body schema," *Current Biology*, Vol.19, No.12(2009), pp. R478~R479.

4 A. Iriki, M. Tanaka and Y. Iwamura, "Coding of modified body schema during tool use by macaque postcentral neurones," *Neuroreport*, Vol.7, No.14(1996), pp.2325~2330.

5 A. Jansen, T. Smeets, C. Martijn and C. Nederkoorn, "I see what you see: The lack of a self-serving body-image bias in eating disorders," *British Journal of Clinical Psychology*, Vol.45, No.1(2006), pp.123~135.

6 B. G. Buchanan, S. L. Rossell, J. J. Maller, W. L. Toh, S. Brennan and D. J. Castle, "Brain connectivity in body dysmorphic disorder compared with controls: A diffusion tensor imaging study," *Psychological Medicine*, 43(12)2013, pp.2513~2521.

7 O. Blanke, F. D. Morgenthaler, P. Brugger and L. S. Overney, "Preliminary evidence for a fronto-parietal dysfunction in able-bodied participants with a desire for limb amputation," *Journal of Neuropsychology*, Vol.3, No.2(2009), pp.181~200.

8 L. M. Hilti, J. Hänggi, D. A. Vitacco, B. Kraemer, A. Palla, R. Luechinger, P. Brugger et al., "The desire for healthy limb amputation: Structural brain correlates and clinical features of xenomelia," *Brain*, Vol.136, No.1(2013), pp.318~329.

9 M. Botvinick, and J. Cohen, "Rubber hands 'feel' touch that eyes see," *Nature*, 391, No.6669 (1998), p.756.

10 F. Ferri, A. M. Chiarelli, A. Merla, V. Gallese and M. Costantini, "The body beyond the body: Expectation of a sensory event is enough to induce ownership over a fake hand," *Proceedings of the Royal Society B: Biological Sciences*, Vol.280, No.1765(2013), https://doi.org/10.1098/rspb.2013.1140(검색일: 2020.3.10).

11 A. Guterstam, Petkova, V. I. and Ehrsson, H. H, "The illusion of owning a third arm," *PLOS ONE*, Vol.6, No.2(2011), p.e17208.

12 E. Yong, "Out of body experience: Master of illusion," *Nature*, Vol.480, No.7376(2011), pp. 168~170.

13 B. Van der Hoort, A. Guterstam and H. H. Ehrsson, "Being Barbie: The size of one's own body determines the perceived size of the world," *PLOS ONE*, Vol.6, No.5(2011), p.e20195.

14 V. I. Petkova, and H. H. Ehrsson, "If I were you: Perceptual illusion of body swapping," *PLOS ONE*, Vol.3, No.12(2008), p.e3832.

15 M. R. Longo, and P. Haggard, "What is it like to have a body?" *Current Directions in Psychological Science*, Vol.21, No.2(2012), pp.140~145.

8장 뇌 질환에 관련된 신화

신화 35. 뇌 손상과 뇌진탕에 관한 신화

1 K. Hux, C. D. Schram and T. Goeken, "Misconceptions about brain injury: A survey replication study," *Brain Injury*, Vol.20, No.5(2006), pp.547~553.

2 R. C. Chapman, and J. M. Hudson, "Beliefs about brain injury in Britain," *Brain Injury*, Vol.24, No.6(2010), pp.797~801.

3 C. A. DeMatteo, S. E. Hanna, W. J. Mahoney, R. D. Hollenberg, L. A. Scott, M. C. Law, L. Xu et al., "My child doesn't have a brain injury, he only has a concussion," *Pediatrics*, Vol.125, No.2(2010), pp.327~334.

4 T. L. McLellan, and A. McKinlay, "Does the way concussion is portrayed affect public awareness of appropriate concussion management: the case of rugby league," *British Journal of Sports Medicine*, Vol.45, No.12(2011), pp.993~996.

5 CBC, "Concussion should be termed brain injury: study," January 18, 2010, https://www.cbc.ca/news/technology/concussion-should-be-termed-brain-injury-study-1.865799(검색일: 2020.3.10).

6 A. McKinlay, A. Bishop and T. McLellan, "Public knowledge of 'concussion' and the different terminology used to communicate about mild traumatic brain injury(MTBI)," *Brain Injury*, Vol.25, No.7-8(2011), pp.761~766.

7 T. McLellan, A. Bishop and A. McKinlay, "Community attitudes toward individuals with traumatic brain injury," *Journal of the International Neuropsychological Society*, 16, No.4(2010), p.705.

8 J. M. Jones, S. A. Haslam, J. Jetten, W. H. Williams, R. Morris and S. Saroyan, "That which doesn't kill us can make us stronger (and more satisfied with life): The contribution of personal and social changes to well-being after acquired brain injury," *Psychology and Health*, Vol.26, No.3(2011), pp.353~369.

신화 36. 기억 상실증에 관한 신화

1 A. Zeman, "Secret Harmonies: neurology and the arts," *Brain*, Vol.128, No.4(2005), pp.948~952, https://academic.oup.com/brain/article/128/4/948/284354(검색일: 2020.3.10).

2 J. Foer, *Moonwalking with Einstein: The Art and Science of Remembering Everything* (London: Penguin, 2011).

3 D. J. Simons, and C. F. Chabris, "What people believe about how memory works: A representative survey of the US population," *PLOS ONE*, Vol.6, No.8(2011), p.e22757.

4 D. J. Simons, and C. F. Chabris, "Common (mis) beliefs about memory: A replication and comparison of telephone and mechanical Turk survey methods," *PLOS ONE*, Vol.7, No.12 (2012), p.e51876.

5 S. Baxendale, "Memories aren't made of this: Amnesia at the movies," *BMJ*, Vol.329, No.7480 (2004), p.1480.

6 C. N. Smith, J. C. Frascino, D. L. Kripke, P. R. McHugh, G. J. Treisman and L. R. Squire, "Losing memories overnight: A unique form of human amnesia," *Neuropsychologia*, Vol.48, No.10(2010), pp.2833~2840.

7 H. Merckelbach, T. Merten and S. O. Lilienfeld, "A skeptical look at a remarkable case report of 'overnight' amnesia: Extraordinary symptoms, weak evidence, and a breakdown in peer review," *Skeptical Inquirer*, Vol.35, No.3(2011), pp.35~39.

8 S. Dieguez, and J. M. Annoni, "Stranger than fiction: Literary and clinical amnesia," In J. Bogousslavsky and S. Dieguez(eds.), *Literary Medicine: Brain Disease and Doctors in Novels, Theater, and Film*. Basel, Switzerland: Karger, 2013), pp.147~226.

9 F. Lucchelli, S. Muggia and H. Spinnler, "The 'Petites Madeleines' phenomenon in two amnesic patients: Sudden recovery of forgotten memories," *Brain*, Vol.118, No.1(1995), pp.167~181.

10 K. Maloy, and J. E. Davis, "'Forgettable' sex: A case of transient global amnesia presenting to the emergency department," *The Journal of Emergency Medicine*, Vol.41, No.3(2011), pp. 257~260.

11 P. J. Bauer, and M. Larkina, "The onset of childhood amnesia in childhood: A prospective investigation of the course and determinants of forgetting of early-life events,"(Epub) *Memory*, November 18, 2013, pp.1~18.

12 S. MacDonald, K. Uesiliana and H. Hayne, "Cross-cultural and gender differences in childhood amnesia," *Memory*, Vol.8, No.6(2000), pp.365~376.

13 E. Geraerts, J. W. Schooler, H. Merckelbach, M. Jelicic, B. J. Hauer and Z. Ambadar, "The reality of recovered memories corroborating continuous and discontinuous memories of childhood sexual abuse," *Psychological Science*, Vol.18, No.7(2007), pp.564~568.

14 Simons and Chabris, "What people believe about how memory works: A representative survey of the US population," *PLOS ONE*, Vol.6, No.8, p.e22757.

15 Simons and Chabris, "Common (mis) beliefs about memory: A replication and comparison of telephone and mechanical Turk survey methods," *PLOS ONE*, Vol.7, No.12, p.e51876.

16 C. J. Furst, K. Fuld and M. Pancoe, "Recall accuracy of eidetikers," *Journal of Experimental Psychology*, Vol.102, No.6(1974), p.1133.

17 A. Richardson, and J. D. Francesco, "Stability, accuracy and eye movements in eidetic imagery," *Australian Journal of Psychology*, Vol.37, No.1(1985), pp.51~64.

18 J. M. Talarico, and D. C. Rubin, "Confidence, not consistency, characterizes flashbulb memories," *Psychological Science*, Vol.14, No.5(2003), pp.455~461.

신화 37. 혼수상태에 관한 신화

1 A. M. Owen, M. R. Coleman, M. Boly, M. H. Davis, S. Laureys and J. D. Pickard, "Detecting awareness in the vegetative state," *Science*, Vol.313, No.5792(2006), p.1402.

2 M. M. Monti, A. Vanhaudenhuyse, M. R. Coleman, M. Boly, J. D. Pickard, L. Tshibanda, S. Laureys et al., "Willful modulation of brain activity in disorders of consciousness," *New England Journal of Medicine*, Vol.362, No.7(2010), pp.579~589.

3 E. F. Wijdicks, and C. A. Wijdicks, "The portrayal of coma in contemporary motion pictures," *Neurology*, Vol.66, No.9(2006), pp.1300~1303.

4 D. Casarett, J. M. Fishman, H. J. MacMoran, A. Pickard and D. A. Asch, "Epidemiology and prognosis of coma in daytime television dramas," *BMJ*, Vol.331, No.7531(2005), p.1537.

5 K. Gray, T. Anne Knickman and D. M. Wegner, "More dead than dead: Perceptions of

persons in the persistent vegetative state," *Cognition*, Vol.121, No.2(2011), pp.275~280.

6 J. Swaine, "Brain-dead pregnant woman kept alive against family wishes to deliver child," *The Telegraph*, January 8, 2014, http://www.telegraph.co.uk/news/worldnews/northamerica/usa/10559511/Brain-dead-pregnant-woman-kept-alive-against-family-wishes-to-deliver-child.html(검색일: 2020.3.10).

7 St. W. John, "The Irish Patient and Dr. Lawsuit," *The New York Times*, April 24, 2005, http://www.nytimes.com/2005/04/24/fashion/sundaystyles/24plastic.html(검색일: 2020.3.10).

8 S. H. LiPuma, and J. P. DeMarco, "Reviving brain death: A functionalist view," *Journal of Bioethical Inquiry*, Vol.10, No.3(2013), pp.383~392.

신화 38. 뇌전증에 관한 신화

1 J. J. Caspermeyer, E. J. Sylvester, J. F. Drazkowski, G. L. Watson and J. I. Sirven, "Evaluation of stigmatizing language and medical errors in neurology coverage by US newspapers," *Mayo Clinic Proceedings*, Vol.81, No.3(2006), pp.300~306.

2 J. Price, "The surgical treatment of epilepsy," *The Journal of Nervous and Mental Disease*, Vol.17, No.6(1892), pp.396~407.

3 A. K. Njamnshi, F. N. Yepnjio, A. C. Z. K. Bissek, E. N. Tabah, P. Ongolo-Zogo, F. Dema, W. F. Muna et al., "A survey of public knowledge, attitudes, and practices with respect to epilepsy in Badissa Village, Centre Region of Cameroon," *Epilepsy & Behavior*, Vol.16, No.2(2009), pp.254~259.

4 A. Daoud, S. Al-Safi, S. Otoom, L. Wahba and A. Alkofahi, "Public knowledge and attitudes towards epilepsy in Jordan," *Seizure*, Vol.16, No.6(2007), pp.521~526.

5 D. Nicholaos, K. Joseph, T. Meropi and K. Charilaos, "A survey of public awareness, understanding, and attitudes toward epilepsy in Greece," *Epilepsia*, Vol.47, No.12(2006), pp.2154~2164.

6 A. Jacoby, J. Gorry, C. Gamble and G. A. Baker, "Public knowledge, private grief: A study of public attitudes to epilepsy in the United Kingdom and implications for stigma," *Epilepsia*, Vol.45, No.11(2004), pp.1405~1415.

7 A. Awaritefe, "Epilepsy: The myth of a contagious disease," *Culture, Medicine and Psychiatry*, Vol.13, No.4(1989), pp.449~456.

8 J. R. Hughes, "Did all those famous people really have epilepsy?" *Epilepsy & Behavior*, Vol.6, No.2(2005), pp.115~139.

9 P. Wolf, "Epilepsy in contemporary fiction: Fates of patients," *The Canadian Journal of Neurological Sciences*, Vol.27, No.2(2000), pp.166~172.

10 S. Baxendale, "Epilepsy at the movies: Possession to presidential assassination," *The Lancet Neurology*, Vol.2, No.12(2003), pp.764~770.

11 S. Baxendale, "The representation of epilepsy in popular music," *Epilepsy & Behavior*, Vol.12, No.1(2008), pp.165~169.

12 A. D. Moeller, J. J. Moeller, S. R. Rahey and R. M. Sadler, "Depiction of seizure first aid management in medical television dramas," *The Canadian Journal of Neurological Sciences*, Vol.38, No.5(2011), pp.723~727.

13 S. Baxendale, and A. O'Toole, "Epilepsy myths: Alive and foaming in the 21st century," *Epilepsy & Behavior*, Vol.11, No.2(2007), pp.192~196.

14 K. McNeil, P. M. Brna and K. E. Gordon, "Epilepsy in the Twitter era: A need to re-tweet the way we think about seizures," *Epilepsy & Behavior*, Vol.23, No.2(2012), pp.127~130.

15 V. S. Wong, M. Stevenson and L. Selwa, "The presentation of seizures and epilepsy in

YouTube videos," *Epilepsy & Behavior*, Vol.27, No.1(2014), pp.247~250.

신화 39. 자폐증에 관한 신화

1 D. A. Treffert, and D. D. Christensen, "Inside the mind of a savant," *Scientific American*, Vol. 293, No.6(2005), pp.108~113.
2 R. Conn, and D. Bhugra, "The portrayal of autism in Hollywood films," *International Journal of Culture and Mental Health*, Vol.5, No.1(2012), pp.54~62.
3 C. J. Anders, "Why do we want autistic kids to have superpowers?," io9, January 25, 2012, http://io9.com/5879242/why-do-we-want-autistic-kids-to-have-superpowers(검색일: 2020.3.10).
4 F. Godlee, J. Smith and H. Marcovitch, "Wakefield's article linking MMR vaccine and autism was fraudulent," *BMJ*, Vol.342(2011), p.c7452.
5 예를 들어 G. Baird, A. Pickles, E. Simonoff, T. Charman, P. Sullivan, S. Chandler, D. Brown et al., "Measles vaccination and antibody response in autism spectrum disorders," *Archives of Disease in Childhood*, Vol.93, No.10(2008), pp.832~837.
6 D. V. Bishop, A. J. Whitehouse, H. J. Watt and E. A. Line, "Autism and diagnostic substitution: Evidence from a study of adults with a history of developmental language disorder," *Developmental Medicine & Child Neurology*, Vol.50, No.5(2008), pp.341~345.
7 K. Weintraub, "Autism counts," *Nature*, Vol.479, No.7371(2011), pp.22~24.
8 T. McVeigh, "Research linking autism to internet use is criticised," *The Guardian*, August 6, 2011, https://www.theguardian.com/society/2011/aug/06/research-autism-internet-susan-greenfield(검색일: 2020.3.10).
9 A. Senju, M. Maeda, Y. Kikuchi, T. Hasegawa, Y. Tojo and H. Osanai, "Absence of contagious yawning in children with autism spectrum disorder," *Biology Letters*, Vol.3, No.6(2007), pp. 706~708.
10 S. Usui, A. Senju, Y. Kikuchi, H. Akechi, Y. Tojo, H. Osanai and T. Hasegawa, "Presence of contagious yawning in children with autism spectrum disorder," *Autism Research and Treatment*, Vol.2013(2013). pp.1~8, doi: 10.1155/2013/971686.
11 D. N. McIntosh, A. Reichmann-Decker, P. Winkielman and J. L. Wilbarger, "When the social mirror breaks: Deficits in automatic, but not voluntary, mimicry of emotional facial expressions in autism," *Developmental Science*, Vol.9, No.3(2006), pp.295~302.
12 A. Hamilton, "Reflecting on the mirror neuron system in autism: a systematic review of current theories," *Developmental Cognitive Neuroscience,* Vol.3(2013), pp.91~105.
13 Woman With Asperger's. 2010 "Inside and Out: A Few Words About Empathy," Woman With Asperger's. http://womanwithaspergers.wordpress.com/2010/05/09/a-few-words-about-empathy/(검색일: 2020.3.10).
14 C. Jarrett, "Get a second life," *The Psychologist*, Vol.22, No.6(2009), https://thepsychologist.bps.org.uk/volume-22/edition-6/get-second-life(검색일: 2020.3.10).
15 L. Mottron, "Changing perceptions: The power of autism," *Nature*, Vol.479, No.7371(2011), pp.33~35.
16 S. C. Jones, and V. Harwood, "Representations of autism in Australian print media," *Disability & Society*, Vol.24, No.1(2009), pp.5~18.
17 L. Pellicano, "Autism as a developmental disorder," *The Psychologist*, Vol.20, No.4(2007), https://thepsychologist.bps.org.uk/volume-20/edition-4/autism-developmental-disorder검색일: 2020.3.10).

신화 40. 치매에 관한 신화

1 이 내용은 알츠하이머의 기록에 기반한 것으로, 출처는 다음과 같다. K. Maurer, S. Volk and H. Gerbaldo, "Auguste D and Alzheimer's disease," *The Lancet*, Vol.349, No.9064(1997), pp. 1546~1549.

2 M. Talantova, S. Sanz-Blasco, X. Zhang, P. Xia, M. W. Akhtar, S. I. Okamoto, S. A. Lipton et al., "Aβinduces astrocytic glutamate release, extrasynaptic NMDA receptor activation, and synaptic loss," *Proceedings of the National Academy of Sciences*, June, 2013, doi: 10.1073/pnas.1306832110

3 U. Muller, P. Winter and M. B. Graeber, "A presenilin 1 mutation in the first case of Alzheimer's disease," *The Lancet Neurology*, Vol.12, No.2(2013), pp.129~130.

4 T. M. Harrison, S. Weintraub, M. M. Mesulam and E. Rogalski, "Superior memory and higher cortical volumes in unusually successful cognitive aging," *Journal of the International Neuropsychological Society*, Vol.18, No.6(2012), p.1081.

5 S. M. Behuniak, "The living dead? The construction of people with Alzheimer's disease as zombies," *Ageing and Society*, Vol.31, No.01(2011), pp.70~92.

6 F. E. Matthews, A. Arthur, L. E. Barnes, J. Bond, C. Jagger, L. Robinson and C. Brayne, "A two-decade comparison of prevalence of dementia in individuals aged 65 years and older from three geographical areas of England: Results of the Cognitive Function and Ageing Study I and II," *The Lancet*, Vol.382, No.9902(2013), pp.405~1412.

7 K. Christensen, M. Thinggaard, A. Oksuzyan, T. Steenstrup, K. Andersen-Ranberg, B. Jeune, J. W. Vaupel et al., "Physical and cognitive functioning of people older than 90 years: A comparison of two Danish cohorts born 10 years apart," *The Lancet*, 382, No.9903(2013), pp.1507~1513.

8 B. L. Miller, J. Cummings, F. Mishkin, K. Boone, F. Prince, M. Ponton and C. Cotman, "Emergence of artistic talent in frontotemporal dementia," *Neurology*, Vol.51, No.4(1998), pp.978~982.

9 A. R. Halpern, J. Ly, S. Elkin-Frankston and M. G. O'Connor, "'I know what I like': Stability of aesthetic preference in Alzheimer's patients," *Brain and Cognition*, Vol.66, No.1(2008), pp. 65~72.

10 D. A. Loewenstein, A. Acevedo, S. J. Czaja and R. Duara, "Cognitive rehabilitation of mildly impaired Alzheimer disease patients on cholinesterase inhibitors," *American Journal of Geriatric Psych*, Vol.12, No.4(2004), pp.395~402.

11 J. Zeisel, "An Alzheimer's Diagnosis Isn't the End," *Huffpost*, May 3, 2011, https://www.huffpost.com/entry/alzheimers-diagnosis-care_b_856662.html(검색일: 2020.3.10).

12 K. Segers, "Degenerative dementias and their medical care in the movies," *Alzheimer Disease & Associated Disorders*, Vol.21, No.1(2007), pp.55~59.

13 D. L. Gerritsen, Y. Kuin and J. Nijboer, "Dementia in the movies: The clinical picture," *Aging & Mental Health*, Vol.18, No.3(2014), pp.276~280.

14 A. Swinnen, "Dementia in documentary film: Mum by Adelheid Roosen," *The Gerontologist*, Vol.53, No.1(2013), pp.113~122.

신화 41. 정신 질환의 화학적 불균형에 관한 신화

1 N. Owens, "Denise Welch on her depression battle: I tried to throw myself from a speeding car," June 9, 2013, *Mirror*, http://www.mirror.co.uk/3am/celebrity-news/denise-welch-depression-battle-tried-1940575(검색일: 2020.3.10).

2 *This is Nottingham*, 2013, *Nottingham Post*, http://www.thisisnottingham.co.uk/Steve-Oliver-depression-don-t-tell-cheer/story-19260268-detail/story.html#axzz2W07HloDB(검색일: 2020.3.10).
3 J. J. Schildkraut, and S. S. Kety, "Biogenic amines and emotion," *Science*, Vol.156, No.771 (1967), pp. 21~37.
4 J. Leo, "The chemical theory of mental illness," *Telos*, Vol.2002, No.122(2002), pp.169~177.
5 R. W. Pies, "Psychiatry's New Brain-Mind and the Legend of the 'Chemical Imbalance'," *Psychiatric Times*, July 11, 2011, https://www.psychiatrictimes.com/blogs/psychiatry-new-brain-mind-and-legend-chemical-imbalance(검색일: 2020.3.10).
6 S. C. Cheetham, M. R. Crompton, C. L. Katona and R. W. Horton, "Brain 5-HT1 binding sites in depressed suicides," *Psychopharmacology*, Vol.102, No.4(1990), pp.544~548.
7 M. Asberg, P. Thoren, L. Traskman, L. Bertilsson and V. Ringberger, "'Serotonin depression': a biochemical subgroup within the affective disorders?" *Science*, Vol.191, No.4226(1976), pp.478~480.
8 D. A. Barton, M. D. Esler, T. Dawood, E. A. Lambert, D. Haikerwal, C. Brenchley, G. W. Lambert et al., "Elevated brain serotonin turnover in patients with depression: Effect of genotype and therapy," *Archives of General Psychiatry*, Vol.65, No.1(2008), pp.38~46.
9 K. Shaw, J. Turner and C. Del Mar, "Tryptophan and 5-hydroxytryptophan for depression," *Cochrane Database Syst Rev*, Vol.1(2002), doi: 10.1002/14651858.CD003198
10 P. L. Delgado, L. H. Price, H. L. Miller, R. M. Salomon, G. K. Aghajanian, G. R. Heninger and D. S. Charney, "Serotonin and the neurobiology of depression: Effects of tryptophan depletion in drug-free depressed patients," *Archives of General Psychiatry*, Vol.51, No.11(1994), p.865.
11 J. R. Lacasse, and J. Leo, "Serotonin and depression: A disconnect between the advertisements and the scientific literature," *PLoS Medicine*, Vol.2, No.12(2005), p.e392.
12 I. Kirsch, B. J. Deacon, T. B. Huedo-Medina, A. Scoboria, T. J. Moore and B. T. Johnson, "Initial severity and antidepressant benefits: A metaanalysis of data submitted to the Food and Drug Administration," *PLoS Medicine*, Vol.5, No.2(2008), p.e45.
13 E. H. Turner, and R. Rosenthal, "Efficacy of antidepressants," *BMJ*, Vol.336, No.7643(2008), pp.516~517.
14 D. Refojo, M. Schweizer, C. Kuehne, S. Ehrenberg, C. Thoeringer, A. M. Vogl, J. M. Deussing et al., "Glutamatergic and dopaminergic neurons mediate anxiogenic and anxiolytic effects of CRHR1," *Science*, Vol.333, No.6051(2011), pp.1903~1907.
15 M. Boldrini, R. Hen, M. D. Underwood, G. B. Rosoklija, A. J. Dwork, J. J. Mann and V. Arango, "Hippocampal angiogenesis and progenitor cell proliferation are increased with antidepressant use in major depression," *Biological Psychiatry*, Vol.72, No.7(2012), pp. 562~571.
16 B. A. Pescosolido, J. K. Martin, J. S. Long, T. R. Medina, J. C. Phelan and B. G. Link, "'A disease like any other'? A decade of change in public reactions to schizophrenia, depression, and alcohol dependence," *American Journal of Psychiatry*, Vol.167, No.11(2010), pp. 1321~1330.
17 C. M. France, P. H. Lysaker and R. P. Robinson, "The 'chemical imbalance' explanation for depression: Origins, lay endorsement, and clinical implications," *Professional Psychology: Research and Practice*, Vol.38, No.4(2007), p.411.
18 T. Samouilhan, and J. Seabi, "University students' beliefs about the causes and treatments of mental illness," *South African Journal of Psychology*, Vol.40, No.1(2010), pp.74~89.
19 P. D. Pilkington, N. J. Reavley and A. F. Jorm, "The Australian public's beliefs about the causes of depression: Associated factors and changes over 16 years," *Journal of Affective*

Disorders, Vol.150, No.2(2013), pp.356~362.

20 T. M. Cook, and J. Wang, "Causation beliefs and stigma against depression: Results from a population-based study," *Journal of Affective Disorders*, Vol.133, No.1(2011), pp.86~92.

21 National Alliance on Mental Illness, "Depression," http://www.nami.org/Template.cfm?Section=Depression&Template=/ContentManagement/ContentDisplay.cfm&ContentID=88956 (Accessed in July 2013).

22 G. Schomerus, C. Schwahn, A. Holzinger, P. W. Corrigan, H. J. Grabe, M. G. Carta and M. C. Angermeyer, "Evolution of public attitudes about mental illness: A systematic review and meta-analysis," *Acta Psychiatrica Scandinavica*, Vol.125, No.6(2012), pp.440~452.

23 J. Leo, and J. R. Lacasse, "The media and the chemical imbalance theory of depression," *Society*, Vol.45, No.1(2008), pp.35~45.

24 R. Pies, "Doctor, Is My Mood Disorder Due to a Chemical Imbalance?" Psych Central, August 4, 2011, https://psychcentral.com/blog/doctor-is-my-mood-disorder-due-to-a-chemical-imbalance/(검색일: 2020.3.10).

25 T. Lewis, "Beer Makes Brain Release Pleasure Chemical Dopamine, Scan Study Suggests," *Huffpost*, April 16, 2013, https://www.huffpost.com/entry/beer-brain-pleasure-chemical-dopamine_n_3086508(검색일: 2020.3.10).

26 A. Jha, "Favourite music evokes same feelings as good food or drugs," *The Guardian*, January 9, 2011, http://www.guardian.co.uk/science/2011/jan/09/why-we-love-music-research(검색일: 2020.3.10).

27 V. Bell, "The unsexy truth about dopamine," *The Guardian*, February 3, 2013, http://www.guardian.co.uk/science/2013/feb/03/dopamine-the-unsexy-truth(검색일: 2020.3.10).

28 M. F. O'Connor, D. K. Wellisch, A. L. Stanton, N. I. Eisenberger, M. R. Irwin and M. D. Lieberman, "Craving love? Enduring grief activates brain's reward center," *Neuroimage*, Vol. 42, No.2(2008), pp.969~972.

29 C. Jarrett, "The chemical brain," *Psychologist*, Vol.20, No.8(2007), pp.480~482.

30 M. Kosfeld, M. Heinrichs, P. J. Zak, U. Fischbacher and E. Fehr, "Oxytocin increases trust in humans," *Nature*, Vol.435, No.7042(2005), pp.673~676.

31 R. Hurlemann, A. Patin, O. A. Onur, M. X. Cohen, T. Baumgartner, S. Metzler, K. M. Kendrick et al., "Oxytocin enhances amygdaladependent, socially reinforced learning and emotional empathy in humans," *The Journal of Neuroscience*, Vol.30, No.14(2010), pp.4999~5007.

32 P. J. Zak, A. A. Stanton and S. Ahmadi, "Oxytocin increases generosity in humans," *PLOS ONE*, Vol.2, No.11(2007), p.e1128.

33 G. Dvorsky, "10 Reasons Why Oxytocin Is The Most Amazing Molecule In The World," io9, July 12, 2012, https://io9.gizmodo.com/10-reasons-why-oxytocin-is-the-most-amazing-molecule-in-5925206(검색일: 2020.3.10).

34 S. G. Shamay-Tsoory, M. Fischer, J. Dvash, H. Harari, N. Perach-Bloom and Y. Levkovitz, "Intranasal administration of oxytocin increases envy and schadenfreude (gloating)," *Biological Psychiatry*, Vol.66, No.9(2009), pp.864~870.

35 J. A. Bartz, J. Zaki, K. N. Ochsner, N. Bolger, A. Kolevzon, N. Ludwig and J. E. Lydon, "Effects of oxytocin on recollections of maternal care and closeness," *Proceedings of the National Academy of Sciences*, Vol.107, No.50(2010), pp.21371~21375.

36 C. H. Declerck, C. Boone and T. Kiyonari, "Oxytocin and cooperation under conditions of uncertainty: The modulating role of incentives and social information," *Hormones and Behavior*, Vol.57, No.3(2010), pp.368~374.

37 C. N. DeWall, O. Gillath, S. D. Pressman, L. L. Black, J. A. Bartz, J. Moskovitz and D. A.

Stetler, "When the love hormone leads to violence: Oxytocin increases intimate partner violence inclinations among high trait aggressive people," *Social Psychological and Personality Science*, Vol.5, No.6(2014), doi: 10.1177/1948550613516876

후기

1 A. Quart, "Neuroscience: Under Attack," *The New York Times*, November 25, 2012, https://www.nytimes.com/2012/11/25/opinion/sunday/neuroscience-under-attack.html(검색일: 2020.3.10).

2 S. Satel, and S. O. Lilienfeld, "Pop neuroscience is bunk!" *Salon*, June 8, 2013, http://www.salon.com/2013/06/08/pop_neuroscience_is_bunk/(검색일: 2020.3.10).

3 D. Brooks, "Beyond the brain," *The New York Times*, June 18, 2013, http://www.nytimes.com/2013/06/18/opinion/brooks-beyond-the-brain.html(검색일: 2020.3.10).

찾아보기

지은이

크리스천 재럿 Christian Jarrett

크리스천 재럿 박사는 현재 심리학, 정신 건강, 철학 등을 다루는 디지털 저널 ≪이온Aeon≫과 ≪사이키Psyche≫에서 편집 차장을 맡고 있다. 그는 영국 심리학회의 대표적인 블로그인 '리서치다이제스트Research Digest'를 2005년도에 창립해 16년간 편집을 주관했으며, 같은 저널에서 만드는 '사이크런치PsychCrunch' 팟캐스트의 제작 및 발표를 담당하고 있다. 또한 9년간 ≪사이콜로지스트The Psychologist≫ 저널을 출간하는 데 주도적인 일을 했으며, 이 저널로부터 공로상을 수상했다.

재럿 박사는 대학교에서 심리학과 신경 과학을 전공했으며, 영국 맨체스터 대학교에서 인지 신경 과학 분야에서 이학박사를 취득했다. 그는 박사 후 연구원 과정을 짧게 마치고 심리학 및 신경 과학을 대중에게 알리는 일에 집중하면서 인간의 심리와 행동에 관한 출판물을 왕성하게 발행했다. 그중에는 ≪와이어드WIRED≫의 '브레인워치Brain Watch' 블로그, ≪사이콜로지투데이Psychology Today≫의 '뇌에 관한 신화Brain Myths' 블로그, ≪뉴욕매거진New York magazine≫의 신경 과학 칼럼, ≪BBC 퓨처BBC Future≫의 개인 칼럼, ≪바이스VICE≫의 불안 상담 칼럼 등이 있다. 재럿 박사의 기고는 ≪GQ≫ 이탈리아, ≪뉴사이언티스트New Scientist≫, ≪BBC 사이언스포커스BBC Science Focus≫, ≪가디언The Gardian≫, ≪타임스The Times≫, ≪우먼카인드Woman-kind≫, 99U, ≪이온≫, ≪빅 싱크Big Think≫ 등에 게재되고 있다.

대표 저서에는 『이 책의 쟁점들This Book has Issues』, 『지금 당신의 심리 상태는 어떻습니까? 30-Second Psychology』, 『심리학 개론The Rough Guide to Pscychology』, 『뇌를 둘러싼 오해와 진실The Great Myths of The Brain』 등이 있다. 다음 저서는 개성의 '성격 변화'를 다룬 것으로, 2021년 초에 미국의 사이먼 앤드 슈스터와 영국의 리틀 브라운 출판사에서 발간될 예정이다.

옮긴이

이명철

이명철 교수는 서울대학교 동물학과에서 학사 및 석사학위, 미국 USC 생물과학과에서 이학박사 학위를 취득했으며, 미국 하버드 의과대학 유전학부에서 박사 후 연구원으로 활동했다. 1995년부터 현재까지 충남대학교 생물과학과 교수로서 일반생물학, 세포생물학, 신경생물학을 강의하며 뇌의 패턴 형성 및 도파민 뉴런의 분화에 관한 연구를 하고 있다. 2013년 한국유전학회장, 2018년 한국분자세포생물학회장, 2019년 한국통합생물학회장을 역임했으며, 2008년부터 국제학술지 *Animal Cells and Systems* 편집위원장을 맡고 있다.

김재상

김재상 교수는 하버드 대학교에서 화학과를 졸업하고 MIT에서 생물학 박사학위를 취득했다. 2002년부터 이화여자대학교 생명과학과 교수로 현재까지 재직하고 있다. 한국연구재단 차세대 바이오 단장을 역임했고, 현재 *International Journal of Stem Cells*의 편집장으로 활동하고 있다.

최준호

최준호 교수는 서울대학교 자연과학대학 동물학과를 졸업하고 동 대학원 석사 과정을 이수한 후, 미국 UCLA 생물학과에서 이학박사 학위를 취득했다. 1988년부터 30년간 카이스트 생명과학과 교수로 근무했고, 2018년 8월 퇴임해 지금은 동 학과 명예교수이다. 한국과학기술한림원 정회원이며, 2016년 한국분자세포생물학회 회장을 역임했다.

뇌를 둘러싼 오해와 진실

신화를 바로잡는 신경 과학 이야기

지은이 크리스천 재럿 | **옮긴이** 이명철·김재상·최준호
펴낸이 김종수 | **펴낸곳** 한울엠플러스(주) | **편집책임** 조수임 | **편집** 임혜정

초판 1쇄 인쇄 2020년 5월 29일 | **초판 1쇄 발행** 2020년 6월 12일

주소 10881 경기도 파주시 광인사길 153 한울시소빌딩 3층
전화 031-955-0655 | **팩스** 031-955-0656 | **홈페이지** www.hanulmplus.kr
등록번호 제406-2015-000143호

Printed in Korea.
ISBN 978-89-460-6886-5 03470(양장)
978-89-460-6887-2 03470(무선)

* 책값은 겉표지에 표시되어 있습니다.